3D 集成手册

——三维工艺技术

（第 3 卷）

Handbook of 3D Integration，Volume 3：

3D Process Technology

[美] 菲利普·加洛（Philip Garrou）
[日] 小柳光政（Mitsumasa Koyanagi） 著
[德] 彼得·拉姆（Peter Ramm）
吴道伟　王　玮　刘建军　余　欢　等译

中国宇航出版社
·北京·

图书在版编目（CIP）数据

3D 集成手册. 第 3 卷，三维工艺技术 /（美）菲利普·加洛（Philip Garrou），（日）小柳光政（Mitsumasa Koyanagi），（德）彼得·拉姆（Peter Ramm）著；吴道伟等译. -- 北京：中国宇航出版社，2022.10

书名原文：Handbook of 3D Integration, Volume 3: 3D Process Technology

ISBN 978-7-5159-2164-8

Ⅰ. ①3… Ⅱ. ①菲… ②小… ③彼… ④吴… Ⅲ. ①集成电路工艺－手册 Ⅳ. ①TN405-62

中国版本图书馆 CIP 数据核字(2022)第 239259 号

责任编辑 侯丽平　　**封面设计** 王晓武

出版发行	中国宇航出版社		
社址	北京市阜成路 8 号　**邮编** 100830	**版次**	2022 年 10 月第 1 版
	(010)68768548		2022 年 10 月第 1 次印刷
网址	www.caphbook.com	**规格**	787×1092
经销	新华书店	**开本**	1/16
发行部	(010)68767386　(010)68371900	**印张**	24.25　**彩插** 10 面
	(010)68767382　(010)88100613（传真）	**字数**	605 千字
零售店	读者服务部　(010)68371105	**书号**	ISBN 978-7-5159-2164-8
承印	北京厚诚则铭印刷科技有限公司	**定价**	128.00 元

本书如有印装质量问题，可与发行部联系调换

《3D 集成手册——三维工艺技术（第 3 卷）》
翻译人员名单

主译	吴道伟	王　玮	刘建军	余　欢	
参译	何世军	张　宁	王鹏森	刘敏娜	赵如钊
	乔　亮	窦烨炜	张海鹏	段晨阳	朱　凯
	张　旋	李海娟	潘鹏辉	张辽辽	王　奔
	陈新鹏	张雨婷	詹莉昕	雷　婧	梅志鹏
	刘鹏飞	王海波			

目　录

第 1 章　2008 年以来的 3D IC 集成

Philip Garrou, Peter Ramm, and Mitsumasa Koyanagi

在第 1 卷中，我们介绍了 3D 集成电路（3D IC）概念的一些发展历史[1]。自 2008 年《3D 集成手册》的前两卷问世以来，3D IC 技术商业化取得了重大进展。本章将总结这一时期的一些关键发展。

我们之前将 3D IC 集成描述为：“一种新兴的系统级集成架构，多层平面器件在 Z 方向上使用硅（或其他半导体材料）通孔（TSV）进行堆叠和互连”，如图 1-1 所示[1]。

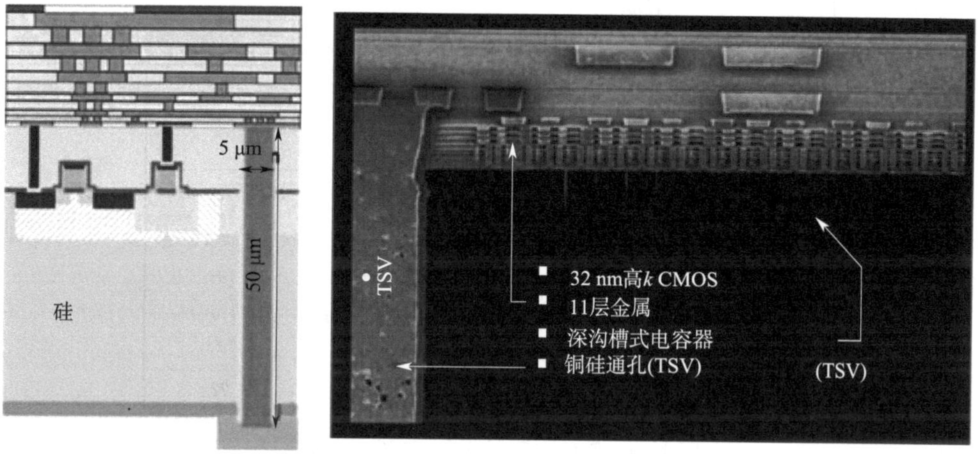

(a)　　(b)

图 1-1　应用 TSV 的 3D IC：(a) 示意图（由 IMEC 提供）；(b) 横截面（由 IBM 提供）

注意：IBM 横截面是在更高（更大）的芯片互连级别上实现的

随着便携式产品小型化的持续需求，以及众所周知的缩放（scaling）即将结束[2]，一场完美风暴已经形成。在器件和封装层面上，解决这一困境的措施是 3D 集成。

人们普遍认为，“3D 封装”即芯片叠层通过引线键合与基板连接，并使用叠层封装（PoP）等技术进行封装堆叠。随着英特尔[4]和其他公司转向 22 nm 的“Finfet”堆叠晶体管结构，晶体管也开始了垂直设计[3]。图 1-2 以图形方式对其进行了比较。

在图 1-3 中，我们比较了片上系统（SoC）、3D 封装和采用硅通孔（TSV）的 3D IC 各方面的性能[5]。

1.1　3D IC 命名法

自 2008 年以来，尽管人们一直试图进一步完善 3D IC 集成的术语，但尚未在出版物

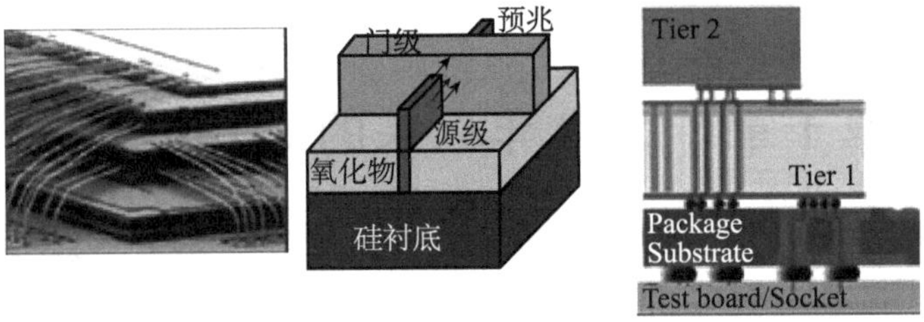

3D封装　　3D Finfet结构　　3D IC集成 (含TSV)

图 1-2　3D 封装、3D Finfet 结构和 3D IC 集成

	SoC	PoP	引线堆叠	TSV堆叠
			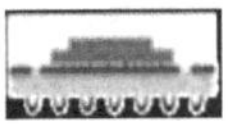	
存储容量	–	++	++	++
存储带宽	++	0	+	+++
能量消耗	++	0	+	+++
形状因子	0	+	++	+++
成本	---	–	++	??

图 1-3　SoC、3D 封装和 3D IC 的比较[5]

中有统一描述。2009 年，国际半导体技术发展路线图（ITRS）提出以下术语，试图将电路连接可能出现的层级分级别定义（见表 1-1）[6]。

1.2　工艺标准化

3D IC 需要三项新技术：1）穿过减薄硅基板的绝缘导电通孔技术（即 TSV）；2）厚度≤50 μm 的晶圆减薄和处理技术；3）用于减薄芯片的组装和封装技术。

表 1-1　2009 年国际半导体技术发展路线图[6]

级别	建议名称	供应链	关键特征
封装	3D 封装(3D-P)	OSAT (Outsourced Semiconductor Assembly and Test,半导体产品封装和测试外包)印制电路板	• 传统封装互连技术,如 WB 芯片堆叠、PoP 封装堆叠 • 芯片在印制电路板的集成 • 没有硅通孔
键合焊盘	3D 晶圆级封装(3D-WLP)	晶圆级封装	• WLP 技术,如 RDL 和凸点 • 在 IC 制程后进行 3D 互连,"IC 后钝化"(via-last 工序),实现键合焊盘的连接 • TSV 的密度需配合键合焊盘的密度
全局	3D 堆叠集成电路(3D-SIC)/3D SoC	晶圆厂	• 堆叠较大尺寸电路(单片、IP、存储器),类似于实现 SoC 方法,但位于电路不同的物理层上 • I/O 驱动无缓冲(低电容,TSV 上很少或没有静电防护) • TSV 的密度要求明显高于 3D-WLP:节距要求降至 4～16 μm
中级	3D-SIC	晶圆厂	• 堆叠小尺寸电路,部分 IP 垂直堆叠 • 晶圆到晶圆的堆叠 • TSV 密度要求非常高:节距要求降至 1～4 μm
局部	3D IC	晶圆厂	• 晶体管的堆叠 • 通常是后道工艺在前道工艺多层结构上的堆叠互连 • 需要局部互连密度级别的 3D 连接

21 世纪中期，业内对 3D IC 的众多技术路线感到困惑。对大多数应用而言，首选工艺流程是所谓的"via-middle"方法，即在前道工艺晶体管完成之后实现芯片互连之前插入制造 TSV。因而，TSV 制造需要由 IDM 或晶圆代工厂完成，且要求 TSV 在晶圆厂后道工艺而不是在组装的过程中或过程之后完成。制程如图 1-4 和表 1-2 所示。

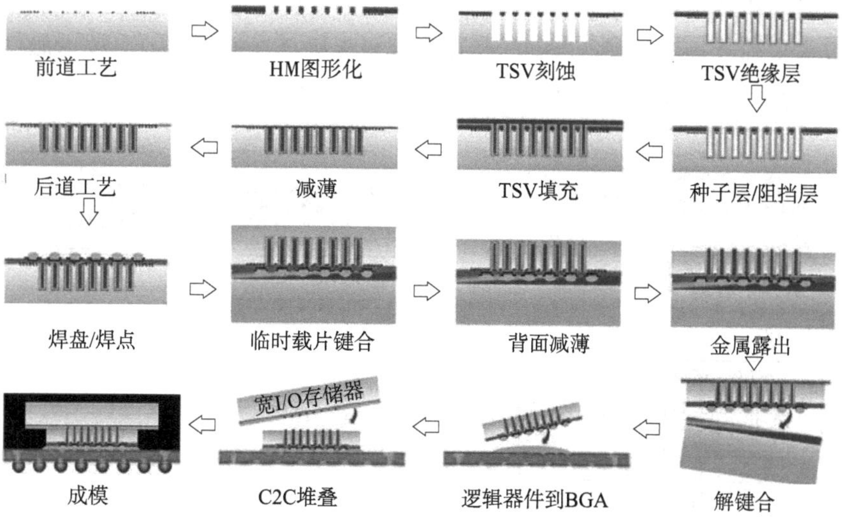

图 1-4　标准 3D IC 工艺流程（由 Yole Development 提供）

表 1－2　3D IC 工艺流程选项

流程	首选项	可替代选项			
TSV 形成	博世硅深刻蚀(DRIE)	激光			
TSV 绝缘	SiO_2	聚合物			
导体	Cu	钨	多晶硅		
工艺流程	Via－middle	Via－last(背面)①	Via－first（多晶硅）	Via－first（正面）	
堆叠键合	IMC(金属间化合物)	Cu－Cu	氧化物键合	聚合物键合	混合键合(氧化物-金属或聚合物-金属)
薄晶圆处理	载体	堆叠			

① CMOS 图像传感器的首选流程。

1.3　转接板（2.5D）简介

许多人认为引入转接板（也称为 2.5D）是由于 3D IC 技术不成熟，但事实并非如此。由于芯片接口缺乏标准，且需要为 3D 堆叠提供更好的热解决方案，因此催生了对转接板的需求。

术语“2.5D”通常被认为是日月光公司（ASE）的何明堂（Ho Ming Tong）提出的。他在 2009 年（或更早）宣布，由于基础设施和标准尚未准备就绪，我们可能需要一个迈向 3D 方向的中间步骤。他认为，硅转接板将在这方面占据重要地位，并且可能比 3D 技术更快地准备好，因此“2.5D”一词很快被其他业内人士接受[7]。

2.5D 转接板类似于 20 世纪 90 年代的硅基多芯片模组技术，但额外增加了 TSV[8]。在应用中，转接板提供了高密度的再布线层（RDL），芯片可以通过转接板连接，也可以在转接板的表面相邻排布互连，如图 1－5 所示。后者具有更好的热解决方案，因为所有芯片都可以连接到散热器上进行冷却。然而转接板无疑会增加成本，以致不能广泛应用于低成本移动产品。对低成本移动产品而言，3D 堆叠[9]会更受青睐。

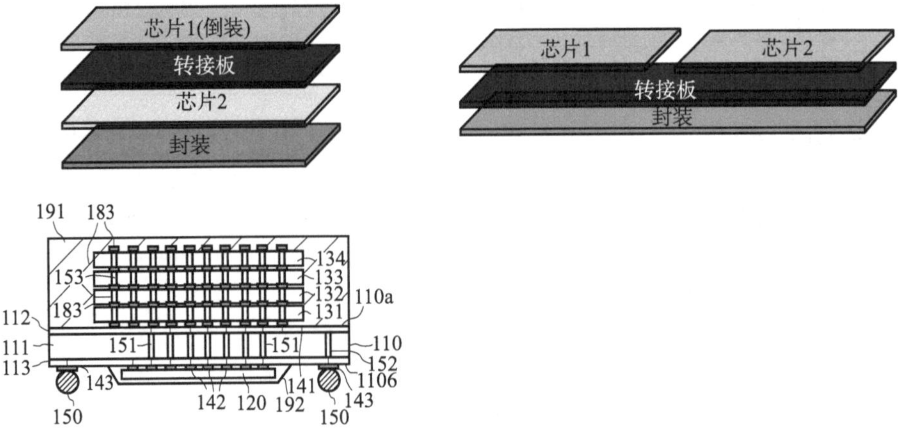

图 1－5　转接板方案

1.4　晶圆代工厂

1.4.1　台积电

2012 年 10 月，台积电宣布其 2.5D CoWoS™（chip - on - wafer - on - substrate）技术在其“开放式创新平台”中准备就绪，并公布了支持 CoWoS 的参考流程。宣布 Cadence、Mentor、新思科技和 Ansys 等几家 EDA 公司为 CoWoS 参考流程的合作伙伴[10]。他们的第一款公开 CoWoS 样品（见图 1 - 6）使用高带宽 I/O 接口将逻辑器件和 DRAM 集成到单个模块中[11]。

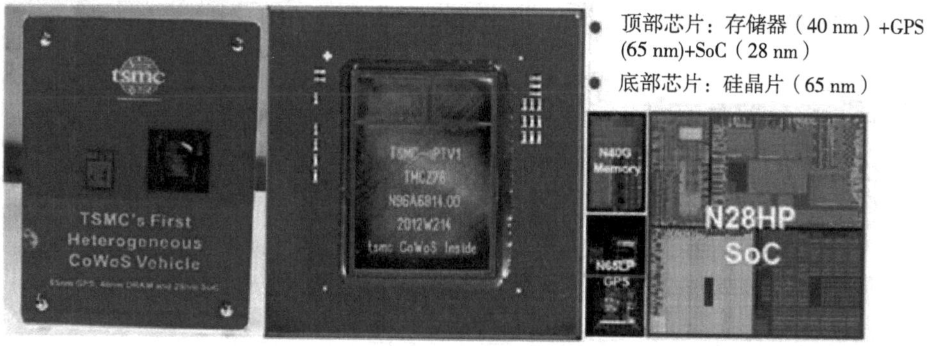

图 1 - 6　台积电 2.5D 样品[11]

台积电的早期客户包括赛灵思、AMD、英伟达、高通、德州仪器、迈威科技和阿尔特拉[12]，其中赛灵思是第一家投入生产的公司（2011 年年底）。

据报道，“由于众多技术挑战，传统的协作基础设施对 2.5D 和 3D IC 而言更加困难”，在这种情况下，台积电实现了全流程制造（通过测试模块进行芯片设计和制造）。

1.4.2　联华电子

联华电子在 2011 年春季宣布，已购买 TSV 和其他 3D IC 技术的生产设备。2013 年，联华电子和 STATS ChipPAC 宣布联合开发一种支持 TSV 的 3D IC 芯片叠层，该叠层包括堆叠于 TSV 嵌入式 28 nm 处理器测试芯片上的宽 I/O 存储器测试芯片[13]。

1.4.3　格罗方德

格罗方德（GF）宣布在其位于纽约的 Fab 8 工厂安装 TSV 设备以生产 20 nm 晶圆。第一个使用 TSV 的芯片全流程运行预计于 2012 年第三季度开始[14]。

台积电公布了一条一站式生产线，囊括了全部传统上由半导体组装和测试外包（OSAT）完成的组装和测试步骤。与之相比，联华电子和格罗方德表示，他们更倾向于开放式生态模式，在这种模式下，他们将完成 TSV 制造（Cu，via - middle）流程和其他前端步骤，而芯片的后端处理将由不同供应商来完成（例如，由其 OSAT 合作伙伴进行临时键合/解键合、减薄、组装和测试）。

1.5 存储器

DRAM性能受限于存储器和处理器之间的数据通道容量。无论DRAM芯片本身的速度有多快，都会因为数据通道传输容量不足而阻塞，也就是说，它们需要更高的带宽。目前已开发出宽I/O存储器来解决带宽问题[15]。

此外，随着特定的应用程序需要越来越多的存储器，功耗对便携式产品和服务器集群也变得越来越重要，它们需要特殊冷却以防止过热。三星报告称，在1 333 Mbit/s时，基于TSV技术的RDIMM与LRDIMM相比，能够降低32%的功耗[16]。

1.5.1 三星

三星于2006年首次展示3D TSV堆叠存储器原型。2010年年底，他们发布了基于4 Gb、1.5 V、40 nm、1 333 MHz DDR3存储器芯片和3D TSV芯片堆叠技术的8 GB RDIMM[18]。2011年，他们又推出高带宽I/O的1 Gb DRAM（见图1-7）[18]。截至2013年年底，三星尚未宣布任何商业存储器产品。三星是美光混合存储立方体联盟的成员。

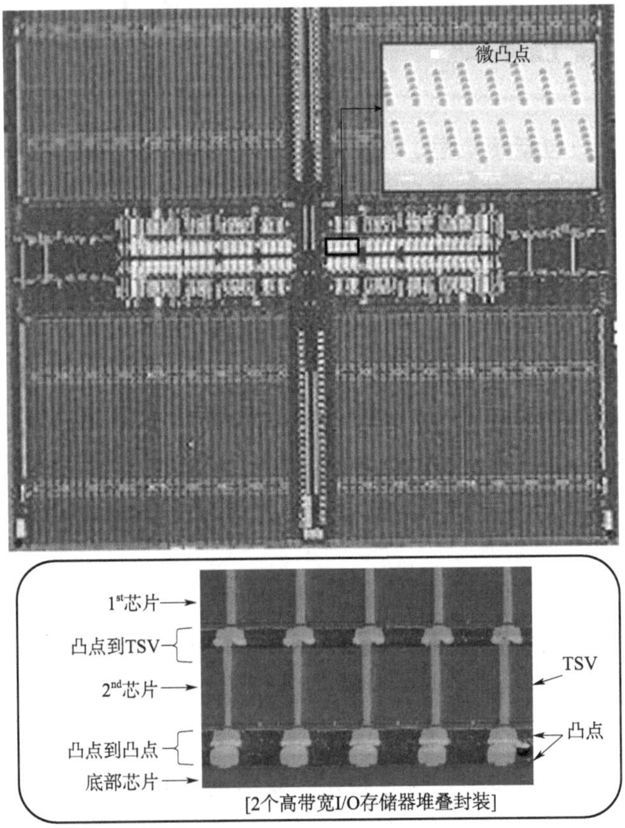

图1-7　1.2 V-12.8 GB/s-2 Gb移动应用的高带宽I/O DRAM，具有4×128个I/O，基于TSV技术堆叠[18]

1.5.2　美光

美光开发了一种“混合存储立方体”（HMC），该方案将多片减薄的存储芯片堆叠在逻辑芯片顶部，并采用 TSV 实现键合（见图 1-8）。利用 TSV 提供的大量 I/O 引脚，大大增加了可用的 DRAM 带宽。HMC 中的控制器层提供从控制器芯片到 CPU 的高速总线，减薄和 TSV 连接的存储层可以在给定的体积内实现更紧凑的封装。HMC 仅占现有 DDR3 模块体积的约 10%。据称，该技术实现的 DDR3 存储模块可将性能提高 15 倍，每比特消耗的能量比现有 DDR3 减少 70%，占用的空间比目前的 RDIMM 减少 90%。美光已经宣布将制造存储层，并与 IBM 签订了合同制造逻辑层。其商业化计划于 2013—2014 年进行。

美光 HMC 与 DDR 存储器的比较见表 1-3。

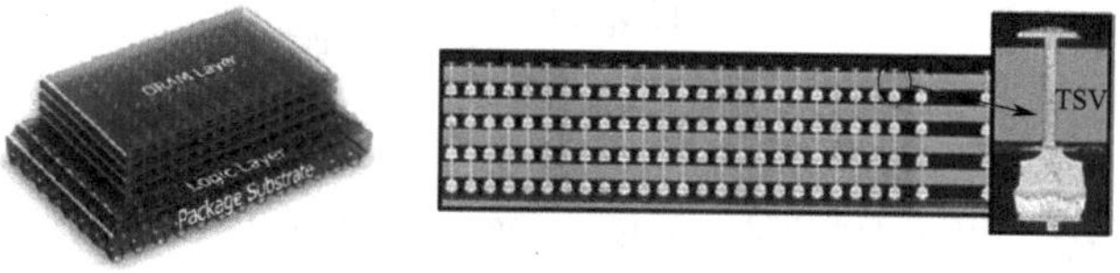

图 1-8　美光混合存储立方体[19]

表 1-3　美光 HMC 与 DDR 存储器的比较[20]

技术	V_{DD}	带宽/(Gb/s)	功率/W
SDRAM PC133 1 Gb 模块	3.3	1.06	4.96
DDR-333 1 Gb 模块	2.5	2.66	5.48
DDR2-667 2 Gb 模块	1.8	5.34	5.18
DDR3-1333 2 Gb 模块	1.5	10.66	5.52
DDR4-2667 4 Gb 模块	1.2	21.34	6.60
HMC Gen 1 512 Mb 立方体	1.2	128.0	10.73

1.5.3　海力士

海力士报告称，他们预计“带 TSV 的 2 片和 4 片芯片堆叠存储器将于 2014 年投入商业生产，此后很快就有转接板图形解决方案”[21]。

1.6　组装和测试

作为台积电-赛灵思项目的一部分，安靠（Amkor）参与了商业化的 3D IC 组装[22]。日月光、矽品（SPIL）和力成（Powertech）都在提升 3D IC 封装和测试能力。2013 年，矽品宣布为高密度转接板注入双大马士革制程[23]。力成与尔必达（现美光）、联华电子多年合作开发 3D IC 项目，也于 2013 年宣布提供 3D IC 的量产封测能力。

1.7 3D IC 应用路线图

第一个商业应用是赛灵思（商业化）[22]和阿尔特拉（开发）[24]采用台积电的转接板解决方案的现场可编程门阵列（FPGA）。

参考图 1-9 中格罗方德的路线图，我们看到 2.5D 图形处理器模块和带有基带和/或存储器的 3D 应用处理器应该很快就会面市。

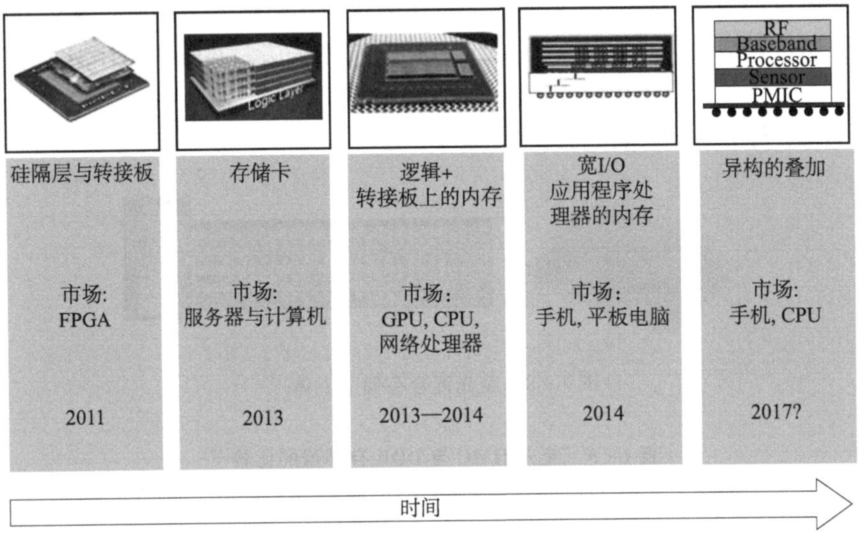

图 1-9 3D IC 应用时间表（由格罗方德于 2012 年提供）

Yole Developement 的最新预测如图 1-10 和图 1-11 所示。随着叠层存储器、高带宽 I/O DRAM 和逻辑+存储器的系统级封装（SiP）的大幅增长，预计 3D IC 的产量将在未来 4 年内增加到与 10 mm 晶圆产量接近。

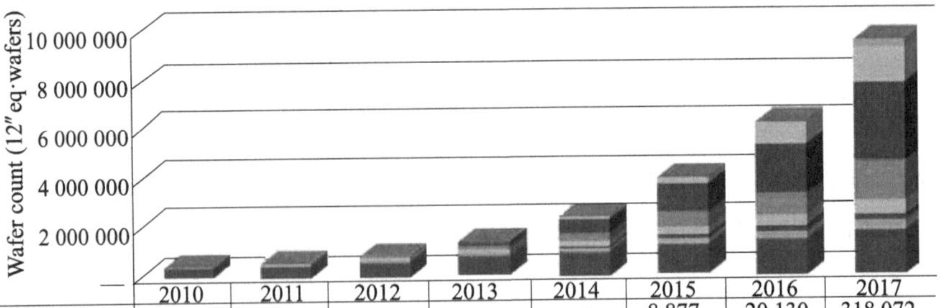

	2010	2011	2012	2013	2014	2015	2016	2017
3D Stacked NAND Flash	—	—	—	—	—	8 877	20 130	318 072
30 Wide I/O Memory	—	—	—	—	110 215	252 005	896 565	1 429 417
Logic 3D SiP/ SoC	—	—	9 734	169 677	544 957	1 137 164	2 000 097	3 190 499
3D Stacked DRAM	—	7 977	50 563	146 200	324 563	593 361	878 729	1 596 526
MEMS/Sensors	92	29 396	76 298	116 305	208 910	323 314	461 323	616 799
LED	4 395	8 759	18 890	45 188	91 101	159 569	232 887	237 715
RF,Power,Analog & Mixed Signal	26 255	35 892	47 018	80 883	127 106	189 921	275 402	386 344
Imaging & Optoelectronics	387 126	503 821	635 468	787 345	996 423	1 240 691	1 492 479	1 801 534
TOTAL	417 868	585 845	837 971	1 345 597	2 403 275	3 904 902	6 257 613	9 576 906

图 1-10 2010—2017 年 TSV 芯片晶圆预测（由 Yole Development 提供）（见彩插）

通观 2.5D/3D 器件的产品应用，我们看到，最终大多数 2.5D/3D 器件集中应用在智能手机和平板电脑市场。

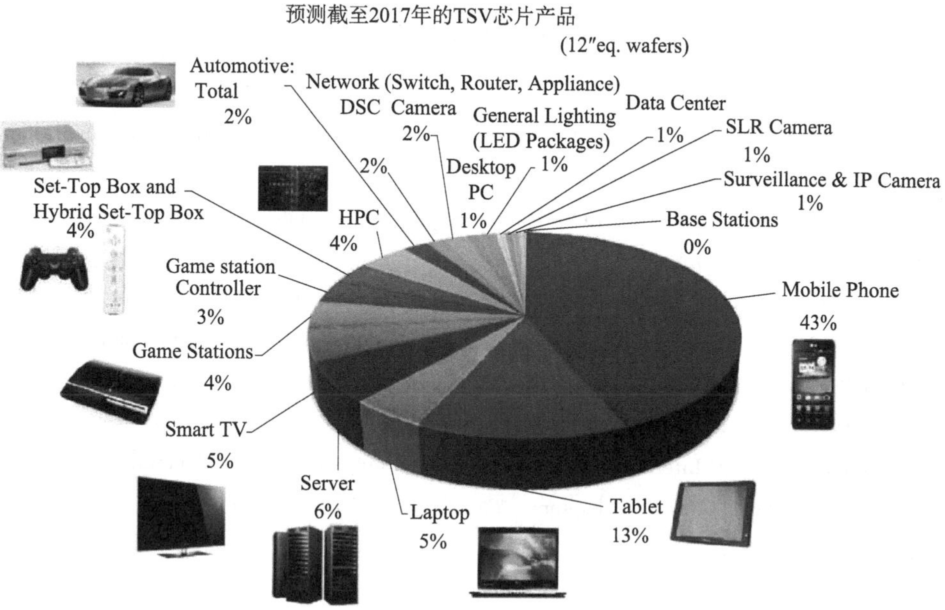

图 1-11　2017 年全球 TSV 芯片终端应用（由 Yole Development 提供）（见彩插）

参 考 文 献

[1] Garrou P (2008) Chapter 1: Introduction to 3D integration, in Handbook of 3D Integration, vol. 1 (eds. P Garrou, C Bower, and P Ramm), Wiley - VCH Verlag GmbH, Weinheim.

[2] Heron N Z (2008) Why is CMOS scaling coming to an end. 3rd International Design & Test Workshop, pp. 98 - 103.

[3] Adee S (2007) Transistors go vertical. IEEE Spectrum, 44, 14.

[4] James D (2012) Intel Ivy Bridge unveiled the first commercial tri - gate, high - k, metalgate CPU. IEEE Custom Integrated Circuit Conference, p. 1.

[5] Garrou P (2011) 3D integration - are we there yet. Suss MicroTech Workshop, Semicon 2011.

[6] Interconnect (2009) International Technology Roadmap for Semiconductors. Available at www. itrs. net/links/2009 ITRS/2009Chapters _ 2009Tables/2009 _ Interconnect. pdf (accessed December 31, 2013).

[7] Garrou P (2012) 3. 5D interposers to someday replace PWBs - TSMC; GF engaging with 3D customers; Intel predicts Consolidation. Solid State Technology: Insights from the Leading Edge, 102, May 19, 2012.

[8] Garrou P and Turlik I (1998) Multichip Module Handbook, McGraw - Hill.

[9] Garrou P (2013) Interposer supply/ecosystem examined at IMAPS Device Packaging Conference. Available at www. electroiq. com/articles/ap/2012/03/interposer - supply - ecosystem - examined - atimaps -device - packaging. html (accessed December 31, 2013).

[10] Garrou P (2012) TSMC of ficially ready for 2. 5D, Apple order impact on TSMC. Solid State Technology: Insights from the Leading Edge, 122, November 11, 2012. Available at http: // electroiq. com/insights - from - leading - edge/2012/11/iftle - 122 - tsmc - officially - ready - for - 2 - 5d - apple - order - impact - on - tsmc/ (accessed December 31, 2013).

[11] EDA 360 Insider (2012) 3D Thursday: want to see a closeup of the TSMC 3D IC test vehicle June 6, 2012. Available at http: //eda360insider. wordpress. com/2012/06/06/3d - thursday - want - to - see - a - closeup - of - the - tsmc - 3d - ic - test - vehicle/ (accessed December 31, 2013).

[12] Liu K (2012) TSC builds up 3DIC assembling capability to vie for lucrative business. Taiwan Economic News, August 14, 2012. Available at http: //news. cens. com/cens/html/en/news/news _ inner _ 40986. html (accessed December 31, 2013).

[13] Garrou P (2013) UMC/SCP memory on logic; SEMI Europe 3D Summit Part 2. Solid State Technology: Insights from the Leading Edge, 135, February 12, 2013. Available at http: // electroiq. com/insights - from - leading - edge/2013/02/iftle - 135 - umcscp - memory - on - logic - semi -europe - 3d - summit - part - 2/ (accessed December 31, 2013).

[14] Garrou P (2013) Global Foundries 2. 5/3D at 20 nm; Intel Haswell GT3; UMC/SCP prototype details. Solid State Technology: Insights from the Leading Edge, 142, April 9, 2013. Available at

http：//electroiq. com/insights - from - leading - edge/2013/04/iftle - 142 - globalfoundries - 2 - 5 - 3d - at - 20nm - intel - haswell - gt3 - umc - scp - prototype - details/（accessed December 31，2013）. 15

[15] JEDEC（2012）JEDEC publishes breakthrough standard for wide I/O mobile DRAM. Available at http：//www. jedec. org/news/pressreleases/jedec - publishes - breakthrough - standard - wide - io - mobile - dram（accessed December 31，2013）.

[16] Schauss G（2011）Samsung memory solution for HPC. Available at http：//www. ena - hpc. org/2011/talks/schauss - slides. pdf（accessed December 31，2013）.

[17] Kang U（2009）8Gb DDR3 DRAM using TSV technology. IEEE ISSCC.

[18] Kim J S（2011）A 1. 2 V 12. 8GB/s 2Gb mobile wide - I/O DRAM with 4 _ 128 I/O's using TSV - based stacking. IEEE ISSCC.

[19] Jeddeloh J and Keeth B（2012）New DRAM architecture increases density and performance. 2012 Symposium on VLSI Technology，p. 87.

[20] Pawlowski J T（2011）Hybrid memory cube：breakthrough DRAM performance with a fundamentally re - architected DRAM subsystem. Proceedings of the 23rd Hot Chips Symposium.

[21] Suh M（2013）TSV application in memory devices. RTI 3D Architectures for Semiconductor Integration and Packaging Conference，Burlingame CA，December 2013.

[22] Saban K（2010）Xilinx stacked silicon interconnect technology delivers breakthrough FPGA capacity，bandwidth，and power efficiency. Available at//www. Xilinx. com/support/documentation/white _ papers/wp380 _ Stacked _ Silicon _ Interconnect _ Technology. pdf（accessed December 31，2013）.

[23] Ma M（2013）The expanding role of OSATS in the era of system integration. ConFab 2013，Las Vegas，NV.

[24] Rahman A et al（2013）Application requirements of system - in - package FPGAs. RTI 3D Architectures for Semiconductor Integration and Packaging Conference，Burlingame，CA，December 2013.

第 2 章　3D 集成和转接板技术的主要应用和市场趋势

Rozalia Beica, Jean－Christophe Eloy, and Peter Ramm

2.1　简介

40 多年来，通过 CMOS 技术的缩放（scaling），微处理器和存储器件的改进一直遵循摩尔定律。虽然预计小型化仍将继续，但技术缩放带来的收益在功能、性能和成本等方面开始减弱。晶体管的相应减小可能只会持续到 2022 年[1]。在新材料和工艺（各种纳米材料、碳纳米管、石墨烯、Ⅲ－Ⅴ化合物半导体和锗沟道）、集成和架构方案等研究和开发的推动下（见图 2－1），从 CMOS 到封装和系统架构增值思路的转变（见图 2－1）[2,3]，可以看出该行业的发展趋势。

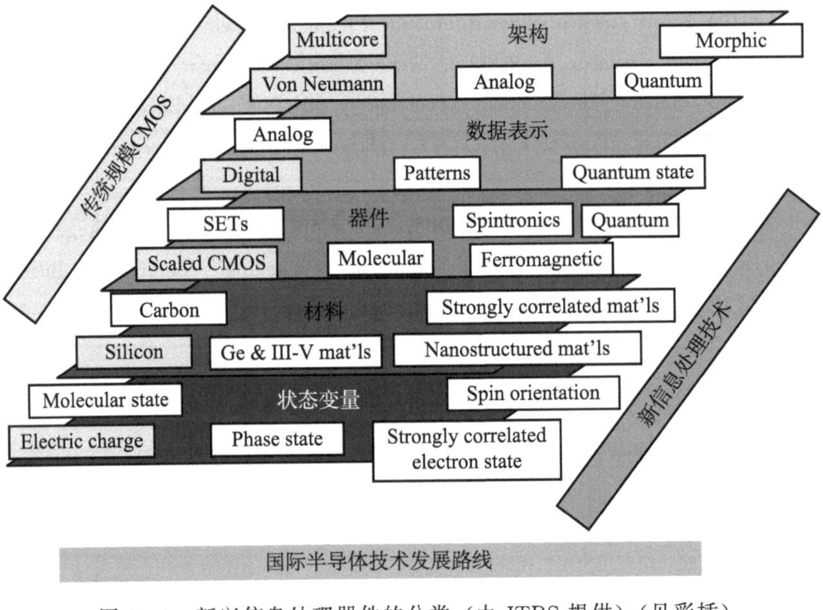

图 2－1　新兴信息处理器件的分类（由 ITRS 提供）（见彩插）

用红色勾勒出的黄色方框显示了当前的 CMOS 技术，基于电荷和二进制计算状态变量；其余的方框是正在开发的创新技术及思路，以继续支持进一步的小型化和缩放[3]。

例如，片上系统（SoC）是各种器件（存储器、逻辑器件、模拟/射频器件）平面集成的平台，通过 CMOS 技术和晶体管缩放提高了性能。所有集成在 SoC 中的器件必须使用相同的技术节点制造，这将增加不必要的成本。平面集成还增加了系统的总表面积，增加了形状系数，并增加了与硅表面相关的成本（见图 2－2）。

如图 2-2 所示，与 2D SoC 相比，系统级封装（SiP）架构具有多种优势，如降低成本、提高性能和缩小尺寸。SiP 和 3D IC 通过在同一封装中的垂直集成实现各种功能，它们的价值定位不局限于 CMOS 尺寸的减小。SiP 中的器件无须使用相同的 CMOS 技术节点封装在一起，而是每个器件（无论是存储器、逻辑器件、模拟器件、MEMS，还是无源元件等）都使用针对其特定功能的最优技术制造再进行封装。SiP 和垂直集成支持不同技术（数字和非数字）的异构集成，因为复用现有产品中已经验证和成熟可靠的技术和设计，显著优于 SoC 类型的集成。3D IC 集成得益于 KGD 堆叠[5]，可以在不同的光刻节点、在不同晶圆尺寸上处理器件，以及由业内不同参与者在不同晶圆厂中组合各种功能。

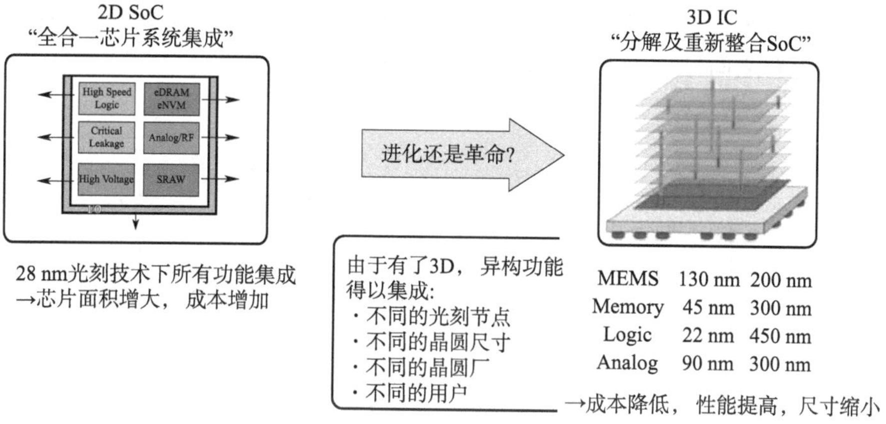

图 2-2　2D SoC 和 3D IC 对比[4]（由 Yole Development 提供）

这种基于 3D 集成的功能多样化被称为“超越摩尔”（MtM）（见图 2-3）。

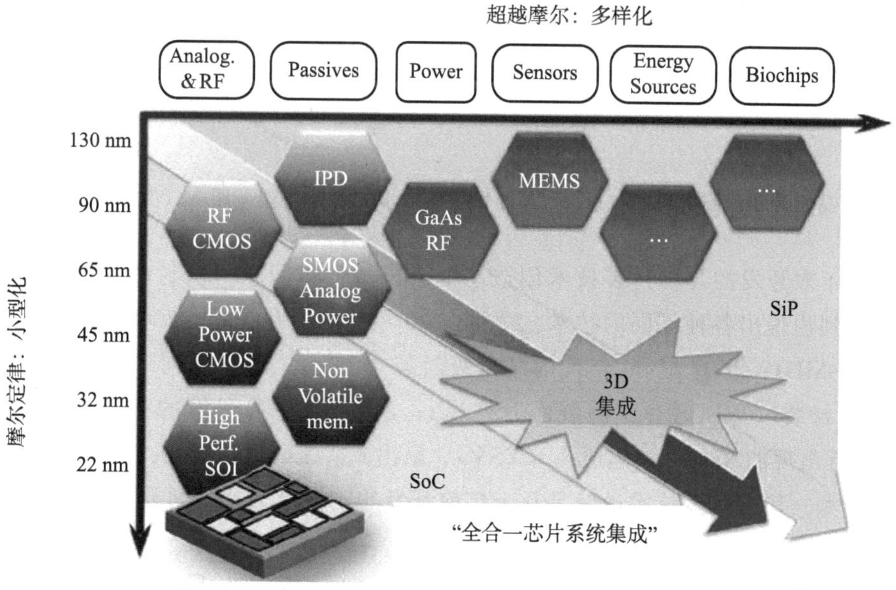

图 2-3　3D 集成——实现小型化和多样化[4]（由 Yole Development 提供）

2.2 先进封装在半导体行业中的重要性与日俱增

随着半导体行业向异构堆叠芯片的系统集成发展，3D 集成正在扩展其在先进封装中的应用范围。3D 堆叠包括芯片级、器件级和晶圆级方式。

有人可能会问："为什么要封装?" 封装是为了实现速度、功率、成本和尺寸等方面的优势。先进封装正在向高性能、高密度、低成本的晶圆级封装技术转变。

在先进封装方面已经开发了几个平台。在过去的 40 年中，半导体封装行业一直致力于开发新技术和新平台，以弥补快速减小的硅几何尺寸（由摩尔定律驱动）和尺寸减小速度较慢的印制电路之间导致的不断增加的 I/O 互连差距（见图 2－4）。

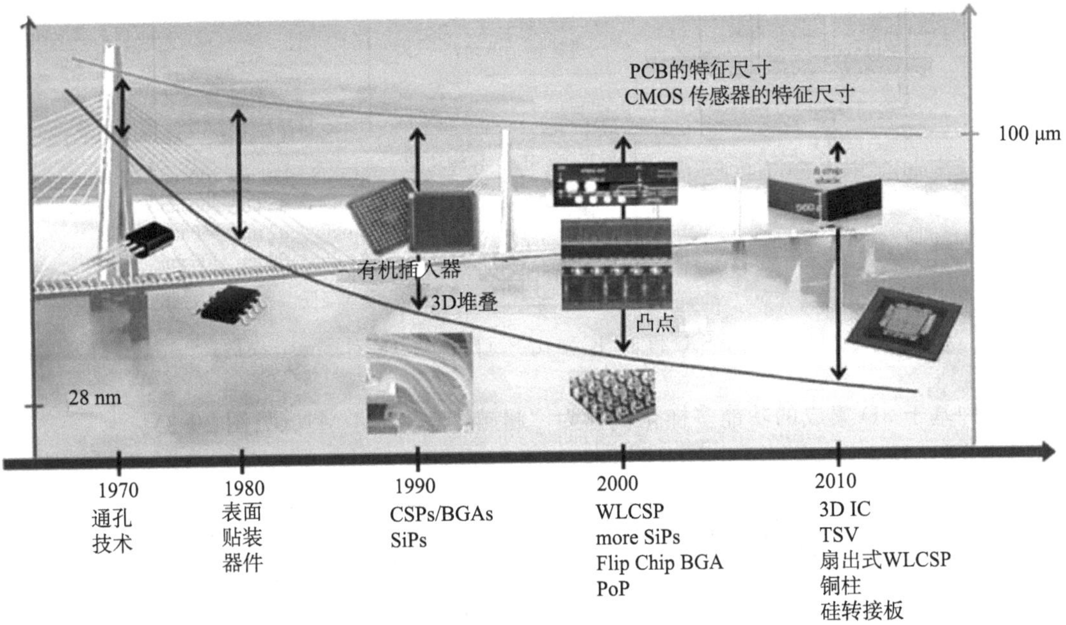

图 2－4　CMOS 晶体管和印制电路板（PCB）不断发展所产生的 I/O 互连差距[4]（由 Yole Development 提供）

这为多年来开发的几种封装技术创造了机会。每十年回顾一次封装领域的重大发展，我们可以看到涌现出各种不同的技术：20 世纪 70 年代的通孔技术；20 世纪 80 年代的表面贴装器件（SMD）；20 世纪 90 年代的芯片级封装（CSP）、球栅阵列（BGA）和 SiP，晶圆级芯片级封装（WLCSP）、倒装芯片 BGA；2000 年左右开发的 SiP 和封装上封装（PoP）；最近出现的 3D IC 和硅通孔（TSV）、扇出式 WLCSP、铜柱、微凸点、硅转接板和嵌入式技术。其中许多技术虽然是几十年前开发的，但今天仍然可用，并成功支持各种封装平台。

先进的封装技术，尤其是晶圆级封装技术，在半导体行业中越来越重要。2012 年，1 300 万片晶圆（约占半导体 IC 晶圆的 16%）使用了各种封装技术制造，如凸点、再布线层（RDL）和 TSV 互连技术。到 2017 年，先进封装的渗透率预计达到约 23%。这意味着，在预计的 1.48 亿片 IC 晶圆中，3 500 万片晶圆（直径 300 mm 晶圆）将使用封装技术。先进封装行业显著增长，并会超过整个半导体行业的预期增长。先进封装行业 21%的复合年增长率（CAGR）预计是半导体行业 10%复合年增长率的两倍（见图 2－5）。

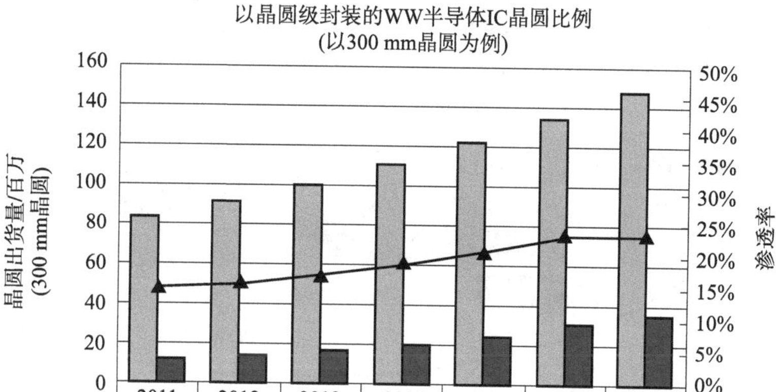

	2011	2012	2013	2014	2015	2016	2017
半导体IC晶圆	84	92	101	111	122	135	148
晶圆级封装IC晶圆	13	14	17	21	25	31	35
比率	15%	15%	17%	19%	20%	23%	24%

图 2－5　半导体 IC 加工行业的晶圆级封装[4]（由 Yole Development 提供）

2.3　以 3D 集成为重点的活动——全球知识产权格局

3D 集成不仅带来了多样化技术，还将在未来几十年继续推动封装的发展。因此，今天 3D 集成仍然被认为是半导体行业的一种新模式。垂直封装器件的方式多种多样，但最新和最先进的 3D 堆叠技术是 TSV 技术。在晶圆级封装中，使用 TSV 垂直互连的平台是 3D WLCSP、2.5D 转接板和 3D IC（见图 2－6）。

3D 集成并不是一个新概念。Yole Development 最近对 3D IC 和 2.5D 转接板进行的知识产权布局分析显示，1969 年就已经申请了第一个 3D 专利。IBM 是该专利的第一个受让者，这一点不应让任何人感到惊讶。该领域的大多数专利（82%）实际上是从 2006 年开始申请的（见图 2－7）。

1969 年至 2012 年间，共提交了 1013 个专利系列。美国（56%）和韩国（18%）是专利数量最多的国家。如图 2－8 所示，美国、中国、韩国和日本是专利申请后延期的主要国家。

尽管第一项专利是在 40 多年前申请的，但 30 年来，这一领域几乎没有任何活动。3D IC 仍然是一项相对年轻的技术，这也反映在该领域还有大量专利正在申请中。如图 2－9 所示，截至 2012 年年底，只有 39%的专利被授予，几乎一半（45%）仍在申请中。

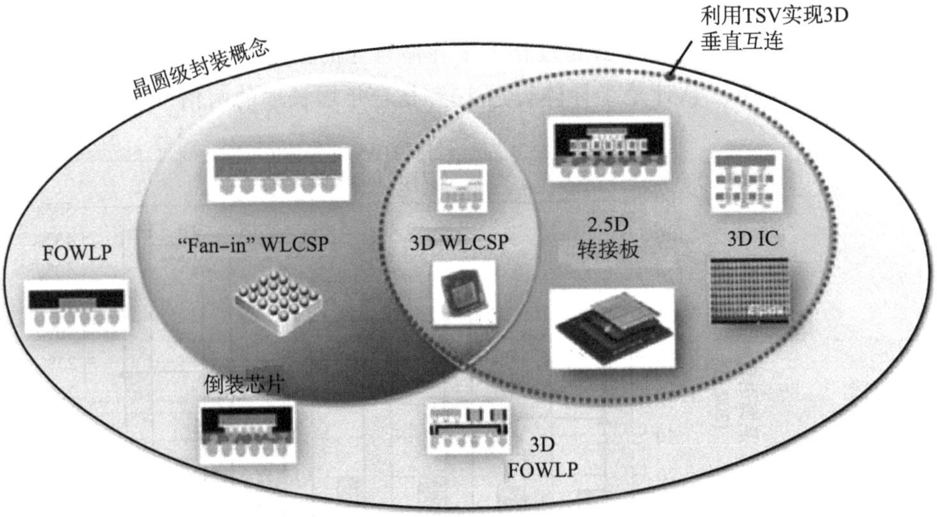

图 2-6　使用 TSV 垂直互连的晶圆级封装技术[4]（由 Yole Development 提供）

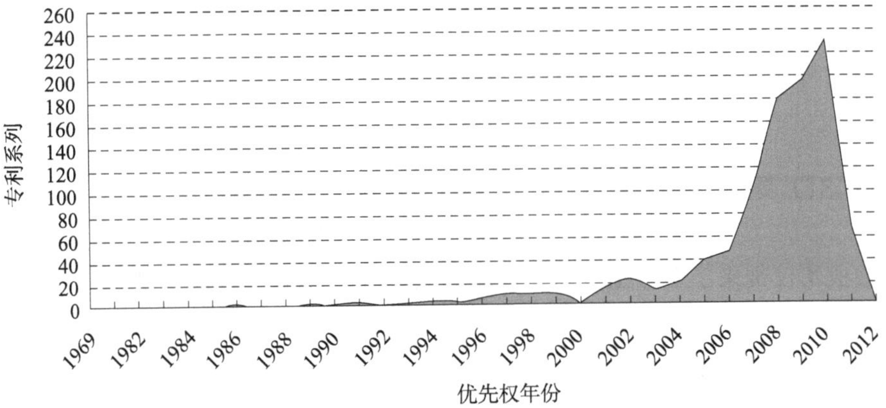

图 2-7　3D IC 专利申请趋势[6]（由 Yole Development 提供）

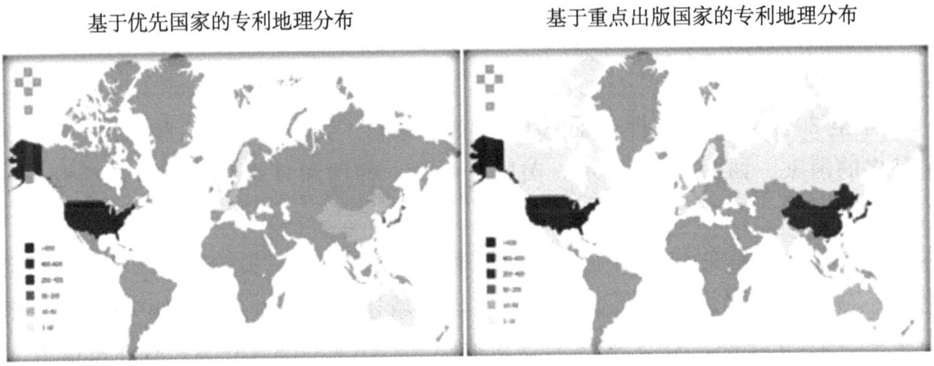

图 2-8　3D IC 专利申请的地理分布[6]（由 Yole Development 提供，见彩插）

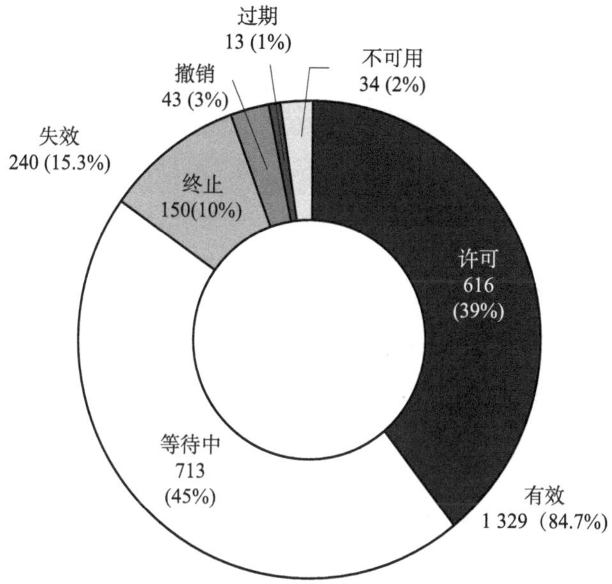

图 2-9 3D IC 专利的存续情况[6]（由 Yole Development 提供）

有 260 个机构与 3D IC 有关。排名前十位（见图 2-10）的受托人占 48%。IBM 在申请专利数量方面领先，其次是三星、美光、台积电、海力士、星科金朋、英特尔、安靠、尔必达和中国台湾工研院（ITRI）。

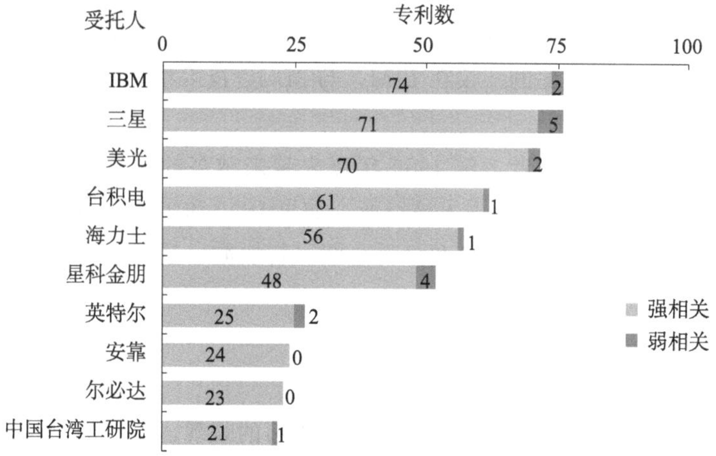

图 2-10 3D IC 前十名专利受托人[6]（由 Yole Development 提供，见彩插）

在不同的学术机构中都有发现 3D IC IP 动态，其中中国台湾工研院（ITRI）是拥有 21 项专利的顶级机构，其次是电子与信息技术实验室（CEA-Leti）（法国）、弗劳恩霍夫应用研究促进协会（德国）、韩国科学技术院（韩国）、微电子研究中心（比利时）、北京大学（中国）、应用科技研究院（中国香港）、清华大学（中国）、中国科学院（中国）和 电子通信研究院（韩国）。前十名学术受托人占 3D IC 申请专利总数的 11%以上（见图 2-11）。

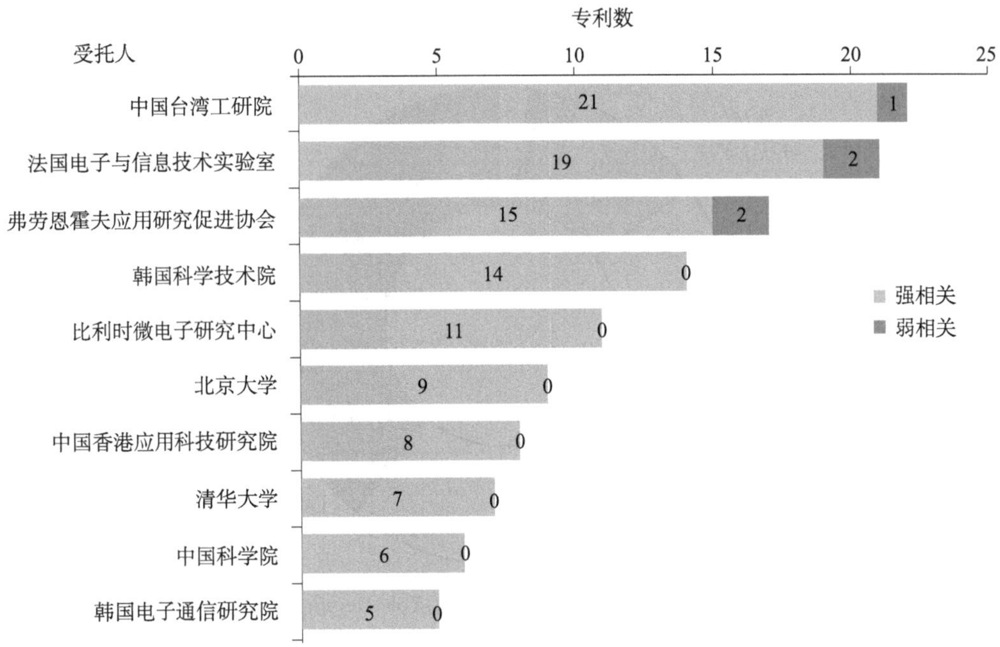

图 2-11　3D IC 前十名学术机构[6]（由 Yole Development 提供）

对有关工艺的专利进行更深入的分析表明，TSV 隔离、填充、键合和解键合以及阻挡层和种子层沉积是获得专利最多的工艺步骤。例如，IBM 最初专注于将 TSV 用于功率放大器，花了很多精力试图提高电气性能，特别是在高频下的性能。因此，它的大量专利（32%）是关于 TSV 隔离工序的。仅在 IBM，与 3D IC 技术相关的就有 150 多名发明者和 200 项专利。

总之，美国是最早的参与者，自 1969 年以来越来越多的国家开始涉足 3D IC，但中国和韩国等国家从 2005 年才开始进入该行业。如果 IBM 和美光（均为美国公司）是活跃的主要受托人，那么海力士（韩国）和星科金朋（新加坡）是过去五年中的新参与者。

2.4　应用、技术和市场趋势

基于 3D TSV 在性能、小型化、成本或功能方面的表现，能够确定 3D TSV 可以在某些应用领域带来收益（见图 2-12）。

在 2012 年之前，我们主要有三个使用 3D IC 和 TSV 技术的应用场景，其中大部分是在 150 mm 晶圆上加工的：

1）利用 TSV 技术的 3D WLCSP 封装中 CMOS 图像传感器（CIS）的正面成像器和背面成像器（BSI）。

提升性能和集成度是 CIS 的主要驱动力：

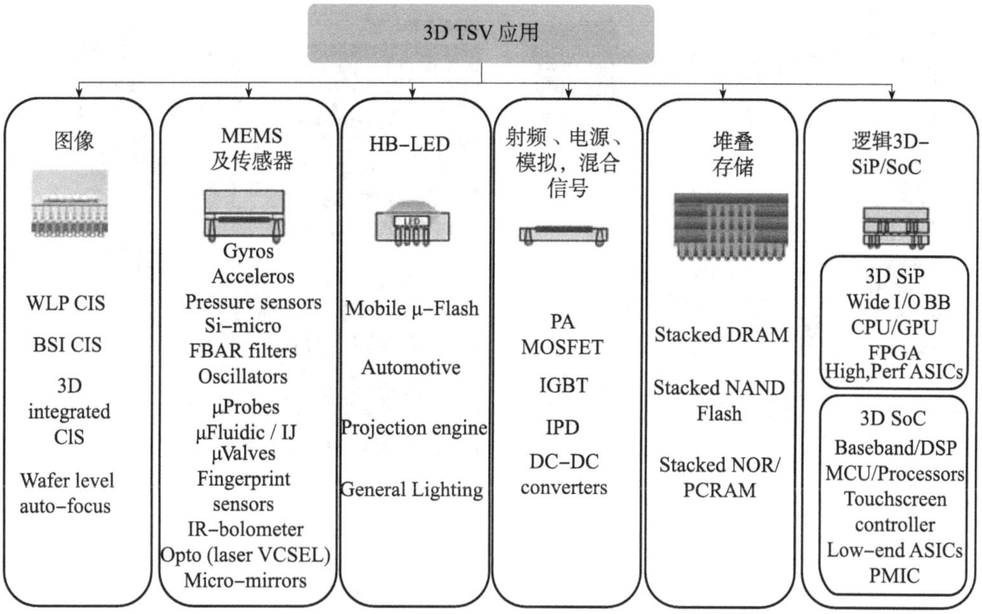

图 2-12　3D TSV 的六种应用[6]

a）BSI“背照式”图像传感器仍然是热门产品。因为光电二极管设计于 CIS 的顶部，BSI 有望提高图像传感器性能（低感光度），同时放宽后端（BEOL）设计要求。

b）它还将实现 3D 集成，并使“每像素更智能”，实现更高的传感性能和像素级信息管理，用于性能特性识别、汽车传感器（安保应用）和游戏应用（人体/传感器与计算机的接口）。

索尼（日本）已经在生产高端 BSI 传感器，主要用于 DSC 和 DSLR 摄像机。BSI 也有望在高端应用中逐步取代 CCD。其他参与者包括豪威、松下、无晶半导体公司和三星（见图 2-13）。消费类 BSI 传感器（手机应用驱动）在 2011 年以 1.1 μm 像素传感器进入市场。

手机和平板电脑将推动未来成像技术的创新。在 2017 年将要出货的成像和光电 3D 器件中，预计 77％将集成在手机和平板电脑中。

2）MEMS 应用：加速度计和陀螺仪、指纹传感器、压力传感器（TPMS、气体等）、RF-MEMS（FBAR、谐振器、开关）、微流体（微阀、POC 等）、微处理器和光学 MEMS（微镜、红外测辐射热计）。

在 MEMS 中采用 TSV 的驱动力包括外形因素、成本和集成度：

a）除了大尺寸的封装外，MEMS 和传感器封装成本相对较高（通常占总成本的 40％～60％）。

b）一些传感器模块变得非常复杂（TPMS 和 IMU 模块），推动了对更高级别集成的需求。

应用 TSV 的 3D 集成技术已在 MEMS 和传感器中应用。安华高（Avago）科技公司

图 2-13 三星、豪威、索尼和东芝采用 TSV/WLP 实现的高端 BSI[6]

（由 Omnivision、SystemPlus Consulting 和 Chipworks 提供）

正在生产 FBAR 滤波器，VTI 和意法半导体集团正在生产 MEMS 惯性传感器（加速度计和陀螺仪）。其他正在进入市场的应用有声扬公司的硅麦克风、优点互动公司的指纹传感器等。在 MEMS 的晶圆厂中，如赛莱克斯、Teledyne Dalsa、Touch Microsystems Technology、IMTMEMS，150 mm 晶圆是主流工艺。此外，CMOS 制造巨头（台积电、联华电子、特许、中芯国际）也对其产生了浓厚兴趣，他们有能力回收老化的 200 mm 晶圆厂，因为他们已经深入参与 MEMS ASIC 业务。IDMs、意法半导体、博世、德州仪器、安华高、欧姆龙和其他公司也非常感兴趣（见图 2-14）。

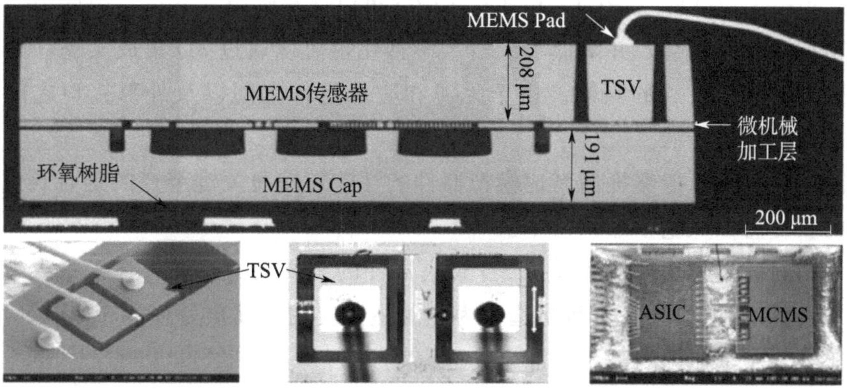

图 2-14　2011 年诺基亚移动电话配套意法半导体在 MEMS IC 中使用 TSV 的加速度计[6]，这个封装中 TSV 通过气隙隔离 MEMS（由 SystemPlus Consulting 提供）

3）射频、电源、模拟和混合信号功率器件的应用：医用和汽车电子的 IGBT、MOSFET、高性能 MMIC 组件和 DC/DC 转换器，如图 2-15 所示。

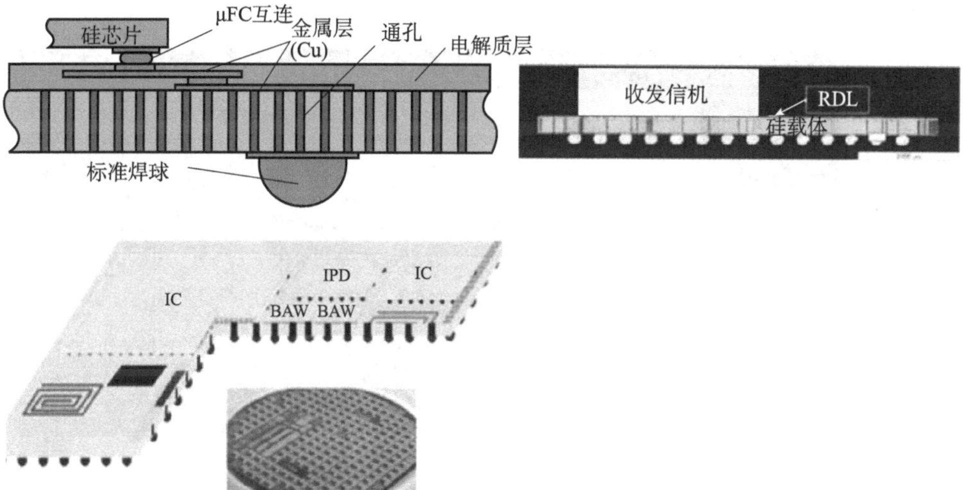

图 2-15　英飞凌公司的 3D 电源、射频、模拟无源转接板——3D IPD[6]
（由 Infineon Technologies 提供）

这些应用使用 TSV 的主要原因是成本、外形尺寸和性能。

a）电源应用：通过 3D 集成，可以用“接地”TSV 代替引线键合，将所有电气连接放置在器件背面来防止电弧效应，同时减小封装尺寸，提高可靠性。

b）大功率 SiP 可以垂直整合 IGBT 和 MOSFET 等功率器件。

c）功率器件“蓝宝石上 GaN”和“硅上 GaN”在性能方面受益于 TSV 封装，因为引线键合无法提供互连的性能要求。国际整流、德州仪器、美信、意法半导体和松下等公司正在开发此类组件。

d）3D 集成无源器件（IPD）：由于 3D IPD 可以在晶圆级别制造，因此 IPD 提供了广泛的系统架构和分区机会，并降低了成本。小型化也可以通过 3D 集成实现，因为 IPD 的尺寸不再受封装基板尺寸的限制。由于无源和有源组件之间以及外部接口之间的连接较短，寄生参数也显著降低。

e）模拟 IC：TSV 能够提高高速模拟器件的性能，缩短关键节点的键合长度；连接到芯片焊盘的长度可以从毫米缩到微米。

移动手机行业是使用射频和模拟 3D 集成器件的主要动力，并将在未来继续推动此类封装的发展。到 2017 年，它仍将是迄今为止的主要应用，其次是使用带有 TSV（接地通孔）的 IGBT 等功率器件的电动和混合动力汽车。

最新的趋势是在高端应用中集成 2.5D 转接板和 TSV 技术。大芯片的现场可编程门阵列（FPGA）器件和 ASIC 已经商业化，赛灵思公司率先推出首款针对智能电视和机顶盒等网络应用的产品。2.5D 玻璃/硅转接板实际上已经成为未来半导体芯片封装组件中连接纳米到毫米世界的关键基板（见图 2－16）。

2.5D 转接板被视为第一代 3D IC 技术。为了进一步降低成本，许多公司正在考虑硅转接板的替代品，如玻璃转接板。

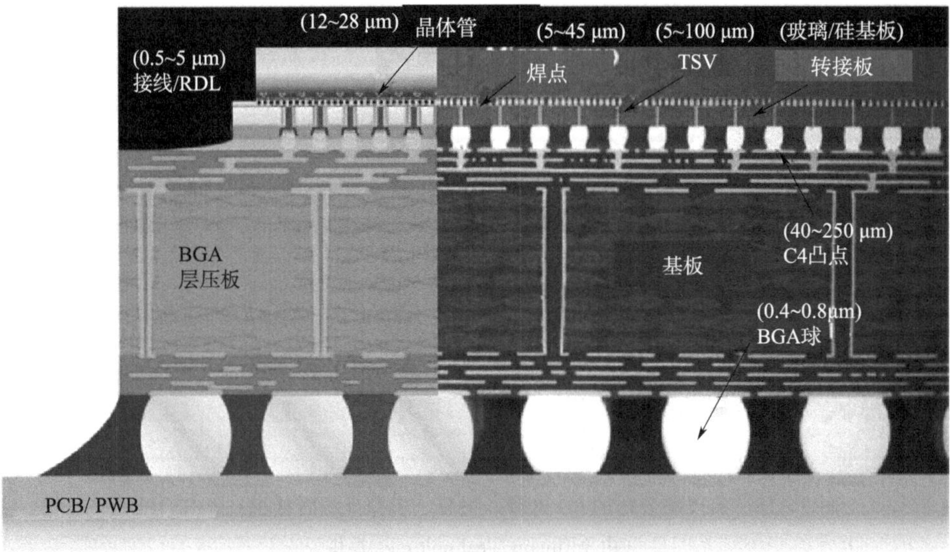

图 2－16　2.5D 转接板——连接纳米到毫米世界的关键基板[6]

使用 2.5D 转接板的主要驱动因素是系统分区，以及将至少一个逻辑 IC 与一个或多个存储器 IC，甚至混合信号或模拟 IC 集成的能力。它涉及“四片”，而不是单芯片 3D SoC 重新分区逻辑设计。因为更小的芯片尺寸和硅转接板晶圆表面高密度铜四层大马士革互连能力，提高了 CMOS 制造产量，从而在成本、功耗和性能方面取得突破。这种类型的封装有望逐步取代单片 SoC。如图 2－17 所示，转接板的使用将由系统和逻辑分区转接板主导。

对于不使用转接板的堆叠存储器、逻辑器件或逻辑存储器的异构集成，仍需开展大量研究工作。该行业仍然需要设计工具、热管理技术、更多的键合和解键合解决方案以及行业认同的测试方法。一旦克服了这些挑战，预计 3D IC 技术在大批量制造（HVM）中的应用将显著增多，首先是在 3D 堆叠 DRAM 和 3D 逻辑 SoC 中，其次是在 CMOS 图像传感器、功率器件和 MEMS 中（见图 2－18）。

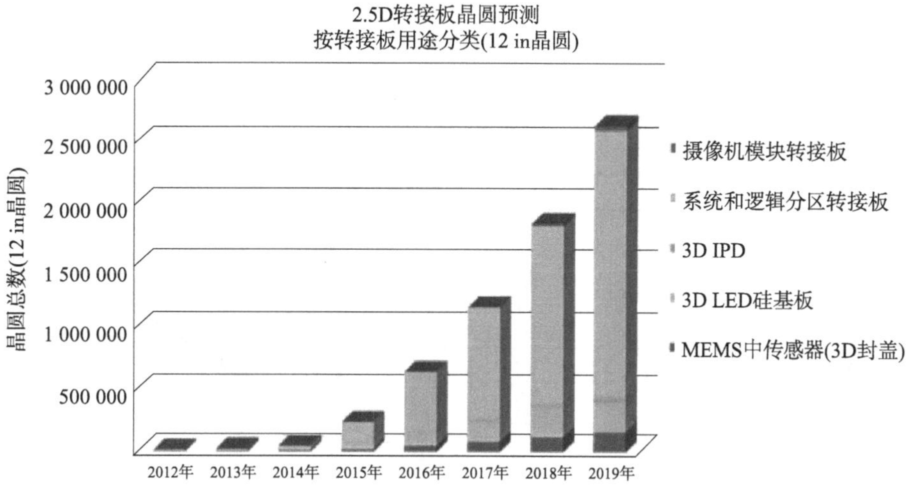

图 2－17　根据应用预测转接板（由 Yole Development 提供）

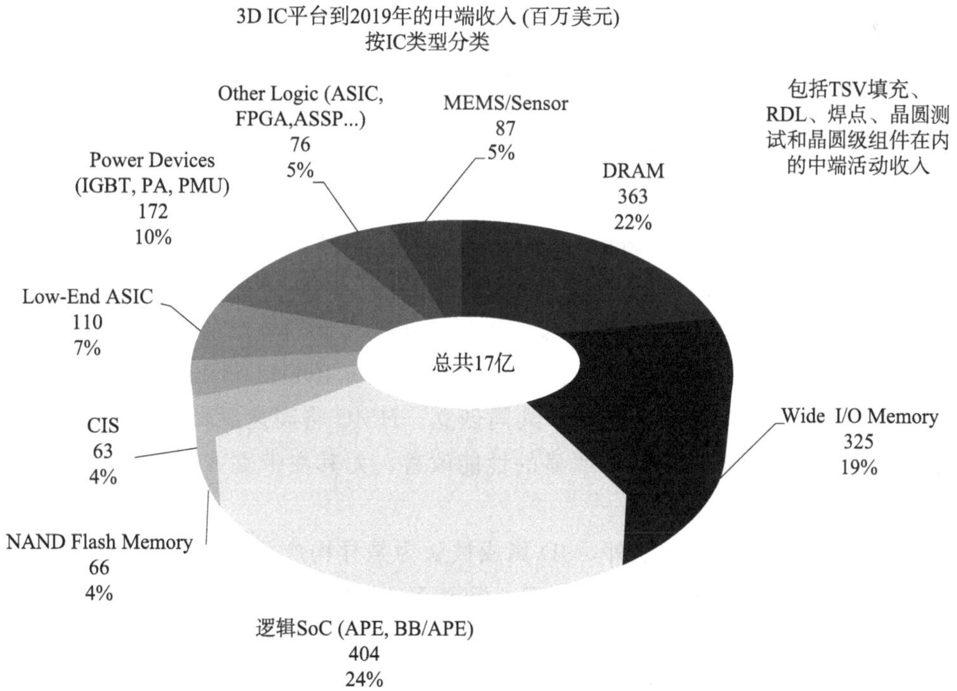

图 2－18　未来 3D IC 市场由堆叠存储器和逻辑 SoC 应用推动（由 Yole Development 提供）

Yole Development 公司预测，2011 年，在 3D IC 或 3D WLCSP 平台中使用 TSV 的所有器件（包括 CMOS 图像传感器、环境光传感器、功率放大器、射频和惯性 MEMS）的市场价值为 32 亿美元。到 2019 年，3D TSV 市场价值有望快速增长，预计将接近 400 亿美元。到 2019 年，如果该技术的应用没有被延迟，预计 3D TSV 市场的渗透率将达到 8%（见图 2－19）。3D IC 通常使用“via－middle” TSV 实现存储器和逻辑 IC 堆叠，预计其晶圆和整体价值的增长速度最快，而 3D WLCSP 将以 18%的复合年增长率持续增长。推动 3D IC 集成的关键因素是存储器增强应用的需求不断增长。

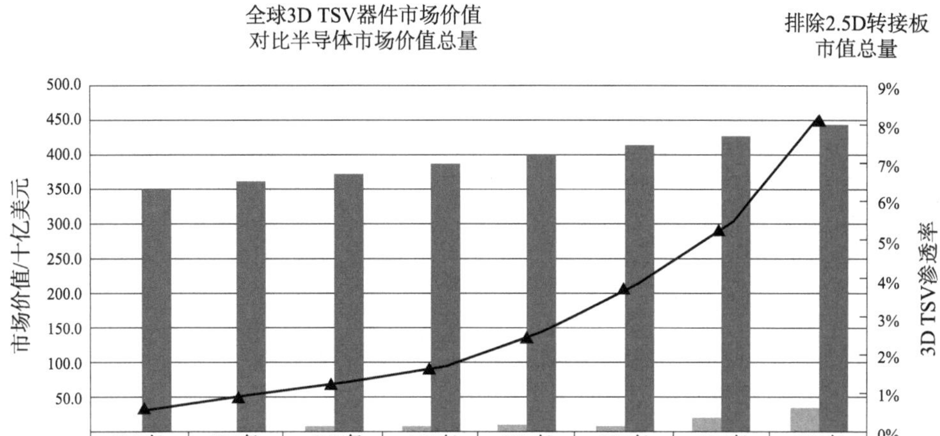

	2012年	2013年	2014年	2015年	2016年	2017年	2018年	2019年
器件市场价值 (B$)	2.1	3.2	4.6	6.3	9.8	15.4	22.5	36.4
半导体市场价值 (B$)	350.0	362.3	374.9	388.1	401.6	415.7	430.2	445.3
3D TSV 渗透率	1%	1%	1%	2%	2%	4%	5%	8%

图 2－19　集成电路半导体市场的 3D IC 渗透率（见彩插）

如图 2－20 所示，存储器增强产品的应用路线图可以概括为两条 3D TSV 路线：堆叠存储器（DRAM、闪存等同构集成）和逻辑存储器。2013 年年底，海力士开始生产带有铜基 TSV 的 DRAM 叠层，Tezzaron 公司进入 3D IC 大批量生产的上升期，包括 DRAM 和带有钨基 TSV 的处理器。

混合存储立方体（HMC）联盟宣布，用逻辑实现存储器叠层的 3D TSV 集成（结合了这两条存储器路线）最迟于 2016 年投入生产（www. hybrid. memorycube. org）。这家领先的产业组织由美光公司和三星电子共同创立。HMC 将高速逻辑工艺技术与 TSV 键合存储器叠层相结合，预计将带来明显的性能改善，尤其在带宽方面（与 DDR3 模块相比）。

除了这些存储器增强应用之外，3D 集成被认为是异构产品的关键技术，这些产品需要智能系统集成，而不是极高的互连密度。根据 Yole Development 公司的收入预测调查，MtM 产品和异构 MEMS/IC 系统可能成为 3D TSV 集成的主要动力市场[7]。世界范围内的许多研发活动都专注于新功能的异构集成[8]。这类复杂异构产品对应的 3D 集成技术仍在多家公司和研究机构进行评估，例如欧洲 e－BRAINS 联盟（www. e－BRAINS. org）就重点关注了可靠性问题。

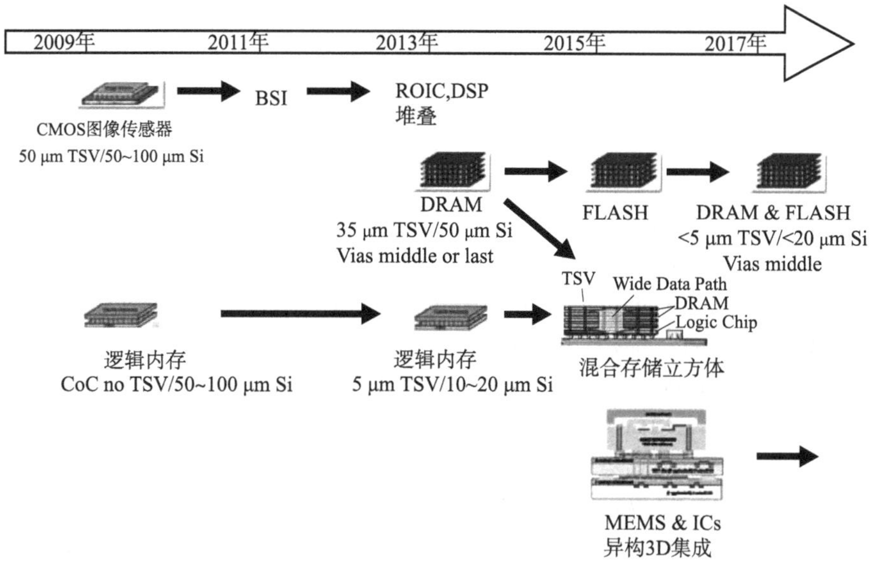

图 2-20　3D 集成产品的应用开发

使用 3D 集成技术的集成 MEMS 取得了重大进展。Yole Development 公司预测，到 2020 年："MEMS 晶圆厂很可能已经开发出内部标准工艺板块，且它将成为晶圆厂特定的标准工具[9]。"有许多出版物描述了 CMOS 与 MEMS 的结合[10,11]。CMOS MEMS 很可能仅限于特定应用，因为 MEMS 需要相近的电子流程。不仅如此，MEMS 的应用还将取决于 MEMS 产品的周期、灵活性、成本、集成度、市场需求和功耗。然而随着 TSV 技术的发展，在某些应用领域，"用户愿意支付更高的成本以获得更好的性能、更小的尺寸、实现更短的连接"。Yole Development 公司预计，随着异构 3D 技术的成熟，到 2015 年，3D TSV 芯片的需求将达到每年数十万片[9]，随着异构 3D 技术的成熟和相应的低制造成本，将开发出多种 3D 集成 CMOS - MEMS 产品，从而进一步拓展关键应用领域（见图 2-20）。预计物联网（IoT）这样有 3D 异构需求的系统会有望成为增长领域。

参考文献

[1] Colwell B (2013) Moore's Law Dead by 2022. EE Times magazine. Available at http://www.eetimes.com/document.asp?doc_id=1319330 (accessed February 28, 2014).

[2] Nowak M (2011) Chapter 1: Introduction to high density through silicon stacking technology, in 3D IC Stacking Technology Book, vol. 2, McGraw-Hill, p. 1.

[3] ITRS (2011) Emerging Research Materials, ITRS Interconnect 2011 Edition, p. 11. Available at http://www.itrs.net/Links/2011itrs/2011Chapters/2011ERD.pdf. (accessed February 28, 2014)

[4] Yole Developpement (2012) 3D IC & TSV Interconnect Report.

[5] Ramm P, Wolf J, and Wunderle B (2008) Wafer-Level 3D System Integration. Handbook of 3D Integration, Wiley-VCH Verlag GmbH, Weinheim, p. 300.

[6] Yole Developpement (2013) 3D IC & 2.5D Interposer IP Landscape Report.

[7] Mounier E (2010) MEMS technology roadmap: demand for smaller, lower cost devices drives major technology trends for next decade; www.yole.fr.

[8] Fernández-Bolaños M. and Ionescu A (2010) Heterogeneous integration for novel functionality. Proceedings of the IEEE International 3D System Integration Conference-3D IC 2010, Munich (eds P Ramm and E Beyne).

[9] Yole Developpement (2011) MEMS: Trends in MEMS Manufacturing & Packaging, Technology Report.

[10] Lapisa M, Stemme G, and Niklaus F (2011) Wafer-level heterogeneous integration for MOEMS, MEMS, and NEMS. IEEE Journal of Selected Topics in Quantum Electronics, 17 (3), 628-644.

[11] Ramm P, Klumpp A, Weber J, and Taklo M M V (2010) 3D system-on-chip technologies for More than Moore systems. Microsystem Technologies, 16 (7), 1051-1055.

第 3 章 2.5D/3D 集成的经济驱动因素和障碍

Philip Garrou

3.1 3D 性能优势

图 3-1 总结了 3D 性能优势。三星公司比较了传统的 PoP 解决方案和等效的 3D 解决方案，并得出结论，3D 解决方案可将封装尺寸减小 35%，功耗减少 50%，带宽增加 8 倍[1]。这些都是显著的性能优势，尤其是对于移动设备而言。

在《3D 集成手册》第 1 卷第 2 章中，我们介绍了 3D 集成电路的基本技术驱动因素[2]。尽管这些因素仍然存在，但仍有必要对 2.5D 和 3D IC 的经济推动力和阻碍进行更深入的研究。

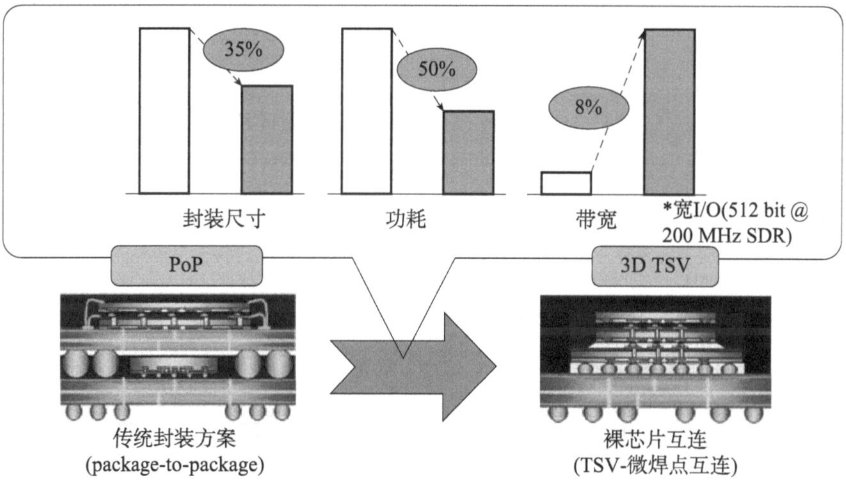

图 3-1 移动设备 PoP 与 3D 封装解决方案的比较[1]

3.2 减小尺寸的经济性

多年来，IC 行业一直受摩尔定律的推动，摩尔定律认为，通过定期减小其制造工艺的最小尺寸，单个芯片的功能每 18～24 个月翻一番。随着最小尺寸从 45 nm 缩小到 28 nm，现在又缩小到 20 nm，用这些工艺进行设计变得越来越困难，制造成本也越来越高。向 20 nm 的转换带来了新的技术困难，例如向非平面 finFET 晶体管结构的转换，以及对关键层进行更复杂的双图形光刻。

虽然可以继续减小到至少 7 nm，但这并不容易达到，成本也不便宜。IBM 公司的 Iyer 指出，单个晶体管的成本已经开始饱和，如图 3－2 所示，仅仅转变到下一节点并不能带来过去那样的经济收益[3]。

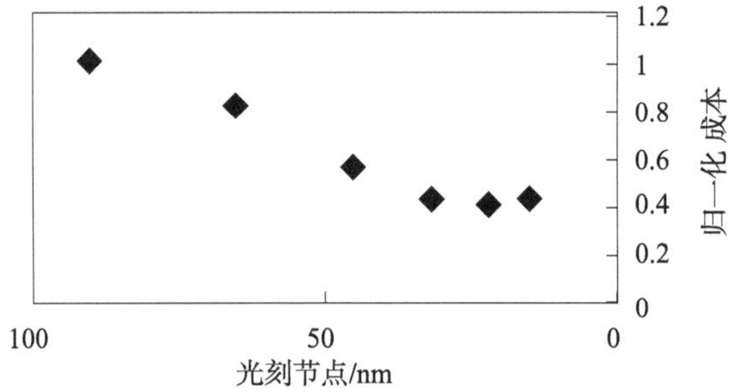

图 3－2　单个晶体管的成本[3]

同样，由 IBS 的 Jones 提供的图 3－3 表明，跨越 22 nm 的节点后进一步减小尺寸（即每个晶圆有更多芯片和每个芯片有更多晶体管）将不再带来更低的成本。由于 22 nm 节点的成本过高，这实际上使晶体管的成本比上一代更高[4]。

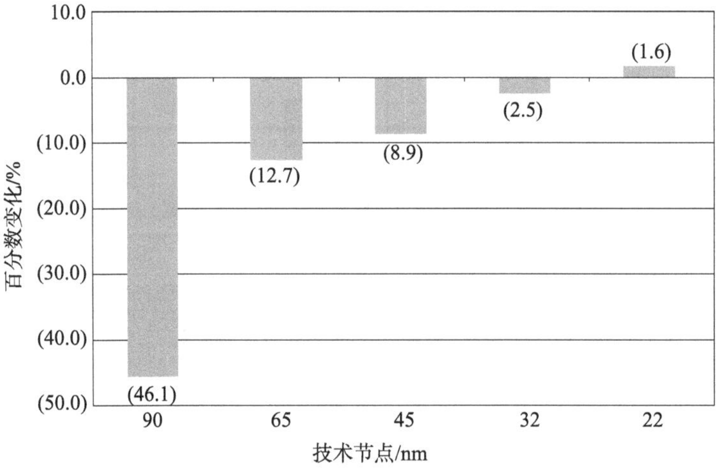

图 3－3　与之前的节点相比，半导体成本降低[4]

3.3　未来缩放的成本

每个人都理解“摩尔定律即将终结”的论点。对于许多中端 IC 制造商来说，它将在什么时候发生，与它正在发生或已经发生的事实相比，关系不大。

虽然一些顶级晶圆厂/代工厂将找到一种方法，将尺寸从 22 nm 缩到 14 nm 甚至更小，但绝大多数不会。这并不是因为这项技术无法实现，而是因为它太贵了。图 3－4 所示为格罗方德公司对建造最先进的 IC 工厂所需要的成本的统计。

随着研发成本超过 10 亿美元，建设成本超过 60 亿美元，只有很少的集成器件制造商（IDM）或晶圆厂能够负担得起。如果我们回顾 2012 年的 IC 销售情况，剔除无晶圆厂的公司，会发现几乎没有公司有足够的资金来建造一个成本为 60 亿美元或以上的晶圆厂（见表 3-1）。

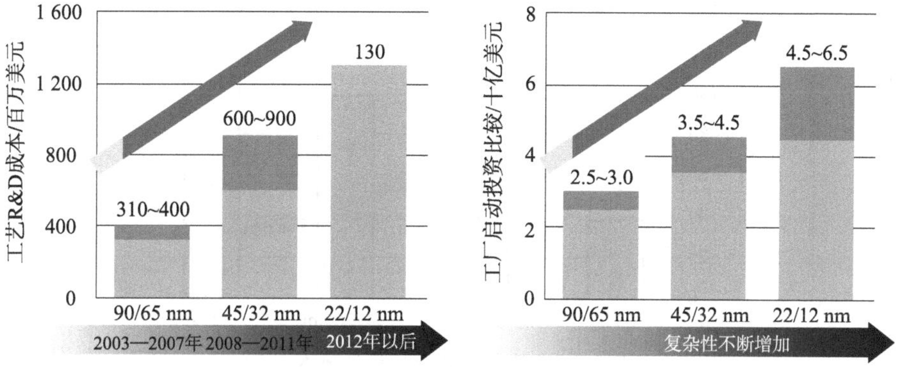

图 3-4　未来缩放的成本[5]

表 3-1　2011/2012 年集成电路销售额[6]

公司	总部	2012 年第一季度总计
英特尔	美国	11 874
三星	韩国	7 067
台积电[a)]	中国台湾	3 526
高通[b)]	美国	3 059
东芝	日本	3 255
德州仪器	美国	2 934
SK 海力士	韩国	2 115
美光	美国	2 102
意法半导体	欧洲	1 999
博通[b)]	美国	1 770
瑞萨	日本	2 363
格罗方德[a)]	美国	1 170
英飞凌	欧洲	1 292
超微半导体[b)]	美国	1 585
恩智浦	欧洲	969
索尼	日本	1 514
英伟达[b)]	美国	935
飞思卡尔	美国	910
联华电子[a)]	中国台湾	804
富士通	日本	1 216

注：a)代工厂；b)无晶圆厂。

Gartner 按节点统计了设计成本，得出的结论是 22 nm 的设计成本将超过 1.5 亿美元（见图 3-5）。批量生产需要摊平超过 1.5 亿美元的一次性工程（NRE）设计费用，这将严重限制在该节点制造的 HVM 产品的数量。

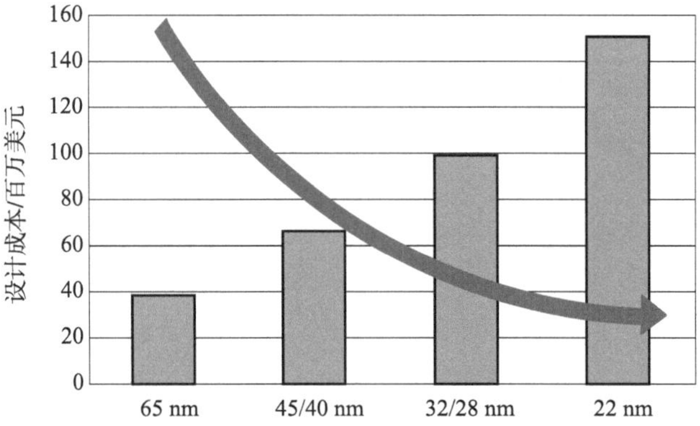

图 3-5　按节点划分的设计成本[7]

图 3-6 所示的 IDM 的逻辑晶圆厂建设支持了这些结论。在过去十年中，我们看到下一个节点的参与者数量稳步下降。

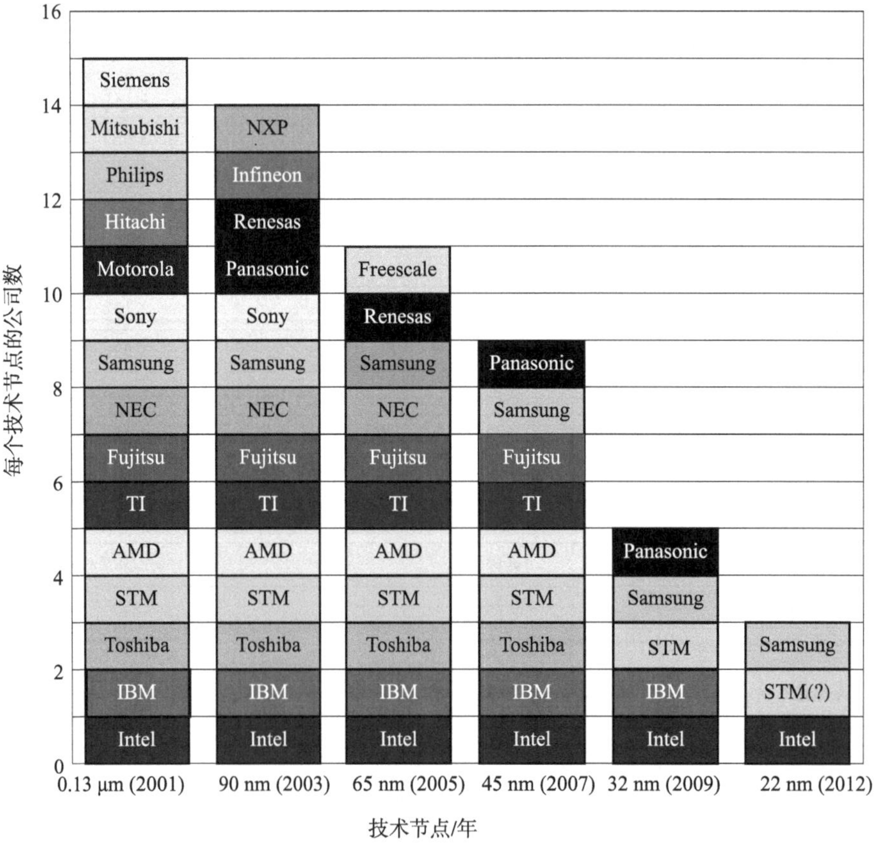

图 3-6　IDM 的逻辑晶圆厂[4]

预计在未来的系统中，在很多情况下，有差异的不是最新的芯片节点，而是它们的互连和封装方式。

所谓的“超越摩尔”[8]或“异构集成”将开发 2.5D SiP 和 3D 垂直结构，这些结构不仅将存储器和逻辑器件整合到叠层中，还包括 DSP、传感器、显示器、电源、射频等。这些技术都将通过硅通孔（TSV）技术实现。

3.4 成本仍然是 2.5D 和 3D 产品推出的障碍

虽然最新节点晶圆厂或最新节点设计的成本将把许多潜在客户排除在外，但是 2.5D 转接板或全 3D IC 堆叠芯片组的成本问题目前正成为将其引入当今主流产品的障碍。

所有第一代 2.5D/3D 产品都包含存储器，或与其他功能模块进行堆叠集成。截至 2013 年年底，存储器叠层和/或硅转接板仍然过于昂贵，无法应用到低成本产品中。

如表 3-2 所示，矽品公司的 Ma 指出，成本仍然是 2.5D 和 3D IC 产品发布的主要关注点[9]。Ma 认为，像矽品（2013 年夏天宣布作为高密度硅转接板供应商进入市场）等 OSAT 的介入将有助于压低迄今为止一直由晶圆厂控制的价格。

表 3-2　成本是 2.5D/3D IC 产品发布的主要考虑因素[9]

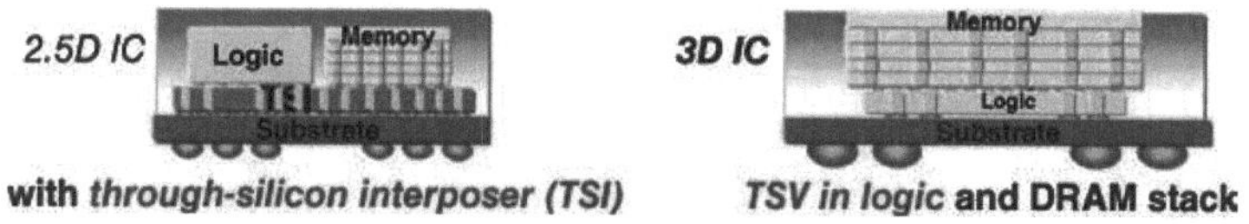

2.5D/3D IC	封装内容	应用	产品发布的主要关注点
2.5D	Logic/(on)TSI(同构集成)	FPGA/高速逻辑	成本
2.5D	逻辑＋模拟＋…？/TSI(异构集成)	系统分区(和聚合)	成本和 TSI 设计
2.5D	逻辑(处理器)＋DRAM 叠层/TSI	计算	成本、DRAM 叠层可用性
3D	存储器叠层	宽 I/O DRAM，HMC	非主流(相对于 DDR4)，成本
3D	逻辑上的宽 I/O DRAM	移动通信	成本/设计/散热问题，DRAM 可用性

3.4.1 在移动产品中使用转接板所需的经济性

高通公司的 Nowak 提示，转接板将增加大量成本，因此对于低成本移动产品来说，可能不会是一个被广泛接受的解决方案，低成本移动产品更倾向于直接 3D 堆叠。在回应高通公司的声明时，台积电的 Yu 表示，虽然增加了一个转接板会增加整个产品的成本，但是“2.5D 解决方案能够通过复用 IP、分离数字和模拟电路以及允许分割昂贵的 SoC 来节约成本”，并且“这可能使 2.5D 转接板成为成本最低的解决方案”[10]。

3.4.2 硅转接板价格

在 2012 年国际转接板大会上，高通公司的 Nowak 和 Altera 公司的 Vordharalli 都指出转接板成本必须达到 1 美分/mm^2才能在大容量移动领域得到广泛应用。Nowak 建议标准的 200 mm^2 转接板应该仅 2 美元[11]。

应用材料公司的 Ramaswamy 发表了一份成本分析报告，显示 300 mm 转接板晶圆的成本为每片晶圆 500～650 美元。他的成本分析表明，主要成本来自大马士革工艺（22%）、正面焊盘和背面凸点制作（20%）以及 TSV 制作（14%）。Ramaswamy 指出，双大马士革工艺成本已针对前端处理进行了优化，因此这部分降低成本的机会很小，降低成本的重点应该放在背面凸点和 TSV 制作上。

Yole Development 公司发布了赛灵思 Vitrex－7 2000T 转接板的成本计算模型，这是市场上首款 2.5D 产品[12]。这种 100 μm 厚的硅转接板面积为 31 mm×31 mm，具有 12 μm TSV，3 个铜大马士革层，顶层使用 65 nm 制程进行布线。Yole 公司计算出 300 mm“赛灵思转接板”晶圆的成本为 683 美元。每个晶圆若能有 56 个好的芯片则可以实现将每个转接板的制造成本控制在 12 美元。Yole 公司分析了制造成本，如图 3－7 所示。

照此推测，如果我们再次假设每个 300 mm 晶圆有 286 个芯片（200 mm），这将使每个转接板成本降到 2.38 美元（合格率 100%）。

那么我们是否接近所需的大规模生产成本？问题真的是价格而不是成本吗？投资效益是不是不够好？或者这些计算是否完全偏离了基础？希望在接下来的几年里，我们能更好地理解这些经济学问题。

一些人仍然坚信只有通过板级方案（即玻璃基板或层压板）才能提供所需的经济性，从而使 2.5D 封装成为主流，大多数人都认为玻璃基板甚至先进的层压板能够为低成本的未来产品提供可能性，但它们目前无法满足密度要求并且处于研发的早期阶段（有关替代转接板材料的完整讨论，请参见第 4 章）。

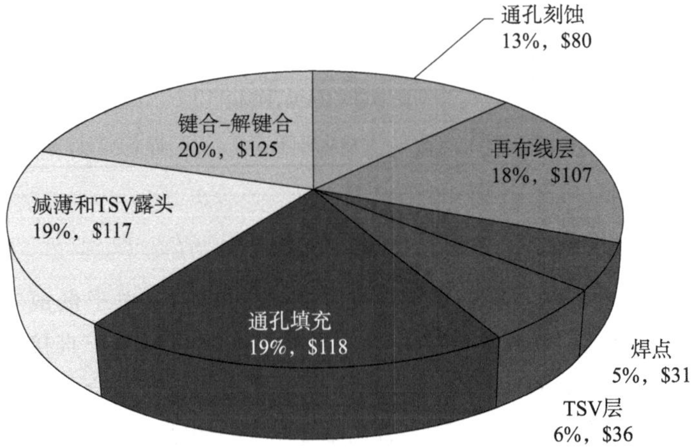

图 3－7　赛灵思转接板的开发成本[12]

参考文献

[1] Samsung (2012) 3D TSV technology & wide IO memory solutions. Design Automation Conference. Available at http: //www . samsung. com/us/business/oem - solutions/ pdfs/Web _ DAC2012 _ TSV _ demo - ah. pdf (accessed December 31, 2013).

[2] Garrou P, Vitkavage S, and Arkalgud S (2008) Chapter 2: Drivers for 3D integration, in Handbook of 3D Integration, vol. 1 (eds P Garrou, C Bower, and P Ramm), Wiley - VCH Verlag GmbH, Weinheim.

[3] Iyer S S (2013) Orthogonal scaling to fill today's fabs in the future. ConFab Conference, Las Vegas, NV.

[4] Jones H (2010) Cost of participation in semiconductor industry increasing: impact after 32/28nm. SEMI ISS, Half Moon Bay, CA.

[5] Walker J (2011) The market challenge of manufacturing convergence: going vertical. SEMICON Taiwan, 3D IC Technology Forum.

[6] IC Insights (2013) Eleven companies move up in 1Q13 top 20 Semi supplier ranking. Available at http: //www. icinsights. com/ news/bulletins/Eleven - Companies - Move - Up - In - 1Q13 - Top - 20 - Semi - Supplier - Ranking/ (accessed December 31, 2013).

[7] Garrou P (2013) IFTLE 148: The future of Packaging: a look from 50, 000 ft. , Solid State Technology, Insights from the Leading Edge, May 25, 2013. Available at http: // www. gslb. cleanrooms. com/index/ packaging/packaging - blogs/ap - blog - display/ blogs/ap - blog/ post987 _ 2555779367382983596. html (accessed December 31, 2013).

[8] Arden W et al (2010) More than Moore. White paper, ITRS. Available at http: // www. itrs. net/Links/2010ITRS/IRC - ITRSMtM - v2%203. pdf (accessed December 31, 2013).

[9] Ma M (2013) The expanding role of OSATs in the era of system integration. ConFab Conference, Las Vegas, NV.

[10] Solid State Technology (2012) Interposer supply/ecosystem examined at IMAPS device packaging. Available at http: //www . electroiq. com/articles/ap/2012/03/ interposer - supply - ecosystem - examined - atimaps - device - packaging. html (accessed December 31, 2013).

[11] Solid State Technology (2012) Will the $2 interposer be silicon or glass? Available at http: // www. electroiq. com/articles/ap/2012/11/will - the - 2 - dollar - interposer - be - silicon - orglass html (accessed December 31, 2013).

[12] Micronews Media (2012) Are silicon interposers "luxury" solutions? Available at http: //www. i - micronews. com/upload/pdf/ 3D% 20Packaging _ May2012 _ AC. pdf (accessed December 31, 2013) .

第4章 转接板技术

Venky Sundaram，Rao R. Tummala

4.1 2.5D 转接板的定义

在微电子封装中，转接板是一种电子基板，它能够实现在转接板顶部的芯片级细间距 I/O 与转接板底部封装上的较粗特征尺寸之间的互连。转接板具有通孔互连结构，有时称为硅通孔（TSV）或封装通孔（TPV），它们提供了顶部组件和底部组件之间的电气连接。转接板有多个再布线层（RDL），在转接板基板的两面都有一层或多层 RDL。

图 4-1 显示了传统封装（左侧）和堆叠封装的含带通孔的双面转接板（右侧）的截面示意图。布线层以及 TSV 或 TPV，将 2D 和 3D IC 连接到底部的球栅阵列（BGA）或印制线路板（PWB）。传统上，芯片封装组织将封装定义为芯片和电路板间的桥梁。现在，转接板已经成为芯片与封装之间的桥梁。因此，转接板可以实现将芯片放置在沿着转接板的同一平面，或附着在转接板两侧的结构上，以促进芯片的并排互连。2.5D 转接板与 20 世纪 90 年代的大型多芯片模块（MCM）非常相似，但它们的间距、I/O 密度和 TSV 有所不同。转接板的典型厚度为 50～300 μm，通孔间距为 10～200 μm。

高布线密度转接板的“并排”配置如图 4-2（a）所示，多个 IC 并排放置，通过转接板顶部的布线实现互连。另一种结构如图 4-2（b）所示，在薄转接板的上下两侧都放置了 IC，并通过夹层中的 TSV 实现高带宽互连。

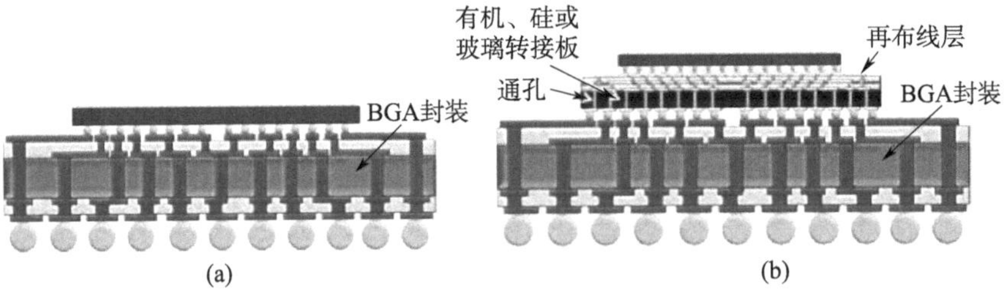

图 4-1 (a) 传统 IC 封装和 PWB 互连与 (b) 顶部 IC 和底部 BGA 封装的 PWB 用转接板互连

转接板可以连接到 BGA 封装，常见于大尺寸转接板，或直接安装到主板或 PWB，常见于小尺寸转接板。

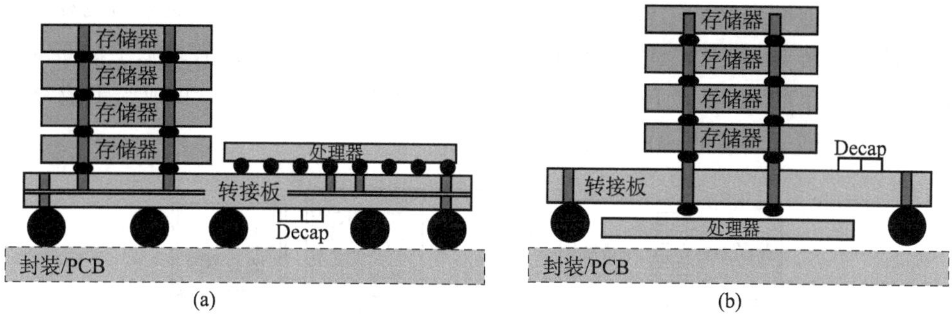

图 4-2　不同的转接板结构示意图

4.2　转接板驱动和需求

在摩尔定律驱动下，晶体管尺寸缩小，芯片间互连的 I/O 密度增加，驱动了转接板技术的发展。间距为 30～225 μm 的 IC 和间距为 500～1 000 μm 的 PWB 之间的 I/O 间距差距促使了对初始封装的需求。同样，当 IC 间距缩短到 32 nm 以下，前道工序（FEOL）的制程缩短到 7 nm，芯片内 I/O pad 间距需要 10～50 μm，与目前 BGA 封装间距 100～150 μm 之间产生了差距。这是高密度和细间距转接板发展的主要驱动因素，如图 4-3 互连发展趋势图所示。

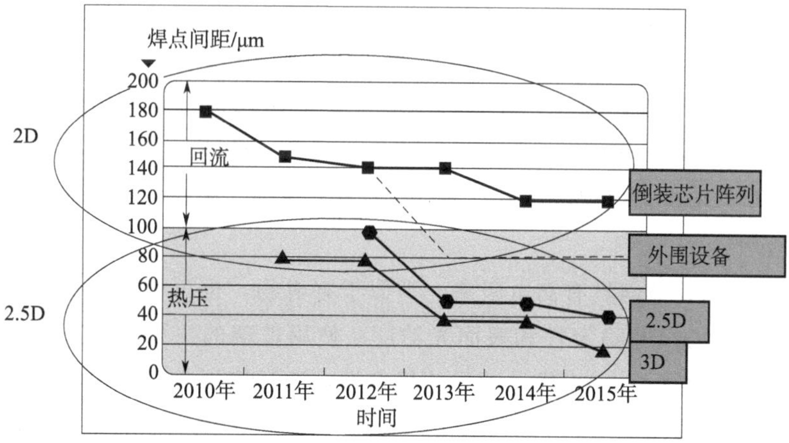

图 4-3　2.5D 和 3D 转接板凸点细间距互连发展趋势图

移动设备和云计算服务器对高带宽数据消耗的日益增长的需求，是 I/O 密度以及逻辑器件和内存芯片细间距互连的最大驱动因素。尽管具有 TSV 的 3D IC 堆叠提供了高带宽和低功耗的潜力，但热耗散、测试、产率和集成电路中 I/O 位置的标准化等挑战推动了搭载逻辑器件和存储器 IC 的 2.5D 高密度硅转接板或其他转接板的应用。

标准有机封装的挑战包括：1）尺寸稳定性差导致的 I/O 密度限制；2）低弹性模量导致的制造和组装过程中的翘曲；3）低导热系数导致的散热差；4）高热膨胀系数导致的片上层间介质（ILD）和片外互连的可靠性问题。

有三种典型的应用驱动了高密度转接板的发展（见图4-4）：1）逻辑对内存带宽的改进；2）“裸片分解”，单个大型IC被分解成多个较小的IC，并通过转接板上的布线层重新连接，从而在较小的IC节点上产生更高的产量；3）将多个异构IC集成，形成复杂的多功能子系统，类似于当前的SiP封装。

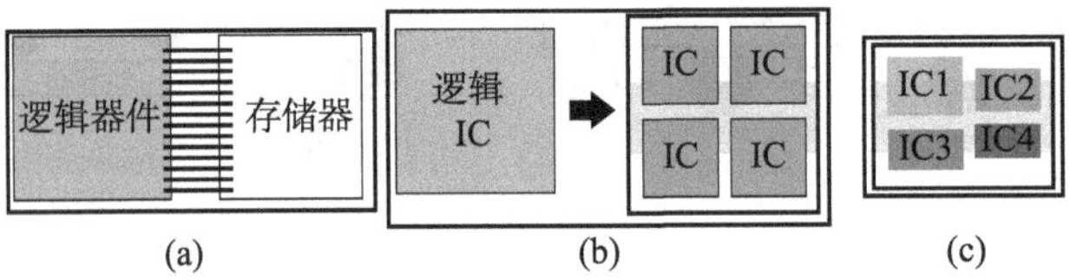

图4-4 2.5D转接板应用的三大驱动因素：(a) 高带宽逻辑器件-内存互连；(b) 芯片分解以提高产量；(c) 异构集成

4.3 转接板材料的比较

表4-1提供了转接板材料在电学、机械性能、热学、物理性能、通孔加工方便性和相对成本方面的定性比较。转接板材料除了需要使I/O互连表现出良好的信号和功率完整性外，它们还需要具有机械强度、化学惰性和高的热机械可靠性。

转接板材料已经从20世纪80年代的陶瓷演变为有机材料。陶瓷基板的I/O密度有限，且加工成本高。因此，有机基板被研发出来取代陶瓷，并被广泛应用。然而，由于它们的高CTE，它们在线宽/线距密度和通孔密度方面都受到限制。硅转接板提供了优异的尺寸稳定性，使封装和板级通过小间距和小尺寸的TSV互连。然而，它们的缺点是由于需要后道工序（BEOL）处理而产生高工艺成本。此外，硅的电阻率较低使其在射频等应用中容易受到信号损失和泄漏的影响。为了应对这些挑战，佐治亚理工学院等研究了替代转接板的材料[1-3]。

如表4-1所示，玻璃具有高电阻率，类似于有机物，也可用来制作大面板，同时具有类似于硅的优异的尺寸稳定性和表面光洁度。使用玻璃的主要优点是：1）电阻率高，信号插入损耗低，串扰小；2）优异的尺寸稳定性，通过使用更小的捕获焊盘实现更好的层间通孔配准；3）可定制CTE（3～10 ppm /℃），提供机械设计的灵活性，使系统内各界面的应力最小化；4）具有化学惰性；5）具有高热稳定性。

表4-1 不同转接板材料的性能比较

特征	材料						
	理想性能	玻璃	SC硅	单晶硅	有机物	金属	陶瓷
电学	高电阻率、低损耗	好	差	一般	好	差	好
物理性能	光滑表面的光洁度 大面积可用性 超薄	好	一般	好	一般	一般	一般

续表

特征	材料						
	理想性能	玻璃	SC 硅	单晶硅	有机物	金属	陶瓷
热学	高导电性、CTE 与 Si 匹配	一般	好	好	差	好	一般
机械性能	高强度、高模量	一般	一般	一般	差	好	一般
化学	对工艺化学品的耐受性	好	一般	一般	一般	差	一般
可制造的高 TPV	低成本通孔及金属化实现	一般	差	一般	一般	差	差
每平方毫米成本	25 μm 间距	好	差	一般	差	差	差

4.4　具有 TSV 的硅转接板

硅转接板制造工艺在本书的各个章节中都有描述，在本节中不做详细讨论。硅转接板最初是由 IBM 和贝尔实验室在 20 世纪 80 年代开发的，使用的是硅晶圆上的 Cu -聚酰亚胺薄膜布线（见图 4 - 5）[4,5]。这些不含 TSV 的硅模块（薄膜 MCM）的商业用途有限，因为与当时的陶瓷和有机替代品相比，它们的成本较高。

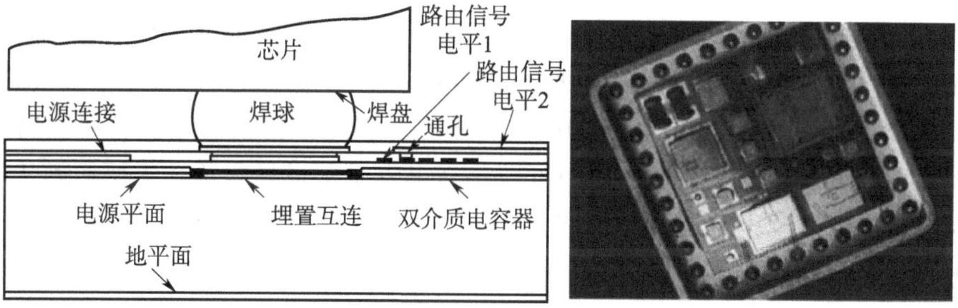

图 4 - 5　不含 TSV 的硅转接板的历史发展[6,7]

第一个商用高密度硅转接板是基于 10 μm 直径和 100 μm 深度的晶圆硅，采用 TSMC 开发的片上晶圆（CoWoS）技术，用于 Xilinx 现场可编程门阵列（FPGA）模块[8]。

一般来说，博世刻蚀是厚硅晶圆中形成盲孔的标准工艺。接下来是用化学气相沉积（CVD）或其他干法工艺进行衬底、阻挡层和种子层沉积，最后用电化学沉积（ECD）进行铜填充。通过化学-机械抛光（CMP）进行平坦化后，使用 BEOL SiO_2- Cu 大马士革工艺在硅转接板的正面制作高密度布线层。使用临时粘接剂将载体晶片粘接到正面，通过背磨和最终抛光完成 TSV 背面显露。背面的 RDL 是通过 BEOL 加工或更常见的晶圆级 Cu -聚合物 RDL 工艺制造的。由于 TSV 材料和工艺技术在本书其他部分广泛介绍，本节只重点介绍了带有 TSV 的硅晶圆在无源转接板中的应用。图 4 - 6 为 BEOL 硅转接板的截面示意图和典型设计规则。

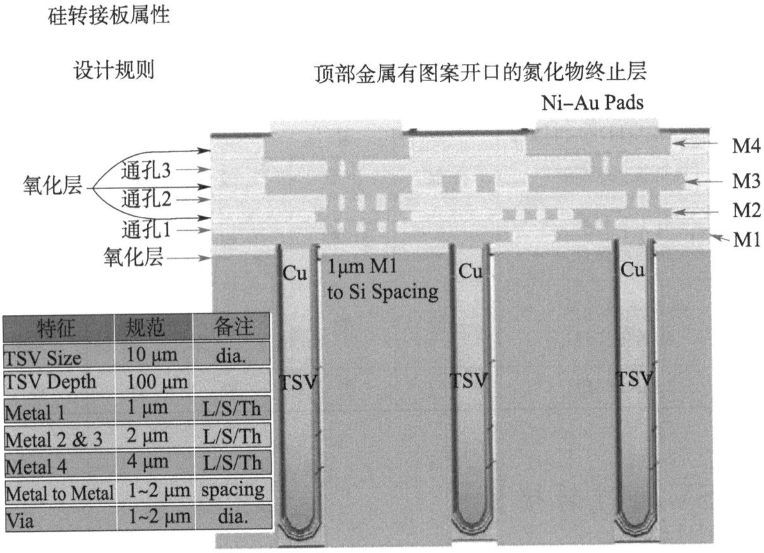

特征	规范	备注
TSV Size	10 μm	dia.
TSV Depth	100 μm	
Metal 1	1 μm	L/S/Th
Metal 2 & 3	2 μm	L/S/Th
Metal 4	4 μm	L/S/Th
Metal to Metal	1~2 μm	spacing
Via	1~2 μm	dia.

图 4-6　TSV 硅转接板[9]的截面示意图和典型设计规则

使用 TSV 硅转接板（相对于 3D 叠加）进行多模集成的主要好处是，TSV 只需要在硅转接板中，从而最大限度地降低了先进逻辑晶圆中 TSV 集成的成本和制造复杂性，减少了相关的减薄挑战。

图 4-7 展示了 2.5D 硅转接板商业应用的第一个实例：Xilinx Virtex 7 的示意图和扫描电子显微镜（SEM）的截面。它由使用台积电 28 nm HPL 工艺制备的 6.8B 晶体管的多个切片（裸片）FPGA，堆叠在无源的硅转接板上。该无源转接板包含 4 层金属，利用台积电成熟的 65 nm 工艺制成。只有通过 65 nm 工艺制造的硅转接板才需要用到 TSV 工艺。65 nm 的设计规则导致比传统封装基板小 100～1 000 倍，从而实现更高数量级的互连密度，显著降低延迟和功耗[10]。具有 TSV 和细间距 RDL 的基于晶圆的硅转接板还有许多其他应用。第一个也是最引人注目的应用是智能手机和平板电脑的高带宽逻辑与内存互连。

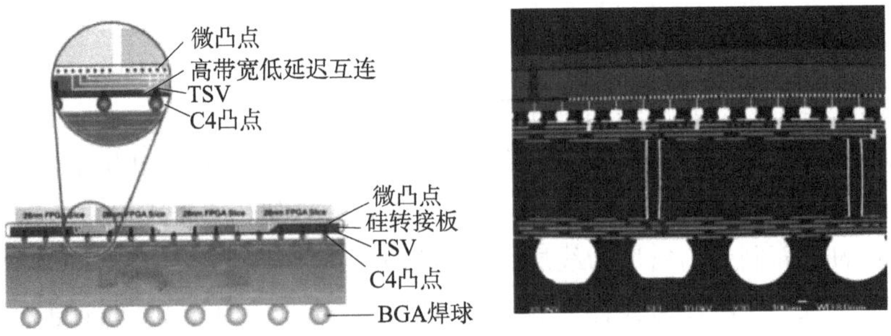

图 4-7　先进 2.5D 硅转接板结构

目前使用的引线键合封装互连存在带宽限制（< 8 GB/s），因为低 I/O 数和长互连路径增加了信号延迟。这种方法能够在少量增加功耗的情况下扩展带宽。2.5D 转接板能够

扩展带宽，是因为在较小的体积内有更多的 I/O 通道，并且每个通道的信号延迟显著降低。例如，使用线宽和线距为 2～4 μm 的 RDL，结合 50 μm 间距的裸片与转接板互连，可以实现超过 25 GB/s 的带宽。在宽 I/O 总线配置上，这样的高带宽可以显著降低功耗（高达 50%）。另一个应用是在几 TB/s 带宽容量的高性能计算和网络环境中，由内存密集型的多核处理器如 ASIC 和 FPGA 等多逻辑设备驱动。考虑高频下的串扰和电阻，在优化带宽时，2 μm 线宽的 RDL 能够提供最佳性能。因此，使用 TSV 和 RDL 的低损耗基板构建的 2.5D 转接板可以实现非常高的带宽，可能高达 2.5 TB/s。综上所述，2.5D 的 2 μm 接地规则的转接板有望在短期内实现高带宽、低成本和低功耗，而无需逻辑 IC 中的 TSV。

除了高成本外，硅转接板的一个重大挑战是带有薄氧化物衬底的 TSV 的电损耗高。最近的研究主要集中在可替代衬底材料和衬底结构上，以减少电损耗和提高硅转接板中 TSV 的可靠性。主要的焦点是通过旋涂或真空层压的干膜聚合物，使用低模量聚合物介质制备更厚的衬底。图 4-8 显示了 ST 微电子公司在 TSV 上应用聚合物衬底的方法，获得了更低的电损耗和更高的可靠性。

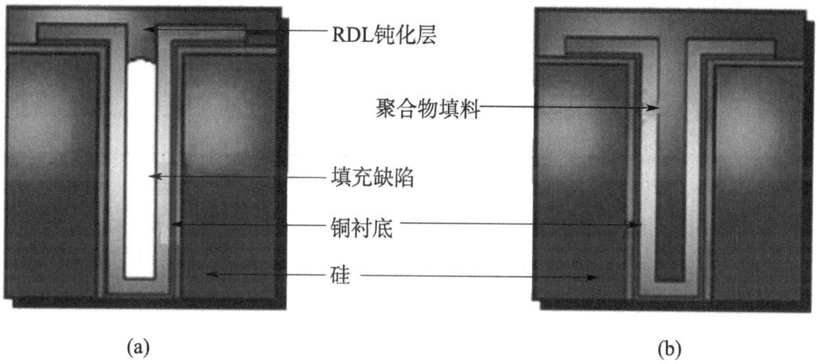

图 4-8 硅转接板中的聚合物衬底 TSV[11]

降低 TSV 损耗的一种有趣的替代方法是由中国台湾工业技术研究院开发的在贯通硅孔（TSH）结构中使用空气作为介质，如图 4-9 所示。硅转接板的顶部和底部的两个芯片之间的铜互连通过一种改进的引线键合技术实现。

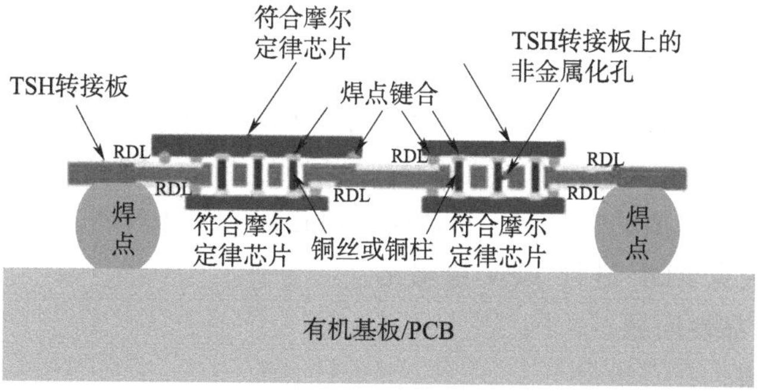

图 4-9 以空气作为电介质衬底的 TSH 表现出比 TSV 更低的电损耗[12]

4.5 低成本转接板

由于智能移动设备和物联网（IoT）应用的驱动，对制造成本的关注增加，出现了几种低成本转接板。其中大面板制造工艺是驱使成本降低的主要原因，如图 4-10 所示。

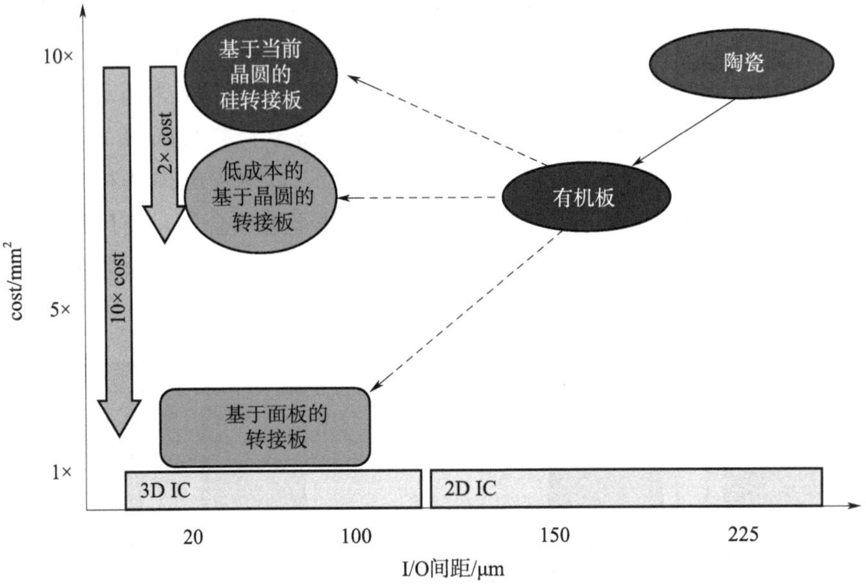

图 4-10 使用基于面板的工艺实现成本降低的潜力[13]

4.5.1 玻璃转接板

玻璃具有优良的尺寸稳定性、高电阻率和优良的化学惰性，其 CTE 与硅芯片和 PWB 可匹配或定制，并可用于薄（30 μm）大面板形式[14]。然而，玻璃有两个主要的局限：它的脆性和低导热性。它还面临重大的工程挑战：1）超薄玻璃面板基片处理；2）以高产量和细间距生产小尺寸 TPV；3）由于较大的 CTE 失配和玻璃的脆性，导致玻璃转接板中铜 TPV 出现可靠性问题。

4.5.1.1 玻璃转接板面临的挑战

在形成玻璃转接板的过程中，需要解决的基本问题和工程问题很少。本节概述了四个关键挑战，并讨论了克服这些技术挑战的解决方案。

1）在不损坏玻璃表面的情况下，形成超小通孔并处理薄玻璃。

2）用铜和小线宽 RDL 进行 TPV 金属化。

3）铜 TPV 可靠性问题。

4）热耗散问题。

4.5.1.2 小间距过孔加工和超薄玻璃处理方案

玻璃具有较高的杨氏模量和化学惰性，使其在小间距下难以加工通孔。众所周知，基于

SF_6 等离子体的 DRIE，在 MEMS 应用中用于在玻璃中制备较大间距（>300 μm）的垂直馈通（见图 4－11）。与 CMOS 级硅中 TSV 的形成相比，玻璃中的刻蚀速率较慢（约为 1 μm/min）。采用 HF 基或 KOH 基的湿法刻蚀可以获得更高的刻蚀速率（约为 10 μm /min）；然而，刻蚀剖面的各向同性使得难以加工深宽比大于 5 的 TPV[16]。其他可能采用的方法包括：1）机械加工；2）在光敏玻璃中的光透成型；3）喷砂；4）激光烧蚀。

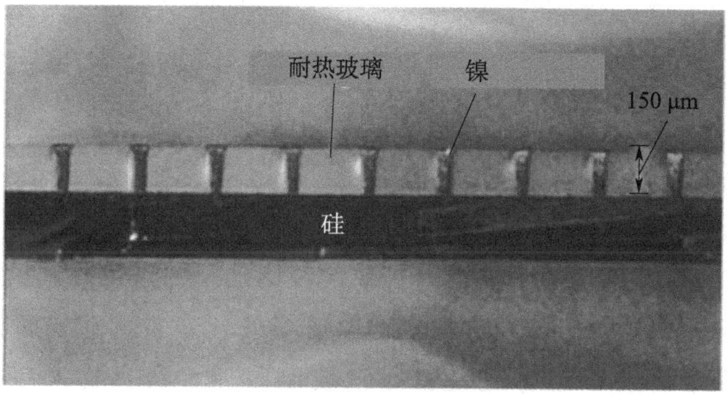

图 4－11　使用 DRIE 在耐热玻璃中加工的垂直馈通[15]

使用专有技术的机械加工，已被用于在 100～300 μm 厚的玻璃中形成直径小于50 μm 的通孔[17]。这是一个串行的过程，即一次钻取一个 TPV。机械加工的本质决定了其对通孔壁表面的损伤，特别是通孔周围的损伤。光透成型技术是康宁玻璃公司在 20 世纪 50 年代开发的一项很有吸引力的技术，它首先将玻璃成型，然后曝光形成结晶区域[18]。所以它有可能同时形成所有 TPV。

这种玻璃暴露在紫外线（UV）辐射下，并加热到高温（>500 ℃）以使暴露区域结晶。随后，晶体区域优先使用 HF 基的湿法刻蚀。使用这种方法可以得到高深宽比通孔。然而，有必要开发一种可以拉制成薄玻璃板并可以结晶成晶体的玻璃组合物，与未结晶的玻璃相比具有优异刻蚀特性。这是一项复杂的技术。喷砂是一种可扩展到并行加工的技术，可以用于实现直径小于 100 μm 的通孔。

激光刻蚀已被研究作为一种潜在的高通量通孔形成的方法。由于玻璃在可见区域是透明的，最大的吸收波长位于深紫外（<266 μm）或红外（>9 μm）。激光在玻璃中的相互作用机制可描述为入射波长、频率和剂量的函数。用准分子激光钻取 TPV 的示例如图 4－12 所示。观察到 TPV 有轻微的锥度，入口侧直径略大于出口侧直径。使用准分子激光器可以很轻松地在 175～200 μm 的玻璃厚度上加工直径为 30 μm、间距为 50 μm 的 TPV。

新兴激光器，如皮秒和飞秒激光器，也可以用来烧蚀玻璃中的通孔。这种在紫外或红外波长下工作的激光器的脉冲宽度在飞秒或皮秒范围内，材料去除的机制是基于非线性吸收。图 4－13 所示为不同激光方法在较厚的玻璃基板上钻取 TPV 的截面图像。

很明显，在薄的玻璃中能刻蚀的通孔更小且孔间距更小，产量更大。虽然薄玻璃制造

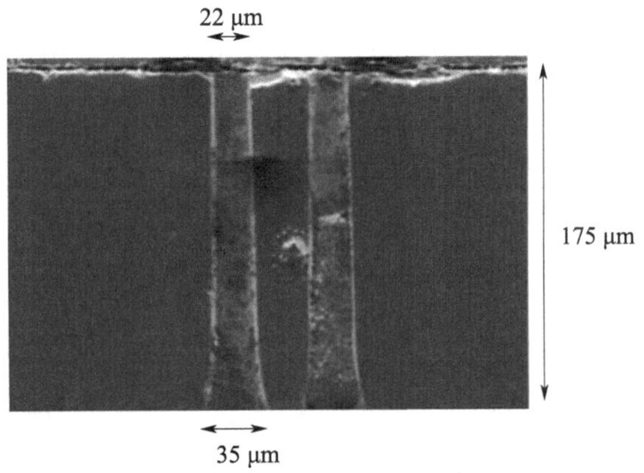

图 4-12 准分子激光钻取 TPV 的 SEM 截面

工艺简单，但处理时不破碎是一个关键的挑战。玻璃是一种高弹性模量（>70 GPa）的硬质材料，但玻璃的断裂韧性很低。玻璃的脆性使得处理非常困难，特别是超薄的大面板（<100 μm）。近些年研发了三种处理技术：玻璃载体、聚合物夹层玻璃和 roll to roll 工艺。

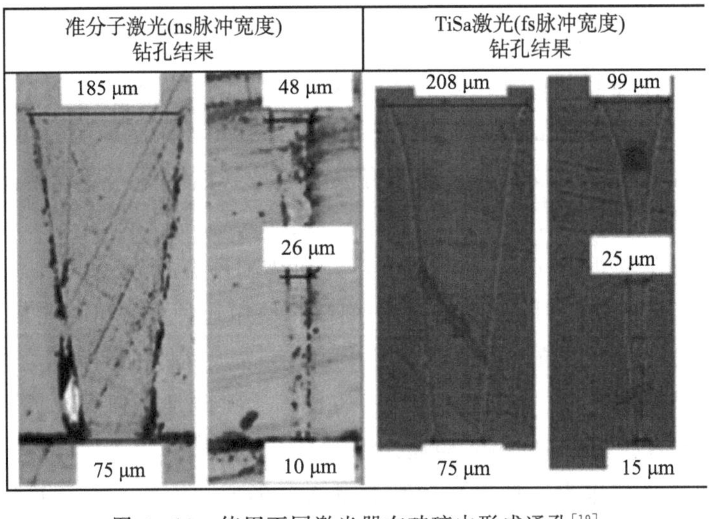

图 4-13 使用不同激光器在玻璃中形成通孔[19]

载体玻璃的使用是由 Asahi glass 公司（AGC）提出的，其中薄玻璃基板（<0.1 mm）附着在较厚的载体基板（0.5 mm）[20]上。

另一种有发展前景的处理方法是在薄玻璃的两面涂上一层薄薄的聚合物（见图 4-14）。聚合物覆于玻璃表面，保护玻璃表面免受损坏，从而防止最终导致失效的裂纹生成和扩展。聚合物薄膜可以应用于任意工序，如干膜层压和旋转或喷涂。

4.5.1.3 玻璃 TPV 的金属化

小直径、小间距的 TPV 金属化对于实现顶部和底部 RDL 之间的电互连具有重要意义。

铜是最理想的导体，因为它具有高导电性（约 $6\times10^{7}\ \mathrm{S\cdot m^{-1}}$）且易于电镀。对通孔和 RDL 进行金属化可以使用基于 BEOL 的晶圆工艺或封装基板制造商通常使用的面板工艺。

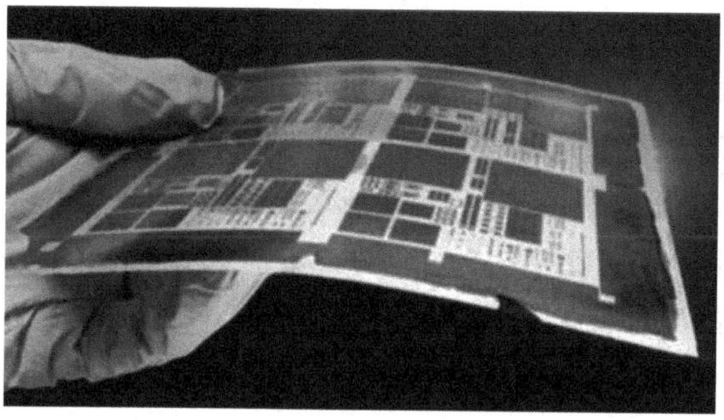

图 4-14　超薄玻璃基板（30 μm）与聚合物层压后的双面金属化

目前有三种方法可以实现玻璃转接板的金属化，即溅射种子层后电镀、化学镀后电镀，以及在高温金属栓（如钨）上流动熔融玻璃。

基于晶片的溅射包括沉积铬和铜的薄层，通常在几百到几千纳米的数量级。将基片置于真空室中，然后通过 CVD 或物理气相沉积（PVD）来沉积薄种子层。微孔和传输线通常采用自底向上的电镀。应用于晶圆的玻璃上电镀工艺和硅转接板类似，晶圆制造基础设施可以应用于 BEOL 工艺中在玻璃上形成 RDL，但该工艺仅限于单面电镀，因此需要对载体晶圆进行两面的加工。

采用基于面板的湿法处理方法进行电镀，可以实现薄玻璃转接板的双面金属化。在化学镀法中，化学镀铜作为种子层，然后再电镀铜。使用化学镀直接在玻璃表面进行电镀具有挑战性，需要使用硅烷对玻璃表面进行处理。另外，可以对玻璃表面进行纹理化以达到足够的粗糙度，从而为金属离子提供机械锚定位点。利用非线性吸收的激光辅助金属化也可以用来制作玻璃上的金属线。减材刻蚀可用于定义粗尺寸（＞30 μm）的线条，而半添加剂电镀（SAP）有利于实现超细线条（＜15 μm）。图 4-15 是使用化学镀金属化通孔的例子。本例中的 TPV 间距为 50 μm，从图中能够观察到通孔完全金属化。

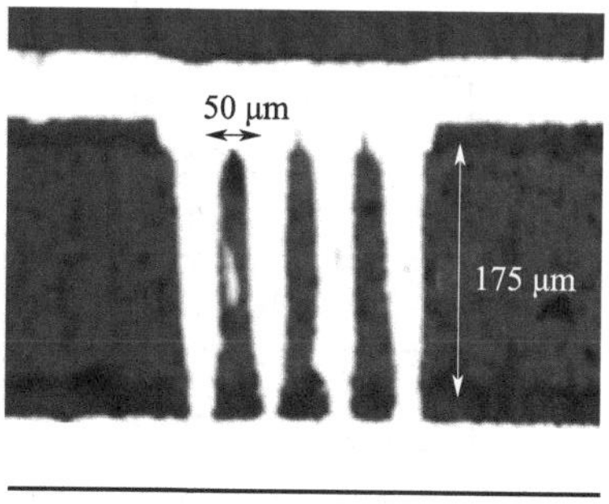

图 4-15　化学镀和电镀的金属化玻璃通孔

实现玻璃金属化馈通的第三种方法是让熔融玻璃流过金属栓；通过这种方法[21]可以得到直径小至 100 μm 的通孔。

4.5.1.4　玻璃转接板中铜 TPV 的可靠性

热机械可靠性是任何电子封装的关键要求。机械应力是由于玻璃夹层内不同材料之间的 CTE 差异导致的。铜通常被用来实现金属化 TPV 和细线 RDL。在低 CTE 的玻璃（3 ppm/℃）和高 CTE 的铜（17 ppm/℃）之间，不同的膨胀系数会导致界面破坏，或分层或开裂。基于 JEDEC 标准，采用多组由 TPV 阵列和细传输线连接的菊花链结构进行了热循环测试（−55～125 ℃）和高加速应力测试（HAST）。经过一定次数的热循环后，对菊花链电阻进行了监测。对玻璃 TPV 进行的初步测试显示出了良好的结果，直到 1 500 次热循环之前，TPV 都具有稳定的菊花链电阻，玻璃上没有裂纹。

4.5.1.5　玻璃散热

玻璃具有相比于硅［约 150 W/（m·K）］较低的导热系数［约 1 W/（m·K）］，因此玻璃转接板的散热是一个重要问题。提出的解决方案包括：1）在逻辑芯片顶部使用散热器；2）使用热通孔，为 PWB 和环境之间提供一个低热阻路径。

4.5.1.6　用 TPV 和 RDL 制作玻璃转接板

玻璃转接板可以采用基于晶圆或面板的方法制造。图 4－16 显示了一个典型的基于面板的流程图。首先将玻璃表面清洗干净，在玻璃的两侧沉积一层薄薄的聚合物，然后用激光进行穿透成型。随后，采用化学镀进行金属化。为 RDL 制造类似于有机衬底的积累层，其中薄介电材料层覆盖在第一金属化层上。然后使用激光烧蚀形成微孔，以提供被薄电介质分开的两层金属层之间的电互连。

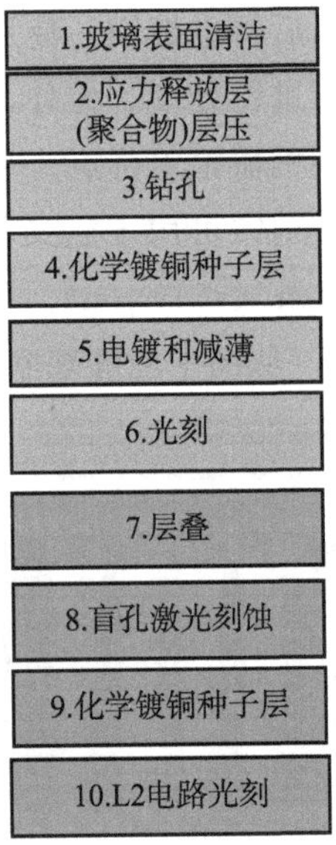

图 4－16　用面板法制造玻璃转接板的典型工艺流程

图 4－17 显示了带通孔的四金属层玻璃基板的光学图像。玻璃基板的厚度为 175 μm，通孔直径为 60 μm。

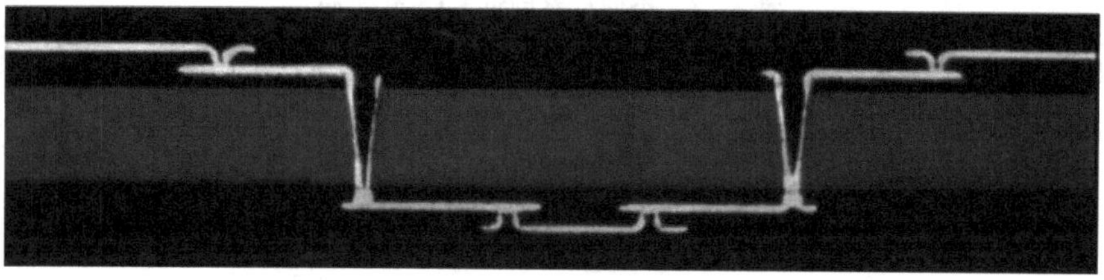

图 4-17　带 TPV 和双面 RDL 的四金属层玻璃基板

4.5.2　低 CTE 有机转接板

对更薄封装的需求促使了超低 CTE 芯材的发展。低 CTE 有机芯材解决了传统有机封装中转接板使用的两个最重要的限制，即失配相关的可靠性问题和芯片组装过程中的翘曲。使用低 CTE 材料制成的薄封装与使用高 CTE 材料的封装相比，有类似的翘曲现象[22]。目前低 CTE 有机基材采用了先进的树脂和无机填料。日立化学、松下、住友、三菱等材料供应商近期已开发出 CTE<10 ppm/℃、高 T_g 、高模量的材料。比如，日立化学生产了一种 CTE 小于 6 ppm /℃[23]的材料。

正如预期，有机芯的超低 CTE 可以减少组装后的翘曲。当芯厚度为 100 μm 时，在 25～260 ℃，与高 T_g 的 FR4 相比，翘曲显著减小（见图 4-18）。表 4-2 列出了目前可用的低 CTE 有机层压材料及其关键特性。

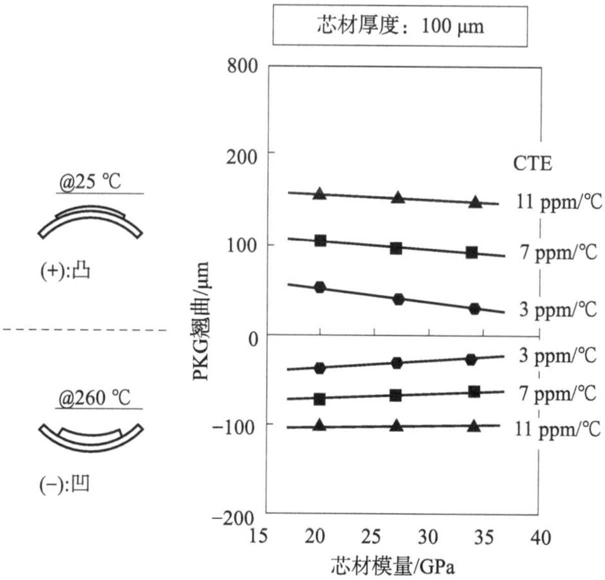

图 4-18　使用低 CTE 有机芯改善翘曲

表 4-2 不同厂家的低 CTE 有机芯

制造商	商品名称	T_g /(TMA,℃)	CTE(xy)/(ppm/℃)	弹性模量/GPa
日立化学	e-700G#1	229	8.5	35.1
	e-700G(R)	221	9	33
	e-705G	260	6(E-glass)	33
			3.3(S-glass)	36
	e-800G	230	5(E-glass)	20
			2.8(S-glass)	23
MGC	HL-83 X2	210	7	30
	HL-830 X3	220	6.5	33
松下	R1515αl	225	9.5	33
住友电木	ELC9963B	240(DMA)	9	30
	ELC9970A	240(DMA)	7	—

4.5.3 多晶硅转接板

佐治亚理工学院正在开发多晶硅转接板技术，以解决传统单晶硅晶圆的成本和性能问题。多晶硅成本估计比单晶硅晶圆降低了10倍。在制造多晶硅转接板时，材料、工艺和工具都是不同的。多晶硅转接板与常规硅晶圆转接板的比较见表4-3。多晶硅转接板制造首先是将低阻多晶硅薄板厚度减薄至100 μm，此时表面未抛光。TPV孔是由紫外激光（低于DRIE）形成的，与采用CVD或高温氧化薄 SiO_2 衬底相比，TPV衬底是由厚聚合物采用低成本工艺技术制成的。RDL不是用液体电介质而是用干膜制作的。

表 4-3 传统硅转接板与低成本硅转接板的比较

技术		传统硅转接板	GT低成本硅片和面板转接板
原材料		互补金属氧化物半导体硅	多晶体硅
大小		200～300 mm 晶圆	300 mm 晶圆至 700 mm 面板
厚度		50～200 μm 抛光	100～200 μm w/o 抛光
TSV 洞		DRIE	激光
TSV 衬底		薄的氧化物	厚的聚合物
TSV 金属		PVD /CVD 阻挡层/种子层/铜	化学镀种子层/铜
RDL		单面工艺	双面工艺
		Cu-oxide	Cu-polymer 组装
电介质		薄 SiO_2	干膜聚合物
通孔		双大马士革	激光
相对成本	晶片	高	2倍
	面板	N/A	10倍

4.5.3.1　多晶硅转接板制造工艺

多晶硅转接板的工艺流程如图 4－19 所示。在面积为 150 mm×150 mm、厚为 200 mm 的多晶硅上通过 355 nm 紫外激光烧蚀制成直径 80 μm、间距 150～200 μm 的 TPV。采用“双激光”工艺制备了厚聚合物衬底。首先用干膜真空贴合工艺对硅中的通孔进行聚合物填充，然后用第二道紫外激光烧蚀工艺在聚合物填充内部形成一个直径为 40 μm 的内部通孔。形成大约 20 μm 厚的壁，以隔离有损耗的硅衬底，其电阻率为 0.5～0.6 Ω·cm。采用化学镀工艺在聚合物衬底的顶部、底部和通孔内分别形成一层薄薄的种子层。

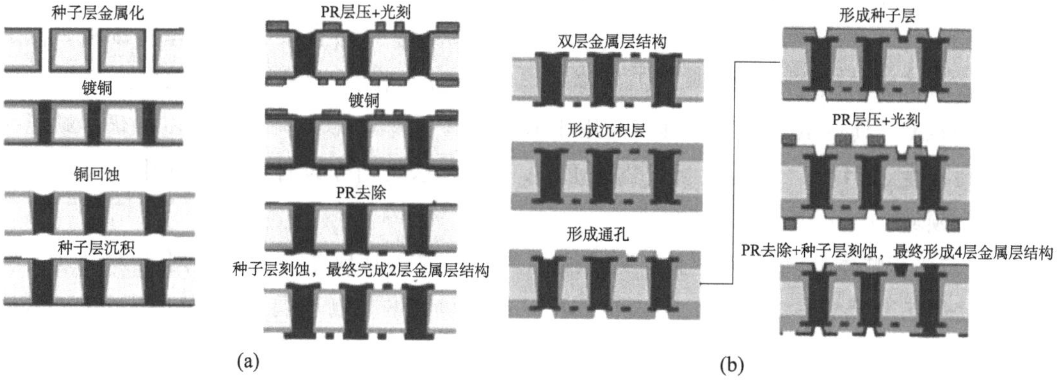

图 4－19　制备（a）双金属层结构和（b）四金属层结构的工艺流程[24]

通孔填充采用无空隙的电解电镀工艺。采用双面化学刻蚀工艺去除上、下表面的铜覆盖层。采用 SAP 工艺进行双面铜图形化。然后使用双面干膜光刻工艺来图形化传输线，然后进行电解电镀以在多晶硅转接板上实现双面金属层 RDL。

图 4－19（b）展示了制造四层结构的工艺流程。采用双面真空层压法制备聚合物绝缘层。用 355 nm 紫外激光烧蚀聚合物形成盲孔。这些微通孔和外部电路层通过 SAP 工艺金属化。四层金属层转接板的成品结构如图 4－20 显微切片照片所示。

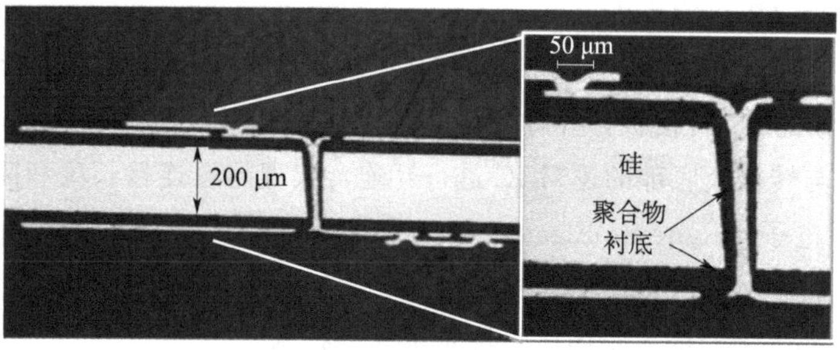

图 4－20　四层金属层多晶硅转接板的截面

佐治亚理工学院[25]提供了内置小尺寸 TPV 的四层多晶硅高频特性。

4.6 转接板技术和制造挑战

转接板集成技术在系统集成、外形小型化和性能提升方面有很多显著优点。然而同时也带来了一些技术和制造方面的挑战。主要挑战如下：

1）热管理：2.5D 转接板内并排的高性能多芯片模块导致更高的热流密度。因此，为了限制结温和表面温度在特定范围内，高效的高热通量的散热技术是非常关键的。

2）可测试性和测试成本：为了在大批量生产中实现高成品率，必须在考虑成本和测试复杂性的前提下解决转接板的可测试性问题。

3）制造供应链供给：目前仅可以从部分供应商那里获得有限数量的硅转接板。低成本高质量的转接板供应不足问题，仍是将转接板技术应用到产品中的主要障碍。

4）EDA 工具：虽然设计工具广泛用于 IC 和 SiP 封装，以及片上互连，但仍然缺乏一套针对高密度 2.5D 和 3D 转接板优化的 EDA 工具。这是当今设计工具社区中开发活动密集的一个领域。

5）转接板成本：转接板技术广泛使用的最大挑战是其成本，特别是对于大尺寸的转接板。使用超薄低成本材料的大型面板加工（如超薄熔融拉制玻璃），以及用于 TPV 形成和金属化的高通量工具，都为降低转接板成本和推动转接板普及提供了可能。

4.7 转接板应用实例

本节重点介绍在消费类和高性能产品中电子系统转接板的一些初始应用示例。

1）IBM 高性能 2.5D 硅转接板：IBM 发布了一个高性能的系统，该系统结合了基于 SOI 的 Cu－45HP 技术与通过单布线层转接板互连的 8HP BICMOS 锗硅技术，系统带宽大于 1.3 Tbit/s，如图 4－21 所示[26]。硅转接板结合了高性价比的 90 nm 级别 BEOL 布线层与 Cu TSV，以消除有源 IC 集成 TSV 的复杂性，同时使用美光公司的混合存储立方体模块技术实现了存储模块的集成。

2）NEC 高带宽 SMAFTI 3D 转接板：NEC 的一个团队提供了首个使用多层铜-聚酰亚胺 coreless 基板的 3D 转接板，并称之为智能馈电转接板（SMAFTI）。该 3D 转接板将顶部堆叠的内存与转接板底部的逻辑 IC 进行互连，实现超短连接长度和高带宽，如图 4－22[27]所示。瑞萨电子（Renesas Electronics）和尔比达存储器（Elpida memory）也展示了这种技术，它们使用了带有 TSV 的硅转接板。最近，台积电（TSMC）、中国台湾工研院（ITRI）和 Rambus[28]的一个团队也展示了这种技术。

3）用于射频应用的玻璃转接板：高频应用需要低插入损耗和低串扰。ST 微电子公司[29]研发了应用于移动电话和 WLAN 的玻璃集成无源器件（IPD）。最近，佐治亚理工学院、ST 微电子公司和 Asahi 玻璃公司[30]的一个团队提出，在薄玻璃中集成通孔，能显著降低射频模块的玻璃转接板的成本，并减小尺寸。

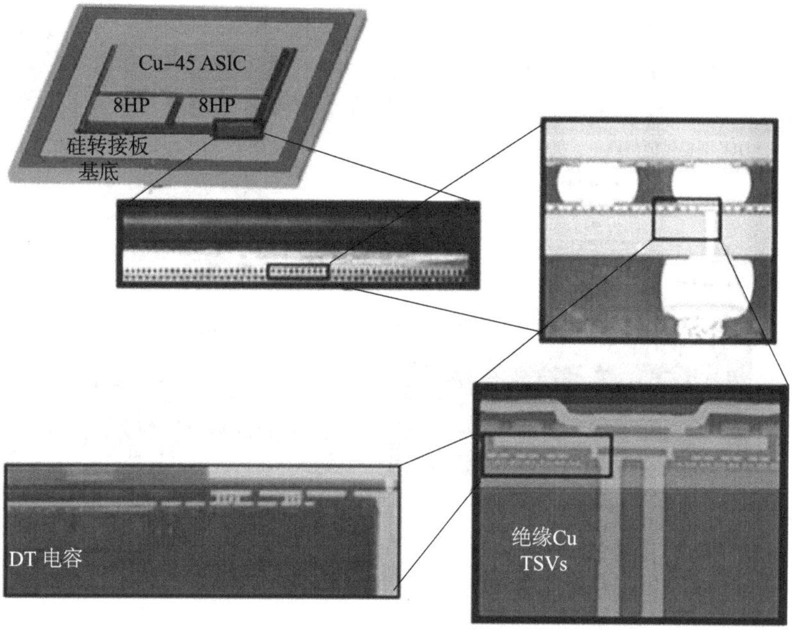

图 4-21　2.5D 硅转接板上的逻辑-存储模块集成

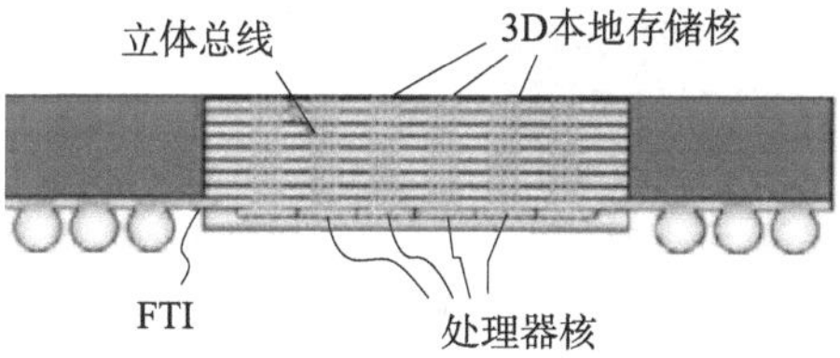

DRAM芯片尺寸	10.7 mm × 13.3 mm
DRAM芯片厚度	50 μm
DRAM内TSV数量	1 560
DRAM电容	512 Mbit/die × 2 strata
CMOS逻辑芯片尺寸	17.5 mm × 17.5 mm
CMOS逻辑芯片厚度	200 μm
CMOS逻辑焊点数量	3 497
CMOS逻辑芯片工艺	150 nm CMOS
CMOS逻辑FTI通孔尺寸	50 μm
封装尺寸	33 mm × 33 mm
BGA	520 pin/1 mm pitch

图 4-22　通过 3D SMAFTI 转接板实现高带宽逻辑-存储集成

4）用于 MEMS 与 ASIC 集成的 3D 玻璃转接板：近年来，玻璃罩已用于晶圆级 MEMS 器件的气密密封。玻璃转接板是 MEMS 封装的理想解决方案，因为其对湿度不敏感。VTI 使用带有 TGV 的玻璃转接板将 gyro - MEMS 器件连接到 ASIC 芯片上，如图 4-23[32] 所示。

5）高亮度 LED 底座用硅衬底：硅的高导热性使其应用于高功率 HB - LED 的衬底和封装。VisEra（台积电的子公司）最近开始生产带有电镀 TSV 的用于 LED 层组件的硅转接板，如图 4-24 所示。

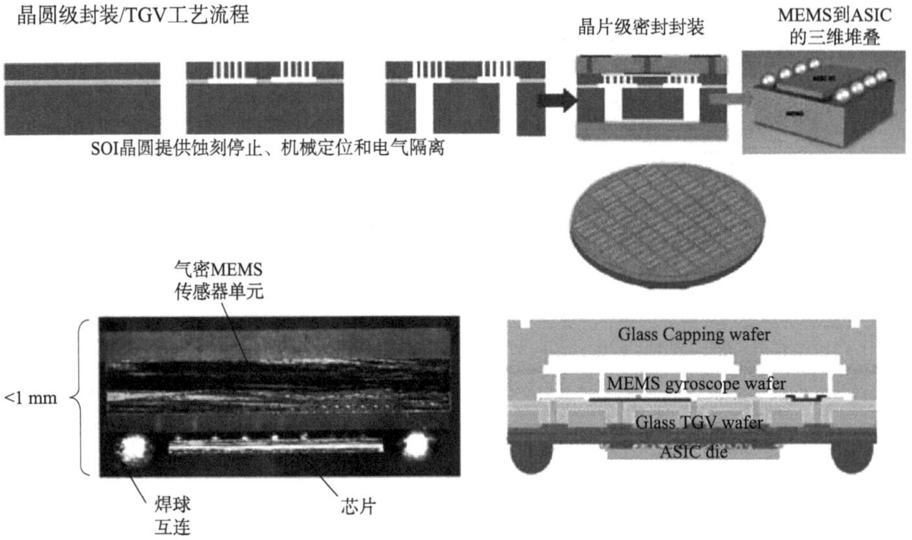

图 4-23　密封 MEMS 3D 集成含通孔的玻璃转接板[33]

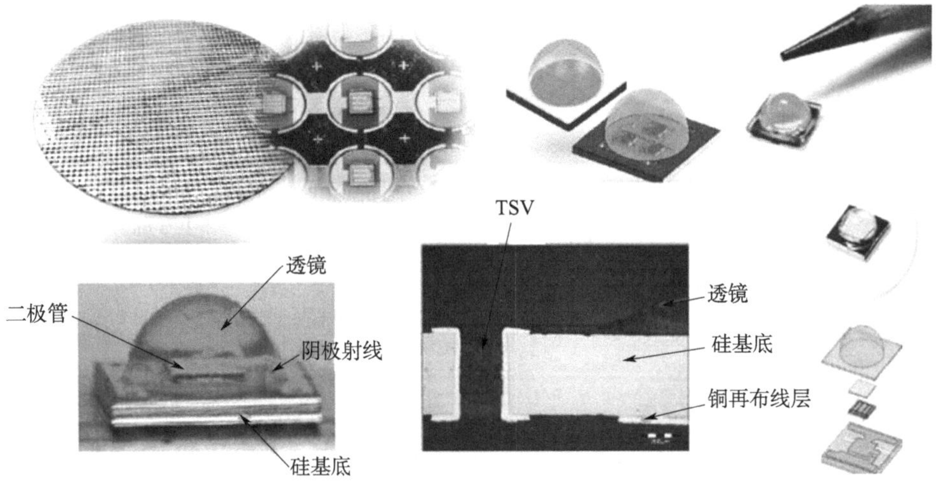

图 4-24　HB-LED 底座集成在具有保形 TSV 的硅转接板上[34]

4.8　结论

TSMC 等公司研发的将高密度硅转接板与 TSV 结合的转接板技术是最初投入商业化生产的转接板技术。相比于薄膜转接板过于昂贵，玻璃、多晶硅和新型低 CTE 有机转接板因其较低的成本和易实现的工艺展现了其商业化优势。

图 4-25 很好地总结了 I/O 间距和成本关系，包括用于 1 μm 以下的高成本硅晶圆，用于 10 μm 或接近 10 μm 的低成本有机物，以及处于二者之间的玻璃面板。

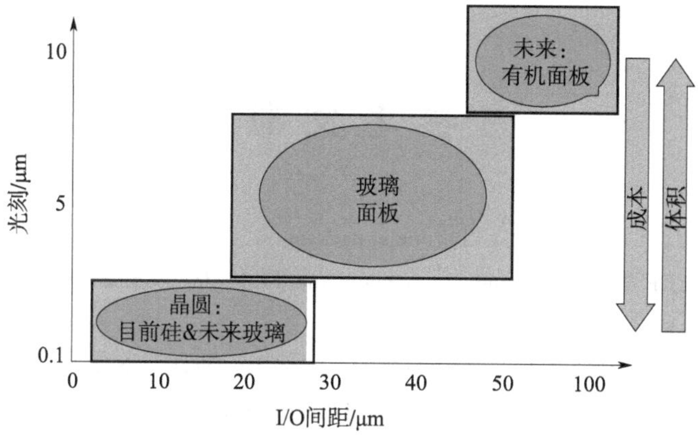

图 4-25　三种转接板总结

参考文献

[1] Sukumaran V et al. (2010) Through package - via formation and metallization of glass interposers. IEEE 60th Electronic Components and Technology Conference (ECTC 2010), June 1 - 4, 2010, Las Vegas, NV, pp. 557 - 563.

[2] Topper M et al. (2010) 3D thin film interposer based on TGV (through glass vias): an alternative to Si - interposer. IEEE 60th Electronic Components and Technology Conference (ECTC 2010), pp. 66 - 73.

[3] Yamanaka K, Kobayashi K, Hayashi K, and Fukui M (2009) Advanced surface laminar circuit packaging with low coefficient of thermal expansion and high wiring density. IEEE 59th Electronic Components and Technology Conference (ECTC 2009), pp. 325 - 332.

[4] Ho C W, Chance D A, Bajorek C H, and Acosta R E (1982) The thin - film module as a high - performance semiconductor package. IBM Journal of Research and Development, 26 (3): 286 - 296.

[5] Tai K L (1987) Integrated circuit chip - and - substrate assembly. US Patent 4, 670, 770.

[6] Ho C W, Chance D A, Bajorek C H, and Acosta R E (1982) The thin - film module as a high - performance semiconductor package. IBM Journal of Research and Development, 26 (3): 286 - 296.

[7] Tai K L (1987) Integrated circuit chip and substrate assembly. US Patent 4, 670, 770.

[8] Banijamali B, Ramalingam S, Nagarajan K, and Chaware R (2011) Advanced reliability study of TSV interposers and interconnects for the 28nm technology FPGA. IEEE 61st Electronic Components and Technology Conference (ECTC2011), pp. 285 - 290.

[9] Lee C (2011) Presentation at the 1st IEEE Global Interconnect Technology Workshop (GIT 2011), Atlanta, GA, November 2011.

[10] Kim N, Wu D, Kim D, Rahman A, and Wu P (2011) Interposer design optimization for high frequency signal transmission in passive and active interposer using through silicon via (TSV) . IEEE 61st Electronic Components and Technology Conference (ECTC 2011), pp. 1160 - 1167.

[11] Chausse P, Bouchoucha M, Henry D, Sillon N, and Chapelon L L (2009) Polymer filling of medium density through silicon via for 3D - packaging. IEEE 11th Electronics Packaging Technology Conference (EPTC' 09), pp. 790 - 794.

[12] Wu S - T, Lau J H, Chien H - C, Hung J - F, Dai M - J, Chao Y - L, Tain R -M, Lo W - C, and Kao M - J (2012) Ultra low - cost through - silicon holes (TSHs) interposers for 3D IC integration SiPs. IEEE 62nd Electronic Components and Technology Conference (ECTC 2012), pp. 1618 - 1624.

[13] Rao T and Sundaram V (2011) Impact of 3D ICs with TSV is profound but complex and costly - is there a better way? Chip Scale Review, 8, 31 - 32.

[14] SCHOT T. Ultra - thin glass: not just flexible, but even rollable. Available at http: //www.us. schott. com/advanced _ optics/english/products/wafers - and - thin - glass/glass - wafer - and - substrates/ultra - thin - glass/index. html. Accessed: 2013.

[15] Li X et al (2002) Fabrication of highdensity electrical feed - throughs by deepreactive - ion etching of Pyrex glass. Journal of Microelectromechanical Systems, 11, 625 - 630.

[16] Iliescu C et al (2007) Deep wet etching - through 1mm Pyrex glass wafer for microfluidic applications. IEEE 20th International Conference on Micro Electro Mechanical Systems (MEMS 2007), pp. 393 - 396.

[17] Egashira K, Mizutani K, and Nagao T (2002) Ultrasonic vibration drilling of microholes in glass. CIRP Annals - Manufacturing Technology, 51 (1), 339 - 342.

[18] Stookey S D (1953) Chemical machining of photosensitive glass. Industrial & Engineering Chemistry, 45 (1): 115 - 118.

[19] Brusberg L et al (2009) Photonic systemin - package technologies using thin glass substrates. IEEE 11th Electronics Packaging Technology Conference (EPTC' 09), pp. 930 - 935.

[20] AGC, AGC's carrier glass technology enables current production processes to handle ultra - thin glass. Available at http: // www. agc. com/english/news/2012/0530e . pdf. Accessed: 2012.

[21] NEC SCHOTT, SCHOTT HermeS® substrate. Available at http: //www. necschott. co. jp/english/auto/others/hermes . html. Accessed: 2010.

[22] Yim M J, Strode R, Brand J, Adimula R, Zhang J J, and Yoo C (2011) Ultra - thin PoP top package using compression mold: its warpage control. IEEE 61st Electronic Components and Technology Conference (ECTC 2011), pp. 1141 - 1146.

[23] Satoru A, Shimizu H, and Hanawa A (2012) Prepreg and its application products for low thermal expansion and low dielectric tangent. US Patent 8, 115, 105.

[24] Chen Q, Bandyopadhyay T, Suzuki Y, Liu Fuhan, Sundaram V, Pucha R, Swaminathan M, and Tummala R (2011) Design and demonstration of low cost, panel - based polycrystalline silicon interposer with through - package - vias (TPVs) . IEEE 61st Electronic Components and Technology Conference (ECTC 2011), pp. 855 - 860.

[25] Sundaram V, Chen Q, Suzuki Y, Kumar G, Liu Fuhan and Tummala R (2012) Low - cost and low - loss 3D silicon interposer for high bandwidth logic - to - memory interconnections without TSV in the logic IC. IEEE 62nd Electronic Components and Technology Conference (ECTC 2012), pp. 292 - 297.

[26] Baez F M, Cranmer M, Shapiro M, Audet J, Berger D, Sprogis E, Collins C, and Iyer S (2012) Electrical design and performance of a multichip module on a silicon interposer. IEEE 21st Conference on Electrical Performance of Electronic Packaging and Systems (EPEPS 2012), pp. 303 - 306.

[27] Kurita Y, Matsui S, Takahashi N, Soejima K, Komuro M, Itou M, Kakegawa C, Kawano M, Egawa Y, Saeki Y, Kikuchi H, Kato O, Yanagisawa A, Mitsuhashi T, Ishino M, Shibata K, Uchiyama S, Yamada J, and Ikeda H (2007) A 3D stacked memory integrated on a logic device using SMAFTI technology. IEEE 57th Electronic Components and Technology Conference (ECTC' 07), May 29 - June 1, 2007, pp. 821 - 829.

[28] Zhan C-J, Tzeng P-J, Lau J H, Dai M-J, Chien H-C, Lee C-K, Wu S-T et al (2012) Assembly process and reliability assessment of TSV/RDL/IPD interposer with multi-chip-stacking for 3D IC integration SiP. IEEE 62nd Electronic Components and Technology Conference (ECTC 2012), pp. 548-554.

[29] Titz D, Bisognin A, Ferrero F, Luxey C, Jacquemod G, Laporte C, Ezzeddine H, Valente M, and Brachat P (2012) 60 GHz patch antenna using IPD technology. Antennas and Propagation Conference (LAPC 2012), Loughborough, pp. 1-4.

[30] Sridharan V, Min S, Sundaram V, Sukumaran V, Hwang S, Chan H, Liu Fuhan, Nopper C, and Tummala R (2010) Design and fabrication of bandpass filters in glass interposer with through-package-vias (TPV). IEEE 60th Electronic Components and Technology Conference (ECTC 2010), pp. 530-535.

[31] Esashi M (2008) Wafer level packaging of MEMS. Journal of Micromechanics and Microengineering, 18 (7), 073001.

[32] Kuisma H (2008) Wafer level packaging of MEMS. Keynote at Smart Systems Integration Conference, Barcelona, Spain, April 9-10, 2008.

[33] I-Micronews (2011) 3D wafer-level-packaging of MEMS gyroscope sensor with VTI's CMR3000, System Plus Consulting, Issue No. 20, September 2011.

[34] Zinck C (2010) 3D integration infrastructure & market status. IEEE International 3D Systems Integration Conference (3DIC 2010), pp. 1-34.

第 5 章　TSV 制造综述

Dean Malta

5.1　介绍

硅通孔（TSV）是当今新兴的 3D 集成和 2.5D 硅转接板技术的基础。这些互连结构能够延伸穿过硅衬底，实现垂直方向集成，缩短互连长度，从而减小封装尺寸、重量和功耗[1,2]。由于 2D 硅基微电子技术的发展速度放缓，技术革新变得越来越困难[3,4]，因此 3D 和 2.5D 集成技术将在半导体技术的持续发展中发挥重要作用。Tezzaron 和 IBM 等公司提出了新兴的 3D 集成电路（3D IC）应用示例，如图 5-1 所示[5,6]。Xilinx（连同 TSMC 和 Amkor）也于日前提出一种 2.5D 宽 I/O 可编程门阵列（FPGA）架构的组装方案，如图 5-2[7] 所示。

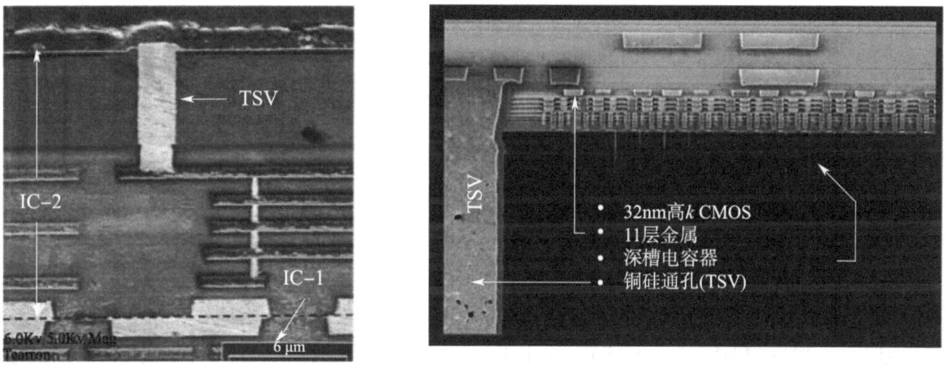

(a)　　(b)

图 5-1　三维 IC 堆栈中 TSV 示例：(a) Tezzaron 3D 处理器晶片堆叠与钨 TSV；(b) IBM 3D 嵌入式 DRAM 模块，采用 Cu TSV 的可堆叠的 32 nm 高 k/金属栅极技术

在 3D IC 和 2.5D 硅转接板的应用场景下，TSV 的设计和工艺考虑略有不同。对于 3D IC 晶圆中 TSV 的实现，TSV 的尺寸通常较小，最常见的直径范围为 1～5 μm，深度为10～50 μm（由最终的衬底厚度决定）。TSV 工艺步骤的热预算必须与制成的 IC 层兼容，此取决于晶圆技术，一般限制在 400 ℃或更低的温度。此外，器件邻近效应必须考虑在内，因为放置在有源电路附近的 TSV 可能会由于通孔[8]周围区域的诱导应力而影响到 IC 性能。对于硅转接板上 TSV，其尺寸可以稍大一些，直径可以在 10 μm 或以上，深度可以在50～100 μm 或以上。由于 TSV 可以在裸露的硅晶圆中制成，因此器件的邻近效应对于无源硅转接板不再适用，而且对 TSV 形成过程的温度也不再有限制。

参考文献［9］详细介绍了 TSV 的早期发展。早期的发展重点关注通孔的工艺性能，如深硅刻蚀、保形 TSV 衬底沉积和通孔金属化填充。另一个关键问题是如何将 TSV 的制造与 IC 制造和组装进行综合考虑，包括 TSV 形成的时间和在供应链哪一侧（IC 代工与 OSAT）形成等。自本书的前几卷出版以来，这些领域已经取得了重大进展。最近，TSV 的可靠性和可制造性（成本、吞吐量和产量）越来越受到关注，因为这些是决定 TSV 技术在商业上广泛应用潜力的最终因素。

本章将概述 TSV 工艺方法和关键制造步骤，并讨论良率和可靠性问题。特别是本书前几卷出版以来所取得的新发展和进展。后续章节将介绍 TSV 制造方法的详细信息。

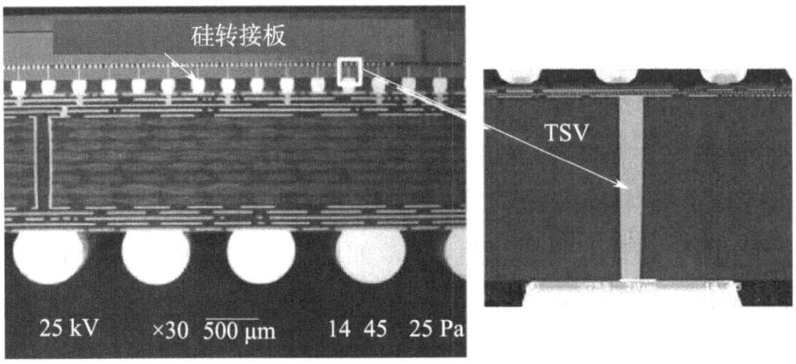

(a)　　(b)

图 5－2　TSV 在 2.5D 硅转接板中的应用：(a) 来自 Xilinx 的 2.5D 宽 I/O FPGA，图中多个模具组装在 TSMC 硅转接板上，再连接到有机层压板上；(b) 硅转接板中 Cu TSV 的特写图像

5.2　TSV 工艺方法

历史上，有几种不同的工艺方法能够用于在 IC 晶圆中形成 TSV。包括 TSV－first、TSV－middle、背面 TSV－last 和正面 TSV－last。在后两种 TSV 方法中，背面通孔更为常见。这些方法根据通孔的制造工艺、制造时间（相对于 IC 工艺）以及可能的制造地点（IC 代工厂或 OSAT 设备）而有所不同。每个方法的主要工艺流程如图 5－3 所示。

自本书的前几卷出版以来，TSV－middle 已作为大多数商业 3D IC 应用的首选制造方法。这种方法在 TSV 工艺要求、集成电路工艺和整体制造能力方面具有最有利的平衡。然而，在 CMOS 图像传感器的生产中采用了背面的 TSV－last 方法，这是因为传感器和光学层是正面的，所以采用背面接触。FEOL 的工艺兼容性要求 TSV 在 IC 工艺过程中必须能够承受高温，因此需要使用多晶硅作为 TSV 导体。由于通孔的高电阻和固有局限性，TSV－first 方法不再被视为一种可行的选择。虽然正面 TSV－last 的方法不是首选的商业化制程，但技术上是可行的，这种方法可以使定制的 3D 集成用于特殊的应用，例如当没有提供 TSV－middle 晶圆或无法使用背面 TSV 时。下面将进一步讨论基于 TSV－middle 和 TSV－last 的三维集成方法。

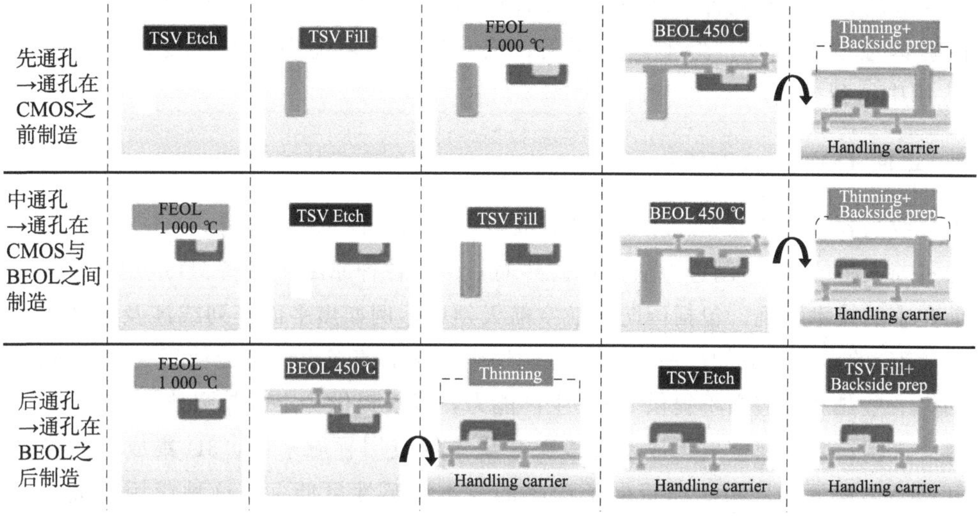

图 5 - 3　三个用于 3D IC 的 TSV 制造方案工艺流程图

5.2.1　TSV - middle 方法

在 TSV - middle 方法中，TSV 在 FEOL 有源器件层之后和后端线（BEOL）互连布线层之前制造。由于 TSV 是在 BEOL 序列之前加工的，因此在此流程中可以将后续的金属层铺在 TSV 上。TSV 最初形成盲孔，随后在晶圆减薄时从背面显露出来，用于背面互连和布线。通常通过添加焊接凸点或微凸点实现到另一个 IC 层或基板的连接。TSV 露头和背面金属化步骤可以在 OSAT 工厂完成，尽管一些较大的 IC 代工厂已经表示有计划提供完整的 TSV 加工流程，包括细化和背面加工。TSV - middle 方法有许多优点，例如低成本，因为 IC 的制造设施有能力制造高精度的小型 TSV 和铺设在 TSV 上的 BEOL 金属层。并且由于临时载体晶圆键合技术的发展，包括晶圆精确减薄、TSV 露头和减薄后的 IC 晶圆背面加工在内的其余步骤目前都可实现。

5.2.2　背面 TSV - last 方法

背面 TSV - last 方法是在完成的 IC 晶圆片减薄后，从背面刻蚀通孔，将孔落在正面金属上。这种方法已被用于 CMOS 图像传感器的生产中，图像传感器使用低深宽比 TSV，通常带有倾斜的侧壁和保形金属化层（未填充 TSV）[10,11]。这些图像传感器广泛应用于移动设备，代表了第一个利用 TSV 的批量商业产品。

TSV - last 方法对于需要小尺寸和高深宽比的 TSV 高密度 3D IC 应用来说极具挑战性。从晶圆底部刻蚀通孔需要从后到前的光刻定位能力。通孔刻蚀在 TSV 底部的 IC 金属上终止，并暴露金属表面。在对 TSV 绝缘化过程中，在金属表面覆盖电介质镀层。在不破坏 TSV 侧壁上沉积的绝缘体的同时重新暴露通孔底部的金属需要一个专门的刻蚀步骤，称为“底部清除刻蚀”。对于高深宽比的 TSV，如何与正面金属形成低电阻连接是一个难点。这种金属表面会受到各种刻蚀等离子体的影响，并且由于它位于深孔底部，很难用标准的溅射刻蚀技术恢复。由于这些原因，该方法不太可能在更高密度、更高深宽比的 TSV 应用中得到推广。

5.2.3　正面 TSV - last 方法

大多数高容量的商业 3D 应用，包括堆叠存储器、逻辑存储器和 CMOS 图像传感器，可以通过前文中的 TSV 制造方法实现。然而，由于各种原因，某些 3D 应用领域可能无法通过前文中的技术实现，包括国防和航空航天领域，例如焦平面阵列或涉及模拟、混合信号或射频 IC 的异构集成的微系统。这些应用中使用的集成电路可能使用 TSV - middle 技术，因为一些晶圆供应商不提供 TSV 生产能力，或仅提供特定的晶圆技术。

对于许多国防和航空航天以及先进医学成像等应用领域来说，3D 集成的性能极具优势，其产品体积更小且相比消费电子产品的成本敏感性更低。在这种应用环境下，使用 TSV - last 技术的定制化 3D 方法很有应用前景，前提是没有金属和有源电路，并能够设计和制造带“TSV 隔离”区域的晶圆。该隔离区域允许 TSV 在层间介质（ILD）堆栈和硅层间进行刻蚀，而不会受到金属的阻碍或损坏有源电路。在这个流程中，TSV 的制程可能由第三方 3D 集成代工厂完成，或者可能由系统集成商（3D 组件的用户）完成。一旦盲孔从晶圆的正面形成，剩下的工艺流程类似于 TSV - middle 方法，包括 TSV 背面露出和金属化。图 5 - 4 展示了功能性 3D IC 上利用正面 TSV - last 技术刻孔的示例，该示例演示了 TSV 密度＞10^5 cm^{-2}的 3D 红外焦平面阵列[12]。由两个独立的 ASIC 代工厂制造的不同晶圆在本例中使用正面 TSV - last 3D IC 方法进行了集成。

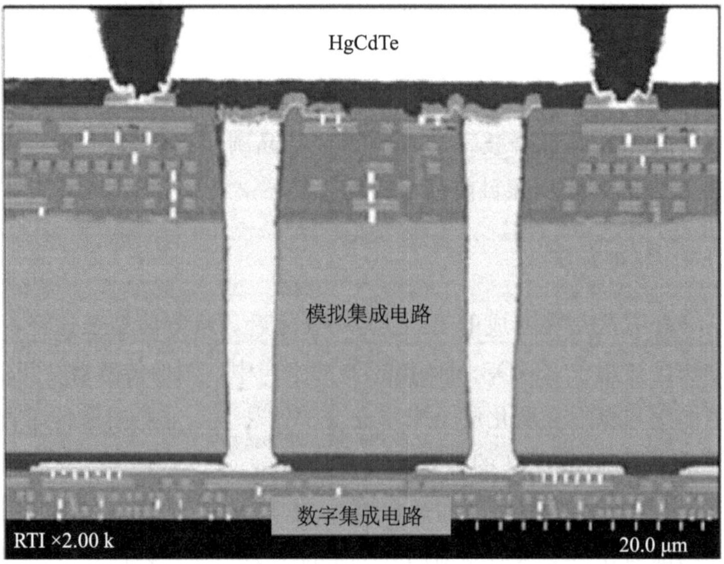

图 5 - 4　三维集成红外焦平面阵列，包括正面 TSV - last 工艺连接的模拟和数字读出 IC

5.3　TSV 制造步骤

TSV 制造和互连的具体步骤将因上述每个工艺流程以及应用在 2.5D 转接板或是 3D IC 上而有所不同。然而，不同的 TSV 方法中，许多步骤是共同的。由于 TSV - middle 正在成为许多商业 3D 应用的首选制造工艺，本节中描述的制造步骤将在很大程度上基于该趋势。本节将概述 TSV 工艺技术、基本要求和挑战。具体的工艺步骤将在后续章节中详细描述。

5.3.1　TSV 刻蚀

用于刻蚀 TSV 的方法称为深度反应离子刻蚀（DRIE）。该方法由博世公司在 20 世纪 90 年代中期首次推出，并广泛应用于 MEMS 制造[13]。这种技术基于刻蚀和钝化交替步骤的原理，以使硅的深层特征刻蚀具有垂直侧壁和对光刻胶或 SiO_2 掩膜层的高选择性。一些设备制造商已经获得博世工艺许可，并基于这种方法销售 DRIE 系统。另有人已经开发了替代的专有方法来实现类似的深度硅刻蚀能力。

这个过程通常包括一个电感耦合等离子体（ICP）源，用 SF_6 刻蚀硅，并采用 C_4F_8 进行侧壁钝化。在每个刻蚀步骤中，SF_6 等离子体会去除少量的硅。接下来在所有的表面铺设钝化层。在随后的刻蚀步骤中，从底部移除钝化层，继续向下刻蚀硅，同时保留在侧壁上的钝化层并保护其免受进一步刻蚀。这个过程被重复多次，最终形成了一个垂直的侧壁，侧壁由一系列小隆起组成，被称为“扇贝”。

目前，DRIE 技术和相关设备正在不断研发，以解决 TSV 制造的问题。要求能够刻蚀小尺寸通孔，达到高通量和最小的侧壁粗糙度。减少“扇贝”是必要的，以使 TSV 绝缘层和种子层金属充分覆盖高深宽比的通孔。近年来，在降低 TSV 成本的同时实现高刻蚀率方面取得了很大进展。这是通过使用先进的等离子体源，以及缩短由高速控制模块使能的过程周期来实现的。SPTS 和应用材料公司（ Applied Materials）等设备公司，提供了基本上无“扇贝”的 TSV 刻蚀工艺。TSMC 在最近的一篇论文中报道了应用于 28 nm 3D IC 工艺[14]的无“扇贝”TSV。DRIE 特征的代表性图像，如侧壁“扇贝”TSV 和“无扇贝”TSV，如图 5 - 5 所示。

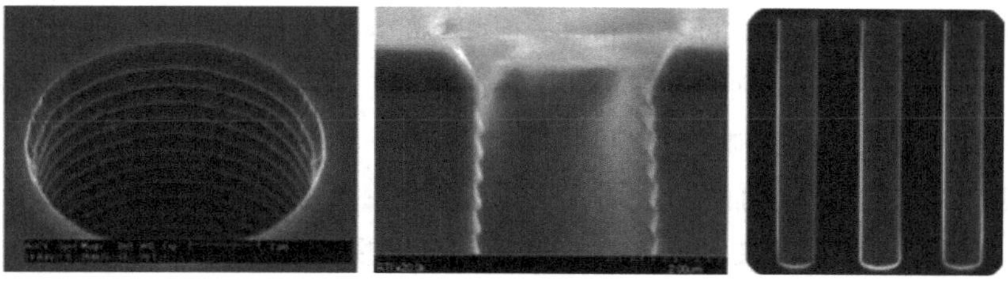

(a)　(b)　(c)

图 5 - 5　在硅上 DRIE 的特性：（a）侧壁“扇贝”TSV 俯视图；（b）硅沟“扇贝”横截面图；（c）“无扇贝”TSV 刻蚀

5.3.2 TSV的绝缘

TSV的绝缘通常是通过沉积高保形 SiO_2 层来完成的。因为这一层是在形成有源器件后沉积的，所以需要限制沉积温度，通常在200～400 ℃之间。由于高深宽比通孔、垂直剖面、侧壁粗糙度和有限的热预算，实现保形绝缘覆盖可能是许多低温沉积技术的挑战。此外，TSV绝缘膜必须具有足够的电气绝缘性能，包括介电常数、泄漏电流和击穿电压。对于TSV的最大保形，首选的方法是使用 O_3/TEO 进行亚大气压化学气相沉积（SACVD）。这种热激活工艺的沉积温度接近400 ℃。有时需要较低的温度，例如，在存储晶圆的处理中，或在临时载体晶圆上进行TSV-last工艺。在这些情况下，可以使用某些等离子体增强化学气相沉积（PECVD）工艺。通过特殊开发的PECVD技术，在温度低于200 ℃的条件下，TSV可以获得足够的保形性。

5.3.3 TSV金属化

在本书的前几卷中，讨论了TSV导体的多种选择。其中包括电化学沉积（ECD）铜、CVD钨或铜，以及多晶硅。目前，大多数TSV方法都是基于ECD铜金属化，但在某些情况下仍采用CVD钨。薄膜应力和晶圆弯曲是钨TSV填充过程中主要的潜在问题，这限制了可以沉积的厚度，因此，钨只用于小直径孔或环形孔。如前所述，出于对通孔电阻的考虑，多晶硅不再被普遍用于TSV。

对于Cu TSV金属化方案，需要在Cu和 SiO_2 层之间添加阻挡层材料。TSV常用的阻挡层包括TiN或TaN，它们通常是通过电离金属等离子体（IMP）溅射工艺沉积的，金属有机物（MO）CVD工艺也被用于TiN阻挡层[15]。在ECD铜金属化之前，通常使用IMP溅射先沉积一层薄薄的铜种子层。重要的是，这一层需要连续覆盖孔壁，以实现均匀的电化学沉积和无空洞填充。

近年来，在高度工程化的TSV电镀化学和工艺设备的支持下，TSV的ECD Cu技术取得了显著的进步。目前，大多数TSV方法都是基于ECD铜充填，采用“自下而上”的生长过程，以确保铜填充中没有空洞[11,16]。电镀空洞是一个主要的TSV可靠性问题，也可能导致在随后的制造步骤中产生问题。用于铜TSV填充的化学成分包括有机添加剂，它们起到促进剂、抑制剂或整平剂的作用。这些添加剂对决定剖面和晶圆表面不同点上的相对镀率至关重要。通过调整可以在孔口表面和顶部延缓电镀速度，而在孔口底部附近加快电镀速度，从而形成自下而上的TSV填充剖面[11,16]。通过优化添加剂的水平及其他化学成分，需要非常精确地控制含量以确保TSV填充一致性。这需要用化学分析方法对溶液进行监测，并定期调整添加剂和化学品，因为其中一些在使用过程中会被耗尽。

除了无空隙填充外，ECD Cu TSV工艺还必须能够实现快速填充，以使工艺的产能和成本能够适用于商业化。同样，铜覆盖层厚度应最小化，以使后续化学-机械抛光（CMP）步骤的产量和实际成本切实可行。这些问题可以通过减小TSV尺寸、提高生长速率和采用自下而上的填充工艺来解决，该工艺可以使覆盖层比保形电镀更低。

使用 MOCVD Cu 作为电镀种子层或有衬底（未填充）TSV 的金属化层也具有一定优势，优势在于它可以在高深宽比下产生近 100% 的保形沉积。它也可用于填充小型 TSV[12,17]。就其本身而言，由于沉积速率有限，填充大型 TSV 是不太实际的。根据工艺成本和产量，MOCVD Cu 似乎不会成为商业 TSV 生产的首选。此外，由于半导体行业更广泛地采用 ECD Cu，生产设备的选择也很有限。因此目前，ECD Cu 填充仍将是 TSV 商业化生产的主要选择。

5.3.4 CMP 去除覆盖层

TSV 金属化（通常为铜）后，覆盖层通常用 CMP 去除。因为铜双大马士革 IC 金属化的出现，铜的抛光工艺是相当成熟的。然而，与 BEOL 互连相比，TSV 的尺寸更大通常意味着覆盖层更厚，抛光时间更长。这引起了人们对商业 TSV 生产的产量和成本的担忧。然而，TSV 尺寸的减小和自底向上镀铜方法的发展有助于减小铜覆盖层厚度和缩短抛光时间。此外，还开发了一些专门用于 TSV 加工的高速率铜 CMP 浆料。这可能会进一步提高产量，并有助于降低 CMP 的成本（特别是对于较大的 TSV 尺寸）。

5.3.5 TSV 退火

众所周知，铜和硅之间的热膨胀系数（CTE）的差异是硅基铜 TSV 制造中的一个潜在问题。通常的解决方案是尽可能地缩小 TSV 尺寸，同时将 TSV 放置在离有源区足够远的地方，以避免在器件操作[8]中引起应力变化。近年来，在 3D 演变过程中出现了另一个值得关注的问题，并且自本书前几卷出版以来受到了广泛关注。Tezzaron 公司在 2009 年首次报道，当镀铜 TSV 导体在后续工艺步骤中被加热时[18]，往往在 TSV 表面表现出永久挤压的现象。经过 CMP 处理后的 TSV 表面呈平面状，在加热过程中，TSV 表面可能会呈球形或丘状，形成永久性的表面形貌[14,18-20]，这种效应被称为“铜凸起”“铜挤压”或“铜泵送”。TSV 表面的铜凸起会在 TSV 上方的金属层和电介质层中产生应力，甚至会导致机械故障[14,18]。铜凸起量的大小与通孔尺寸成比例，这也是为什么建议采用小尺寸 TSV 的另一个原因。研究表明，ECD 铜在加热过程中会发生微观结构变化，导致晶粒尺寸增大，同时镀液中的杂质也有从 TSV 中迁移到表面的趋势[11,20]。铜凸起的代表性图像及其对后续设备层的影响如图 5－6 所示。

IMEC 首先提出通过电镀和 CMP 后的 TSV 退火来稳定这种效果，然后再沉积其他层[21]。目前这种退火是一种常见的做法，通常需要将 TSV 加热到接近 400 ℃或更高的温度。一段时间后，TSV 表面停止挤压，TSV 也就“稳定”下来，可以进一步加工。如果变形严重，可以使用一个短暂的“修补”CMP 来恢复平面。对铜 ECD 化学成分的改进也被证明可以通过减少镀铜材料中的杂质来限制铜的凸起[11]。TSMC 报告了一种优化的 3D IC 工艺，通过改进 ECD 铜和 TSV 退火步骤[14]来解决铜凸起问题。

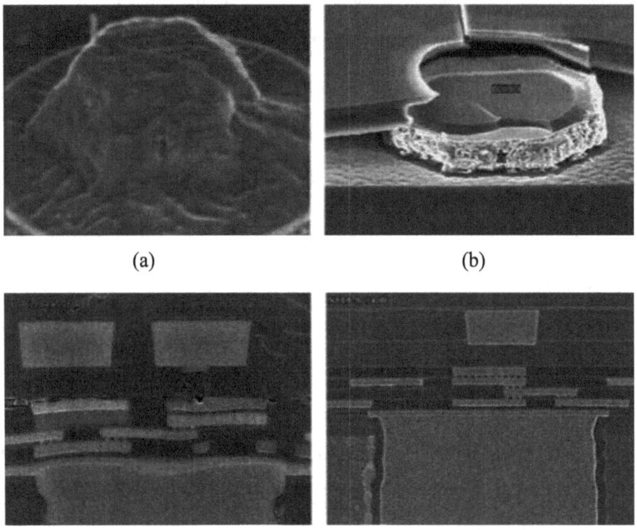

(a)　(b)　(c)　(d)

图5-6　TSV中铜凸起效应图像：(a) TSV表面的小丘形成；(b) TSV介质失效图像；(c) TSV上BEOL层的变形；(d) 改进电镀和TSV退火的TSMC优化工艺

5.3.6　临时载片键合和解键合

晶圆正面形成盲孔后，将晶圆减薄至最终目标厚度，然后从背面露出TSV，用于后续的3D互连。这些工艺需要将器件晶圆或转接板临时粘接到载体晶圆上，以便在背面层减薄和加工期间提供机械支撑。近年来，这一领域已经取得了很大进展。用于临时载片键合和解键合的材料和技术将在后面的章节中详细介绍。

5.3.7　晶片减薄和TSV露头

在临时载体晶圆键合之后，采用backgrind和CMP相结合的方法对器件晶圆进行薄化处理。为了控制器件晶圆总厚度变化（TTV），在键合过程中必须将载体晶圆和胶粘剂的TTV降至最低。在减薄之前，必须对每一层和整个堆叠结构进行仔细的测量，以便确定和控制减薄过程引起的TTV。通常，CMP步骤在TSV下方结束，然后使用等离子体刻蚀工艺去除剩余的硅，过程中TSV始终封装在介质层中。该方法有助于确保TSV绝缘层和屏蔽层不被CMP损坏。在晶圆背面和TSV上沉积一层介质层，然后用CMP抛光，直到金属TSV导体暴露出来进行互连。关于晶圆减薄和TSV露铜的详细细节将在后续章节中阐述。

5.4　良率与可靠性

关于制约TSV制造良率的主要因素和挑战已在前面工艺步骤中提到。TSV的刻蚀技术已经相当成熟。一旦优化了刻蚀速率和所需的侧壁特性，只要适当地保持腔体以提供刻蚀的一致性，这个步骤将是可重复的。对于 TSV 衬底而言，主要影响良率的因素是能否在保持电气绝缘和阻隔性能的同时，实现连续的保形薄膜的覆盖。倘若能够保证，这些过程也应该是可靠和一致的。通过 Cu ECD 填充 TSV 需要小心控制，以保持一致性。这包括定期的溶液化学分析、添加剂调整和镀液补充。在电镀过程中，影响良率的主要因素是在 TSV 顶部附近的铜电镀过程中出现夹断，导致铜通孔填充中形成空洞。虽然已经研发了一些新的技术例如高分辨率 X 射线成像和微波声学显微镜技术，但使用无损检测方法来探测空洞缺陷还是有些困难。一旦 TSV 成功形成，主要关注的是在临时载板键合和减薄过程中对 TTV 的控制，以便器件晶圆均匀地减薄到其目标厚度。

TSV 一些主要的可靠性问题已经在制造部分提到，主要与铜和硅之间的 CTE 不匹配有关。这可能会导致 TSV 周围产生应力，从而产生潜在的邻近效应，影响有源设备的性能。通过在 TSV 周围设置 KOZ（Keep Out Zone），并在 TSV 和活动设备之间创建安全距离[8]，可以解决这个问题。KOZ 的大小取决于 TSV 的直径和特定的设备技术。在“TSV 退火”一节中描述的铜凸起效应也是一个重要的可靠性问题，它会在其他层中产生热机械失效的可能性。通常可以通过限制 TSV 尺寸、优化 ECD 化学成分以及在附加金属层和电介质层之前进行稳定化退火来解决。镀层空隙是一个主要的可靠性问题，因为这些空隙会捕获化学物质，导致污染或腐蚀问题，必须通过优化的 ECD 技术和过程监测来完全消除这些空隙。最理想的方法是使用无损的空洞检测方法。其余潜在的可靠性问题通常与绝缘完整性或互连形式退化有关。主要的绝缘层问题是由于侧壁覆盖不足或在后面的工艺步骤（如 TSV 暴露或模具粘接）中引起的损伤而导致的电流泄漏。与任何互连一样，电迁移是另一个需要关注的潜在领域，必须通过材料选择和工艺控制来解决。

参考文献

[1] Beyne E (2006) 3D system integration technologies. International Symposium on VLSI Technology, Systems, and Applications, Hsinchu, Taiwan, April 2006, pp. 1-9.

[2] Shapiro M (2008) 3-D silicon technology: applications and requirements. 5th Annual 3D Architectures for Semiconductor Integration and Packaging Conference, Burlingame, CA, November 2008.

[3] Eloy J (2008) 3-D ICs & TSV: a market analysis. 5th Annual 3D Architectures for Semiconductor Integration and Packaging Conference, Burlingame, CA, November 2008.

[4] Garrou P (2013) 3D IC & TSV market update. Presented at Suss MicroTech's 3D Integration Workshop at Semicon West, San Francisco, CA, June 2013.

[5] Patti R S (2006) Three-dimensional integrated circuits and the future of systemon-chip designs. Proceedings of the IEEE, 94 (6), 1214-1224.

[6] Golz J et al (2011) 3D stackable 32nm high-k/metal gate SOI embedded DRAM prototype. Proceedings of 2011 Symposium on VLSI Circuits, Honolulu, HI, June 2011, pp. 228-229.

[7] Banijamali B, Ramalingam S, Nagarajan K, and Chaware R (2011) Reliability study of TSV interposers and interconnects for the 28 nm technology FPGA. Proceedings of 61st Electronic Components Technology Conference, Lake Buena Vista, FL, May 2011, pp. 285-290.

[8] Mercha A et al (2010) Comprehensive analysis of the impact of single and arrays of through silicon vias induced stress on high-k/ metal gate CMOS performance. Proceedings of 56th IEEE International Electron Devices Meeting (IEDM), San Francisco, CA, December 2010.

[9] Garrou P, Bower C, and Ramm P (2008) Handbook of 3D Integration: Technology and Applications of 3D Integrated Circuits, vols 1 and 2, Wiley-VCH Verlag GmbH, Weinheim.

[10] Yoshikawa H et al (2009) Chip scale camera module (CSCM) using through-silicon-via (TSV). Proceedings of 2009 IEEE international Solid-State Circuits Conference, San Francisco, CA, February 2009.

[11] Beica R, Siblerud P, and Erikson D (2010) Advanced TSV copper electrodeposition for 3D interconnect applications. Proceedings of IMAPS 6th International Conference and Exhibition on Device Packaging, Scottsdale, AZ, March 2010, p. 45.

[12] Temple D, Bower C, Malta D, Robinson J, Coffman P, Skokan M, and Welch T (2006) High density 3-D integration technology for massively parallel signal processing in advanced infrared focal plane array sensors. Proceedings of 52nd IEEE International Electron Devices Meeting, San Francisco, CA, December 2006.

[13] Laermer F and Schilp A (1996) Method of anisotropically etching silicon. US Patent 5, 501, 893.

[14] Lin J C et al (2010) High density 3D integration using CMOS foundry technologies for 28nm node and beyond. Proceedings of 56th IEEE International Electron Devices Meeting (IEDM), San

Francisco, CA, December 2010.

[15] Riedel S et al (2000) Investigation of the plasma treatment in a multistep TiN MOCVD process. Microelectronic Engineering, 50, 533 - 540.

[16] Liu Z, Chiu J, Keigler A, and Zhang J (2008) Reliable and economical TSV copper filling. 5th Annual 3D Architectures for Semiconductor Integration and Packaging Conference, Burlingame, CA, November 2008.

[17] Ramm et al (2002) Interchip via technology by using copper for vertical system integration. Proceedings of Materials Research Society Advanced Metallization Conference 2001, vol. 17, p. 159.

[18] Garrou P (2009) Researchers strive for copper TSV reliability. Semiconductor International, December 3, 2009.

[19] Huyghebaert C et al (2010) Enabling 10 μm pitch hybrid Cu - Cu IC stacking with through silicon vias. Proceedings of 60th Electronic Component and Technology Conference, Las Vegas, NV, June 2010, pp. 1083 - 1087.

[20] Malta D et al (2011) Characterization of thermomechanical stress and reliability issues for Cu - filled TSVs. Proceedings of 61st Electronic Component and Technology Conference, Lake Buena Vista, FL, May 2011, pp. 1815 - 1821.

[21] Okoro C et al (2010) Elimination of the axial deformation problem of Cu - TSV in 3D integration. Proceedings of the 11th International Workshop on Stress - Induced Phenomena in Metallization, Dresden, Germany, April 2010, AIP Conference Proceedings, 1300, 221 - 228.

第6章 TSV单元工艺和集成

Sesh Ramaswami

6.1 引言

“集成电路”在二维层面已经发展了几十年，业界正在通过硅通孔（TSV）技术将集成电路扩展到三维层面。将TSV技术应用到电路器件的电源、信号和接地中可增加互连带宽、减少延迟、减小外形尺寸，并提高电源效率[1-6]。它还为集成采用不同技术节点和平台制造的不同类型器件（内存、射频、传感器等）提供更大的自由度。

TSV技术最初应用于现场可编程门阵列（FPGA）[7,8]、DRAM存储器堆叠[9]和逻辑存储器堆叠等移动技术领域。DRAM存储器难以按摩尔定律等比例缩放[10]，需要通过更精密的光刻技术，或者通过3D堆叠技术去解决。3D堆叠技术可使其满足未来最终产品的性能和外形需求[11,12]。从长远来看，堆叠式DRAM产品可以显著受益于从芯片到芯片（C2C）或芯片-晶圆（C2W）键合[13]到晶圆-晶圆（W2W）键合技术[14,15]的过渡。类似的架构也可应用到逻辑芯片与存储器、逻辑芯片与射频芯片等3D堆叠中。

在真正的3D堆叠中，TSV需贯穿有源芯片。基于转接板技术的并行“2.5D”方法使芯片能够并排（相邻）放置到更大的硅片（转接板）上，并通过转接板实现芯片间的高密度互连。硅转接板在业界的同构和异构集成领域有很大发展潜力。该技术为FPGA以及其他高性能应用创造了新的产品机会。早期迹象表明，用于GPU、有线通信和高性能计算等应用的逻辑器件和内存器集成将引领硅转接板的大批量应用。GPU或多核CPU和DRAM靠近放置并通过高密度铜布线互连，可减少数据延迟和降低功耗。在这项技术中，微凸点将芯片连接到转接板。芯片间的高密度互连通过在转接板表面制备的多层铜布线实现。通过垂直穿过硅片的TSV将其连接到基板。由于TSV不穿过有源芯片，因此芯片保持在晶圆厂出厂的状态。所有的TSV和再布线层（RDL）制备都在无源转接板（无晶体管或器件）上实现。

TSV的直径、深度（所需的硅片厚度）、节距和密度是最终产品设计、工艺集成、工艺窗口、单元工艺稳定性和成本共同决定的关键指标。由于TSV贯穿芯片的厚度，TSV的深度（晶圆厚度）可以由以下几个因素决定：a）晶圆划片后可成功操作的最小厚度；b）结构完整性（层间分层、翘曲）；c）划片和组装过程的开裂；d）热管理（热点和整体散热）；e）多芯片堆叠的形状尺寸（厚度）；f）电容；g）组装良率。考虑到这些因素，晶圆最佳厚度在30～120 μm之间，TSV直径在4～10 μm之间，路线图可以扩展到2 μm。这使得通孔的深宽比（深度/直径）在5∶1～15∶1的范围内。

6.2　TSV 工艺概述

本节将对用于 3D 芯片堆叠和 2.5D 转接板的 TSV 单元工艺和工艺集成技术进行介绍。这两种结构的核心均是 TSV 技术，其制作受制于单元工艺和工艺集成的影响[16,17]。通常，TSV 工艺的主要步骤包括深硅刻蚀、化学气相沉积（CVD）绝缘氧化层、物理气相沉积（PVD）金属阻挡层和种子层、电化学沉积（ECD）铜填充深孔和化学机械抛光（CMP）。

TSV 工艺是在初始硅厚晶圆或减薄晶圆上进行，如图 6－1 所示。在 via－middle 工艺流程中，通孔的制备在晶体管制作后但在所有或部分后道工艺（BEOL）制作前。其中通孔背面露铜是其配套工艺，在晶圆背面减薄后完成。在 via－last 工艺流程中，通孔是在晶圆背面减薄后制备的。这些将在本章后面更详细地介绍。

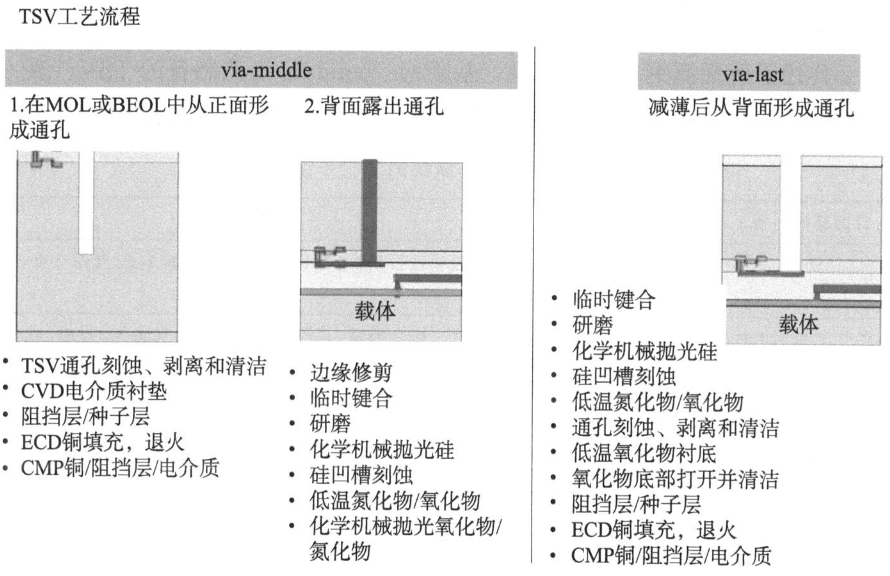

图 6－1　via－middle 和 via－last 的 TSV 工艺流程

针对深宽比在 5∶1～15∶1 的典型 TSV（TSV 直径为 4～10 μm，深度为 40～100 μm），其刻蚀速率、形貌及相关参数的优化业内已相对成熟。使用 CVD 沉积电介质绝缘层（侧壁 0.25～1.0 μm）的侧壁台阶覆盖率可达到 100%。沉积钛或钽阻挡层和铜种子层的 PVD 工艺与深孔电镀工艺共同优化，可确保无空隙的金属填充。CMP 使用终点工艺控制去除顶部表面上的铜、阻挡层和氧化膜，以实现层之间的均匀过渡并保持表面形貌。TSV 结构的电容-电压（$C-V$）、漏电流（$I-V$）、介电击穿时间（TDDB）以及对附近晶体管的应力和性能的影响，将在本章后面讨论。

基于 via－middle 工艺的转接板制造，首先在原始厚度的硅片（没有有源元件）上制备 TSV，然后制备约三层铜再布线（大马士革工艺）实现芯片间的高密度互连。通常该转接板的 TSV 直径 10 μm、深度 100 μm，再布线的线宽/线距（L/S）为 1 μm，深宽比约为 2。转接板制备的工艺和集成与本章讨论的主流 via - middle 工艺及背面露铜工艺相同。表 6 - 1 详述了 via - middle 工艺和转接板的 TSV 制备过程。

表 6 - 1　via - middle 工艺和转接板的 TSV 制备过程

via - middle 工艺步骤	主要工艺参数
光刻	光阻厚度、关键尺寸均匀性、刻蚀选择比
硅刻蚀	刻蚀速率、通孔形貌（扇贝、长草、陡直度）、选择比、孔深均匀性
深孔清洗	孔内和表面的刻蚀后残留物去除
电介质层沉积	台阶覆盖率、介电常数、漏电、击穿电压
金属阻挡层和种子层沉积	台阶覆盖率、连续性、铜阻挡能力、可实现填充的铜种子层
电镀填充	无空洞填充、可靠性、最小化表面金属镀层
退火	膜层可靠性、平整度、凸起量、微孔
电介质层/种子层/Cu 层的 CMP	均匀性、平整度、形貌

表 6 - 2 详述了背面露铜的工艺步骤，基于 via - middle 工艺制备的 TSV（表 6 -1）将在晶圆背面减薄后打开或露出。这种工艺集成将在本章后面更完整地描述。

表 6 - 2　背面露铜的工艺步骤

TSV 背面露铜制备工艺步骤	主要工艺参数
晶圆切边	对晶圆圆周边缘进行修剪处理，使晶圆可以键合到直径 300 μm 的临时载体
TSV 晶圆临时键合（面朝下键合至硅或玻璃临时载片）	键合温度/方法、键合质量、总厚度差值、粘合剂除气、收缩、载体-晶圆边缘状态
晶圆减薄（背面减薄和 CMP）	临时键合晶圆总厚度 TTV、缺陷、脏污
硅刻蚀和背面露孔	硅刻蚀速率、选择比（对氧化物、阻挡层、铜）、均匀度、缺陷
湿法清洗	表面清洁度好，附着力好
低温 CVD 沉积 SiO_2 和/或氮化物或聚合物	温度（与键合晶圆兼容）、附着力、应力、气密性
CMP 去除氧化物/氮化物/聚合物	共面性、缺陷、均匀性

在 via - last 工艺中，TSV 是在晶圆背面减薄后制备的（见表 6 - 3）。与上述背面露铜工艺相同，该工艺也是在经过背面减薄的临时键合晶圆上进行。

表 6 - 3　via - last 工艺步骤

via - last 工艺步骤	主要工艺参数
TSV 晶圆临时键合（面朝下键合至硅或玻璃临时载片）	键合温度/方法、键合质量、总厚度差值、粘合剂除气、收缩、载体-晶圆边缘状态
晶圆减薄（背面减薄和 CMP）	临时键合晶圆总厚度 TTV、缺陷、脏污
光刻	光阻厚度、关键尺寸均匀性、刻蚀选择比

续表

via－last 工艺步骤	主要工艺参数
硅刻蚀和剥离	刻蚀速率、深孔形貌（扇贝、长草、陡直度）、选择比、侧向钻蚀、孔深均匀性（停止于 Cu 布线层）、光阻剥离（与粘合剂系统兼容）
深孔清洗	刻蚀后残留物去除工艺与暴露的铜和键合胶相兼容，侧壁无残留物
低温电介质绝缘层沉积	台阶覆盖率、机械性能、漏电、击穿电压、电容、与键合胶兼容
底层氧化物刻蚀开窗	氧化物刻蚀（定向）深孔底部氧化层，以实现与晶圆正面金属接触导通
光阻剥离	与键合胶及临时载片相兼容的低温光阻去除
湿法清洗	与键合胶及暴露金属相兼容的湿法清洗
金属阻挡层/种子层沉积	台阶覆盖率，铜阻挡性能，满足金属填充要求的铜种子层，与键合胶的温度兼容性，与临时载片相兼容的晶圆夹持类型
电镀填充	无空洞填充、可靠性，均匀性
退火	如使用，工艺温度需与键合胶相兼容
CMP 去除 Cu/阻挡层/氧化绝缘层	平整度、形貌、均匀性

6.3　TSV 单元工艺

6.3.1　刻蚀工艺

在光刻之后，使用深度反应离子刻蚀（DRIE）工艺在硅上刻蚀深孔。深孔刻蚀为成功工艺集成奠定了基础。它涉及电介质层（因为通常在硅晶片表面上存在电介质绝缘层）和深硅刻蚀的组合。TSV 刻蚀的关键要求是平滑的侧壁、层之间的最小侧向钻蚀、在同一腔室中刻蚀电介质和硅、光阻高选择比和晶圆片内深度的均匀性。刻蚀反应器交替使用一种刻蚀硅的气体和一种沉积保护性钝化层的气体进行刻蚀。该工艺过程会在硅（侧壁）上形成一系列刻蚀的“扇贝”，其尺寸会因工艺参数而异。凭借先进的反应器设计、气源和晶圆偏置功率、功率调制和气体切换技术，“扇贝”几乎可以被消除，从而在高速率刻蚀下制备基本光滑的侧壁。

对于 via－last 工艺的硅刻蚀，其刻蚀过程（在临时键合到硅或玻璃载片上的减薄晶圆上）和刻蚀后光阻剥离过程（温度和化学性质）需要与临时键合系统及深孔底层暴露的金属（钨或铝）兼容。此外，刻蚀后的湿法清洗工艺不能侵蚀裸露的金属和载片晶圆边缘的键合胶。

6.3.2　CVD 沉积绝缘体

在深孔刻蚀和深孔清洗之后，使用 CVD 工艺在深孔内沉积一层 SiO_2 电介质层。由于电介质层起到电绝缘的作用并影响各个通孔的电容，因此电介质层厚度的变化会导致漏电、质量一致性差和通过 TSV 阵列的互连信号延迟一致性差等问题。研究表明，亚大气压（SA）和等离子体增强（PE）CVD 工艺都满足 TSV 电介质绝缘层的应用要求。

SACVD 非常适用于允许约 400 ℃或更高温度的工艺方案。SACVD 是一种热激活工艺，对高深宽比结构中的传输效应不敏感，常使用经过生产验证的 O_3/TEOS 化学气体，其在高深宽比深孔沉积膜层的台阶覆盖率可达到 100%。可确保 PVD 溅射金属阻挡层和种子层的连续性，这对随后的无空洞铜填充至关重要。SACVD 制备的侧壁膜层厚度为 2～10 000 kÅ，可满足典型 TSV 结构的电容要求。

via-last 工艺方法的温度限制使其趋向于使用 PECVD 或低温 CVD 工艺，因为这些工艺可以在 200 ℃以下进行。

6.3.3 PVD 沉积金属种子层/阻挡层

PVD 沉积或溅射阻挡层/种子层后使用电镀 Cu 填充是形成穿透通孔导电通路的最常见方法。阻挡层的作用是防止金属 Cu 扩散，而铜种子层则为随后的电镀提供导电通路。关键工艺要求是制备连续的阻挡层［通常是氮化钽/钽（TaN/Ta）或钛（Ti）］和连续的铜种子层。当采用 via-last 时，晶圆工艺温度必须保持在键合胶的安全限值以下（<180 ℃）。此外，PVD 系统和工艺需要与硅和玻璃载片相兼容。由于 via-last 工艺中 TSV 与器件晶圆的底层金属互连，因此确保阻挡层/种子层沉积在干净的表面上很重要。通常，在 PVD 之前需要使用氩气或反应性预清洁化学品进行预处理。同时，确保器件晶圆和载片之间的键合胶完全固化也很重要，因为 PVD 设备的 10^{-9} Torr 高真空环境中，任何残留的溶剂或水分都会释放气体，从而污染器件。从技术路线图的发展来看，将来随着 TSV 尺寸的缩小和通孔深宽比接近 20∶1，尽管 PVD 工艺正在进一步提高，但可能需要使用 CVD 或 ALD 技术沉积阻挡层/种子层。

6.3.4 铜电镀填充

电镀填充 TSV 结构的主要要求是：a）无空洞填充；b）稳定的铜微观结构；c）最小污染；d）高填充速率；e）最小表面镀层；f）良好的厚度均匀性。高深宽比 TSV 的无空洞填充需要自下而上的超共形填充技术，其中工艺过程中需加速 TSV 底部的生长，以及抑制顶部和侧壁的生长。电镀填充工艺过程主要由晶圆和电解质之间的电势差以及施加到电解质的电流来控制。因此，电镀设备必须优化晶圆上的电流密度均匀性。铜离子和添加剂更多地通过扩散和迁移的方式在 TSV 内部传输，而不是通过溶液流动。由于 TSV 开口处的金属离子浓度高于 TSV 底部，因此 TSV 孔口存在提前夹断倾向，这将会在 TSV 内部形成孔洞。该过程在参考文献［18］中有更完整的描述。

6.3.5 CMP 去除多余铜

CMP 工艺能够去除晶圆表面的铜、金属阻挡层和电介质绝缘层，但是需对形貌和缺陷进行严格控制。尽管 TSV 电镀填充后晶圆表面的多余铜层比传统晶圆制造工艺的铜层厚一个数量级，但用于 TSV 工艺的铜抛光液具有很高的去除速率，从而能降低成本。TSV 工艺中 CMP 的工艺标准[19]如下：

a）高抛光效率，即高速率去除铜/阻挡层/氧化绝缘层，但需满足 CMP 后的形貌工艺要求。

b）终点和形貌控制能力，通过 CMP 后形貌控制能力实现片内和片间的工艺控制。

c）高去除量，通过高去除速率实现。

d）在线清洗能力。

e）低成本，并与 CVD/PVD/ECD 工艺步骤共同优化。

实时工艺监控（RTPC）可以在快速去除铜的工艺过程中保证晶圆片内铜厚均匀性。先进的 CMP 设备配备了先进的终点和工艺监控技术，以及各种传感器。以 CMP 工艺中的三个抛光过程为例，抛光垫 1 上的传感器连续监测晶圆片内铜层厚度，自动更新抛光头分区压力，以实现并保持均匀的铜厚和平整的形貌。当达到工艺控制设定的剩余铜层厚度时，传感器会自动触发抛光垫 1 上的工艺步骤结束，从而防止过度抛光。当晶圆移动到抛光垫 2 时，另外一个传感器会实时监控铜去除过程，确保 TSV 顶部的凹陷最小和晶圆表面无铜残留。在抛光垫 3 上，第三个传感器监控金属阻挡层去除过程并实时监控电介质暴露的工艺停止点。这种终点技术可以在电介质层或下面的停止层的界面处停止抛光。对于背面减薄后的 CMP 工艺，如果器件晶圆（通常为 20～100 μm 厚）和玻璃或硅载片在临时键合工艺中未对准，其边缘可能会损坏。

6.3.6　载片与器件晶圆的临时键合

在进行减薄和背面工艺之前，通常使用临时键合胶将器件晶圆临时键合到硅或玻璃载片上。玻璃或硅载片为器件晶圆提供机械支撑力，防止器件晶圆弯曲或翘曲，同时保护晶圆边缘。该工艺的监控点包括临时键合片的尺寸公差（直径、厚度）、器件晶圆和载片的偏移量、边缘处理和形貌、键合胶暴露量（最少）以及键合胶与键合后/减薄后的真空、等离子和湿法工艺兼容性。

还有一些不涉及键合（但工艺期间需要特殊支撑结构夹持器件晶圆）的技术，如真空吸盘、静电吸盘、伯努利吸盘等，虽然这些技术可以用来临时夹持器件晶圆，但它们都无法与本章描述的晶圆工艺相兼容。

临时键合的典型工艺为采用旋涂键合胶进行键合，首先对器件晶圆进行表面处理。然后，载片、器件晶圆中的一个（或两者）涂布键合胶并移动到键合室，在一定温度和真空度下进行键合。键合胶在涂布和烘烤固化后必须完全包裹住微凸点（例如，针对 30 μm 的微凸点，通常涂布 40 μm 厚的键合胶）。临时键合胶必须具有良好的热稳定性和化学稳定性，并且不能在深孔刻蚀、CVD 或 PVD 沉积膜层等工艺过程中分解或放气。同时，还必须耐受晶圆清洁、电镀及 CMP 工艺过程中使用的化学品侵蚀，保持键合强度和边缘完整性。晶圆-晶圆的键合对必须经受住背面工艺的考验，包括背面研磨（减薄）、刻蚀及清洁、电介质绝缘层沉积、金属阻挡层/种子层沉积、通孔填充、再布线制备和焊料凸点。完成背面工艺后，将器件晶圆与载片分离，将其转移到切割胶带上，然后进行划片，最后分选后进行芯片-晶圆堆叠工艺。解键合工艺中，关键是确保微凸点表面（尤其是拐角处）和晶圆表面没有任何残留的键合胶。

6.3.7　晶圆背面减薄

如上所述，临时键合后，器件晶圆将从 775 μm（12 in 晶圆典型初始硅厚）减薄至 30～150 μm。该工艺步骤的主要要求如下：

a）厚度均匀性好，距晶圆边缘 2 mm 以内，总厚度变化（TTV）<1 μm。

b）对剩余硅的损伤最小。

c）可忽略的（纳米级）粗糙度，无硅渣残留、金属污染和缺陷。

d）体硅中最小残余应力，避免划片分选后单芯片的破损。

e）没有边缘断裂或开裂。

f）没有边缘/斜面损坏。

机械减薄是晶圆背面减薄工艺首步的最常用技术。通常为两步工艺，首先采用粗磨去除大部分背面硅厚，然后采用细磨减小表面粗糙度并去除粗磨造成的损伤。即使在精细研磨之后，缺陷仍可能残留在表层。最终通过 CMP 去除硅并清洗表面，消除残余应力，获得片间及片内硅厚的良好一致性，使缺陷最小化。

6.3.8　背面 RDL

再布线层使用半加法或减法工艺制备。前者使用光刻的有机介质（例如聚酰亚胺），而后者使用无机介质（氧化物、氮化物）。在介质层制备后，接下来的工艺是阻挡层/种子层溅射沉积、电化学沉积、刻蚀和湿法清洁。

6.3.9　量测、检查及缺陷复核

自动化量测、缺陷检查和复核的目的是为制造过程的各个阶段提供测量、工艺控制和质量控制所需的信息，其中一些如下所列：

a）TSV 临界尺寸（CD），顶部开口。

b）体硅中的 TSV 刻蚀深度和均匀性（via - middle 工艺和中转接板）。

c）键合晶圆上的 TSV 刻蚀深度和均匀性，包括底层金属（via - last 工艺）。

d）器件晶圆的边缘和斜面检测。

e）对准（键合前载片和器件晶圆的槽口对槽口偏移）。

f）键合胶厚度、TTV 和缺陷。

g）晶圆载片厚度和 TTV。

h）键合质量（空隙、键合胶外观/涂抹、气泡）。

i）背面减薄后的晶圆厚度和 TTV。

j）背面减薄后检验（颗粒、划痕、裂纹、粗糙度）。

k）键合胶的去边（EBR）测量。

l）切边测量。

m）TSV 铜柱上的剩余硅厚（背面减薄后，从背面开始）。

n）TSV 露头高度（当背面通过刻蚀露出后）。

o）解键合清洗后检验（微凸点/铜柱凸点上的残留物）。

p）TSV 露头后顶部尺寸。

q）TSV 露头后高度共面性和表面缺陷。

r）微凸点/铜柱凸点共面性和缺陷。

6.4　TSV 工艺步骤的集成及优化

TSV 刻蚀通常通过优化工艺来实现最高刻蚀速率，在保证深孔形貌、最小扇贝尺寸和无缺陷的情况下，最大限度地提高生产效率。在 via - middle 工艺中，在深孔清洗后，通过优化设备及工艺可在密集和疏松分布的 TSV 中实现高台阶覆盖率的 O_3/TEOS 氧化物沉积，并可拓展到 2～3 μm TSV 的工艺中。根据最终结果［见图 6 - 2（a）］，侧壁厚度可达 2 kÅ 至 1 μm。调整工艺菜单可优化电容、漏电、击穿电压和介电击穿时间。前期公布的建模结果显示了电介质绝缘层的固有特性和结合力在 TSV 耦合电容、RC 延迟和 TSV 可靠性方面的重要性[20]。

PVD 沉积的 TaN/Ta 或 Ti 阻挡层需要有足够的台阶覆盖率，尤其在 TSV 底角处。Ti 阻挡层的制备成本低于 Ta 基阻挡层。PVD 沉积铜种子层工艺需针对台阶覆盖率、对称性和薄膜形态进行优化。增强型电镀工艺表现出更强的自下而上的填充能力、显著降低的表面镀层和更稳定的微观结构［见图 6 - 2（b）］。表面镀层是 TSV 填充过程中在晶圆表面生长的铜层厚度。早期的电镀工艺（通常与保形电镀相关）沉积的表面镀层为 TSV 直径的 0.5～0.75 倍，或者对于大尺寸 TSV，厚度可达几微米。这种高厚度的表面镀层增加了晶圆应力并导致更大的晶圆翘曲，这将影响电镀后的其他工艺（尤其是 CMP）或引起裂片。厚的表面镀层同时也增加了 CMP 的成本。上述增强型自下而上电镀填充工艺减小了表面镀层厚度，因此降低了从晶圆表面去除铜和阻挡层的 CMP 工艺成本。CMP 工艺和抛光液的选择取决于以下三个关键要求：a）完全去除铜和阻挡层；b）不会侵蚀或腐蚀 TSV 中的铜或侧壁上的阻挡层金属；c）不会侵蚀 TSV 孔边缘的介质绝缘层。

通常在电镀和 CMP 工艺之间对铜进行退火，在 410～450 ℃的混合气体中退火约 30 min，以稳定其微观结构和薄膜成分。此步骤对于降低铜凸起的高度（见图 6 - 3）至关重要，有利于在 CMP 后退火或热循环试验中保持稳定的铜微观结构和互连结构完整性。所有后续工艺，如后道大马士革工艺和最终退火，必须在此温度或低于此温度下进行，以最大限度地减少凸起并避免电介质层开裂及金属间短路的问题。铜凸起（有时称为“铜泵送”或“铜活塞”）受电镀化学成分和工艺[18]、TSV 几何形状（形状和体积）[21]、铜微观结构、电镀后退火工艺条件[22]，以及铜和硅的热膨胀系数（CTE）失配影响。由于铜凸起与体积成比例，因此较小的 TSV 更适合于 via - middle 工艺应用［见图 6 - 3（b）］。有关工艺集成的一些细节可以在参考文献［23，24］中找到。

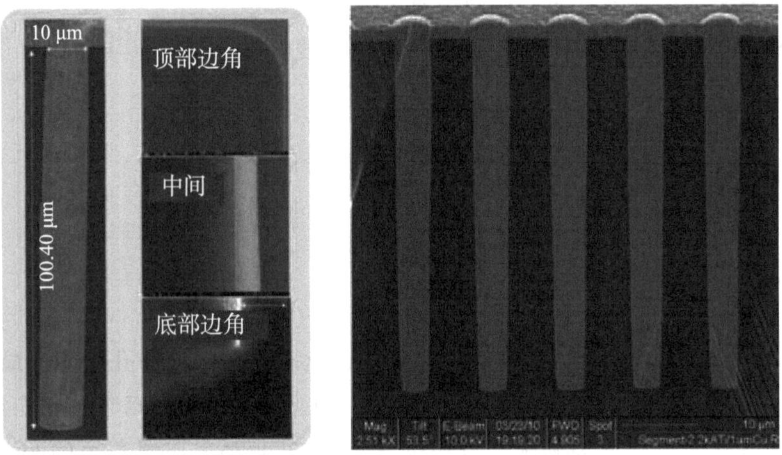

(a)　　(b)

图 6-2　(a) 10～100 μm 的转接板 TSV 侧壁氧化物；(b) 薄表面镀层的增强型自下而上填充深宽比 10∶1 TSV 的结果

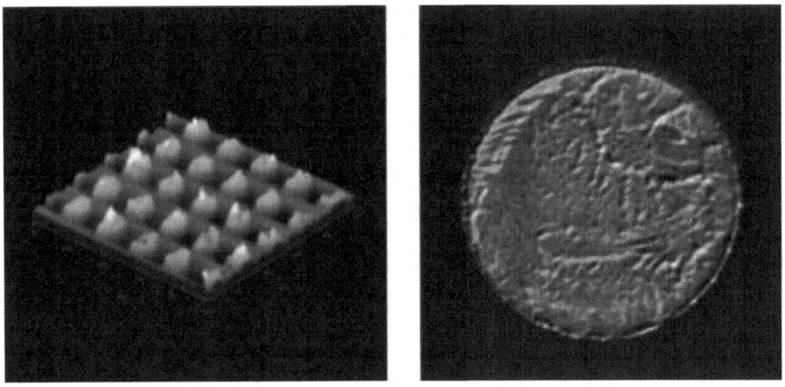

(a)　　(b)

图 6-3　(a) 优化 ECD 填充过程产生的形貌；(b) 铜凸起比较低的 TSV（CMP 后）的俯视外观图

6.5　背面露铜工艺优化

via-middle 工艺路线的 TSV 必须从晶圆背面露出才能实现垂直互连，这个工艺被称为背面露铜、背面露头或背面互连，它是 via-middle 工艺路线的配套工艺，也就是说每个采用 via-middle 工艺路线制备的晶圆都必须经过背面露铜工艺。首先将晶圆面朝下键合到临时载片上，然后通过研磨进行机械减薄。第一个挑战是控制键合片的 TTV 和减薄后器件晶圆的 TTV。这种差值可能受以下一项或全部的均匀性影响：a) 载片厚度；b) 键合胶厚度；c) 通孔刻蚀深度；d) 研磨厚度。因此，成功的背面 TSV 工艺集成需要所选择的工艺兼容这些差值。硅的 CMP 可用于改善 TTV 并获得光滑、无缺陷的表面。

更常见的是，背面晶圆减薄（研磨后进行硅 CMP）在 TSV 即将露出时停止。这样，TSV 仍保留在减薄晶圆表面下方，以确保铜未暴露。在 CMP 之后，使用高选择比的硅刻蚀工艺来露 TSV 头，而不会损坏包裹 TSV 的介质绝缘层（见图 6－4）。

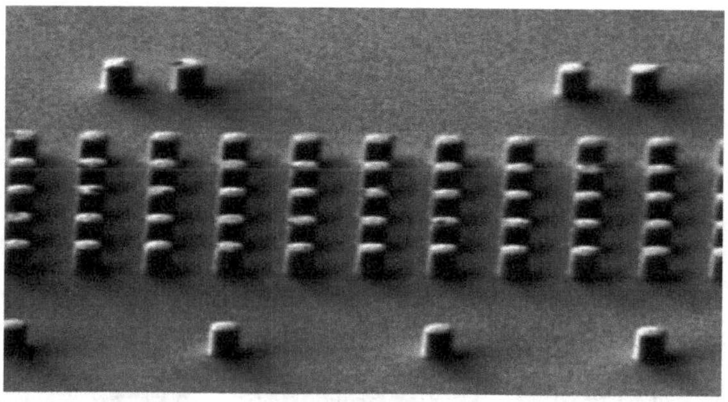

图 6－4　晶圆背面露头的 SEM 图

TSV 露头后，低温 CVD 沉积氮化物/氧化物层用来绝缘隔离。氮化物可作为铜扩散阻挡层和应力缓冲层，氧化物可在后续介质层 CMP 工艺中为 TSV 提供机械支撑以防止发生柱脱落。对于该步 CVD 工艺来说，高台阶覆盖率非常重要，因为这样就不会在露出 TSV 的底部形成缝隙（见图 6－5）。

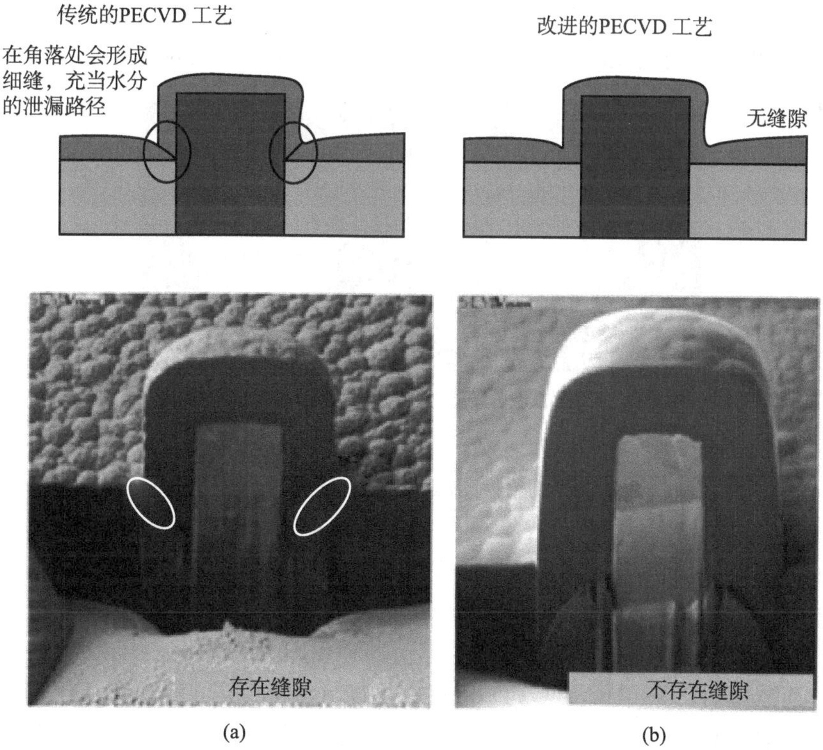

图 6－5　(a) 传统的 PECVD 工艺覆盖率低，导致 TSV 柱底角处有缝隙；(b) 优化的氮化物/氧化物沉积工艺，TSV 柱底角处没有缝隙

在优化的背面露铜工艺中，电介质 CMP 工艺将露出的 TSV 磨平并暴露出填充铜，该工艺可获得最小的缺陷（划痕、柱脱落、污染物等）和平滑的形貌，TSV 保留下坚固的介质绝缘层（见图 6-6）用于随后的 RDL/凸点工艺。上述过程在参考文献［17］中有更完整的描述。

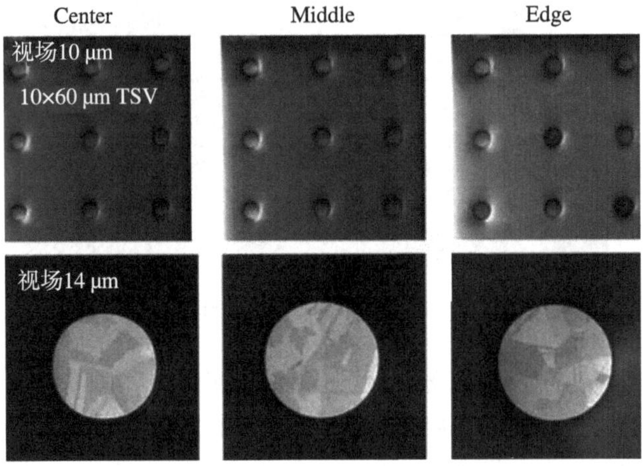

图 6-6　背面露铜 CMP 后的俯视图（TSV 之间有氮化硅/氧化硅）

如图 6-7 所示，传统 CVD 制备钝化膜的台阶覆盖率较差，会导致凹坑（由缝隙导致的 TSV 周围的圆形凹槽）。这些可能会导致电气或可靠性测试试验失效。

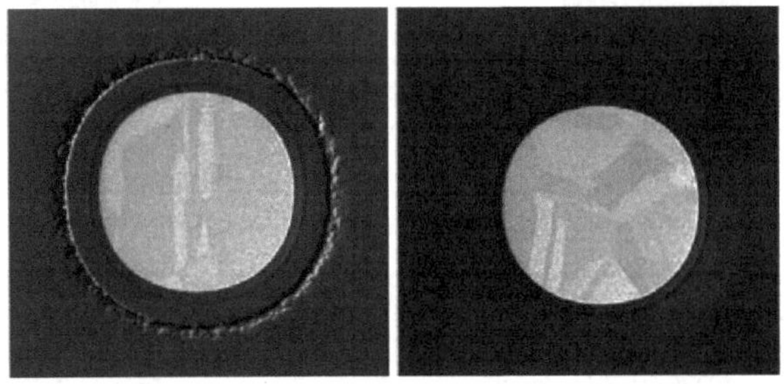

(a) 常规PECVD氮化物/氧化物　(b) 改进的PECVD氮化物/氧化物

图 6-7　背面 CMP 后的俯视 SEM 图：(a) 传统 PECVD 的圆形凹坑；(b) 优化 CVD 沉积氮化物/氧化物工艺获得的光滑铜面和介质表面

6.6　via-last 单元工艺集成及协同优化

晶圆背面减薄后，采用低温 CVD 沉积氮化硅（SiN）层可实现背面绝缘隔离或应力缓冲作用。当器件晶圆临时键合到载片上时，工艺过程中的热管理是非常重要的问题，在临时键合晶圆上进行的所有工艺都需要在低温（例如，低于 200 ℃）下进行，并与用于将晶圆临时键合到载片上的键合胶兼容。TSV 是从晶圆背面制备的，因此 TSV 位于器件晶圆互连层的底层金属层上，从而实现晶圆正背面的垂直互连。via-middle 工艺路线的

TSV 在典型逻辑器件的大马士革工艺中要经受 10 次或更多次的加热过程，而 via - last 工艺路线的 TSV 只在晶圆厂的焊点回流或在封装厂的铜铜键合工艺中经历一次加热过程。

6.7 封装工艺集成

下面列出的其他先进封装问题需要引入 TSV 模块来进行验证：

a）结合超低介电常数薄膜、热循环和封装应力的工艺集成。

b）层间高度（芯片之间）和底部填充材料。

c）芯片厚度及其影响。

d）芯片翘曲。

e）划片过程中的芯片开裂。

f）散热和热点：针对 DRAM 和低功耗逻辑芯片＋DRAM 芯片堆叠。

6.8 TSV 的电特性

几个关键的 TSV 参数可以进行晶圆级电气评估[25]。在 3D 或 2.5D 堆叠中，最小化 TSV 电容是关键，以将电容充电损失功率最小化，同时将相邻 TSV 之间的串扰最小化。最小化 TSV 到体硅漏电流同样重要。最后，氧化物的击穿电压（V_{bd}）必须足够高，使器件在较长的服役期间内能够可靠地运行。

以下段落描述了一项研究，其中 TSV 是在掺杂浓度为 10^{15} cm^{-3}的 p 型硅晶圆上制备的。在 TSV 图形化之前，CVD 沉积一层 2 kÅ 的氧化物用来模拟器件晶圆金属下的绝缘层。采用前面章节介绍的刻蚀工艺制备直径为 5 μm、深度为 50 μm 的 TSV。然后采用 SACVD 沉积一层侧壁厚度为 220 nm 的氧化绝缘层。采用 PVD 沉积阻挡层和种子层，两者最薄处厚度为 50 Å。TSV 由铜电镀填充，电镀过程在一个具有特殊搅拌和电场控制功能的腔体中进行，并通过程序控制电流波形。电镀后，晶圆在混合气体中 400 ℃退火 30 min。CMP 在具有终点控制功能的三个抛光垫上依次进行。

梳齿状图形是铜 TSV 上制备的 9 μm 宽的铝线条，连接至 210 μm× 180 μm 的探针焊盘。图 6 - 8 展示了铝线及其与 TSV 的互连结构，以及探针测试时部分结构的光学显微照片。使用了三种不同的梳齿状结构，每对由一个带有 TSV 的梳齿结构和一个相应没有 TSV 的“空白”梳齿结构组成。每对的 TSV 节距（中心至中心的间距）分别为 10 μm、25 μm 和 50 μm。在测量过程中，探针头接触探针焊盘，固定晶圆的接地金属夹具提供了到 LCR（电感-电容-电阻）仪表的返回路径。测量 TSV 互连的梳齿结构和相应空白梳齿结构的电容，可以通过两个电容值之间的差异来估算 TSV 的电容。

TSV 电容是通过使用 1 MHz 的小信号交流分量将偏置电压从－10 V 扫描到 10 V 来测量的。TSV 位于相隔 10 μm、25 μm 和 50 μm 的三个区域。梳齿结构的设计使得对于这三个节距中的每一个，梳齿的总数和梳齿长度都是不同的。对于 10 μm、25 μm 和

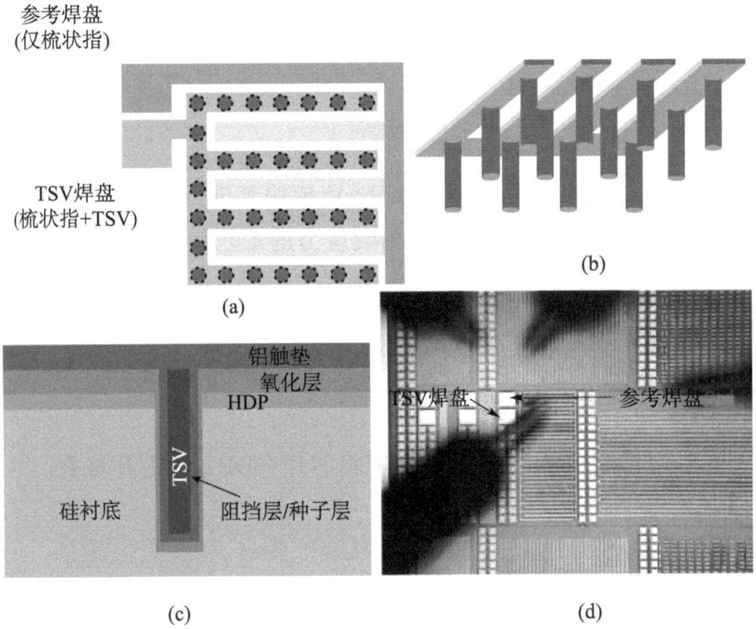

图 6-8 电气测试结构：(a) 俯视示意图；(b) 3D 示意图；(c) 横截面示意图；(d) 光学显微镜图片

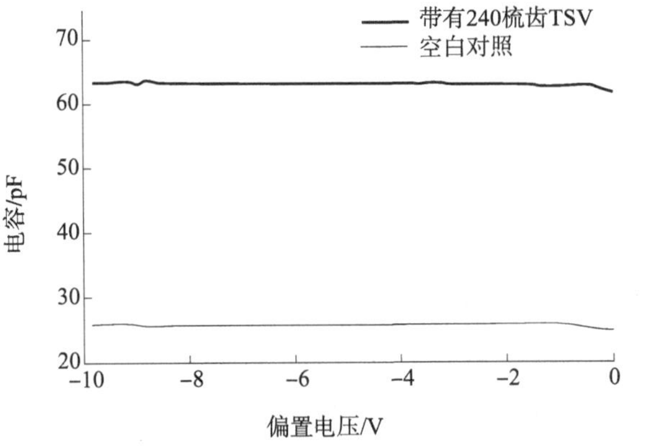

图 6-9 准静态电容电压测量有和没有 TSV 的梳齿结构总电容值

50 μm 间距，相应的 TSV 总数分别为 522、256 和 240。准静态电容电压（QSCV）技术与频率无关，具有高测量灵敏度[26]。我们使用这种方法来提取累积电容 C_{ox} 。图 6-9 显示了堆积区域中 50 μm 间距的 TSV 填充梳和未填充梳的 QSCV 测量结果。通过将两者相减并除以 TSV 的数量，得到每个 TSV 的 C_{ox} 为 157 fF。

有人建议，在最小耗尽电容范围内工作可以有效地降低总 TSV 电容，这对于 3D 集成电路[27]是理想的。考虑到 TSV 底部区域对总电容的贡献不大，可以将 TSV 建模为圆柱形金属-氧化物-硅结构。因此，最小耗尽电容为

$$C_{\text{dep min}}=\frac{2\pi\varepsilon_{\text{Si}}L_{\text{TSV}}}{\ln(R_{\max}/R_{\text{ox}})} \tag{6-1}$$

式中，ε_{Si} 是硅的介电常数；L_{TSV} 是 TSV 深度；R_{ox} 是氧化层的外半径。通过求解下式获得最大耗尽半径 $R_{\max}$ [27]

$$\frac{qN_a}{4\varepsilon_{\text{Si}}}(R_{\text{ox}}^2-R_{\max}^2)+\frac{qN_aR_{\max}^2}{2\varepsilon_{\text{Si}}}\ln\left(\frac{R_{\max}}{R_{\text{ox}}}\right)=2\frac{k_BT}{q}\ln\left(\frac{N_a}{n_i}\right) \tag{6-2}$$

式中，k_B 是玻尔兹曼常数；T 是绝对温度；q 是电子电荷；N_a 是掺杂浓度；n_i 是硅的本征载流子浓度。根据公式（6-2），$R_{\max}$ 为 3.45 μm。代入公式（6-1），得到 $C_{\text{dep min}}$ 为 119 fF。

最小 TSV 电容是 C_{ox} 和 $C_{\text{dep min}}$ 的串联组合

$$C_{\text{TSV min}}=\frac{1}{(1/C_{\text{ox}})+(1/C_{\text{dep min}})} \tag{6-3}$$

使用上述 C_{ox} 和 $C_{\text{dep min}}$，每个 TSV 电容的最小值为 67 fF。

不同间距的 TSV 电容如图 6-10 所示。对于三个间距中的每一个，都检查了晶片上的九个裸片。对于 10 μm、25 μm 和 50 μm 间距 TSV，每个 TSV 的最小平均电容分别为 64 fF、66 fF 和 64 fF。这与公式（6-3）的计算值非常吻合。还值得注意的是，在所有情况下，电容的变化都非常小。TSV 电容本质上与通孔间距无关，在文献［28］中也有类似的报道。在串联和并联模式下以 10 kHz 和 100 kHz 重复 $C-V$ 测量。结果虽然未在此处显示，但与报告的数据一致。

图 6-11 显示了累积和耗尽模式下的漏电流分布，其中 TSV 偏置为±5 V 和±10 V。可以看出，在低偏置下（±5 V），每个 TSV 的累积和耗尽漏电流接近。此外，在累积模式下，TSV 漏电流对偏置电压的敏感性不如耗尽模式。在这两种情况下，漏电流都低于 1 pA[29]。

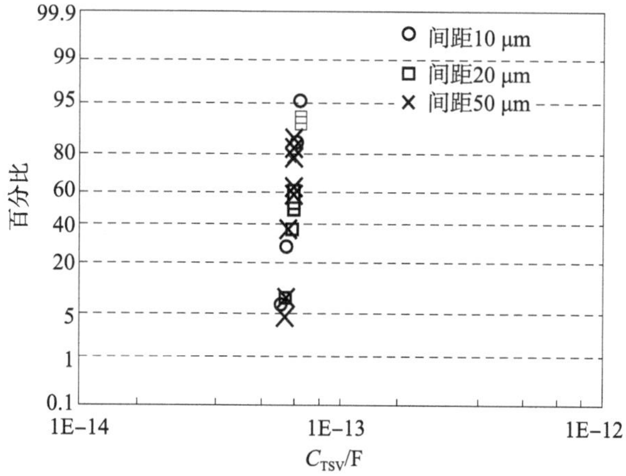

图 6-10　对于不同的通孔间距，每个 TSV 的最小电容分布

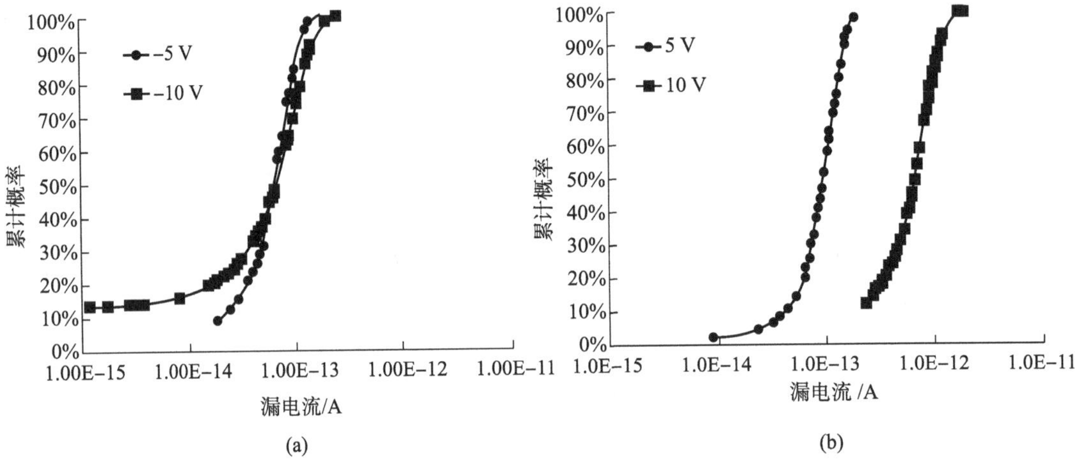

图 6-11　漏电流分布：（a）累积模式；（b）耗尽模式

6.9　小结

在单元工艺经过优化后，集成变得非常先进，对典型的转接板、via-middle 和 via-last 流程采用“已知的最优方法”。刻蚀、CVD、PVD、ECD 和 CMP 中单元工艺之间的广泛协同优化使人们更好地理解了技术生命周期早期的工艺权衡。整个行业生态系统在晶圆减薄、键合/解键合、测量和 TCAD 方面的合作促进了快速学习。未来的工作将侧重于将这些工艺扩展到更小的 TSV（直径 2～5 μm）以满足设备缩放要求，并将继续实现更小、更快、功能更复杂、成本效益更高、能效更高的消费和工业电子产品。

参考文献

[1] Iyer S S et al (2009) Process design considerations for three dimensional memory integration. Proceedings of the VLSI Technology Symposium, p. 60.

[2] Knickerbocker J U et al (2008) Three dimensional silicon integration. IBM Journal of Research and Development, 52 (6), 553 - 569.

[3] Farooq M G (2011) 3D integration in silicon technology. ECS Transactions, 35 (2), 83.

[4] Savidis L et al (2010) Electrical modeling and characterization of through - silicon vias (TSVs) for 3 - D integrated circuits. Microelectronics Journal, 41 (1), 9 - 16.

[5] Koyanagi M et al (2009) High - density through silicon vias for 3 - D LSIs. Proceedings of the IEEE, 97 (1), 49 - 59.

[6] Koester S et al (2008) Wafer - level 3D integration technology. IBM Journal of Research and Development, 52 (6), 583 - 597.

[7] Xilinx (2010) Xilinx Stacked Silicon Interconnect Extends FPGA Efficiency: Technology to Deliver 'More than Moore' Density, Bandwidth and Power. Available at pres. xilinx. com/ phoenix. zhtml? c=212763&p=irolnewsArticle.

[8] Altera (2012) Altera and TSMC Jointly Develop World's First Heterogeneous 3D IC Test Vehicle Using CoWoS™ Process. Available at http: //www. altera. com/ corporate/news _ room/releases/ 2012/ corporate/nrcowos. html? GSA _ pos=1&WT. oss _ r=1&WT. oss=cowos.

[9] Kang U et al (2009) 8 Gb 3 - D DDR3 DRAM using through - silicon - via technology. Proceedings of the ISSCC, pp. 130 - 131.

[10] Moore G E (1965) Cramming more components into integrated circuits. Electronics, 38 (8), 114 - 117.

[11] Koyanagi M (1989) Roadblocks in achieving three - dimensional LSI. Proceedings of the 8th Symposium on Future Electron Devices, pp. 50 - 60.

[12] Ramm P et al (2001) Interchip via technology for vertical system integration. Proceedings of the IEEE International Interconnect Technology Conference, pp. 160 - 162.

[13] Chen Q et al (2011) Chip - to - wafer (C2W) 3D integration with well - controlled template alignment and wafer level bonding. Proceedings of the IEEE Electronic Components and Technology Conference, pp. 1 - 6.

[14] Diehl D et al (2012) Formation of TSV for the stacking of advanced logic devices utilizing bumpless wafer - on - wafer technology. Microelectronic Engineering, 92, 3 - 8.

[15] Ohba T et al (2010) 3D large scale integration technology using wafer - on - wafer (WOW) stacking. Proceedings of the IEEE International Interconnect Technology Conference, pp. 1 - 3.

[16] Wu B, Kumar A, and Ramaswami S (2011) 3D IC Stacking Technology, McGraw - Hill.

[17] Kumar N et al (2012) Robust TSV via - middle and via - reveal process integration accomplished

through characterization and management of sources of variation. Proceedings of the IEEE Electronic Components and Technology Conference, Las Vegas, NV, May 2012, pp. 787 - 793.

[18] Papanu J S et al (2011) Processing and integration considerations for successful copper electrodeposition in 3D IC applications. Proceedings of the 220th Meeting of the Electrochemical Society.

[19] Gage M et al (2010) CMP for copper TSV applications. Materials Research Society Symposium Proceedings, vol. 1249.

[20] Karmarkar A P et al (2010) Material, process and geometry effects on through - silicon via reliability and isolation. Materials Research Society Symposium Proceedings, vol. 1249.

[21] Andry P S et al (2006) A CMOS compatible process for fabricating electrical through - vias in silicon. Proceedings of the 56th IEEE Electronic Components and Technology Conference, p. 831.

[22] Malta D et al (2011) Characterization of thermo - mechanical stress and reliability issues for Cu - filled TSVs. Proceedings of the IEEE Electronic Components and Technology Conference, pp. 1815 - 1821.

[23] Ramaswami S et al (2009) Process integration considerations for 300mm TSV manufacturing. IEEE Transactions on Device and Materials Reliability, 9 (4), 524 - 528.

[24] Ramaswami S (2011) A holistic approach to process co - optimization for through - silicon via. Proceedings of the International Reliability Physics Symposium, pp. 5D. 1. 1 - 5D. 1. 3.

[25] Li Y et al (2012) Electrical characterization method to study barrier integrity in 3D through - silicon vias. Proceedings of the 62nd IEEE Electronic Components and Technology Conference, San Diego, CA, June 2012, pp. 304 - 308.

[26] Stucchi M et al (2012) Capacitance measurements of two - dimensional and three - dimensional IC interconnect structures by quasi - static C - V technique. IEEE Transactions on Instrumentation and Measurement, 61 (7), 1979 - 1990.

[27] Katti G et al (2011) Temperature dependent modeling and characterization of through - silicon via capacitance. IEEE Electron Device Letters, 32 (4), 563 - 565.

[28] Stucchi M et al (2012) Test structures for characterization of through - silicon vias. IEEE Transactions on Semiconductor Manufacturing, 25 (3), 355 - 364.

[29] Van der Plas, G et al (2011) Design issues and considerations for low - cost 3 - D TSV IC technology. IEEE Journal of Solid - State Circuits, 46 (1), 293 - 307.

第 7 章　ASET 的 TSV 制备

Hiroaki Ikeda

7.1　前言

ASET 是一个以研究为重点的联盟，它跨越了不同公司和行业之间的障碍（其组织架构见图 7－1）。ASET 一直专注于开发使用“功能创新的三维集成电路（梦想芯片）”技术的项目。该技术克服了半导体缩放的限制，可通过硅通孔（TSV）使芯片实现超高速和低功耗互连。它将成为“多功能设备的高密度三维集成技术”，并满足实际应用的需要。

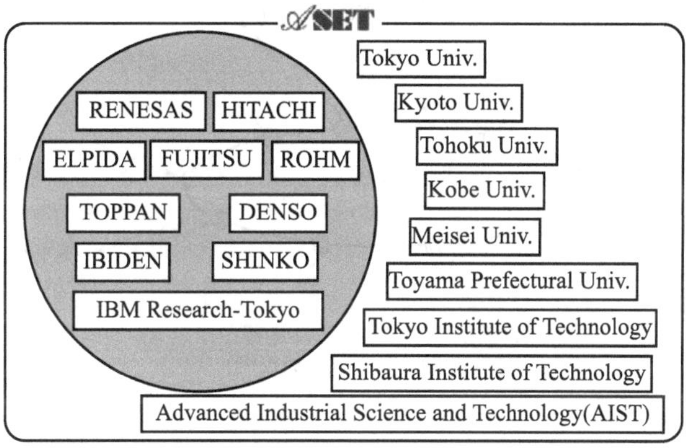

图 7－1　ASET 的组织架构

该项目将通过所开发的集成技术来制备三维集成的 SiP，以此展示所开发芯片的功能和实际效果。

由于 TSV/3D 堆叠技术的发展，立体内存［例如 4 层堆叠 DDR3 SDRAM、宽 I/O DRAM 和混合立体内存（HMC）］一直引领着技术的进步[1,2]。

它们将由 TSV/3D 堆叠技术的新突破（设计系统、工艺开发、测试/评估方法、故障分析和可靠性）提供服务（见图 7－2），有了这些突破，我们将有能力开发更复杂的异构 3D 堆叠系统。

数据流量增长预测表明 2011—2016 年期间的复合年增长率为＋78％[3]。这种快速增长不仅受到数据下载的推动，还将受到数据上传的推动。双向数据交换必须包含每个终端的传感器数据。具有硬传感和软传感能力的传感器终端将服务于数据的关键内容[4]。

网络（主要是无线网络）数据流量增长，在未来需要更强大的性能和更多的空间，硬传感和软传感的融合系统将是数据交互的关键，它将成为“传感器网络”，并且每个网络

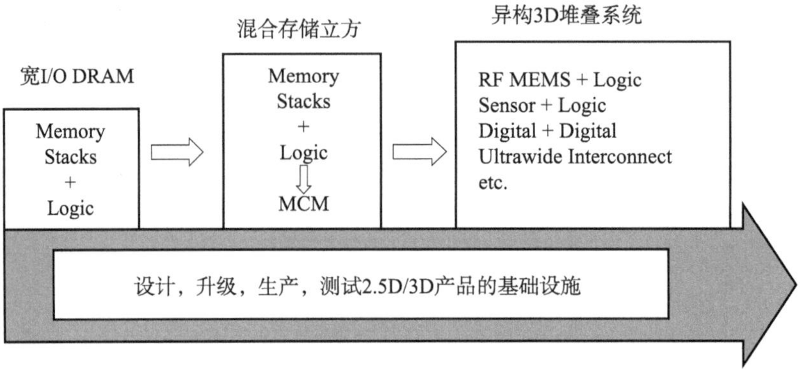

图 7-2　2.5D/3D 堆叠基础设施的发展

节点（包括汽车上的终端）都需要通过认知辅助进行动态数据分配（见图 7-3）。满足这个复杂系统的需求是使用异构 3D 堆叠系统的动力。

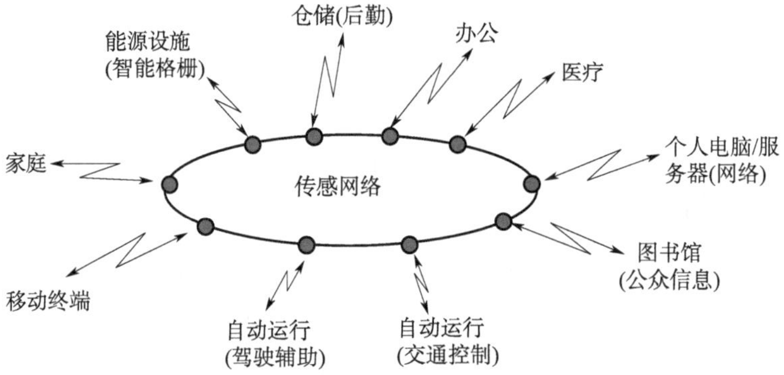

图 7-3　传感器网络

由于数据流量的不断扩展，我们认识到移动的数据处理系统（如 memory+logic ）如果要覆盖 10 GB/s 以上带宽，就需要 3D 堆叠结构。宽 I/O DRAM 和 HMC 是提高单位带宽的解决方案。

它们将在几年内由多家供应商进行商业生产。此类设备需要新的供应链基础设施来设计、制造、测试和评估。我们可以预期该基础设施将被用于更复杂的异构 3D 系统开发，以实现数据流量的快速扩展。

ASET 一直在开发适用于异构 3D 堆叠系统制造的 TSV/3D 工艺技术。这些系统［由模拟/数字设备构成，例如存储器、逻辑器件、图像传感器、现场可编程门阵列（FPGA）、高速 I/O 设备、RF-MEMS 以及测试和监控设备］必须有多个生产供应链。它们有不同的工艺选择，并不总是由常见的 via-middle 工艺制备而成。我们认识到 via-last TSV 工艺可以更灵活，更适合异构 3D 堆叠系统生产。此外，在同等性能下，异构 3D 系统必须比传统系统具有更低的功耗，但高密度封装可能具有更大的功率密度。3D 系统的电源完整性（PI）是需要解决的关键问题，因此使用 TSV 的配电网络（PDN）设计也是需要考虑的一个关键因素。

via - last 工艺适合制造较大直径的 TSV。我们将把这些大尺寸 TSV 的电力传输系统视为解决异构系统未来需求的方案。当然，TSV 间距还有可以缩小的空间。用于传输信号的细间距 TSV 和用于电源通道的大尺寸 TSV 结构的共存是 ASET 正在研究的问题。

对于异构 3D 堆叠系统的开发，有以下几种基本技术：

1）冷却、堆叠、键合技术。

2）薄晶圆技术。

3）3D 集成技术。

4）超宽总线 SiP 3D 集成技术。

5）数字和模拟 3D 集成技术。

6）异构 3D 集成技术。

ASET 有六个工作组，涵盖下面这些主题（见图 7 - 4）。

1）冷却、堆叠、粘合技术工作组：

a）模拟和评估 3D 堆叠系统的应力和热行为。

b）冷却系统设计和原型设计。

c）10 μm 间距微凸点互连。

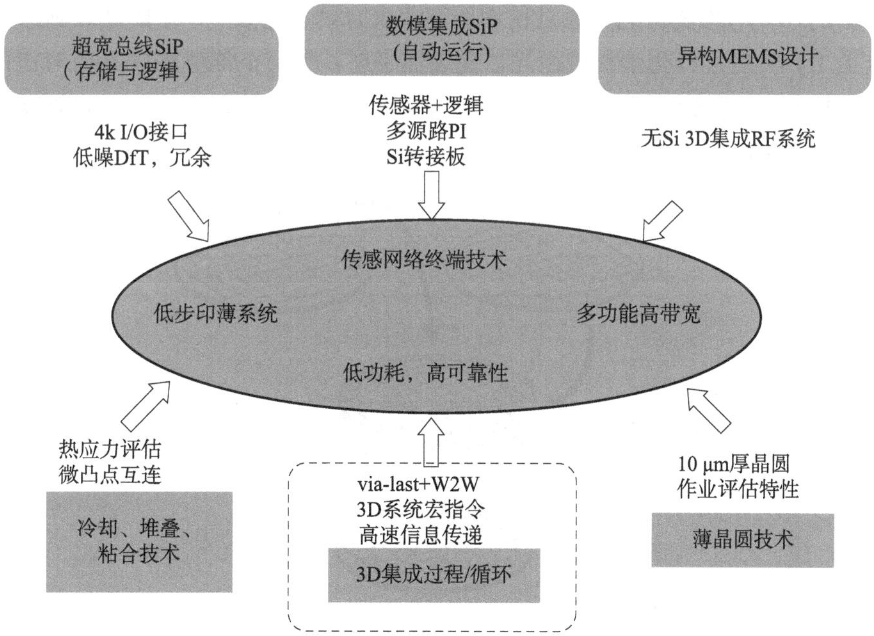

图 7 - 4　ASET 的六个工作组

2）薄晶圆技术工作组：

a）薄晶圆特性的制造和评估（厚度减小至 10 μm）。

b）薄晶圆处理（减薄、吸气层形成、切割）。

c）评估金属污染物扩散特性的方法。

3）3D 集成技术工作组：

a）用于 3D 系统的经济高效的 TSV/3D 工艺和电路宏。

b）via－last TSV 成型技术采用晶圆到晶圆（W2W）和芯片到芯片（D2D）堆叠。

c）3D 结构中各层之间的同步。

d）评估互连的电迁移和 TSV 周围的隔离区。

4）超宽总线 SiP 3D 集成技术工作组：

低功耗的高带宽数据处理（超过 100 GB/s）。

5）数模 3D 集成技术工作组：

a）模拟加数字和/或传感器加逻辑系统设计和评估。

b）PI 设计技术。

6）异构 3D 集成技术工作组：

无硅混合 RF－MEMS 系统。

本章的其余部分将重点关注“3D 集成”工作组的活动，该工作组的目标是通过 via－last 方法开发 25 μm 间距 TSV 的 W2W 堆叠工艺。

ASET 主要开发 W2W 堆叠工艺，因为它具有提高堆叠工艺吞吐量的空间。我们也一直在使用 D2D 堆叠进行快速评估。

ASET 的 W2W 堆叠工艺是通过使用图形化聚合物和电镀 Cu 在成品晶圆的表面上进行微凸点加工，然后进行化学机械抛光以使表面平整。第一个堆叠步骤是面对面的晶圆堆叠（通过＃1 和＃2 晶圆）。第二步是晶圆背面的晶圆减薄（如＃2）。第三步是从薄晶圆背面形成 TSV（见图 7－5）。

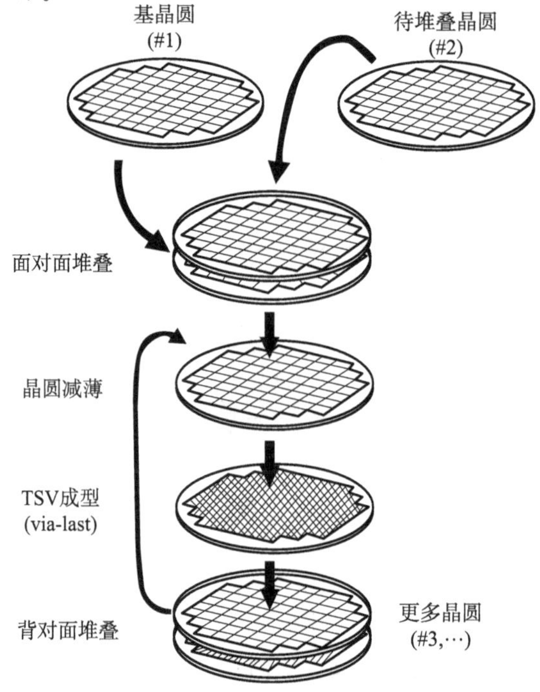

图 7－5　使用 via－last 工艺的 W2W 堆叠示意图

7.2　ASET 的 D2D 和 W2W 工艺的 via－last TSV

ASET 决定同时开发 D2D 和 W2W 堆叠技术，这两种技术各有优势。W2W 是一种极具吸引力的后道（BEOL）互连方法。它可以消除对晶圆支持系统（WSS）的要求，以在中道（MEOL）互连中暂时支持薄晶圆工艺（例如，减薄、TSV 形成、凸点）。当支撑玻璃晶圆/支撑硅晶圆不能重复使用时，WSS 将成为 TSV 制造的主要成本。

W2W 堆叠结构本身可以通过使用厚 Si 晶圆来支撑薄晶圆（见图 7－6）。因为 TSV/微凸点间距缩小，W2W 工艺因其更精确的对准能力而具有更大的潜力。为了制作异构 3D 堆叠系统，W2W 堆叠具有堆叠相同尺寸芯片的限制。但即使在异构 3D 堆叠系统或 3D/2.5D 系统中，立体内存对于数据处理性能也是必不可少的，因此通过 W2W 处理降低 BEOL 成本和提高吞吐量将非常重要。由于担心 W2W 会使得良率下降，有研究选择具有相似分布的失效芯片用于 W2W 堆叠（即晶圆匹配）以提高良率[6]。由于内存长期以来一直设计有冗余单元、字和位，因此最佳冗余密度的设计可以提高 W2W 堆叠的良率。

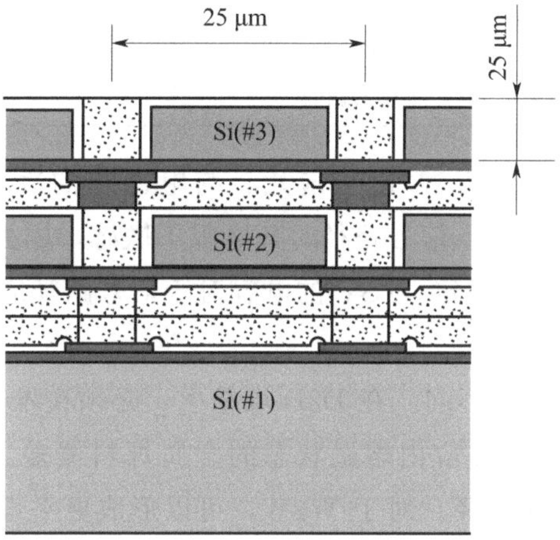

图 7－6　晶圆堆叠的横截面（W2W，未按比例）

ASET 的 D2D 堆叠开发活动有几个动机，第一个是异构 3D 堆叠。即使我们当前的处理器件具有通用尺寸的切片，也必须要求在异构 3D 结构上堆叠不同尺寸的器件。传感器、AD/DA 转换器、电源传输和时钟分配层等的优化设计必须有自己的深宽比和尺寸。因此，ASET 决定将 D2D 堆叠开发与 W2W 并行包含在内。此外，日本的外包半导体组装和测试（OSAT）可以支持 D2D 堆叠。我们可以期待在堆叠和封装的 MEOL 工艺之后对我们的 TEG 和处理器件进行快速的评测。

以下是 ASET 正在开发的 TSV 制造工艺（针对 D2D 和 W2W）的详细说明。

我们的 TSV 的目标间距为 25 μm。相关尺寸（例如晶圆厚度和通孔直径）是通过对阻挡金属层和种子层使用物理气相沉积（PVD）来确定的。通过这种选择，通孔（TSV）深度及其直径的比（深宽比）为 2～3。

这个目标范围是考虑了宽 I/O DRAM 的 JEDEC 标准来确定的，其 40 μm×50 μm 间距 TSV/凸点指标将是持续的，并且之后间距将减小至 25 μm 左右。芯片厚度目标主要由 W2W 处理决定，但也适用于 D2D 堆叠。

我们的 TSV 的目标尺寸和特性见表 7-1 和表 7-2。

表 7-1 TSV 的目标参数

R(TSV)	≤0.2 Ω(包括凸点与凸点间的互连)
C(TSV)	≤50 fF(不包括边缘电容)
通孔密度	$4\times10^4\sim1\times10^5$ k/cm^2
TSV 间距	25 μm
TSV 直径	8～12 μm
通孔深度	25 μm

表 7-2 D2D 和 W2W 的凸点结构

	D2D	W2W
正面凸点	SnAg/Cu	Cu
背面凸点	Au/Ni	Cu
堆叠底部填充	毛细管超滤	混合

考虑到信号路径和电源通道的 TSV 应用，与电源线的表面布线相比，电源通道的 TSV 电阻应该要足够低。相反，信号路径对其电阻不敏感，因为信号 TSV 的响应时间由其电容和驱动电路的等效电阻决定。TSV 的电容对于信号路径应该足够低。TSV 的直径约为其间距的 1/3～1/2。

W2W 和 D2D 的凹凸结构不同。在 D2D 堆叠中，必须在堆叠过程中考虑切片的翘曲。因此，切片之间不同间距的公差应由熔融状态的金属焊料覆盖。Sn-Cu 基焊接是我们用于 D2D 堆叠的微凸点结构的选择。对于 W2W，可以形成更平坦的表面条件，因此我们在 W2W 中使用 Cu-Cu 互连。

7.3 D2D 的 TSV 工艺

为了快速评估 TEG 和处理器件的小型设备数量，D2D 堆叠工艺比 W2W 堆叠工艺具有优势。由于 D2D 堆叠需要分离薄芯片，因此要在晶圆支撑系统上进行减薄和 TSV 成型。我们选择了基于玻璃晶圆的 WSS。via-last 过程不需要在前道（FEOL）工艺互连器中形成特殊的通孔。我们可以通过在成品晶圆上制作微凸点来开始中道（MEOL）工艺。

7.3.1 正面凸点成型

根据我们对 D2D 堆叠的选择，正面凸点具有 Cu 柱和 SnAg 焊料层。它们是通过传统的电镀工艺形成的（见图 7-7）。清洗晶圆后（作为电镀凸点的准备工艺），首先使用

PVD 沉积阻挡金属（钛）层（约 70 nm 厚）和 Cu 种子层（约 600 nm 厚）。光刻胶涂层和显影在金属衬底上形成一个开口（器件的顶部金属层是铝）。电镀 Cu，然后镀 SnAg，使 Cu 柱在顶部带有 SnAg 帽。Cu 柱的高度为 8～12 μm，SnAg 帽的厚度为 2～4 μm。电镀后，光刻胶掩膜、种子层和光刻胶下方的阻挡金属层被去除。通过湿法工艺去除种子层和阻挡金属层，便得到了正面带有微凸点的晶圆。

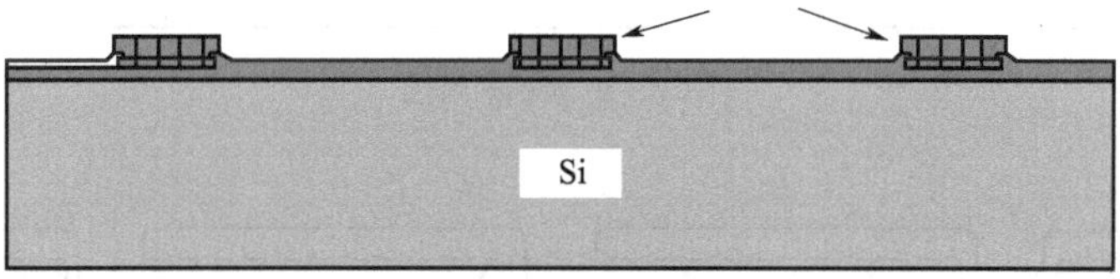

图 7-7　正面凸点形成

7.3.2　附着 WSS 和减薄

具有正面凸点的成品厚晶圆涂有用于 MEOL 工艺处理的临时粘合剂（见图 7-8）。粘合剂的耐热程度是设计 MEOL 工艺的关键因素。我们选择的粘合剂的耐热温度低于 200 ℃。因此，连续的工艺处理，例如 CVD 和 PVD，应在此耐热温度内进行。晶圆附着在基于玻璃的 WSS 上。玻璃晶圆的表面预涂了一层特殊的涂层，用于分离。然后通过背面减薄（BG）将晶圆减薄至 25 μm 。

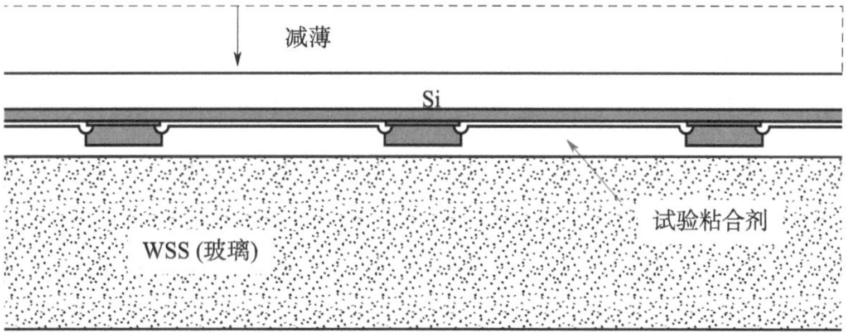

图 7-8　附着 WSS 和晶圆减薄

7.3.3　从背面进行深硅刻蚀

薄晶圆涂有光刻胶并通过光刻进行图形化。由于对准标记位于晶圆的正面，因此可以使用晶圆背面的红外（IR）监测来进行光刻对准（见图 7-9）。图形化后，光刻图形为深硅刻蚀的掩膜。我们选择了非博世型刻蚀系统。刻蚀停止在硅和 M1 [金属前电介质（PMD）] 下方的绝缘层之间的界面处。通孔直径为 8～12 μm，深度为 25 μm。

7.3.4　衬底沉积

盲孔的侧壁和底部以及薄晶圆背面使用低温化学气相沉积（CVD）涂覆 SiO_2（见图 7-10）。侧壁的衬底厚度约为 0.5 μm，晶圆背面为 2 μm。这种沉积是制造 TSV 衬底和薄晶圆背面的绝缘层的常用方法。

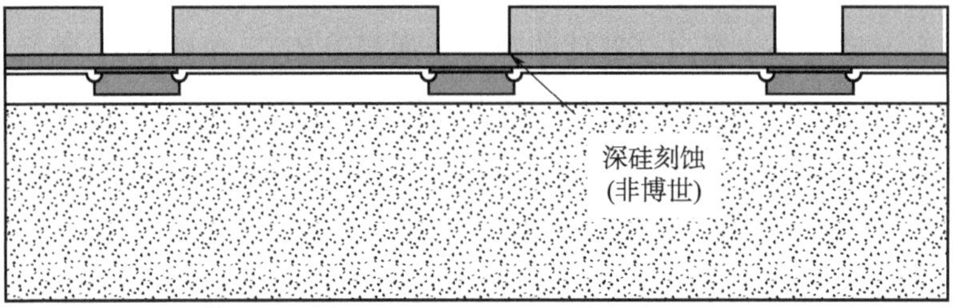

图 7 - 9　深硅刻蚀

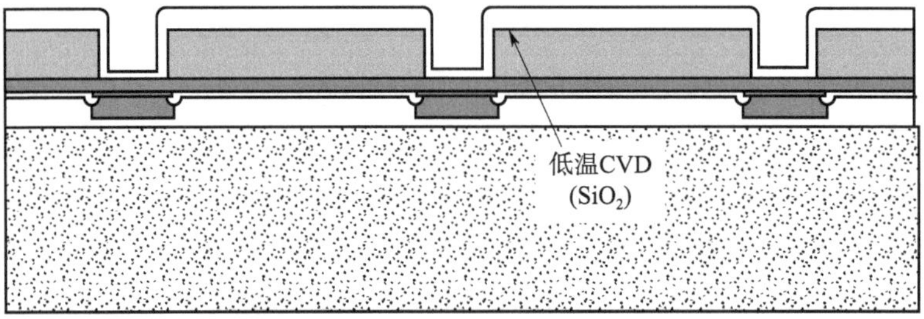

图 7 - 10　TSV 衬底和背面隔离

7.3.5　去除通孔底部的 SiO_2

由于盲孔底部的绝缘层厚度比背面薄，因此对整个背面进行干法刻蚀可以去除盲孔底部的绝缘层，并为 M1/M2 和 TSV 之间的互连形成开口（见图 7 - 11）。

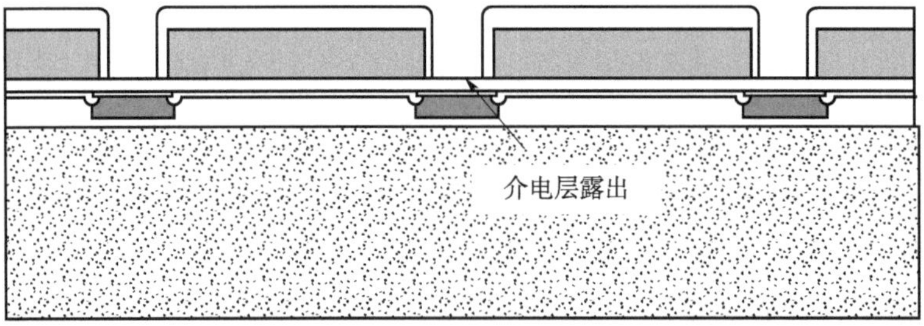

图 7 - 11　去除 SiO_2 层的截面

通过在 Cu 布线工艺（宽而平坦的 Cu 图形）上使用化学机械抛光（CMP），可以减少“凹陷”问题的发生。靠近 TSV 边界（M1/M2）的 Cu 层图形化后，成为具有间距的线条。该空间由 SiO_2 填充。它们充当刻蚀的窗口。盲孔底部绝缘层的去除工艺也去除了 M1 和 M1/M2 阻挡层之间的 SiO_2 层。为了避免意外的刻蚀穿透，必须考虑 M1 和 M2 的布局。这是 Cu 线器件 via - last 工艺的一种具体情况（见图 7 - 12）。

ASET 检查了 M1 和 M2 的几个位置，例如将 M1 和 M2 放置为“平行偏移”或“正交”。M1 线和 M2 线的“平行偏移”放置可有效地充当刻蚀阻挡层，防止 SiO_2 刻蚀穿透

M2（见图 7－13）。M1 线与 M1 和 M2 之间的间距涂有阻挡金属（Ti）和种子层（Cu），然后通过电镀 Cu 填充。因此，TSV 和器件布线之间的接口是通过连接 M1 和 M2 来完成的。

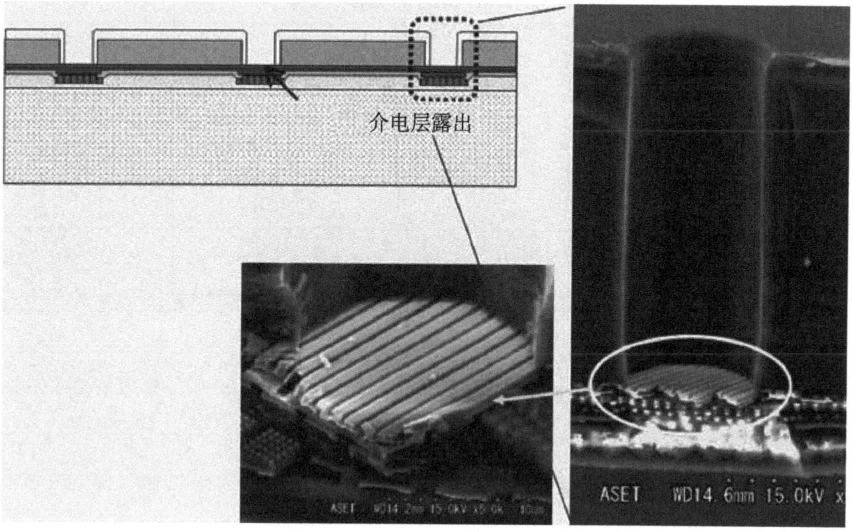

图 7－12　深硅刻蚀后通孔底部的 SEM 图像

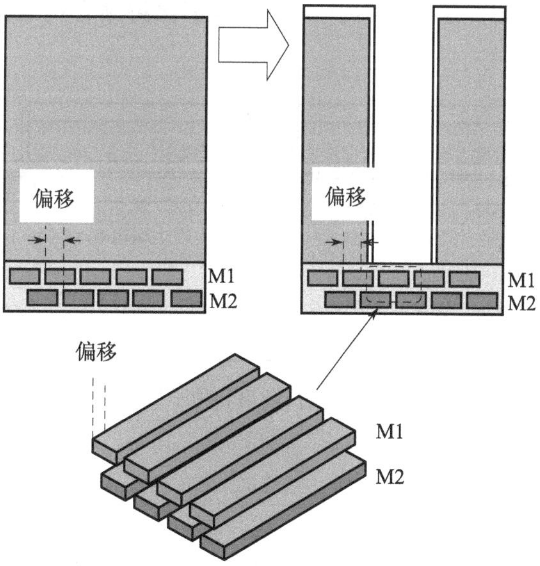

图 7－13　M1 和 M2 平行偏移

如果金属线是铝线，M1 设计可以采用宽而扁平的图形。这样，与 TSV 的互连只能由 M1 完成。

去除 M1 和 M2 之间的阻挡层，然后电镀 Cu，使 TSV 和 M1/M2 的互连更加牢固。通过 M1/M2 定位进行菊花链电阻评估，“平行偏移”放置比“正交”放置具有更好的连接性（见图 7-14）。在 ASET，我们确定 M1/M2“平行偏移”放置是我们的 TEG 和处理器件的设计标准和布局规则。

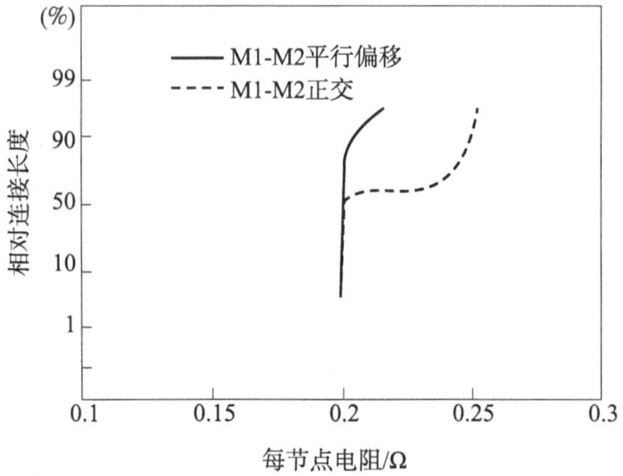

图 7-14　菊花链的连接电阻

7.3.6　通过 PVD 沉积阻挡金属和种子层

打开通孔的底部衬底后，通过 PVD 沉积阻挡金属（60 nm 厚的 Ti）和种子层（侧壁 600 nm Cu），用于通孔填充电镀（见图 7-15）。对于通孔底部和侧壁的 PVD 覆盖，通孔的深宽比（通孔深度/通孔直径）应小于 3～5。为了保持粘合剂层的完好无损，在整个过程中要保持温度低于 200 ℃。

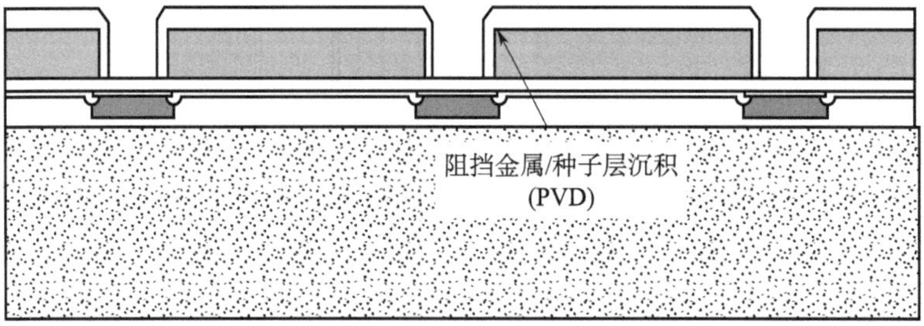

图 7-15　阻挡金属和种子层沉积

7.3.7　电镀 Cu

带有 Cu 种子层的 WSS 上的薄晶圆已准备好进行 Cu 电镀（见图 7-16）。传统的保形电镀不适合填充这些盲孔，因为在填充通孔时很可能会出现空隙或接缝。我们选择了一种自下而上的电镀槽来对通孔进行无缝电镀。在自下而上的电镀中，通孔底部的电镀速度远快于表面的电镀速度，这减少了背面的覆盖层厚度。由于通孔开口面积仅占整个表面的 5% 或更少，因此必须把背面其余地方覆盖的 Cu 去除。覆盖层的厚度对于连续的 CMP 工艺至关重要。

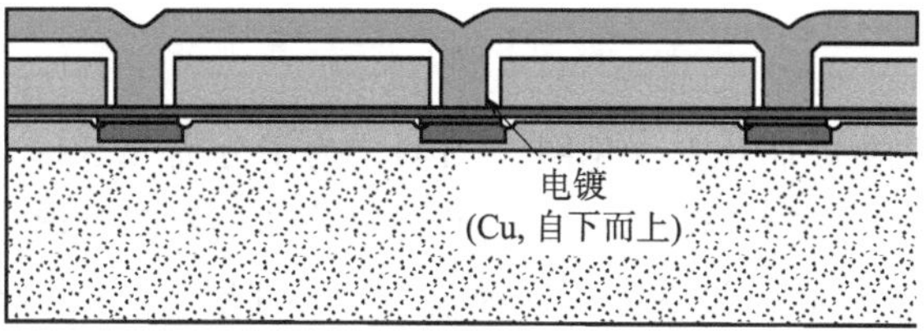

图 7-16　电镀 Cu

7.3.8　CMP

通过 CMP 去除薄晶圆背面的 Cu 覆盖层和阻挡金属层（见图 7-17）。首先，完成 Cu CMP。扭矩控制和 CMP 监测允许完全去除 Cu 层直至阻挡金属（Ti）层。由于 CMP 停止层是 SiO_2，所以在去除 Cu 之后，需要继续进行 CMP 直到去除阻挡金属层。Cu 通孔顶部的出现可以作为下一次凸点光刻的附加对准标记。

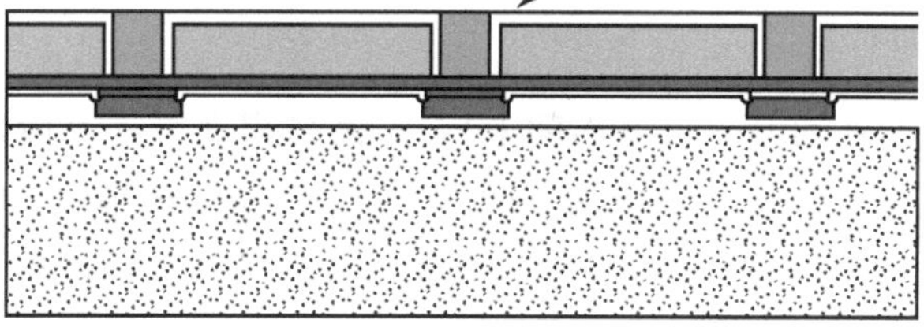

图 7-17　CMP 去除覆盖层和阻挡金属

7.3.9　背面凸点

晶圆的背面再次通过 PVD 沉积阻挡金属（Ti）和种子层（Cu），用于背面凸点的电镀（见图 7-18）。Ni/Au 电镀遵循电阻掩膜涂层和凸点图形化的开发过程。在 Ni/Au 凸点形成之后，就需要去除电阻掩膜并且通过湿法刻蚀去除种子层和阻挡金属层。

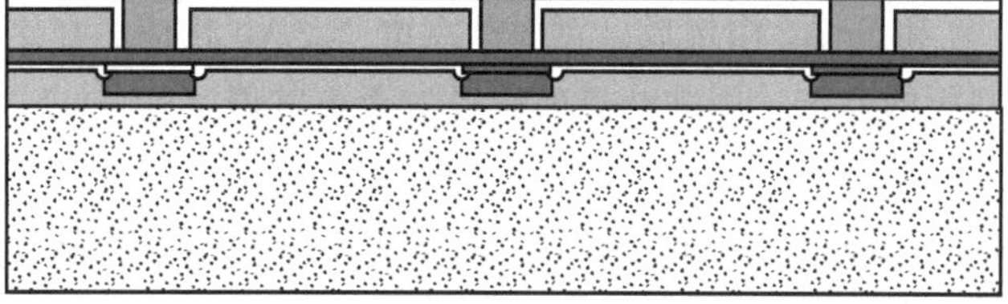

图 7-18　背面凸点制备

7.3.10 分离 WSS

减薄晶圆的背面贴在玻璃片上（见图 7－19）。为了分离 WSS，从玻璃 WSS 的背面进行紫外（UV）激光扫描。它使 WSS 表面上的特定分离层瞬间升温，使分离层附近的粘合剂蒸发。然后，WSS 被移除。设备表面上剩余的粘合剂层也会被剥离。

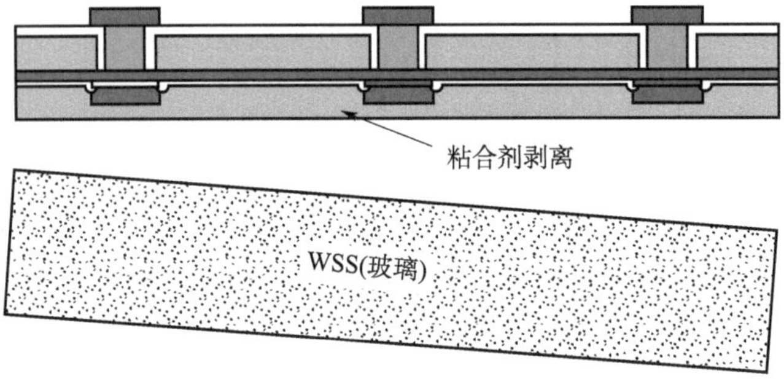

图 7－19　分离 WSS

7.3.11 划片

减薄晶圆的背面贴在切割片上（面朝上），正面暴露在下一个阶段——划片和芯片拾取（DPU）阶段（见图 7－20）。选择用于薄晶圆（25～50 μm 厚度）的切割片很重要。我们评估了几种可用的切割片并选择了一种。切割后，薄芯片就可以用于 DPU 和 D2D 堆叠（BEOL）。

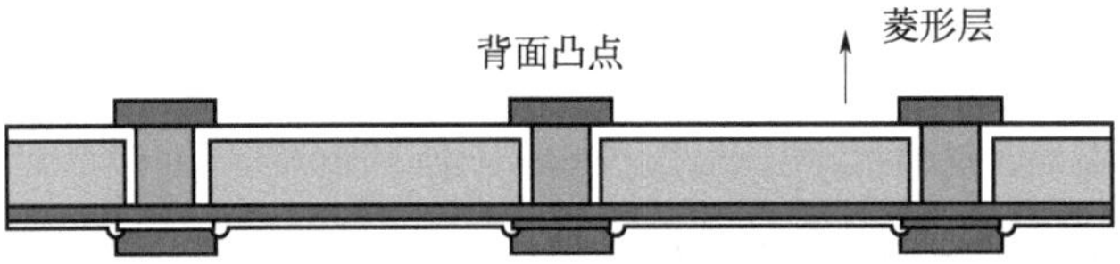

图 7－20　剥离临时粘合剂后的划片

图 7－21 所示为 D2D 堆叠的 via－last 工艺示例。图中的显微照片是厚 50 μm 、间距 50 μm 的 TSV 芯片的横截面。

正面凸点由 Cu 柱和 SnAg 帽构成。背面凸点由 Ni/Au 构成。在这种情况下，背面凸点主要用于与有机基板的互连，因此凸点的直径大于正常值（20 μm）。

ASET 有一个使用此 TSV 工艺进行 D2D 堆叠的演示器。它就是“超宽总线 SiP ”。它具有三层结构。顶层是 SRAM（面朝下），逻辑芯片位于底部。在它们之间，有一个 Si 转接板作为再布线层（RDL）。它们通过 4k I/O 端相互连接（见图 7－22）。其带宽为 100 GB/s，互连功率效率为 0.5 pJ/bit。该器件的 TSV 尺寸为 50 μm 间距、20 μm 直径和 50 μm 深。由于 Si 转接板面向 SRAM 和逻辑芯片的正面，因此转接板在正面和背面都有一个 Ni/Au 微凸点。

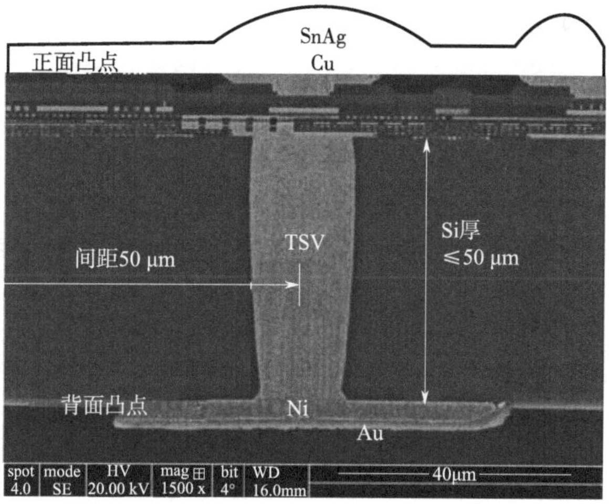

图 7-21　切割前薄芯片的横截面

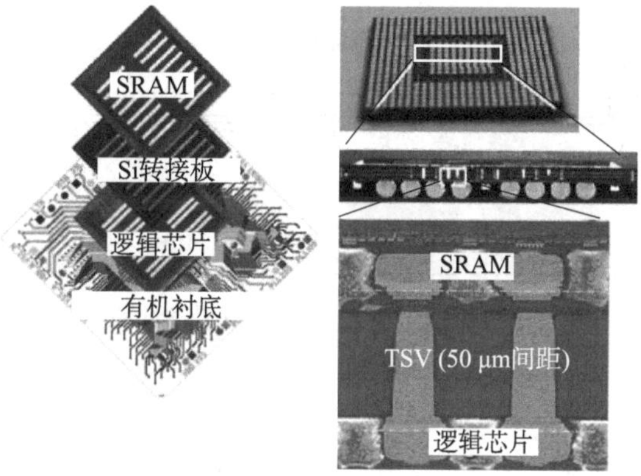

图 7-22　4k I/O 存储器、Si 转接板和逻辑芯片 SiP 的堆叠结构

7.4　W2W 的 TSV 工艺

W2W 的 TSV 过程不同于 D2D 的 TSV 过程。关键的区别有以下三点：1）正面和背面凸点由 Cu 构成，仅用于 Cu-Cu 键合。2）晶圆的正面被聚合物覆盖。3）MEOL 工艺具有 W2W 堆叠阶段（见图 7-5）。

由于用于混合键合的聚合物是永久性的（不是临时的），因此该材料应具有足够的热预算用于 Cu-Cu 键合（热压键合）。键合条件约为 300 ℃和 30 min。它还有望具有光刻能力，以免去额外的光刻胶涂层/显影步骤。这些要求导致我们选择聚苯并恶唑（PBO）作为混合键合的解决方案。

7.4.1 聚合物涂层和开发

光敏聚合物（PBO）被涂在晶圆表面并通过光刻形成图形。PBO 的开口模式可以用于正面微凸点（见图 7-23）。

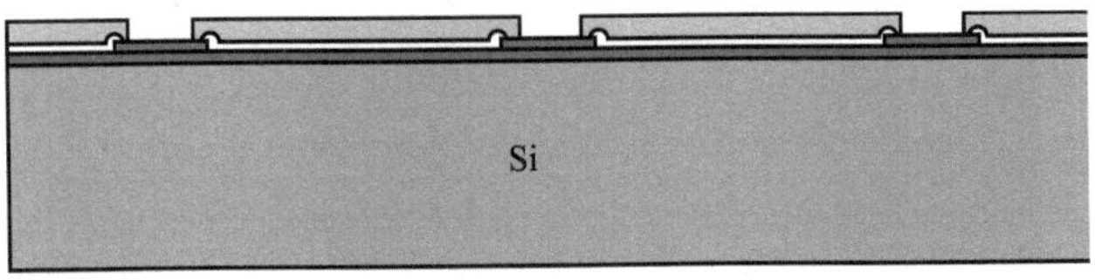

图 7-23　初始晶圆上的光敏聚合物涂层和图形化

7.4.2 阻挡金属和种子层沉积

使用 PVD，阻挡金属（Ti）和种子层（Cu）沉积在晶圆表面上（见图 7-24）。

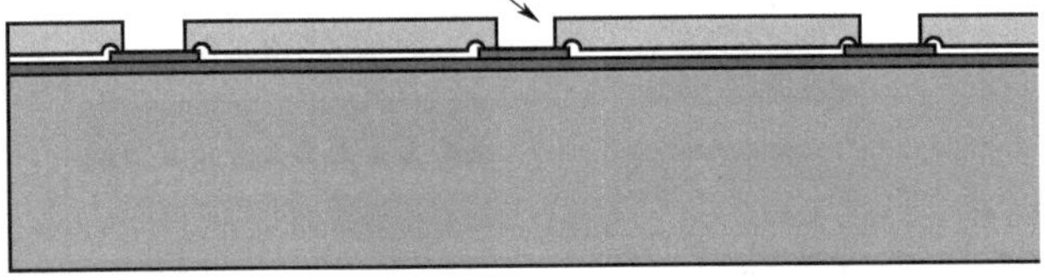

图 7-24　阻挡金属和种子层沉积

7.4.3 电镀 Cu

镀 Cu 是通过电镀完成的。在这一步骤，自下而上的电镀槽不是必要的（见图 7-25）。

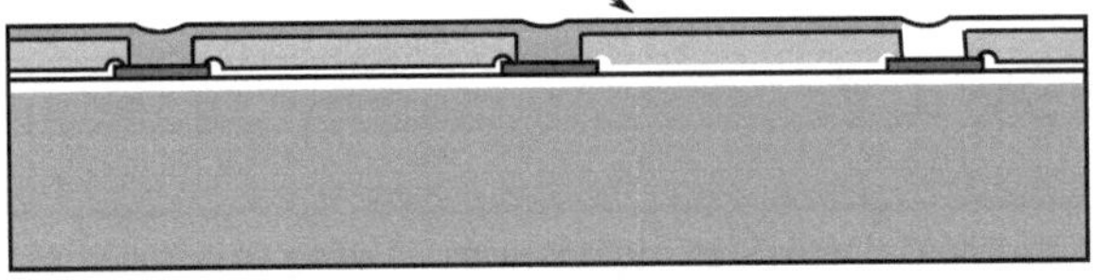

图 7-25　正面微凸点镀 Cu

7.4.4 CMP

通过 CMP 去除 Cu 覆盖层和阻挡金属（见图 7-26）。CMP 后凸点高度和聚合物厚度为 5 μm。Cu 表面略高于聚合物（50～100 nm）用于键合。然后晶圆准备好进行第一次 W2W 堆叠。

图 7-27 所示为 CMP 后 Cu 凸点的俯视图。

图形化后固化过程中的聚合物收缩导致 Cu 凸点具有锥形横截面。对于 5 μm 厚的

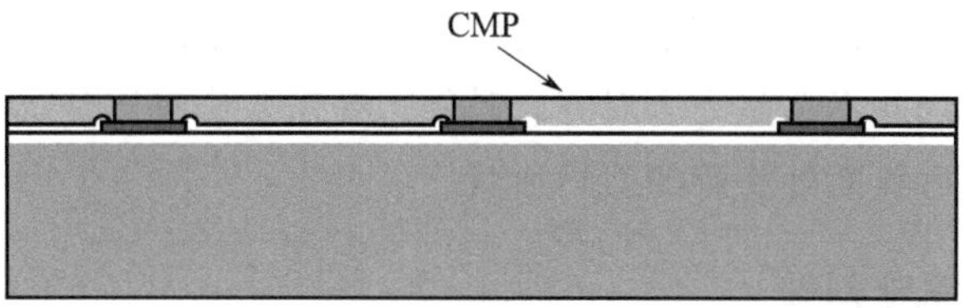

图 7－26　正面的 CMP

PBO，其底部凸点直径约为 6 μm，顶部为 10～15 μm。

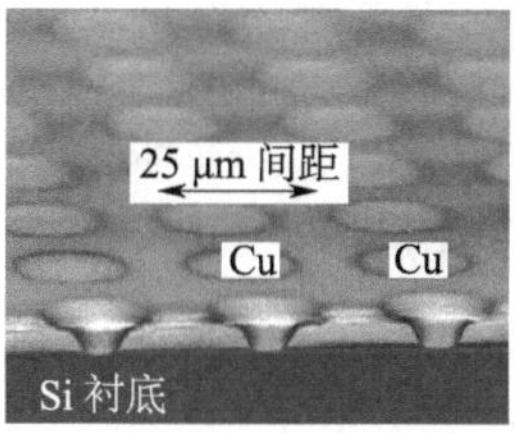

图 7－27　CMP 后的 SEM 图像

7.4.5　第一次 W2W 堆叠（F2F）

清洁两个晶圆（#1 和#2）的表面后，通过面对面（F2F）混合 W2W 键合（热压）将它们连接起来［见图 7－28（a）］。键合条件约为 300 ℃和 30 min。W2W－F2F 堆叠横截面的扫描电子显微镜（SEM）图像如图 7－28（b）所示。在这种情况下，凸点间距为 25 μm。

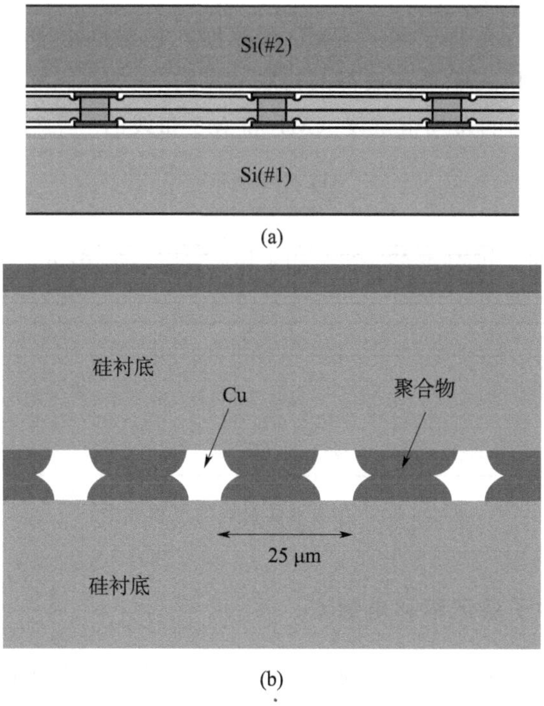

图 7－28　（a）第一次 W2W 堆叠（F2F，混合）；（b）W2W－F2F 堆叠横截面的 SEM 图像

两个晶圆的对准是在常温常压下完成的。然后在减压情况下进行热压堆叠。

堆叠后，晶圆边缘并不总是完全对齐，晶圆边缘需要修整以使晶圆变薄（#2）。切边还可以有效消除减薄后斜面处易碎的刀刃形状。

7.4.6　晶圆减薄和深硅刻蚀

第二个晶圆的背面被BG减薄。光刻胶涂敷到第二个晶圆的背面，以便在显影后由光刻胶掩膜确定TSV位置。IR用于对准，因为对准标记位于晶圆的正面。深硅刻蚀通过光刻胶掩膜进行，刻蚀在金属布线下方的绝缘层处停止（见图7-29）。

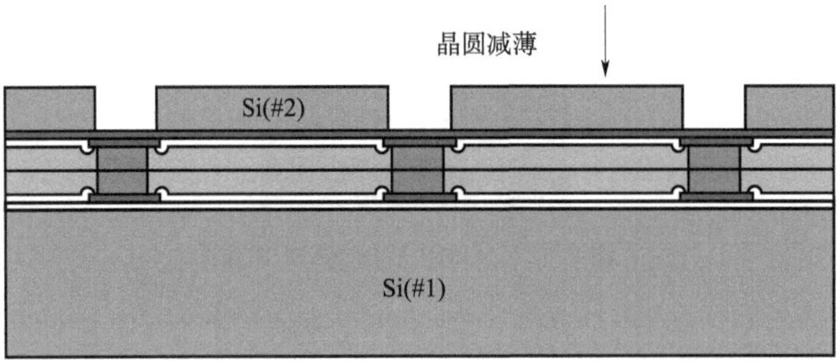

图7-29　晶圆减薄和深硅刻蚀

7.4.7　TSV衬底沉积和通孔底部的SiO_2刻蚀

SiO_2衬底和晶圆背面的绝缘层通过CVD SiO_2沉积。通孔侧壁（衬底）的绝缘层厚度约为0.5 μm，背面为2 μm厚。包括PMD层厚度，它还是比背面更薄。通过这种差异，SiO_2的整体干法刻蚀可以去除通孔底部的衬底（见图7-30）。为了在Cu布线和TSV之间建立良好的互连，相同的布局很重要（M1和M2布线的“平行偏移”）。

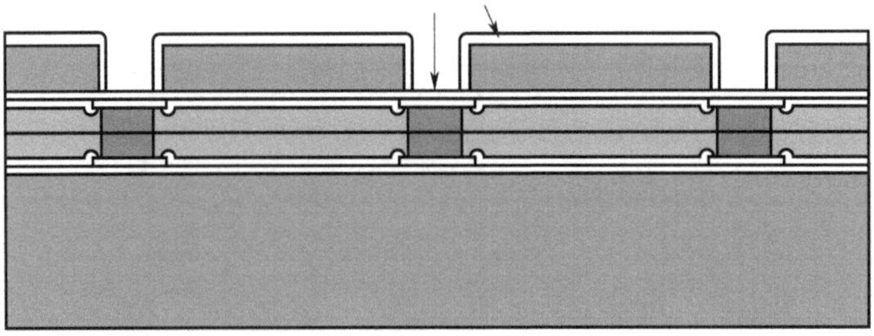

图7-30　孔底部的衬底的沉积和去除

7.4.8　阻挡金属和种子层沉积和电镀Cu

阻挡金属（Ti）和种子层（Cu）通过PVD沉积，然后电镀Cu（见图7-31）。

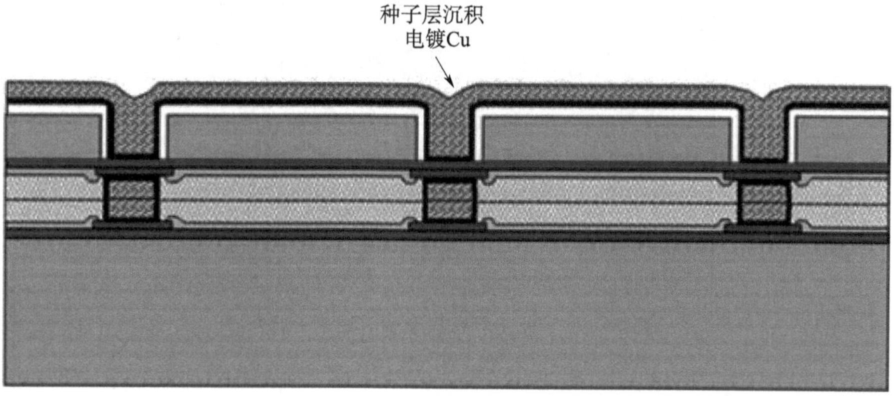

图 7-31　阻挡金属和种子层沉积及电镀 Cu

7.4.9　CMP

通过 CMP 去除薄晶圆背面的 Cu 覆盖层和阻挡金属。CMP 在 SiO_2层停止。第二个晶圆的背面已准备好进行下一次 W2W 堆叠（见图 7-32）。

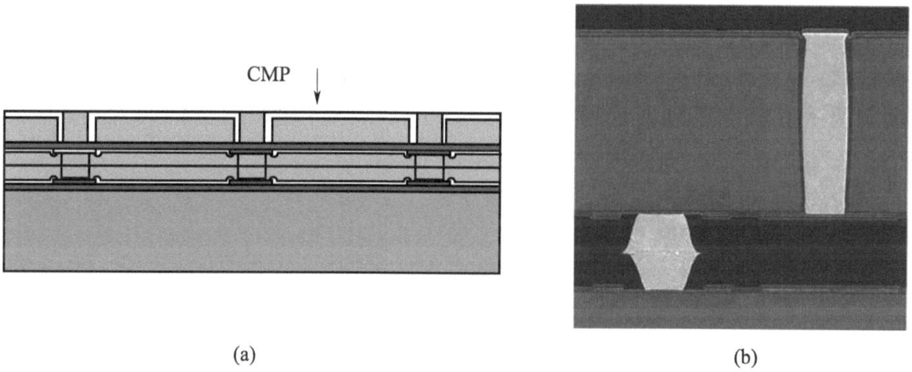

图 7-32　（a）第二个晶圆背面的 CMP；（b）平台的横截面（2-high F2F）

7.4.10　下一步 W2W 堆叠

第三个晶圆的正面通过混合 W2W 堆叠（#2 和 #3）连接到第二个晶圆的背面［背对面（B2F）］（见图 7-33）。在这种情况下，#2 和#3 晶圆之间的界面不同于#1 和#2 晶圆之间的界面（聚合物-聚合物到聚合物-SiO_2）。这种差异不会造成问题。如果 3D 堆叠系统是由这三个切片构成的，则应该有外部互连的端口。任意一个晶圆（#1 或#3）的背面都可以减薄，并通过 via-last 为外部端口制作 TSV 通孔（图中未显示）。

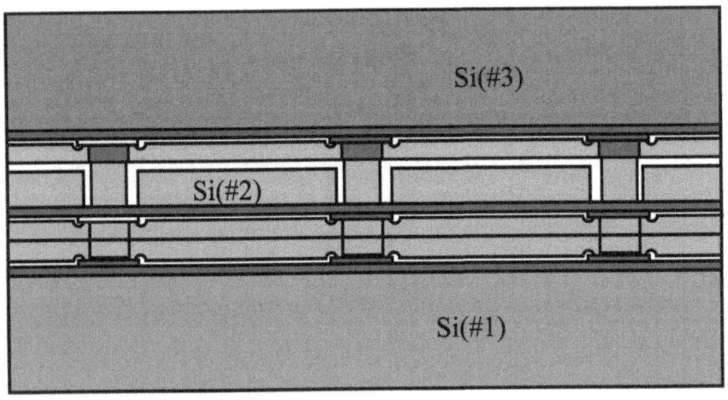

图 7-33　第三个晶圆堆叠（B2F，混合）

7.5　结论

ASET的TSV工艺旨在为异构3D堆叠系统提供解决方案，这将满足数据流量快速增长的需求。3D互连系统适用于终端和基础设施方面。我们的流程灵活，可采用多种供应链进行系统生产。

致谢

本项目受NEDO［功能性创新3D集成电路（梦想芯片）技术开发］委托。本项目受到日本政府的METI“IT创新计划”支持。

参考文献

[1] http：//www. elpida. com/en/news/2011/ index. html (June 27，2011).

[2] http：//hybridmemorycube. org/news. html (October 6，2011).

[3] CISCO，http：//www. cisco. com/en/US/ solutions/collateral/ns341/ns525/ns537/ ns705/ns827/ white _ paper _ c11 - 520862. html (February 2012).

[4] Rattner J (2010) Intel Developer Forum Day3 Keynote. http：//download. intel. com/ newsroom/ kits/idf/2010 _ fall/pdfs/ Day3 _ IDF _ Keynote _ Rattner. pdf (September 2010).

[5] Hall D L，McNeese M，Llinas J，and Mullen T (2008) A framework for dynamic hard/soft fusion. Proceedings of the 10th Annual International Conference on Information Fusion，Fusion 2008，Cologne，Germany，June 30 - July 3，2008.

[6] Singh E (2012) Impact of Radial Defect Clustering on 3D Stacked IC Yield from Wafer to Wafer Stacking，International Test Conference，Intel.

第 8 章　激光辅助晶圆加工：穿透衬底钻孔和再布线层沉积的新视角

Marc B. Hoppenbrouwers，Gerrit Oosterhuis，Guido Knippels，
and Fred Roozeboom

8.1　前言

半导体器件的 3D 堆叠是实现芯片进一步小型化的发展方向。为了在垂直维度上实现互连，“硅通孔”（TSV）技术正在全球范围内开发。在世界各地的研发中心和工厂中，至少有 15 条试验线被确定为 3D TSV 生产的试验线[1]。2015 年，3D TSV 封装的市场预测将达到约 40 亿美元，2014 年 TSV 的总市场预测为 3 700 万美元[2]。

从本质上讲，TSV 是透过基板的导电互连，其直径最终可降至 1 μm，但目前在减薄至 50 μm 或更小的晶圆中其直径仍超过 10 μm[3]。因此，TSV 通常可以有相对较大的深宽比，最高可达 20 或更大。有各种传统和新颖的方法来实现 TSV。在本章中，我们介绍了两种可用于三维晶圆集成的激光工艺：中等直径（5～10 μm 及以上）TSV 的激光钻孔和再布线层（RDL）的激光辅助沉积。

激光钻孔不仅在技术上是可行的，而且在某些设计和工艺条件下，与其他竞争技术相比也是一种具有成本效益的技术选择。接下来，我们将展示通过激光诱导转移（LIFT）技术，创建具有特征尺寸的导电再布线层，从而实现高密度的互连应用。

8.2　激光打孔技术

8.2.1　成本比较

最初，在硅中制备具有非关键尺寸或布局的通孔是通过使用 KOH 或四甲基氢氧化铵进行光电化学刻蚀，或通过喷粉来完成的。然而，这两种方法都有严重的缺点。对于湿法刻蚀，硅的去除率在很大程度上取决于硅晶体取向[4]。对于 Si（100）基板，湿法刻蚀会产生具有倒金字塔形状的通孔，而不是所需的具有高深宽比的圆柱形通孔。使用湿法刻蚀可以获得具有超高深宽比的高密度孔，但该工艺在基板选择和 TSV 布局方面存在很大限制[5]。通过喷粉（或磨料喷射加工）[6,7]，可以获得的通孔直径的下限仅约为 50 μm[6,7]。此外，由于其比较剧烈，喷粉过程可能会使周围的硅产生微裂纹。

因此，除了湿法刻蚀法和喷粉法，仅有两种技术可供我们选择：深度反应离子刻蚀(DRIE)[8]和激光钻孔[9]。最终，成本效益（CoO）将成为选择这两种技术的决定性因素。

DRIE 是一种在半导体晶圆上使用预刻蚀掩膜图案的平行等离子体刻蚀工艺，即 DRIE 可同时刻蚀所有通孔。因此通孔深度和通孔形状决定了 DRIE 的工艺速率。相反，

激光钻孔是一个连续的过程，其处理速率直接取决于每个晶圆的通孔数量。这意味着对于高密度的通孔，DRIE 更具成本效益。

为了比较 DRIE 与激光钻孔获得的 TSV 的总工艺成本，我们开发了一个 CoO 模型，其中包括与设备相关的成本（操作、维护、正常运行时间、洁净室空间、工具折旧、利润）、消耗品（公用事业、抗蚀剂、涂料、化学品）和废料成本。数据取自内部和外部数据库。该模型与已发表的 CoO 模型非常相似[10]。

图 8-1 显示了每片晶圆的 CoO（单位：美元/晶圆）与通孔密度（单位：vias/mm^2）的关系。这里我们假设 300 mm 晶圆的有效直径为 290 mm。

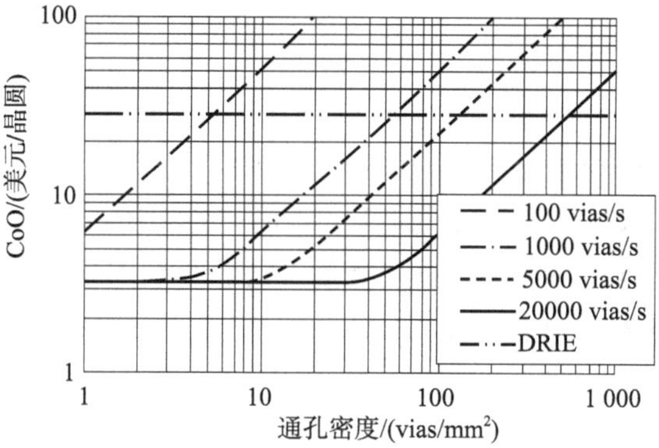

图 8-1　不同钻孔速度下的激光钻孔成本（该图表明激光钻孔成本与 TSV 密度和钻孔速度具有相关性，而 DRIE 的成本与通孔密度无关）

我们可以看到，DRIE 工艺每片晶圆的成本与通孔密度无关，这意味着对于任何给定的工艺速度，总会存在一个临界通孔密度，若实际通孔密度高于该密度，则 DRIE 工艺更具成本效益。因此，对于密度为 10～100 TSVs/mm^2 的中低密度孔，如果钻孔速度可以超过 5 000 TSVs/s，则激光钻孔工艺将是理想的选择。因此，对于中低密度的 TSV 孔，从成本的角度考虑，激光钻孔有极大的吸引力。在本段的其余部分，我们将重点关注激光钻孔工艺。从某种程度上讲，激光钻孔虽然具有一定的成本优势，但依然存在一些劣势。这些劣势已经在文献［11］中被概述过，包括高通量激光导致的热影响区，Si 材料烧蚀后的碎片沉积，以及有限的侧壁光滑度。然而，近年来激光钻孔工艺的缺陷被大大改良。例如，可以通过中间刻蚀[12]或应用多光束激光技术降低激光的平均能量密度来减少激光引起的损伤［例如，参考 www. alsi - international. com（2012 年 12 月 12 日）］。多光束激光技术还可使侧壁更加平滑。同时，可以在晶片顶部涂上一层易于去除的有机保护层，以保护晶片免受 Si 烧蚀后产生的碎片影响。

8.2.2　对工业 TSV 激光钻孔机的性能要求

根据 CoO 计算和其他内部、外部资源数据（如 TechSearch 路线图[2]），我们编制了最低性能要求，激光钻孔机必须满足这些要求才能比 DRIE 更具成本效益。激光钻孔机最低性能要求见表 8-1。

表 8－1 对于 TSV 激光钻孔机的要求

项目明细	当前需求	2016 年的需求
晶圆尺寸/mm	100 和 150(MEMS) 200 和 300	100 和 150(MEMS) 200 和 300
通孔密度/($vias/mm^2$)	10～100	20～200
打孔速率/(vias/s)	5 000	10 000
产量/(wafers/h)	3～15	3～15
通孔直径/μm	10	5
通孔深度/μm	50	25～50
深宽比	5	5～10
变形/μm	1	1
精度/μm	1	1

除了上述的硬性要求外，为了成功地引入市场，我们还可以确立一些优先级较低、较软的要求，包括产量、通孔图案、行业接受度、通孔形状、通孔侧壁粗糙度、热影响区、污染以及在除 Si 之外的其他材料（如 GaAs、GaN、Ge、SiC 等）中钻孔等要求。

8.2.3 钻孔原理

钻孔速度是 TSV 激光钻孔成功应用的关键要求之一。该速度部分取决于物理钻孔过程本身和从一个通孔位置到下一个位置的机械和光学组合步骤所需的累积时间。前者是由通孔本身的属性（直径、深度、材料）与激光器的能量密度、波长、脉冲长度和重复频率共同决定的。对于后者，可以使用各种策略。若将晶圆固定并进行激光束的扫描，则需要至少与晶圆直径大小相同的远心光学器件。此外，我们还需要一个具有大范围、超高的分辨率和角速度的光学扫描仪。从相反的角度考虑，若将激光束固定并通过一个移动的平台把晶圆移动到相应的位置，则意味着激光钻孔的速度将会非常缓慢。为了说明这一点，我们假设晶圆的通孔密度为 10 vias/mm，平台加速度为 7 m/s^2，那么寻找一个晶圆上的所有通孔累积需要大约 3 h。这还不包括稳定平台和实际钻每个通孔所需的时间。

解决上述问题的方案是为光学扫描技术定义一个视场（FoV），通过移动晶圆来定位通孔和 FoV。图 8－2 为这种两步法的示意图。

8.2.3.1 机械扫描技术

常见的机械扫描技术有以下三种。

1）步进式扫描：每次将晶圆移动到新的位置，并向光学扫描仪提供一个新的视场。其典型的产量为每小时 1 片晶圆。

2）逐行式扫描：晶圆每次被扫描一行。此方法在开始和结束时对晶圆进行的上下扫描将占到总扫描时间的 24%。其典型产量为每小时 21 片晶圆。

3）涡流式扫描：此方法与写 DVD 类似。如果旋转频率和阶段速度得到优化，晶圆的产量将达到每小时 27 片。

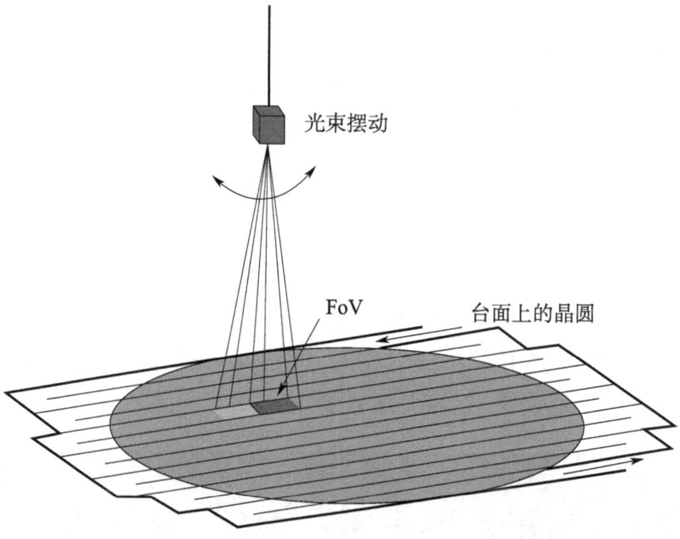

图 8 - 2　通过线性移动放置晶圆的平台来机械地选择 FoV，所选 FoV 内的通孔由光束控制装置寻找

在产量计算中，我们假设 FoV 为 1 mm^2，晶圆直径为 300 mm，平台最大速度为 500 mm/s，加速度为 7 m/s^2。显然，步进式扫描不能满足产量要求。在后两个方案之中，如果该机台仅用于钻孔，则可选择涡流式扫描以提高产量。如果该机台也用于切割晶圆，则可采用逐行式扫描以实现其多功能性。

8.2.3.2　光学

在选择了最优的平台扫描技术后，就需要确定最优的光束定位技术。同样以 500 mm/s 的最大平台移动速度和 100 vias · mm^{-2} 的通孔密度为例，在机械寻找 FoV 后留给钻孔的时间为 20 μs。在这段时间内，光束需要被移动到通孔的位置，并达到要求的精度。随后，即可进行钻孔。

在传统的线性扫描方法中，光束定位多面镜应具有与通孔扫描精度相同的指向性分辨率。这将导致可能的通孔位置和需要的通孔位置之比率非常低。如果要求分辨率为 1 μm，则该比率将低至 0.01％。

因此，先进的光束转向方法是基于矢量的。下面我们比较了四种不同的矢量扫描方法：

1）电流镜：此方法对 1％量程的步长的响应时间为 250 μs。该时间已经超过了可用时间的 10 倍。

2）声光偏转器（AOD）：此方法使用声波穿过双折射的 TeO_2 晶体。在横切模式下操作时，其对每毫米光束直径的响应时间为 1.6μs。该时间在处理一个 FoV 所允许的时间范围之内。

3）电光偏转器（EOD）：此方法利用普克尔斯效应使棱镜改变折射率从而改变光束路径。响应时间可少于 1 μs。

4）数字微镜装置（DMD）：此方法需要在 200 μs 内，在 256 mm^2 的区域切换 10^6 个反射镜。DMD可以一步实现FoV内的所有通孔的寻址。然而，由于可能的通孔位置和需要的通孔位置的比率仅为0.01%，99.99%的激光功率未被使用，使DMD很容易损坏。

综上所述，将逐行式晶圆扫描法与用于激光光束转向的光学偏转器（AOD或EOD）结合，即可满足表8-1中列出的要求。

8.2.4 钻孔实验结果

图8-3显示了通过激光钻孔在硅中创建的TSV的扫描电子显微镜（SEM）照片，其工艺参数如下：激光波长$\lambda=355$ nm，激光能量密度$=90$ J/cm^2，脉冲长度$=200$ ns，每个通孔的脉冲数$=4$。本实验中未使用AOD。采用此类激光钻孔工艺，能够形成侧壁光滑、底部圆整的通孔，满足表8-1的大部分要求。

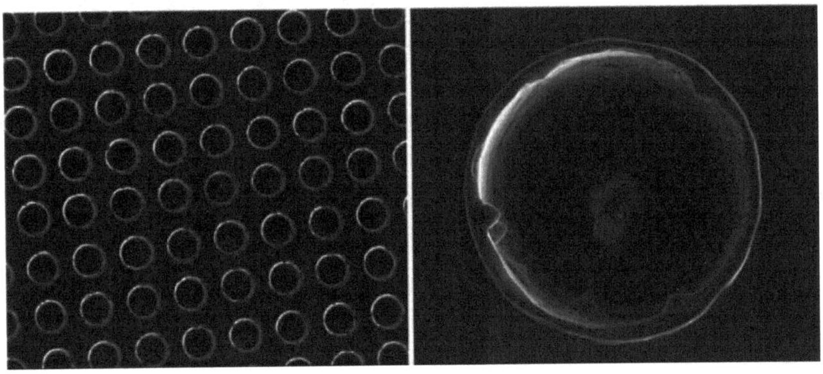

(a) (b)

图8-3 ALSI机台通过激光钻孔得到的直径约18 μm的TSV的SEM图像

8.3 再布线层的直接植入式沉积

8.3.1 再布线层介绍

为实现半导体封装的小型化和3D集成，再布线（RDL）被广泛应用。与引线键合不同，RDL可通过芯片倒装的方式实现芯片互连。芯片倒装可以减小芯片封装的尺寸，并允许使用转接板技术实现进一步的3D集成。图8-4（a）所示为典型再布线层的二维布局。图8-4（b）所示为晶圆级芯片封装（WLCSP）中再布线的横截面布局。

传统的RDL由绝缘材料和金属层交替组成，两者都需经过光刻图形化，而光刻本身就是一个多步骤过程。通常，对于一个完整的RDL，整个过程总计有19步，如图8-5所示。

8.3.2 直接植入法的特点

直接植入法（D-W）可通过仅在所需位置对材料进行单步式沉积来取代上述步骤。因此，D-W有可能通过取消掩膜步骤来降低加工成本和启动成本。在这种新的工艺架构下，绝缘/钝化层、导电轨道和焊盘以及凸点下金属化（UBM）都需要D-W技术。

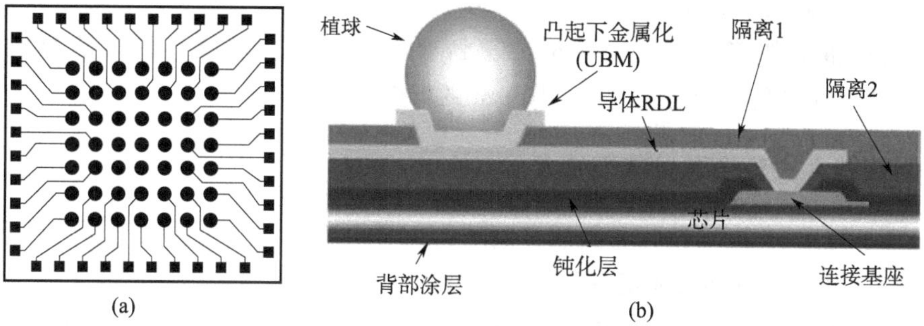

图 8-4　(a) 常见的 RDL 布局；(b) WLCSP 中再布线的横截面布局

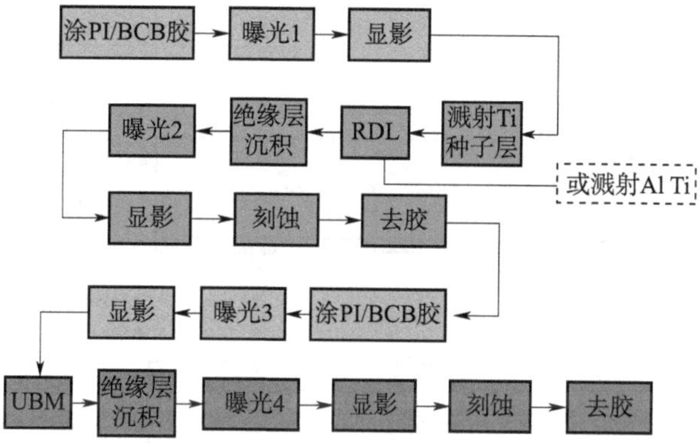

图 8-5　传统的 RDL 生产方案（包含四个光刻步骤）

对于钝化层和绝缘层，我们建议应用微立体光刻技术（μSLA）。μSLA 的基本流程如图 8-6 所示。

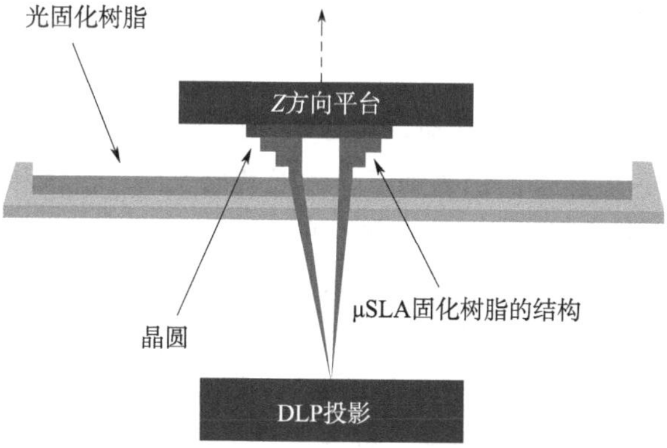

图 8-6　微立体光刻技术的基本原理示意图

无掩膜投影仪［即数字光投影仪（DLP）］可通过玻璃板将一系列图像投影到光固化树脂的底面上。这些投影的图像与计算机辅助设计（CAD）中的连续交叉点相对应。树脂在入射辐射的作用下发生局部聚合，并在晶圆上形成固化的树脂层。每次投影后，固定物

体的平台在 Z 方向向上移动，将带有固化树脂层的晶圆与玻璃板分开，然后再次向下移动，形成新的液体树脂薄层。玻璃板上覆盖有专有涂层，以便于物体的释放。目前，μSLA 设备能够生产特征尺寸小至 5～10 μm 的器件。

8.3.3 直接植入式激光诱导转移技术

激光除了可用于 TSV 钻孔和晶圆切割外，还可用于沉积金属。激光诱导沉积已经被广泛研究[13]。传统的脉冲激光沉积（PLD）是一种缓慢覆盖的金属层沉积工艺。而 LIFT 技术可实现金属层的快速、直接植入，为金属沉积提供了一种具有一定潜力的替代方案。此工艺有多种形式[14-17]。我们通过超短（fs～ns）的激光脉冲将透明载体上的纯金属（如铜）供体转移到基板上，如图 8－7 所示。

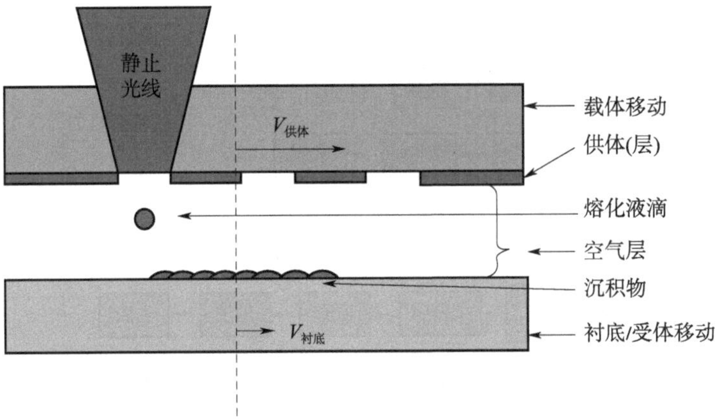

图 8－7　LIFT 技术示意图。通过 LIFT 技术，一层沉积在透明载体上的供体材料（如通过溅射沉积）被脉冲激光束加热到其熔点。根据激光能量的不同，一个或多个液滴被向前发射并沉积在接收衬底上。每次激光发射后都会移动载体以提供新鲜的供体材料。为了植入导电接线，在保持激光束静止的同时，基板会移动与沉积物尺寸相当的距离。这确保了沉积物的良好重叠，从而保证了良好的导电接触。

基板相对于固定的脉冲激光束移动，从而可以连续提供新鲜的供体材料。激光束被聚焦到供体-载体界面上。供体层的位置朝下，靠近基板表面。供体和基板之间的空气间隙通常为 10～50 μm。在每个激光脉冲期间产生的高局部能量将部分熔化和蒸发供体层，并将一部分供体材料向接收基板转移。这块供体材料的物理状态取决于材料所在的能级，其状态的范围可能从固体到聚集粒子的“云”。通过这种方式，可以使用皮秒激光将 5～20 μm 的光斑聚焦到金属层上，从而形成微米大小的金属沉积物。为了形成二维和三维结构，需要在扫描基板时使液滴重叠沉积（见图 8－7）。金属图案中重叠沉积的程度由移动基板的扫描速率决定。

当考虑导电材料的 LIFT 时，我们必须区分两种类型的材料：块状金属和金属油墨。两者在文献中都有广泛的描述。例如对于块状金属，已经报道了铜、金、铬、锌、铝、镍。对于金属油墨，已经研究了金纳米粒子（NP）油墨、银纳米粒子喷墨油墨和银纳米粒子浆料[18]。

图 8－8 所示为这种新架构的生产过程。如前所述，钝化层和 RDL 是 LIFT 和 μSLA 的直接应用。对于 UBM，如果不指定 UMB 使用的互连技术，就不能提出替代工艺。然而，基于纳米颗粒油墨，可以开发新的 UBM 互连配方。此外，LIFT 可用于转移多层金属或金属复合材料以形成 UBM。

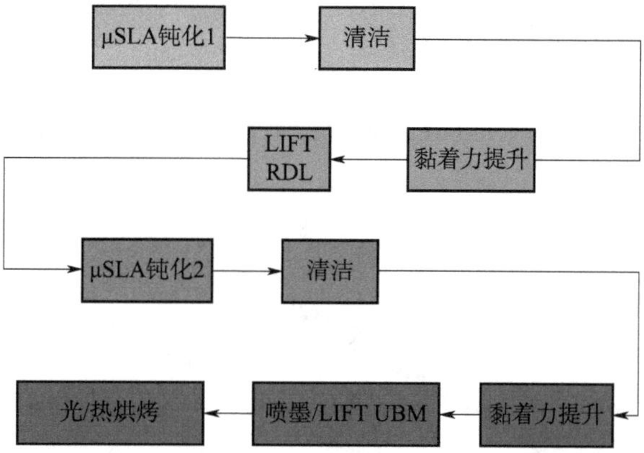

图 8－8　基于 D－W 技术的 RDL 生产的替代方法（与传统途径相比，D－W 技术显著减少了工艺流程）

我们计算出，对于具有 67 个球栅阵列（BGA）的 9 mm^2 的 WLCSP，D－W 方法将把 CoO 降低到传统方法的一半。

如前所述，在引入新的颠覆性架构和技术时，存在许多技术挑战。而这些新技术所面临的最终挑战是满足封装的可靠性要求。这将需要针对具体应用进行研究，以进一步优化工艺条件。

8.3.4　LIFT 的结果

LIFT 工艺的主要挑战是 RDL 的附着力、机械强度以及导电性。同时，定位精度和污染（卫星沉积）也应得到充分控制，以满足 RDL 的几何要求。鉴于目前存在许多晶圆级激光加工设备，只要 LIFT 工艺成熟，就可以很简单地实现工业化。

图 8－9 为通过 LIFT 工艺生产的导线的光学显微照片以及共焦图像。此处沉积的金属为铜。载体为 100 μm 厚的 PET 薄膜。该 RDL 线路的宽为 20 μm，电阻率为块状铜的 5.6 倍。LIFT 参数如下：λ＝515 nm，脉冲长度＝6.7 ps，通量＝0.25 J/cm^2；供体间距＝10～20 μm；供体层厚度＝200 nm；沉积重叠度＝80%。

在单独的实验中，我们可以得到宽度低至 8 μm 的线条，如图 8－10 所示。

LIFT 有许多影响结果的工艺参数。这些参数都应该进行优化，使具有工艺窗口的特定应用得到最佳结果，从而实现稳定生产。通过这种方式，近期在 6 μm 宽的线路上的电阻率值是铜的 3 倍。

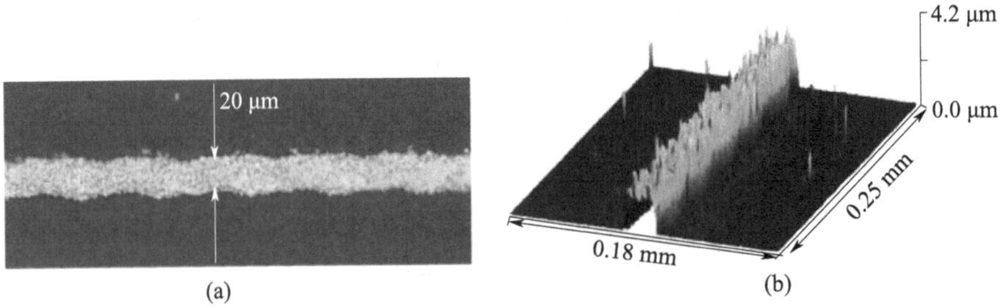

图 8－9　LIFT 生产的导线：(a) 显微镜图像；(b) 共焦图像

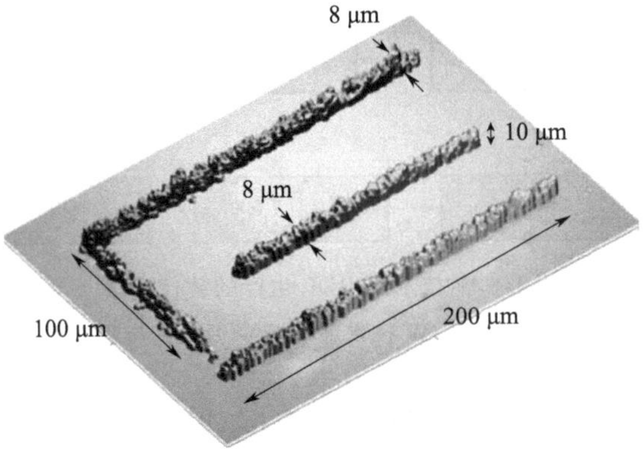

图 8－10　通过 LIFT 沉积在玻璃基板上的铜结构的共焦图像

8.4　结论与展望

直到最近，短脉冲激光加工几乎只用于芯片分割或“切割”。在芯片分割领域，晶圆表面向下的切割，使这一过程产生的碎片更少、重铸更少、芯片强度更高。这些本章中没有涉及，但可以在其他地方找到[12]［例如，www.alsi－international.com（2012 年 12 月 12 日）］。

除了切割，激光辅助技术还可以作为晶圆加工的替代步骤。最近在激光钻孔（在硅和其他半导体衬底上）方面的工作表明，激光钻孔技术可以获得中等大小直径（5～10 μm 及以上）的通孔。另一项正在开发的技术是激光辅助（LIFT）的无掩膜沉积 RDL。此外，我们目前正在研究将直接植入技术（D－W）应用于 TSV 填充。

参考文献

[1] Yole Developpement (2010) 3D IC integration & TSV interconnects: market analysis. Webinar extracts, February 12, 2010.

[2] Garrou P E and Vardaman E J (2008) Through silicon via technology: the ultimate market for 3D interconnects. TechSearch International.

[3] Van der Plas G, Limaye P, Loi I, Mercha A, Oprins H, Torregiani C, Thijs S, Linten D, Stucchi M, Katti G, Velenis D, Cherman V, Vandevelde B, Simons V, De Wolf I, Labie R, Perry D, Bronckers S, Minas N, Cupac M, Ruythooren W, Van Olmen J, Phommahaxay A, De Potter de ten Broeck M, Opdebeeck A, Rakowski M, De Wachter B, Dehan M, Nelis M, Agarwal R, Pullini A, Angiolini F, Benini L, Dehaene W, Travaly Y, Beyne E, and Marchal P (2011) Design issues and considerations for low - cost 3 - D TSV IC technology. IEEE Journal of Solid - State Circuits, 46, 293 - 307.

[4] Bean K E (1978) Anisotropic etching of silicon. IEEE Transactions on Electron Devices, ED - 25, 1185 - 1193.

[5] Lehmann V (1993) The physics of macropore formation in low doped n - type silicon. Journal of the Electrochemical Society, 140, 2836 - 2843.

[6] Slikkerveer P, Bouten P C P, and de Haas F C M (2002) High quality mechanical etching of brittle materials by powder blasting. Sensors and Actuators, 85, 296 - 303.

[7] Wensink H, Berenschot J W, Jansen H V, and Elwenspoek M C (2000) High resolution powder - blasting micromachining. Proceedings of the 13th Annual International Conference on Micro Electro Mechanical Systems, Miyazaki, Japan, January 23 - 27, 2000, pp. 769 - 774.

[8] Roozeboom F, Blauw M A, Lamy Y, van Grunsven E, Dekkers W, Verhoeven J F, van den Heuvel F, van der Drift E, Kessels W M M, and van de Sanden M C M (2008) Deep reactive ion etching of through - silicon vias, in Handbook of 3 - D Integration: Technology and Applications of 3D Integrated Circuits (eds P Garrou, C Bower, and P Ramm), Wiley - VCH Verlag GmbH, Weinheim, pp. 47 - 91, and references therein.

[9] Rodin A M, Callaghan J, and Brennan N (2008) High throughput low CoO industrial laser drilling tool. Proceedings of the 4th IMAPS International Conference and Exhibition on Device Packaging, Scottsdale, AZ, March 17 - 20, 2008.

[10] Velenis D, Stucchi M, Marinissen E J, Swinnen B, and Beyne E (2009) Impact of 3D design choices on manufacturing cost. Proceedings of the IEEE International Conference on 3D System Integration (3DIC2009), San Francisco, CA, September 28 - 30, 2009, pp. 1 - 5.

[11] Lo W - C and Chang S M (2008) Laser ablation, in Handbook of 3 - D Integration: Technology and Applications of 3D Integrated Circuits (eds P Garrou, C Bower, and P Ramm), Wiley - VCH Verlag GmbH, Weinheim, pp. 93 - 105, and references therein.

[12] Li J, Hwang H, Ahn E - C, Chen Q, Kim P, Lee T, Chung M, and Chung T (2007) Laser dicing and subsequent die strength enhancement technologies for ultra - thin wafer. Proceedings of the 57th IEEE International Conference on Electronic Components and Technology, San Francisco, CA, pp. 761 - 766.

[13] Banks D P (2008) Femtosecond laser induced forward transfer techniques for the deposition of nanoscale, intact, and solidphase material. PhD thesis, University of Southampton, UK.

[14] Piqué A and Chrisey D B (eds) (2002) Direct - Write Technologies for Rapid Prototyping Applications: Sensors, Electronics, and Integrated Power Sources, Academic Press, San Diego, CA.

[15] Bera S, Sabbah A J, Yarbrough J M, Allen C G, Winters B, Durfee C G, and Squier J A (2007) Optimization study of the femtosecond laser - induced forward transfer process with thin aluminum films. Applied Optics, 46, 4650 - 4659.

[16] Ko S H, Pan H, Grigoropoulos C P, Luscombe C K, Fr _ echet J M J, and Poulikakos D (2007) All - inkjet - printed flexible electronics fabrication on a polymer substrate by low - temperature high resolution selective laser sintering of metal nanoparticles. Nanotechnology, 18, 345202 1 - 8.

[17] Narazaki A, Kurosaki R, Sato T, Kawaguchi Y, and Niino H (2009) Nano and microdot array formation by laserinduced dot transfer. Applied Surface Science, 255, 9703.

[18] Nagel M and Lippert T (2012) Laserinduced forward transfer for the fabrication of devices, in Nanomaterials, Processing and Characterization with Lasers (eds S C Singh, H B Zeng, C Guo, and W P Cai), John Wiley & Sons, Inc. , New York, pp. 255 - 316, and references therein.

第 9 章　临时键合材料的需求

Rama Puligadda

9.1　引言

用于 3D 集成的堆叠结构都需要将器件晶圆的厚度减薄到 50 μm 或更薄，并将各层通过硅通孔（TSV）互连。晶圆正面加工完成后，如果不对其进行保护，则晶圆的背面减薄过程将非常危险，并且减薄后的晶圆在进行背面加工时，极易发生严重的断裂、缺口或翘曲等情况。

通过堆叠方式保护器件晶圆的方法之一是：永久性地将晶圆键合到另一个器件晶圆上，形成堆叠，然后再将顶部器件晶圆减薄至所需厚度[1,2]。这些方法有几个缺点：a）它的键合方式只有面对面型；b）整个堆叠整体暴露在被减薄晶圆的背面加工过程中，即再布线层和互连层的加工，这明显包含了热处理和化学工序；c）晶圆键合方案仅限于晶圆对晶圆。因此，很难堆叠不同的器件晶圆。

当前首选的方法是将晶圆正面朝下临时键合到刚性载体上，从而保持晶圆背面完全暴露，以便进行减薄，露出通孔以及制备堆叠结构所需的再布线层和互连层。这种临时键合材料被用于晶圆器件侧，使其形貌变得平整，为载体晶圆的键合提供了一个相对平整的表面。键合材料还可以保护器件晶圆上的任何微小的特征线条，以便进行后续加工处理。同时必须将厚度减薄至小于 100 μm。通常使用研磨工艺和抛光工艺实现。这个由薄晶圆和载体组成的堆叠层结构与标准晶圆的厚度和尺寸没有显著差异。因此，不需要对光刻、沉积、刻蚀和其他设备进行任何调整。在完成减薄和背面处理之后，器件晶圆可以使用专门设计的工艺（称为“解键合”）与载体晶圆分离。然后清洗并转移到蓝膜框架上，或者将带临时薄片的晶圆键合到另外的晶圆上，可以在解键合和清洗之前粘到蓝膜框架上。

9.2　技术选择

目前应用的有几种不同的键合和解键合方法，更多方法正在研发中。

9.2.1　胶带和蜡

胶带和蜡可在市场上买到，但在全行业范围内使用有限。而且，它们通常不能在高温过程和恶劣的化学环境中存在。其他的限制包括较大的总厚度变化以及去除后存在残余物。

9.2.2　化学解键合

通常由小批量的生产制造商使用，该方法利用穿孔刚性载体作为支撑，为了实现解键合，选用了一种合适的溶剂，它可以穿透载体晶圆的孔，将连接晶圆的粘合剂溶解掉。

9.2.3　热塑性键合材料和热滑移解键合

这种方法使用精心设计的热塑性材料，这些材料可以加热将晶圆粘在一起，然后再次加热到材料熔点以上的温度，以允许载体晶圆与器件晶圆之间滑移，实现解键合。这种材料在背面加工工序中可以保持机械稳定性。键合材料溶液通过旋涂的方式涂布在载体晶圆和器件晶圆上，成膜后再经过烘烤工艺去除。器件晶圆和载体在真空腔中进行键合，键合温度超过键合材料的熔点，键合压力为5～20 psi。这项技术可用于与器件晶圆相同大小的硅、玻璃或蓝宝石载体中。

在完成背面工艺后，通过滑移方式实现解键合，减薄的器件晶圆被固定在解键合设备里的真空吸盘上。然后使用合适的拆卸工具，在专门设计的卡盘上清洗器件晶圆和载体。也可以在清洗之前，将薄器件晶圆转移到蓝膜框架中。滑移方法如图9-1所示。

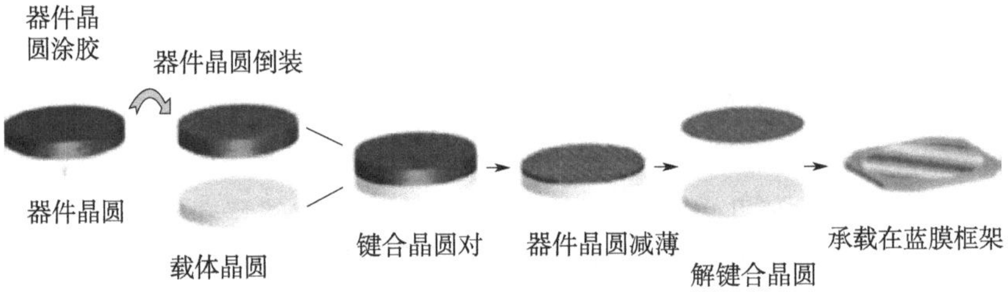

图9-1　滑移方法

随着自动化程度的提高，实现这种方法所需设备包括器件晶圆的涂布单元、键合单元、解键合单元和清洗单元。

9.2.4　使用解键合层进行解键合

该方法[8]利用了一种特殊设计的解键合层，当受到机械力、化学作用、紫外线（UV）光、热或激光能量作用时，可以促使器件晶圆与载体分离。当使用解键合层时，在解键合过程中施加在器件晶圆上的应力大大减小，与滑移解键合相比，在高温下使用机械力沿着另一个晶圆滑动。目前有几种不同的方案可供参考和制造使用。使用这些方法可使载片晶圆从键合层上分离，从而在分离过程中使键合层—器件晶圆界面不受干扰。然后通过化学或机械方法将键合材料从器件晶圆表面去除。使用将键合材料溶解在合适的溶剂中的方法相比利用机械力的方法来说，剥离键合材料的方法更可取，因为机械方法可以在垂直于晶圆表面的方向上施加显著的应力。这种应力在形状凸起的晶圆上尤其麻烦。由Brewer Science开发的ZoneBOND工艺，不同于其他方法的两个重要方面：1）利用热塑性键合材料，易于去除应力；2）器件晶圆与载体晶圆之间具有两个非常不同的键合区域，在边缘实现选择性的结合。ZoneBOND 流程将在后续章节中详细介绍。

利用解键合层方法的另一个重要方面是，在载体晶圆与器件晶圆表面的临时键合材料清洗之前，减薄和加工过的器件晶圆可以稳固地支撑在胶膜框架或其他形式的支撑架上。在化学去除的情况下，键合材料去除治具设计成不破坏薄膜框架上的胶带。或者，胶带可以经过处理，使其具有耐去除剂和耐其他溶剂的特性。

9.3　临时键合材料的要求

临时键合材料及粘合剂只有符合以下几点关键需求，才能满足加工使用：

1）易于应用：应用临时粘合剂的工艺应该具备较高的产量，同时使用标准、公认的应用工艺，如旋涂层压、喷涂等。

2）涂布均匀性：由于涂胶层的不均匀性在减薄工序中胶会转移到被减薄的晶圆上，所以键合材料的涂胶层厚度变化必须有非常好的均匀性。TTV 是评价涂胶层均匀性的常用参数。工业界目前的工艺要求是被减薄晶圆厚度为 300 mm 时，TTV 值应该小于 2 μm。

3）与涂覆于表面的各种材料的粘附性：器件晶圆的表面通常由各种材料组成，如金属、介电材料、焊料等，这些材料会与键合材料接触。这些表面覆盖的任何材料的粘附不良均可能导致区域性的脱落，从而在键合层上出现空隙。

4）热稳定性和机械强度：TSV 晶圆背面的典型工艺流程通常包括高温过程，如绝缘层沉积、退火、金属沉积、永久键合和回流焊。这些过程会导致高应力，从而导致器件晶圆翘曲或弯曲。键合材料必须在高温过程中保持机械稳定性，因此，必须将器件晶圆完全固定在载体上。当使用热塑性键合胶时，材料在不同使用温度下的粘度和剪切模量成为相当重要的考虑因素。键合材料的熔化曲线显示了聚合物组成的粘度和杨氏模量随温度的升高而变化。

通常，将键合晶圆对置于远远超过键合材料熔点的温度下，会导致薄晶圆的分层或气泡。图 9-2（a）显示了在滑动解键合方案中使用的临时键合材料的流变曲线示例。此外，粘合剂不应通过高温过程进行任何分解、排气或交联。热重分析（TGA）通常用于测量样品在沉积室中被加热到特定温度时的重要损失。图 9-2（b）显示了某种材料的 TGA 结果，表明该种材料在 400 ℃时仍能保持热稳定性。

5）对化学药液的耐腐蚀性：临时键合材料必须耐化学药液腐蚀，如刻蚀剂、清洗溶液和腐蚀性电镀液等。

6）无残留物：临时粘合剂必须易于从晶圆表面去除，尤其是器件晶圆上形貌较差时。若有残留的话，会导致后续加工的困难，并对器件封装的可靠性产生负面影响。

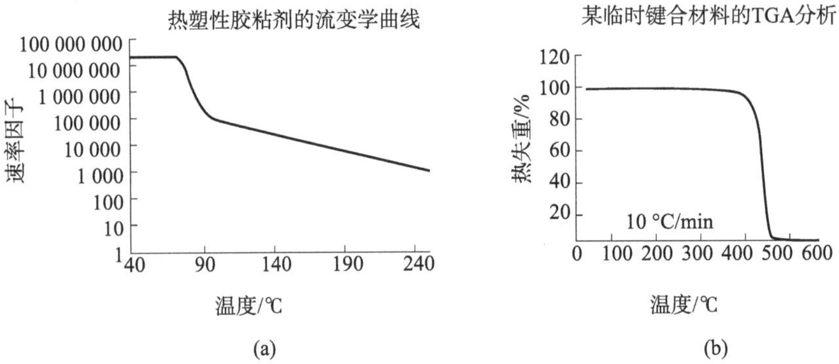

图 9-2　(a) 热塑性胶粘剂的流变学曲线示例；(b) 某临时键合材料的 TGA

9.4 对于成功工艺的考量

9.4.1 器件晶圆通过临时粘合剂被键合到载片上的应用

在涂布和键合步骤中，几个关键的参数必须进行优化，以确保键合对在后续作业过程没有任何损坏或故障。这些参数将在接下来的几节中进行介绍。

9.4.2 晶圆表面的水分和其他污染物

晶圆表面的水分和其他污染物在下游加工过程中会导致水分蒸发或气体释放。图 9-3 (a) 所示为一个键合晶圆的扫描声学显微镜（SAM）图像，显示了在高温沉积过程中由于释放水分或污染物排放而发生的分层现象。在使用键合材料之前，在最高允许温度下烘烤器件晶圆 2～30 min，可以确保完全去除所有污染物。图 9-3 (b) 显示了在涂布前经过去水分烘烤的键合晶圆的 SAM 图像。

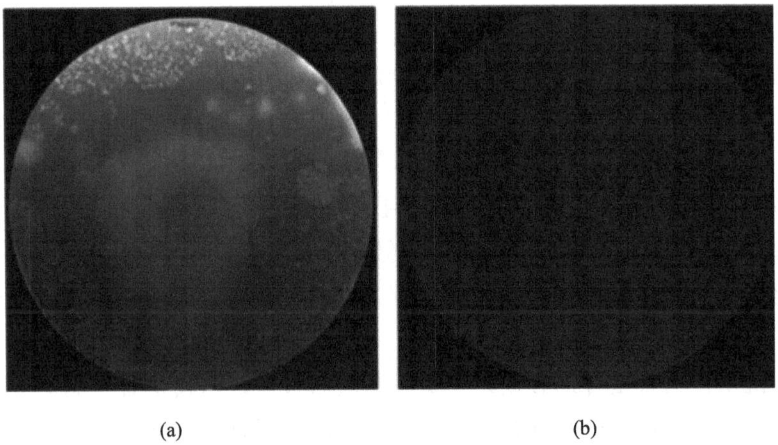

图 9-3　SAM 图像显示在涂敷临时键合材料前需要进行烘烤以去除杂质

9.4.3 总厚度变化

导致减薄器件晶圆的 TTV 值变化的因素很多。最重要的因素在于涂布工艺、键合过程和研磨过程。晶圆表面形貌，如凸点和铜柱等会加剧这个问题。涂布过程的一个重要考虑因素是，键合材料的厚度必须超过晶圆表面的特征高度，以确保完全平坦。这一要求将意味着键合材料的厚度可以超过 100 μm，以覆盖诸如凸点和铜柱等特征高度，其尺寸通常为 80～90 μm。但常见的问题是当旋涂如此厚的键合层时，边缘处会沉积很多胶颗粒，称为“边珠”。使用由 ISIS Sentronics 提供的光谱相干技术，可以对键合后的键合厚度均匀性进行测量。使用 ISIS 技术测量“边珠”TTV 的影响如图 9-4 所示。在研磨、旋涂的过程中，键合胶层中较厚的区域转移到器件晶圆中较薄的区域，导致整面晶圆均匀性较差。优化材料和工艺参数（如旋转速度和烘烤参数、溶剂类型和临时键合材料的化学成分），可以减少“边珠”效应。也有助于键合过程的 TTV 控制。在键合设备中压盘的均匀性直接影响了键合的均匀性。所使用的键合压力和键合程序（中心到边缘或边缘到中心）也会影响键合的均匀性。

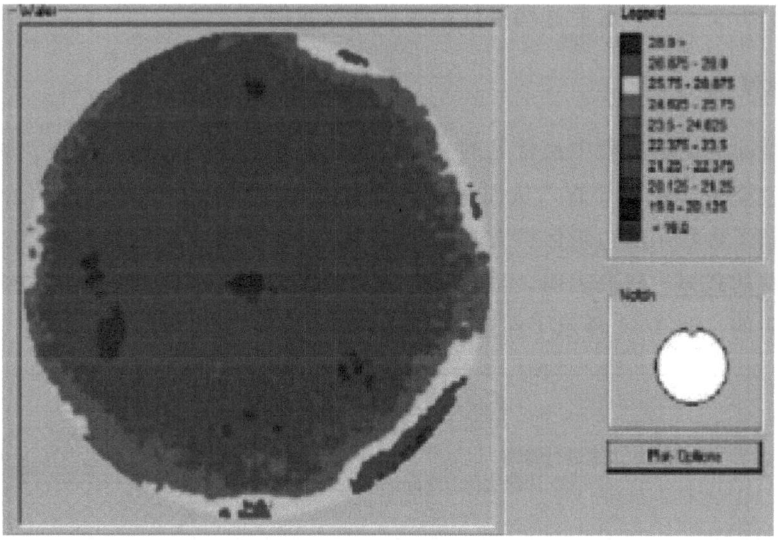

图 9-4　“边珠”对薄晶圆整面均匀性造成影响（见彩插）

9.4.4 键合过程挤出的边缘残胶

当使用热塑性材料进行临时键合时，键合温度比材料的软化温度高，所以键合材料可以很容易地流成一个平面。在键合工序，使用未优化的温度和压力参数，会造成键合材料从键合片边缘严重“挤出”的情况，如图 9-5 所示。这种现象不仅会影响键合的均匀性，而且还会污染键合设备和其他用于进一步处理的设备。

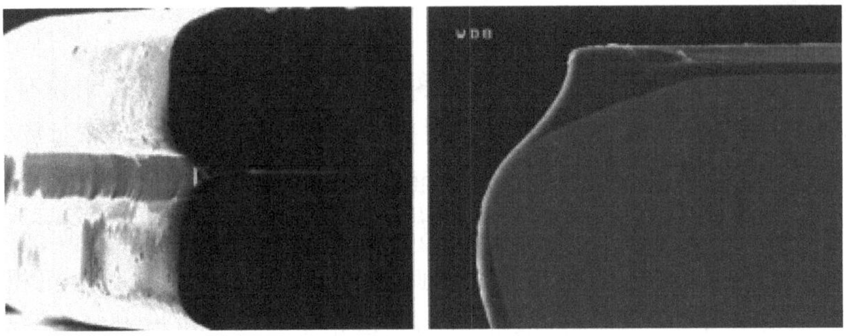

图 9-5　在键合过程中的“挤出”现象

9.5　晶圆背面残胶

在器件晶圆背面的处理，首先将其减薄到小于 50 μm 的厚度以便于暴露出铜，然后进行 RDL 再分布。这些步骤会使晶圆对暴露在环境中，会受到如等离子体轰击、高温和化学药液腐蚀。下文叙述了避免这些条件影响的重要案例。

9.5.1　边缘修复

使晶圆变薄的研磨过程中最常见的失效模式之一是边缘的破碎和断裂。磨削晶圆的斜面边缘会产生磨刃，容易开裂，从而进一步导致晶圆裂解[9]。布鲁尔科学公司[10]进行的一项研究比较了最常用的边缘保护方案的有效性，包括使用更大的晶圆载体、预修剪过的晶圆和预减薄的载体。研究表明，虽然所有的边缘保护方案都显著减少了边缘切割，但预修剪是最有效的。图 9-6 显示了在迪斯科公司进行的预修整过程。

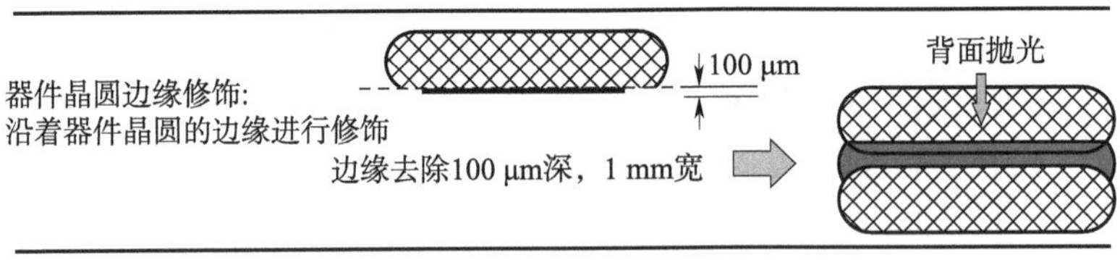

图 9-6　在涂敷和键合前进行预修整

9.5.2　边缘清洗

薄晶圆和载体晶圆半径的差异，导致载体晶圆边缘存在暴露的临时键合材料，如图 9-7 所示。这种暴露的材料在经过高温、等离子体过程和清洗、电镀等使用的化学药液时会发生物理或化学变化。对于预对准晶圆来说，两者的半径存在差异。载体晶圆上的键合层材料面积更大。图 9-8 是高温处理后载体晶圆边缘暴露的临时键合材料的图示。

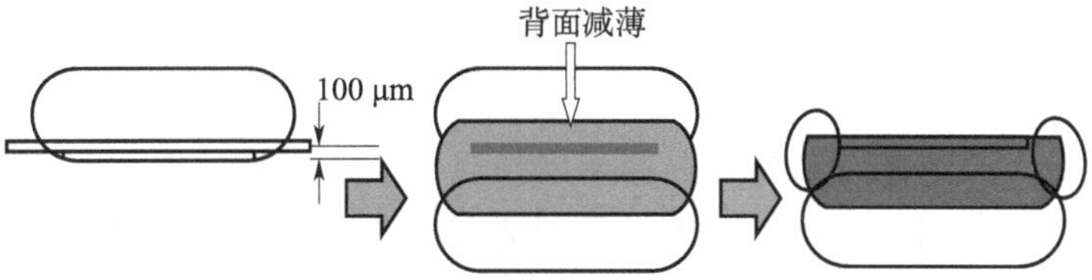

图 9－7　背部磨削后暴露的临时键合材料（圆圈区域）

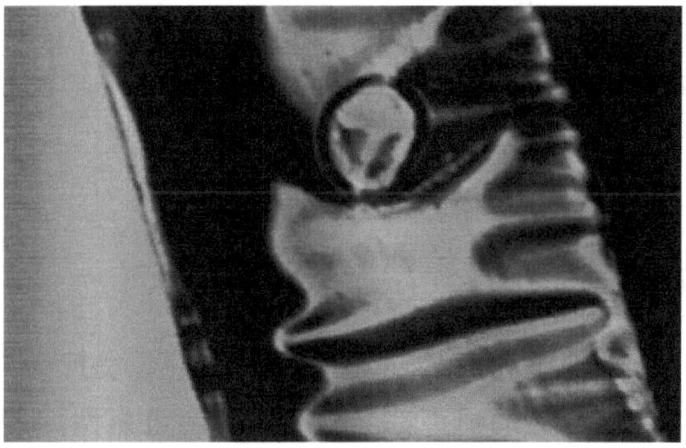

图 9－8　高温处理后载体晶圆边缘的临时键合材料

边缘的变形材料会给后续加工过程造成困难。此外，键合材料在键合过程中可能会蒸发水分和污染用于沉积的设备。通过在键合晶圆对的边缘涂布合适的去除键合材料溶剂，可有利地去除热塑性临时键合材料。

9.5.3　等离子体过程中的温度漂移

在高温等离子体沉积过程中，如介质沉积过程中，在器件晶圆背面测试到的温度比设定温度高 20～50 ℃。这一差异的产生是由于沉积腔内聚合物粘着剂和与卡盘接触的载片晶圆的热导系数过小。当使用玻璃载体时，温度漂移更高，因为玻璃的导热系数低于硅。因此，用于临时键合的材料必须在高于设定加工温度 50 ℃的温度下具有热和机械稳定性。

9.5.4　CTE 失配引起的晶圆翘曲

载体和器件晶圆的热膨胀系数（CTE）之间的不匹配会导致器件晶圆中产生机械应力，导致载体晶圆在高温下产生翘曲和分层。当使用玻璃载体时，CTE 不匹配性增大，并随着加工温度的升高而增加，造成更严重的后果。虽然热固性键合材料由于其刚性，可以提供优越的机械支撑力，但由于一致性不够，无法使减薄晶圆在所有方向上发生膨胀，从而导致晶圆存在附加应力。相反，在高温下，热塑性材料可以使晶圆在转变为软固体或高粘度液体时均匀膨胀。

9.6 解键合

术语“解键合”描述的是将器件晶圆从刚性载体上分离的过程。下文描述了优化解键合过程的一些重要考量因素，以满足大批量制造所需的快速和安全的需求。

9.6.1 滑移解键合中的解键合参数

热塑性键合胶通过被加热到高于其熔点温度而转化为粘性液体来实现这一过程。解键合工艺参数[11]（如解键合温度、解键合力和解键合速度）取决于键合材料的流变特性、键合材料的厚度、晶圆上的形貌以及器件对高温的敏感度。一个优化的解键合工艺将使用尽可能低的温度和最小的解键合力，实现所需的解键合要求，且不会对设备或器件互连造成损害。

9.6.2 器件互连的机械损伤

在解键合过程中，对晶圆键合面的凸点的损伤，主要表现为三种主要模式：平整度、偏移和污染。其中任何一种类型的损害都会导致产量和可靠性问题。器件背面凸点结构将给薄晶圆与载体分离带来额外的挑战。虽然可以优化滑移工艺，以尽量减少对互连的损坏，但在处理晶圆表面的凸点方面，使用释放层且不需要加热晶圆的解键合方法具有优势。

参考文献

[1] Garrou P, Bower C, and Ramm P (eds) (2008) Handbook of 3D Integration: Technology and Applications of 3D Integrated Circuits, Wiley - VCH Verlag GmbH, Weinheim, pp. 463 - 486.

[2] Hosali S et al (2008) Through - silicon via fabrication, backgrind, and handle wafer technologies, in Wafer Level 3 - D ICs Process Technology (eds C S Tan et al.), Springer, pp. 85 - 115.

[3] Puligadda R et al (2007) High performance temporary adhesives for wafer bonding applications. Materials Research Society Symposium Proceedings, vol. 970, Paper No. 0970 - Y04 - 09.

[4] Hermanowski J (2009) Thin wafer handling - study of temporary wafer bonding materials and processes. IEEE International Conference on 3D System Integration.

[5] Pargfrieder S et al (2009) 3D process integration with TSV: temporary bonding and debonding. Advanced Packaging, April 2009.

[6] Wolf J M et al (2008) 3D process integration - requirements and challenges, in Materials and Technologies for 3 - D Integration, Materials Research Society Symposium Proceedings (eds F. Roozeboom et al.), Cambridge University Press, vol. 1112, pp. 3 - 15.

[7] Kessel C R et al (2004) Wafer thinning with the 3M wafer support system. Proceedings of the International Wafer - Level Packaging Conference (IWLPC).

[8] Mathias T (2007) Ultrathin - wafer processing utilizing temporary bonding and debonding technology. Proceedings of the International Wafer - Level Packaging Conference (IWLPC).

[9] Garrou P, Bower C, and Ramm P (eds) (2008) Handbook of 3D Integration: Technology and Applications of 3D Integrated Circuits, pp. 27 - 28.

[10] Bai D et al (2009) Edge protection of temporarily bonded wafers during backgrinding. ECS Transactions, 18 (1), 757 - 762.

[11] Privett M et al (2008) TSV thinned wafer debonding process optimization. Proceedings of the International Wafer - Level Packaging Conference (IWLPC) October 13 - 16, 2008, pp. 144 - 148.

第 10 章 临时键合和解键合——材料和方法的更新换代

Wilfried Bair

10.1 引言

自《3D 集成手册》第 1 卷出版，临时键合和解键合领域已经发生了很多变化。自旋材料不再通过传统的“热滑移法”解键合，也不再需要加热和溶液浸泡来加速分离器件晶圆与载体晶圆。相对的是该工艺已转变为常温下机械解键合的方法，这种方法不增加热预算要求，从而可以减少总成本。

解键合方式的改变，是由于工艺条件变得更加严格以及器件晶圆复杂性的增加：包括更小的总体厚度变化（TTV）、更小的硅通孔（TSV）、凸点/凸柱形貌和最终晶圆厚度减小。主要的挑战仍然是一样的——在所有的工艺过程中，满足这些需求，并生产出超薄的晶圆（即无残胶），用于后续的工艺加工。整个工艺过程中，消除释放的热量只是第一步，另外还要去除解键合过程中产生的机械应力，最新的商用临时键合胶被设计为在器件晶圆发生损坏之前失效，之后可以用载体晶圆替换。

需要临时键合的原因并没有改变。仍然需要将器件晶圆保持平整，这样有助于减薄，通常是为了制作 TSV 露头工艺，需在光刻和电镀等背面再布线层形成工艺过程中，仍然保持器件晶圆的平整性，然后器件晶圆组装或粘合到另一个晶圆上。除了包含释放层或引线层，键合方法也保持相似，这样便于在键合堆栈的晶圆的指定界面上使用特定的力来解键合。

图 10 - 1 是临时键合和解键合的典型工艺流程，包括应用释放层衬底在室温下的解键合的工艺。可用于临时键合的化学物质的范围显著增加，包括硅胶、BCB、丙烯酸酯和聚酰亚胺等。通过断裂临时键合胶的界面来解键合，我们可以使用相同的解键合工具但材料不同。这种解键合材料的功能是简单地剥离两个晶圆，只要键合胶组分设计合理，键合晶圆应该在器件或载体晶圆发生任何损伤之前就会解开。

10.2 临时键合的载体选择

现在我们已经了解了为什么室温解键合是目前最先进的解键合方法，接下来将更详细地讨论整个工艺流程。而且，由于载体晶圆是临时键合/解键合过程的一个重要组成部分，让我们从此处开始学习。载体晶圆材料的选择对键合材料、键合和解键合方法有重要影响。玻璃载体和硅载体是两种最常用的固体载体类型。玻璃和硅作为载体晶圆材料之间的最大的区别是热导率（见表 10 - 1）、硅透明度、微量元素杂质，以及玻璃载体非标准尺寸

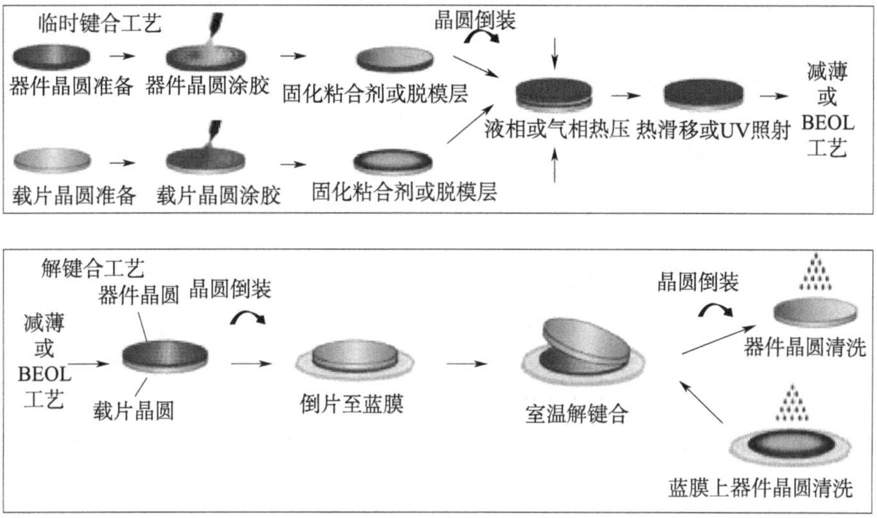

图 10－1　临时键合和解键合的典型工艺流程

的制造等。而且，尽管目前高质量玻璃和硅载体的价格相似，但当扩展到大规模生产水平时，玻璃晶圆成本更低。

表 10－1　硅、玻璃等材料的物理特性参数表

材料特性	玻璃	硅
密度/(g/cm³)	2.38	2.33
杨氏模量/GPa	73.6	129.5
努氏硬度/(kg/mm²)	453	1 150
CTE(0～300 ℃)/(×10⁻⁷ ℃⁻¹)	31.7	31.5
热导率(23 ℃)/(W·cm⁻¹·K⁻¹)	0.010 9	1.31

随着临时键合和解键合材料和方法的更新换代，光固化粘合剂和激光解键合需要在固化和激光所需的光波长下进行。光固化粘合剂是透明的，通常是使用紫外线辐射。对于大多数处理，玻璃和硅是可互换的。如前所述，玻璃是更好的绝缘体，当涉及热过程时，需要考虑到这一点。用于处理载体晶圆的工艺室，根据涂覆在载体晶圆上的键合胶的温度，可以适应器件晶圆的不同温度，特别是玻璃载体和上述绝缘特性。

载体晶圆的尺寸需要仔细考虑，并可能因材料类型而不同。典型的选择是一个直径等于或略大于器件晶圆的载体晶圆（见图 10－2），如果对器件晶圆进行边缘修整，为了减少在减薄过程中晶圆边缘开裂和切割造成的损害，其方法可能类似于将键合胶略微延伸到晶圆之外，并向晶圆边缘提供支撑。由于减薄的器件晶圆的边缘非常脆弱，当载体晶圆尺寸更大时，就提供了超大的载体和边缘保护。载体晶圆材料的选择也会影响后续工艺步骤(如键合的检测技术)。

临时键合完成后需要进行键合质量检查。通常使用的检验手段包括如图 10－3 所示的扫描声学显微镜（SAM）成像，或使用纳米学[3]这样的系统进行完整的现场检查。由于

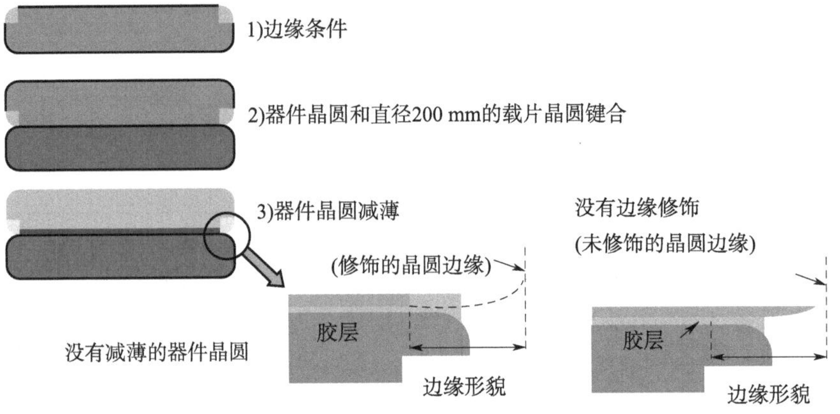

图 10－2　键合前的器件晶圆的边缘修整，降低了开裂或切割的可能性，同时也减少了减薄工艺

非常小的空隙可能在高真空或高温处理过程中导致分层，上述技术的检测分辨率能力不断受到挑战。粘附力需要足够强以防止气泡生长，但同时又需要足够弱的粘附力以便各工艺步骤结束后解键合，它们之间需要有一个微妙的平衡。在确定实现了无空洞且完全结合的晶圆后，下一个要检查的关键参数是表面高度差 TTV（见图 10－4）。在数个微米范围内的 TTV 控制主要是为了保证最终的 TSV 露头过程和堆叠过程中的电气互连。如果 TTV 高度变化很大，高凸点会被磨得太多，更重要的是，低凸点可能不会被磨得足够低，结果不能暴露孔的顶部，导致开路。虽然在通孔暴露过程中，通过精密的研磨设备和过程控制可以克服一些厚度变化，但实现一致且较小的 TTV 仍然至关重要。为了在 TTV 控制方面达到最佳的键合性能，许多人认为低 TTV 涂层是重要的，然而，新的键合技术并不一定需要良好涂布后的 TTV 来实现键合后的良好 TTV。此外，TTV 可能受到键合后处理的影响，因此必须考虑粘合剂的性能和所采用的工艺过程。TTV 的变化在键合温度过程中非常重要，因此 SEMI 正在研究，以建立测量 TTV、弯曲、翘曲和平整度的计量标准。

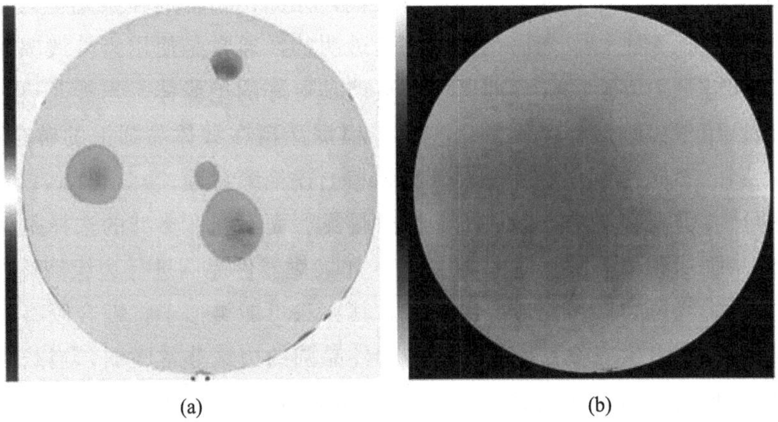

图 10－3　临时键合晶圆的 SAM 图像，(a) 具有空洞；(b) 不具有空洞

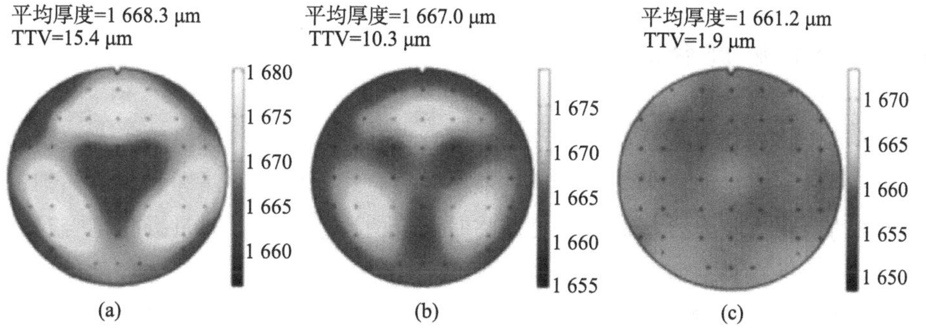

图 10-4　晶圆堆叠键合的典型 TTV MAP 结果示意图：(a) 和 (b) 为过程优化前的 TTV，(c) 为过程优化后的 TTV

10.3　临时键合胶的选择

为了实现键合层和释放层的界面无空洞、低 TTV，并且具有适当的键合强度，必须开发实现这些效果的方法，并确定影响这些性能参数的因素。因此，选择正确的键合胶是必不可少的。现在有不同类型的临时键合胶可用，还有更多的在进入市场。用于临时键合和解键合的胶粘剂有三种典型类型：热塑性、热固性和光固性。

a）热塑性键合胶通过加热和加压将晶圆和载体键合在一起。它们与其他键合胶的区别在于它们能够“流动”或通过施加更高的温度或压力来重置键合能力。

b）热固性键合胶通常使用与热塑性键合胶相同的键合设备键合，但有的键合胶不能重新加工。交联反应基团已经被激活，这个过程是不可逆的。

c）光敏键合胶通过暴露在光下聚合，并且在将晶圆键合到载体上时不需要温度升高。

实际应用中，通常把这些材料名称列纸上，以确定哪些是满足要求的，如成本 vs 热稳定性。其他需要考虑的显著品质是耐化学性、真空稳定性 、键合速度、解键合速度和最终的清洁要求。热稳定性可以通过热重分析（TGA）和热解吸光谱（TDS）来建立。键合胶需要达到何种程度的热稳定性取决于粘附强度和工艺条件。有些键合胶具有化学惰性，有利于在光刻或刻蚀过程中抵御化学药液侵蚀，但会导致清洗困难，很难去除键合后的键合胶或键合胶残留物。在后续的清洗过程中，可能需要对键合胶残留物进行化学清洗或溶解，以确保器件晶圆表面满足后续工艺步骤的清洁度要求，如倒装焊、永久键合及最终的器件微组装等步骤。

然而，一些强耐腐蚀性的键合胶所涂布的胶层可以很容易地通过剥离技术去除，从而有可能减少对昂贵和危险的化学剥离槽等清洗设备的需求。因此，需要对所有材料的性能进行全面的评估和比较，以确定最合适的键合胶材料。对于粘附层的选择需要综合进行考虑。

10.4　键合和解键合工艺

选择了键合胶和载体类型，就需要设计键合工艺，以满足晶圆级的工艺要求。通常使用紫外线、热滑移或接触力来实现。通过最小化键合过程中器件晶圆和载体晶圆的相对运动以及晶圆的潜在内应力，从而显著提高临时键合的质量。为了尽量减少键合过程中空洞的形成，通常选择在真空室内完成键合过程。

SUSS-LF300临时键合机就能够快速达到真空条件，通过抽真空，将空洞减少到计量设备可检测水平以下。在真空中键合的另一个好处是，键合胶层中任何可能产生气泡以及有可能导致后续加工过程中分层的挥发性溶剂都会在抽真空过程被抽出。

在键合过程中，键合腔室必须保持晶圆的中心和缺口对齐，直到键合胶凝固为止。键合过程成功与失败的区别可能是几十微米的位移或十分之一的旋转角度。器件晶圆和载体晶圆预对准后被牢牢地固定在真空室中待键合。将这两种晶圆结合在一起的最佳策略取决于键合胶的物态形式——液体、凝胶或固体。一些键合胶需要很大的压力来达到良好的键合强度，而一些键合胶可能在键合过程中被挤出，并可能污染承载盘或工艺室。这在量产过程是不可取的，因为清理残胶将降低键合产量。因此，需要调整键合压力，液体需要非常低的压力，而固体（类固体）需要非常高的压力。其他关键因素是热膨胀系数（CTE）和导热系数匹配。键合通常在预设的稳态温度下进行。然而，由于产量的原因，键合对在室温下不会从键合腔室中取出，而键合胶、器件晶圆和载体晶圆的CTE和导热系数的差异可能会在键合对冷却时增加应力。如果冷却过程是不可控的，可能会产生应力，导致增加弯曲、翘曲和TTV。用于3D集成电路制造的临时晶圆键合是非常具有挑战性的，需要大量的材料、设备和工艺才能获得成功。

与键合一样，解键合方法在很大程度上也取决于键合胶。最常见的解键合方法对比见表10-2。

表10-2　不同解键合材料与对应解键合方法对比表

解键合方法/材料	溶解溶剂	热滑移	激光解键合	室温机械解键合
高产能	↘	→	↗	↗
标准的硅载片	↘	↗	↘	↗
标准的玻璃载片	↘	↗	↗	↗
没有激光和热解	↗	↘	→	↗
允许二次剥离	↘	↘	↗	→

a）热滑移解键合已经使用多年，一般利用热塑性材料在加热[6]时软化的特性。然而，这种特性也限制了晶圆堆叠的热释放，同时在解键合过程中增加了更多的应力。

b）化学溶剂解键合是一个几乎无应力的过程，但它需要相当长的时间，并需要使用昂贵的穿孔载体和大量的化学溶液。

c）激光解键合去除载体晶圆已成功用于生产，但不能使用硅作为载体晶圆。

d）室温机械解键合是从载体中分离减薄晶圆的最新技术。这种解键合技术被认为是现有方法中最容易的，如图 10－5 所示。通过在晶圆上形成一条直的条带线，分离所需的力可以被最小化。条带线的长度与解键合所需的力成正比。通过直线剥离方式从器件晶圆上剥离载体晶圆。在剥离过程中，将看到载体晶圆在剥离过程中产生的任何应力。在载体分离过程中，精密的器件晶圆受到最小的应力，并为后续工艺做好准备。图 10－6 显示了 300 mm 键合胶层和接触晶圆对的解键合力与脱胶线位移的关系图。这与使用的粘合剂类型无关。

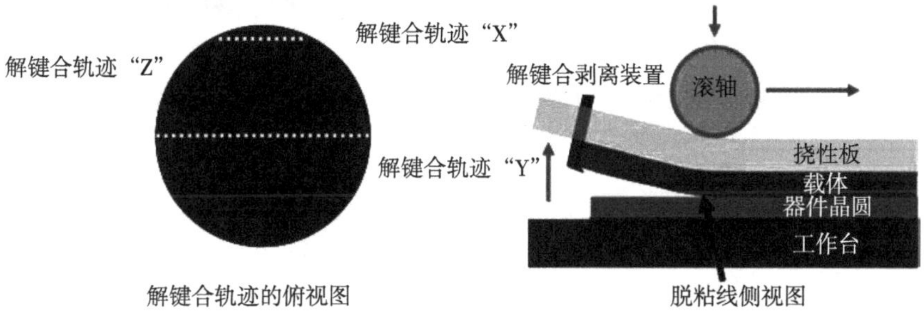

图 10－5 解键合轨迹“X”“Y”（黄色虚线）可能最短，解键合轨迹“Z”（红色虚线）表示不是最佳的解键合轨迹

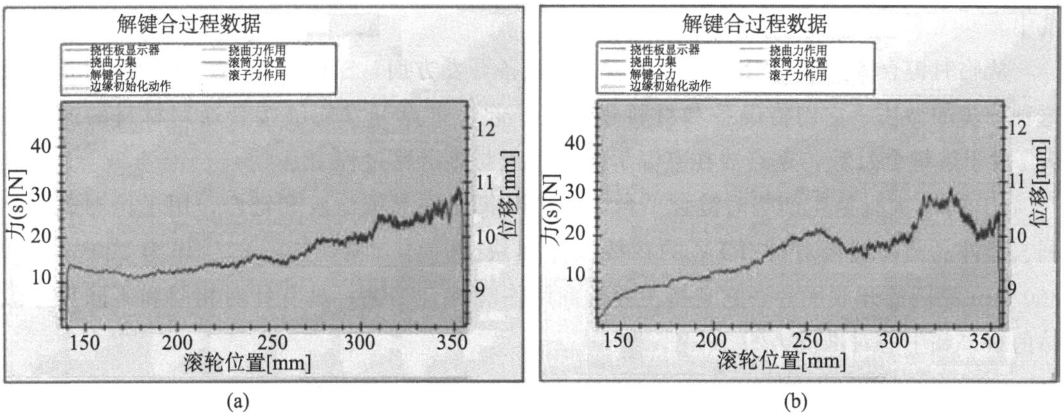

图 10－6 DB12T 解键合机中解键合力与位移的函数关系：(a）使用 25 μm 键合胶；(b）使用 60 μm 键合胶（在这两种情况下，解键合力都保持在 30 N 以下）

一旦载体晶圆被移除，最终的要求是清洗暴露在器件晶圆表面的键合胶。解键合后剩余的任何残留物都会干扰后续的微组装过程。由于晶圆非常脆弱，需要支撑，最好的方法是在蓝膜框架上使用胶带保护（见图 10－7）。用于某些键合胶的清洁溶剂可能会损坏支撑胶带，在这种情况下，如果使用溶剂进行最终清洗，保护胶带是很重要的。一些设备制造商正在提供能保护胶带的清洗工艺方法。与此同时，胶带制造商正在专门为这些工艺开发新的胶带，目的是能够承受这个清洗过程中常用的化学物质。

(a) (b)

图 10 - 7 (a) 解键合蓝膜框架上的减薄器件晶圆；(b) 在解键合机内集成薄晶圆清洗

10.5 设备和工艺集成

伴随着堆叠和互连技术的市场需求，需要临时键合和解键合技术实现低成本和高产量工艺集成。采用室温键合机、新型键合胶和最新一代的解键合机的3D集成电路的大批量制造已经可以预期，高性能3D IC封装将出现在我们的许多消费电子设备和基础设施系统中。

从临时键合和解键合分步过程起步，在设备开发方面，SUSS MicroTec的战略是打破这种分步的做法。它们将设备和材料集成在一起，重点开发能够接受通用材料的通用平台。对于解键合过程，重点放在室温解键合过程与热滑移过程中。

XBS300大批量生产临时键合平台，此平台集器件晶圆涂胶和键合，用于检测载体晶圆、器件晶圆和键合对的TTV的在线测量模块于一体（见图10-8）。作为200 mm和300 mm晶圆的开放平台，它支持主要的商用临时键合工艺，具有针对相同和不同尺寸载体的缺口和中心对准能力[8]。

(a) (b)

图 10 - 8 (a) SUSS XBS300临时键合模块提供了详细的临时键合分步过程；
(b) SUSS XBS300剥离和清洗模块提供了详细的剥离、清洗分步过程

在晶圆键合过程和检测完成后，晶圆将进行减薄和背面处理。这些后续处理步骤因应用程序的不同而有所不同。如器件晶圆与之对应的埋置工艺和选择的键合胶必须兼容这些特定的化学、热和机械要求。背面处理完成后，晶圆被安装在蓝膜框架和切割装置上，并传送给 XBC300 全自动解键合和清洗模块。XBC300 的模块化设计支持解键合和清洗的配置，并且支持常用的临时键合材料。解键合机在剥离过程中，有一个能量释放过程。为了最小化或消除对器件晶圆的任何压力，XBC300 去温器将器件晶圆的面朝下加载在一个专有的卡盘表面上，使减薄的晶圆保持在适当的位置，而不会增加对器件晶圆的应力。一旦使用专有剥离启动器启动剥离工序，则通过可变的速度和解键合力输入，精确控制剥离前端。剥离力和速度由闭环控制，并在机械剥离过程中记录所有参数，包括晶圆的形貌和表面性能等，这个过程是一个可重复的剥离过程。除了能量释放和剥离模块外，XBC300 允许对安装在胶带和蓝膜框架上的器件晶圆以及载体晶圆进行清洗。

参考文献

[1] Trott G R and Shorey A (2011) Glass wafer mechanical properties: a comparison to silicon. 6th International Microsystems, Packaging, Assembly and Circuits Technology Conference.

[2] http://www.imec.be/ScientificReport/SR2009/HTML/1213307.html, January 10, 2014.

[3] http://www.nanometrics.com/process_control/3D-packaging.html, January 10, 2014.

[4] Tamura K (2010) Proceedings of the 60th Electronic Components and Technology Conference, June 2010, pp. 1239-1244.

[5] Farrens S, Sood S, and Bisson P (2010) Thin wafer handling challenges and emerging solutions. ECS Transactions, 27 (1), 801-806.

[6] Jourdain A et al (2010) 300 mm wafer thinning and backside passivation compatibility with temporary wafer bonding for 3D stacked IC applications. 2010 IEEE International 3D Systems Integration Conference (3DIC), November 16-18, 2010, pp. 1-4.

[7] Gabriel M, Bisson P, Sood S, Bair W, and Hermanowski J (2010) Equipment challenges and solutions for diverse temporary bonding and de-bonding processes in 3D integration. 2010 IEEE International 3D Systems Integration Conference (3DIC), November 16-18, 2010, pp. 1, 5.

[8] Lutter S (2013) Advances in wafer bonding technologies. Semicon Singapore 2.5D/3D IC Forum, May 2013.

第 11 章　ZoneBOND：临时键合和室温解键合技术的最新进展

Thorsten Matthias，Jürgen Burggraf，Daniel Burgstaller，Markus Wimplinger，
and Paul Lindner

11.1　引言

虽然 3D 的引入和应用比预期的要慢，但已经取得了重大进展，今天有很多产品都采用 3D 技术。从制造业的角度来看，最具挑战性的话题之一是加工超薄晶圆的必要性。

11.2　薄晶圆处理

图 11－1 展示了薄晶圆加工的基本过程。正面已经加工完成或加工中的器件晶圆暂时键合在刚性载体晶圆上。刚性载体晶圆使超薄器件晶圆能够进行线路再分布和背面处理。载体晶圆使之具有机械稳定性，这使得使用标准设备加工晶圆成为可能。标准晶圆治具、全自动模块和处理模块均可用于薄晶圆的处理。经过背面处理后，薄晶圆从载体上分离下来，要么转移至切割带上，要么直接键合到另一个晶圆上。薄晶圆加工的一般原理已经在《3D 集成手册》第 1 卷[1]中进行了讨论。

薄晶圆加工工艺已证明厚度低至 20 μm 的薄晶圆都可以进行加工。薄晶圆加工面临的最大挑战不是临时键合和解键合，而是于两者之间的所有加工步骤的集成。薄晶圆加工的基本概念是，通过添加两个工艺步骤，即临时键合到载体上和解键合，在晶圆加工整个工艺中，设备中的每个模块都要参与到薄晶圆加工过程中。今天，有来自多个供应商的 10 多种键合胶。然而，每种键合胶的工艺窗口取决于薄晶圆的应力和应力释放所在的特定工艺流程。直径 300 mm 晶圆的 SEMI 厚度标准为 775 μm，而实际器件厚度小于 1 μm。这样的厚晶圆吸收了所有沉积薄膜所产生的应力，而在薄晶圆加工中，薄晶圆不能吸收应力，临时键合层将应力转移到载体晶圆上。对于机械传递应力的粘合膜，它需要是刚性的，键合胶与器件晶圆和载体晶圆之间的附着力需要非常高，这对许多键合胶的工艺窗口具有重要意义。

从技术上讲，键合胶的最高工作温度定义为键合胶分解和排气泡开始的温度，或者定义为键合胶可以使薄晶圆保持在载体晶圆上的温度。热塑性键合胶对于薄晶圆处理是非常有趣的，因为它们允许使用化学溶剂清洗后解键合。然而，由于热塑性材料在高温下表现出较低的粘度，在一些情况下，该键合胶会承受薄晶圆的应力，使薄晶圆开始弯曲。这意味着，对于低应力晶圆，最高工作温度大约等于分解/排气泡温度，而对于高应力晶圆，最高工作温度要再降低 50～100 ℃。

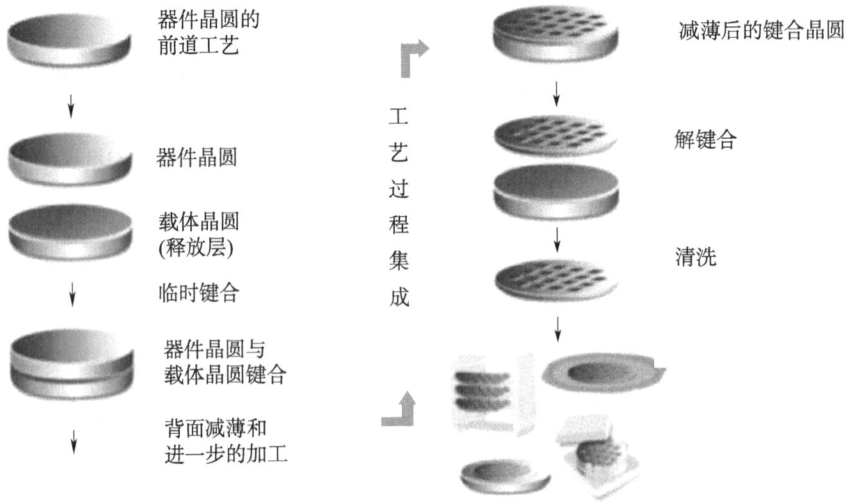

图 11-1　薄晶圆加工的基本过程

一些新的解键合技术基于在室温下的机械解键合（也称为剥离）。基础概念是：如果分离能量高于附着力，薄晶圆可以从载体中释放出来。薄晶圆的高应力会导致分层。利用ZoneBOND技术实现了一个重要的技术改进[2]，将在后续说明。边缘区域避免了由晶圆应力造成的不必要的分层，但在去除边缘区域后，器件晶圆可以在室温下以可控的方式机械解键合。

11.2.1　超薄晶圆的TTV

最重要的是，减薄后的器件晶圆具有均匀的厚度。对于via-first/via-middle集成方案，均匀的厚度确保了TSV露头的平整度。但薄晶圆的TTV会导致已经减薄到TSV孔或晶圆上太厚的区域不适合进行TSV露头工艺。在最后的集成工艺中，较差的TTV会导致前一金属层与后一金属层之间不导通。

减薄会促使载体晶圆背面和器件晶圆背面之间的共面性。载体晶圆和器件晶圆本身的TTV应小于1 μm。对薄晶圆TTV贡献最大的是键合胶层。键合层TTV受到键合性能、键合膜厚度以及胶涂布层、烘烤和键合过程的影响。涂布层和烘烤对TTV的贡献取决于键合胶的厚度。表11-1列出了薄晶圆加工的常见方案。涂布了键合胶的器件晶圆正面的形貌决定了胶层的厚度。厚的键合胶会导致中心高或低的斑点和边缘凸点，烘烤过程甚至可能增加边缘凸点。有多种复杂的技术可用来降低TTV，如动态涂布、区域涂布、多层涂布和喷淋涂布。相反，键合过程中TTV的贡献对键合膜厚度的依赖性较小，甚至可以提高TTV。

表 11-1　不同器件晶圆正面的形貌与对应胶层的厚度的关系表

形貌	互连	应用	胶厚
<10 μm	焊盘	芯片到芯片	20 μm

续表

形貌	互连	应用	胶厚
30～40 μm	微凸点，铜柱	芯片到芯片，芯片到转接板	40～50 μm
80～90 μm	凸点	芯片到转接板，再到衬底	90～100 μm

在 EVG850TB（见图 11－2）临时键合系统中，我们设置了一个刚性的键合压盘，可以弥补边缘凸点和中心高点带来的凸起。值得注意的是，TTV 在很大程度上依赖于粘附性能。表 11－2 列出了使用选定的键合胶所取得的结果。减薄是一个不可逆的过程。因此，在减薄之前验证键合胶层的 TTV 是很重要的，它可以在破坏晶圆之前就修正由于 TTV 导致的缺陷。在 EVG850TB 临时键合系统上，有一个互连检测模块，可以同时测量载体晶圆 TTV、器件晶圆 TTV 和键合胶层 TTV 。整个晶圆 80 s 的周期时间内可输出 282 000 个数据点，即相当于在生产过程中进行 100%的检查。除了 TTV 检测，该系统还检测涂布层和晶圆的粘接缺陷，以及晶圆键合对弯曲度和翘曲度的影响。图 11－3 展示了二维和三维晶圆 TTV 厚度的分布。检测系统的细节已在文献［3］中描述。

图 11－2　EVG850TB 临时键合系统

表 11－2　不同键合胶涂覆不同厚度所显示的边缘 3 mm 与中心 TTV 变化表

键合胶厚度	TTV 2013	2015
20 μm	2 μm	1 μm
50 μm	4 μm	2 μm
100 μm	7 μm	4 μm

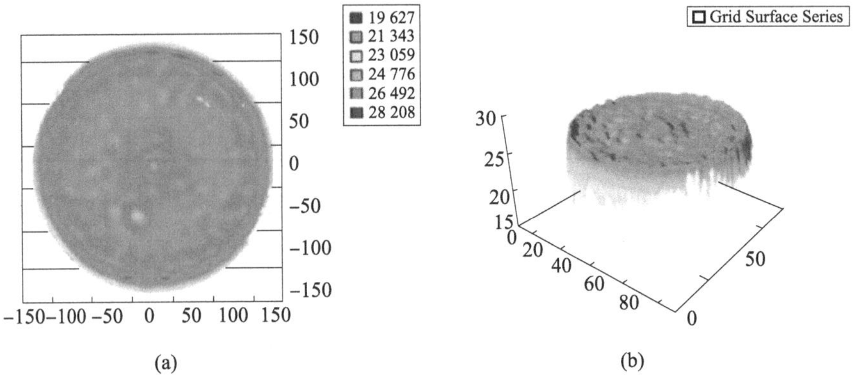

图 11－3　二维和三维晶圆图展示了整张晶圆不同区域的厚度（见彩插）

11.2.2　晶圆预对准

薄晶圆加工的另一个重要方面是器件晶圆与载体晶圆的对准。在过去，人们认为器件晶圆与载体晶圆大致对准就足够了。然而，尽管从机械处理和边缘保护的角度来看是满足需求的，但从其他角度来看，这是不够的：1）实践的生产数据表明，晶圆与载体的预对准完好率与生产良率呈正相关；2）如果晶圆与载体预对准偏移，就会增加在等离子体室中发生击穿的风险；3）对于光刻步骤，器件晶圆先基于载体晶圆的外周长对准，如果中心与中心没有对准，器件晶圆的对准 MARK 将不在曝光机或扫描仪的视野范围内，如果这些设备系统是晶圆工厂中最昂贵的系统，而且每次对准必须找到晶圆的 MARK，这将明显降低晶圆厂的产量；4）ZoneBOND 解键合系统对边缘区域释放（EZR®）步骤的循环时间取决于边缘区域的宽度。因此，预对准精度的提高可以减小边缘区域的宽度，从而缩短解键合的循环时间。

晶圆预对准可以通过精密机械对准，其规格为 30 μm（3 s），或者通过光学边缘对准，其规格为 10 μm（3 s）。

11.3　ZoneBOND 室温解键合

ZoneBOND[2,4,5] 打破了解键合方法和键合胶性能之间的联系，解键合现在成为载体的功能。图 11－4 所示为 ZoneBOND 载体的设计。ZoneBOND 载体有两个区域，通过键合胶和载体晶圆之间的粘附程度来区分。中心区域的粘附性较差，边缘的粘附性很强。值得注意的是，ZoneBOND 的器件晶圆的表面根本不需要处理，这使得该技术与任何类型的表面钝化技术兼容。

ZoneBOND 解键合原理如图 11－5 所示。在第一步 EZR 中，边缘区域中的键合胶溶解，中心区域的粘附成为薄器件晶圆和载体之间唯一的连接。边缘区解键合（EZD®）步骤中，在室温下通过纯机械分离将器件晶片与载体分离。需要注意的是，实际的键合胶层分离发生在载体晶圆之间。这意味着解键合过程独立于器件晶圆顶部的钝化层，也独立于

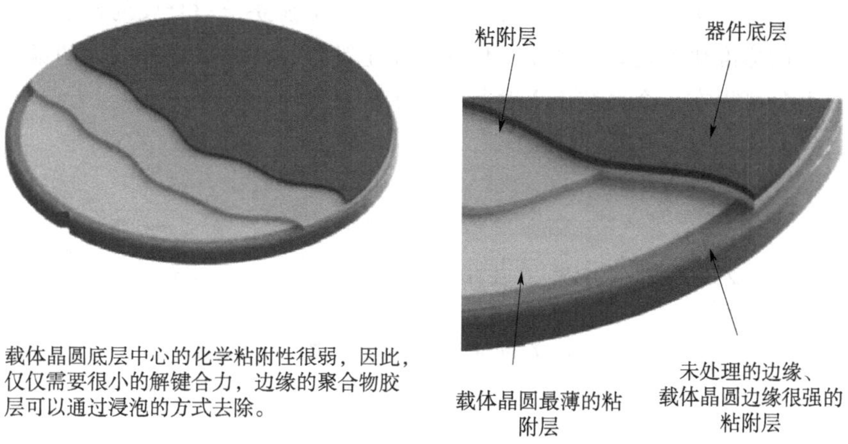

(a) ZoneBOND载体　(b) ZoneBOND载体横截面

图 11－4　对中心区域的载体表面进行处理，使附着力降低

器件晶圆上的凸点。在第二步 EZD 步骤中，键合界面的凸点嵌入键合胶层中。在解键合过程中，没有对凸点施加垂直或剪切力，因而凸点不会受到损伤。解键合后，在专用的薄晶圆清洗模块中进行清洗。

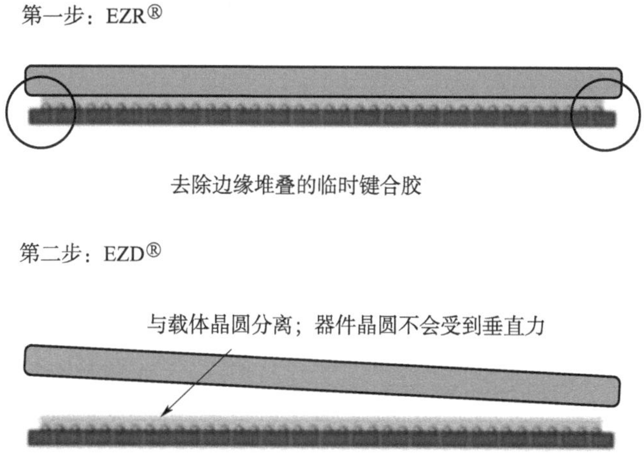

图 11－5　ZoneBOND 解键合原理

图 11－6 展示了在 EVG 生产的 850DB 解键合系统中实现的 ZoneBOND 的整体解键合工艺流程。键合后晶圆以 FOUP 形式输送到系统里。首先，EZR 步骤作为单晶圆工艺进行。然后将键合后晶圆粘附在一个蓝膜框架上。在蓝膜框架安装之前执行 EZR 过程，允许使用切割带，使用与蓝膜不兼容的化学溶剂。这给了制造厂和外包半导体组装和测试（OSAT）公司对切割胶带的可选择性。然后用 EZD 工艺步骤将薄晶圆与载体晶圆解开。解键合后，通过化学溶剂剥离工艺从薄晶片和载体上剥离粘合剂。装在蓝膜框架上的薄晶圆被卸载到另一个薄膜框架盒中。

对工艺顺序的分析表明，所描述的解键合过程完全独立于键合胶的性能。它是一种在标准化设备上的标准化工艺，独立于所使用的特定键合胶。可以选择适合的最佳材料给到特定应用，并且可以在一个系统[2]上并行处理多种材料。

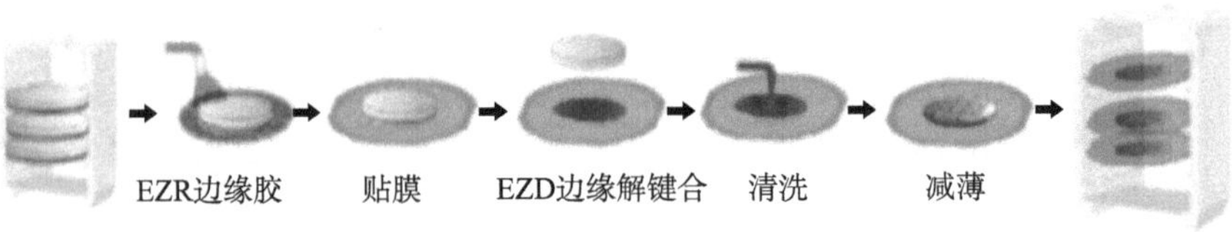

图 11－6　ZoneBOND 的整个解键合工艺流程

11.4　结论

自本套书第 1 卷出版以来，在临时键合和解键合方面已经取了重大进展。过去的发展重点是各制造单元，而今天的重点是整体制造业，是产能管理。临时键合过程，特别是 TTV 控制、晶圆预对准和各层互连测量，对生产的产能和成本均有巨大的影响。ZoneBOND 工艺使室温解键合能够独立于临时键合胶的性能，从而使解键合过程更加标准化、自动化。

（备注：ZoneBOND 是美国密苏里州罗拉市布鲁尔科学公司的注册商标。）

参考文献

[1] Garrou P, Bowers C, and Ramm P (eds) (2008) Handbook of 3D Integration, Wiley - VCH Verlag GmbH, Weinheim, pp. 240 - 248.

[2] Matthias T et al (2012) The material breakthrough towards standardized thin wafer processing. Chip Scale Review, 16, 17 - 21.

[3] Wimplinger M et al (2012) Equipment and process solutions for low cost high volume manufacturing of 3D integrated, Proceedings of the Pan Pacific Microelectronic Symposium.

[4] McCutcheon J et al (2010) ZoneBOND thin wafer support process for wafer bonding applications. Journal of Microelectronics and Electronic Packaging, 7 (3), 138 - 142.

[5] McCutcheon J and Bai D (2010) Advanced thin wafer support processes for temporary wafer bonding. IMAPS 2010 - 43rd International Symposium on Microelectronics, pp. 361 - 363.

第 12 章　TOK 的临时键合和解键合

Shoji Otaka

12.1　引言

随着 3D 集成技术对集成电路制造要求的提高，处理薄硅晶圆的解决方案已成为最关键的开发课题[1-3]。通常，硅片减薄至 50 μm 后（直径 200 mm 或 300 mm 的晶圆，见图 12－1），薄晶圆背面采用普通工艺[4]处理，如等离子增强化学气相沉积（PECVD）、光刻等。重要的是，在减薄步骤之前，硅晶圆需要由载体支撑，在整个背面工艺过程中，载体衬底应支撑减薄晶圆，以稳定晶圆形态，避免晶圆裂纹或崩边。此外，在薄晶圆上完成所有背面工艺处理后，需要很容易地从薄硅晶圆上除去承载载体。

图 12－1　直径 300 mm 的晶圆减薄至 30 μm

TOK 开发了一种称为 Zero－Newton® 的临时键合和解键合技术，这使得我们可以通过将硅片连接到玻璃载体上来处理薄晶圆，让键合后晶圆能承受所有的 IC 工艺过程，最后将玻璃载体晶圆从薄硅晶圆上剥离。图 12－2 为是否有键合玻璃载体的 200 mm 薄晶圆的一个例子。没有玻璃载体的薄晶圆非常薄，只要拿着它就很容易弯曲。从集成电路制造的角度来看，因为晶圆很容易破碎，所以太脆的薄晶圆无法进行工艺处理。相反，带有玻璃载体的薄晶圆看起来几乎和它减薄之前一样。

(a)　(b)

图 12－2　(a) 没有玻璃载体的直径 200 mm 的晶圆；(b) 带玻璃载体的直径 200 mm 的晶圆

12.2　Zero－Newton 技术

Zero－Newton 是减薄晶圆处理的总解决方案，工艺步骤包括临时键合和解键合（见图 12－3）。Zero－Newton 由晶圆键合工具、临时键合胶、清洗溶液和玻璃载体组成。临时键合和解键合工艺不仅需要包括如何键合和解键合，还需要包括如何在各种工艺过程中稳定粘接晶圆。优化工艺性能的关键是通过临时键合胶设计和工艺的一体化配置方法来完善键合设备和解键合设备。TOK 专注于整体解决方案，因此优化的关键是提供一个完善的解决方案。

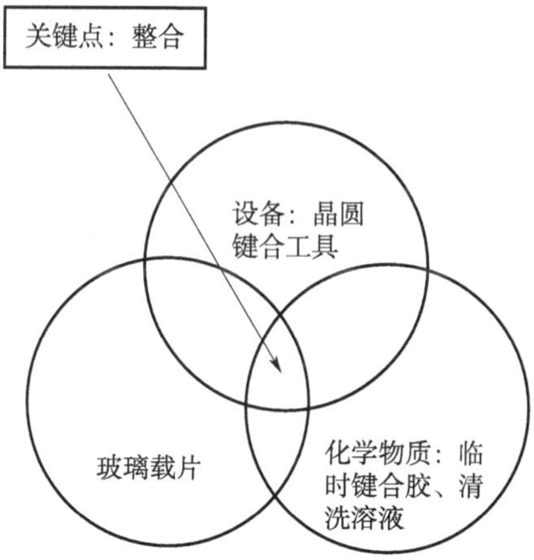

图 12－3　Zero－Newton 理念：设备、材料与晶圆的整合

12.2.1　晶圆键合机

晶圆键合是通过涂布键合胶、预烘烤键合胶和键合的工艺步骤来实现晶圆与玻璃载体的临时键合。热键合步骤是在真空气氛下进行，以消除键合过程中的空洞。晶圆键合机具有对准和测量总厚度变化（TTV）的功能。对于 Zero－Newton 晶圆键合机，键合 TTV 是至关重要的。Zero－Newton 技术根据工艺条件和键合胶的物理特性进行了优化。图 12－4 为使用 Zero－Newton 键合技术的晶圆 TTV 的例子。这种键合是在直径300 mm、凸点高度

80 μm 的晶圆上进行的。键合胶涂布厚度为 120 μm，以覆盖凸点并键合到玻璃载体上。键合对整体 TTV 为 2.3 μm×25 个点，排除边缘 3 mm 的区域。对于 3D 集成，特别是当晶圆包含凸点时，TTV 值会有所增加，保持键合的 TTV 是至关重要的[5,6]。

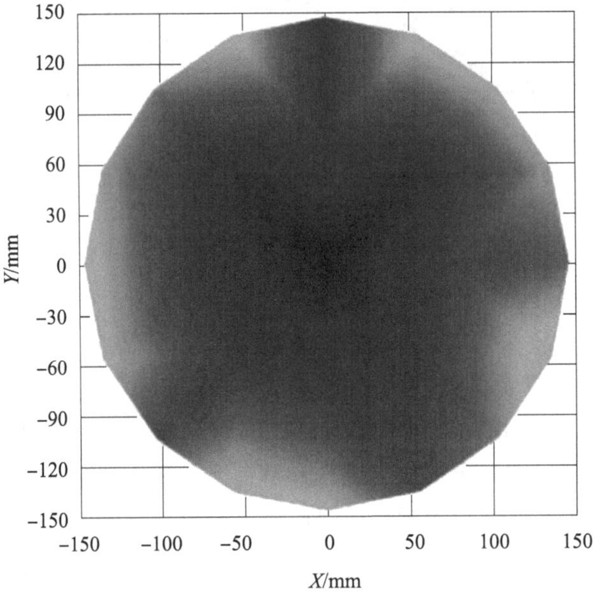

图 12-4　在直径 300 mm、凸点高度 80 μm 的晶圆上涂布厚度为 120 μm 的键合胶的 TTV（见彩插）

12.2.2　晶圆解键合机

晶圆解键合机将载片玻璃从减薄的晶圆上移除并进行化学清洗，以达到去除晶圆表面临时键合胶的目的。图 12-5 显示了解键合和化学清洗后的晶圆表面。通过 XPS 分析化学清洗后的硅晶圆中残留键合胶的 C1s 含量，其几乎与裸硅晶圆相同。

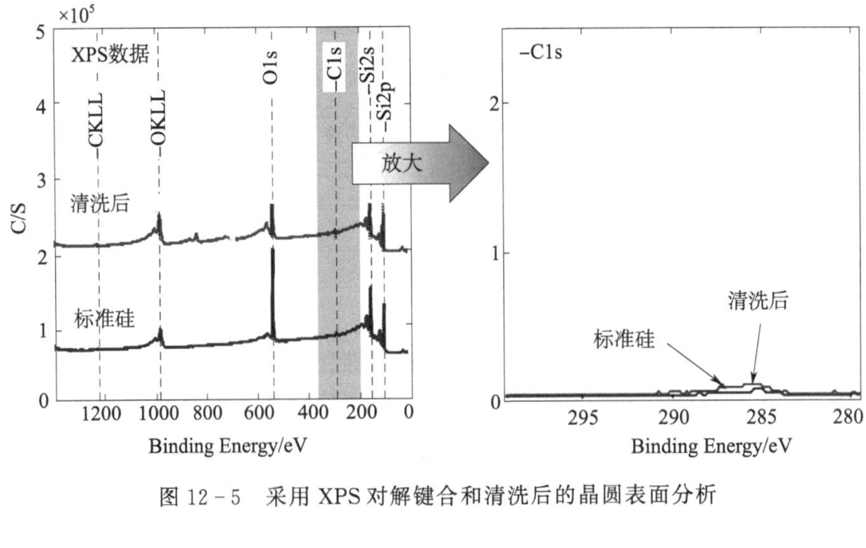

图 12-5　采用 XPS 对解键合和清洗后的晶圆表面分析

12.2.3　晶圆键合机和解键合机设备控制

Zero－Newton 键合机和解键合机可实现 200 mm 和 300 mm 晶圆的手动控制、半自动控制或全自动控制（见图 12－6）。

图 12－6　Zero－Newton 设备

12.2.4　键合胶

附着在晶圆和玻璃载体之间的键合胶，要具有耐腐蚀性和热稳定性，可承受晶圆背面工艺，如晶圆减薄、化学-机械抛光（CMP）、CVD、刻蚀、电镀等（见第 9 章）。这对于需要高温的过程尤其重要，如 CVD 或回流，因此必须考虑键合胶的耐热性。图 12－7 为键合胶的 TG－DTA 和 TDS 特性，图 12－7 表明，键合胶在温度为 388 ℃时，只有 1%的失重，并且≤250 ℃没有产生任何气泡迹象。在背面工艺过程中需要这样高的耐热性和无气泡特性，否则在 CVD 等过程中，键合胶会在键合过程中排出气泡，这种排气泡会导致空洞和可能的分层。

在载体分离后，还必须能很容易去除键合胶，这是一个非常重要的点，因为晶圆表面需要去除不需要的键合胶残留物。考虑到设备产能，为了提高表面清洗能力，TOK 选择了一种热塑性聚合物作为键合胶，而不是更难通过化学清洗去除的紫外线（UV）可解键合胶或热固性聚合物。从表 12－1 可以看出，在 350 ℃/1 h 处理后，键合胶仍可被某些化学溶剂溶解。同时，虽然键合胶能被某些化学溶剂去除，但它不会受到 IC 制造过程中使用的其他化学物质的侵蚀。表 12－2 列出了该键合胶的耐化学性。由表 12－2 可看出该键合胶并没有被这些化学物质溶解或吸收。这种特性对键合胶很重要，因为化学物质造成的键合胶变性通常会产生分层和晶圆切割时崩裂。

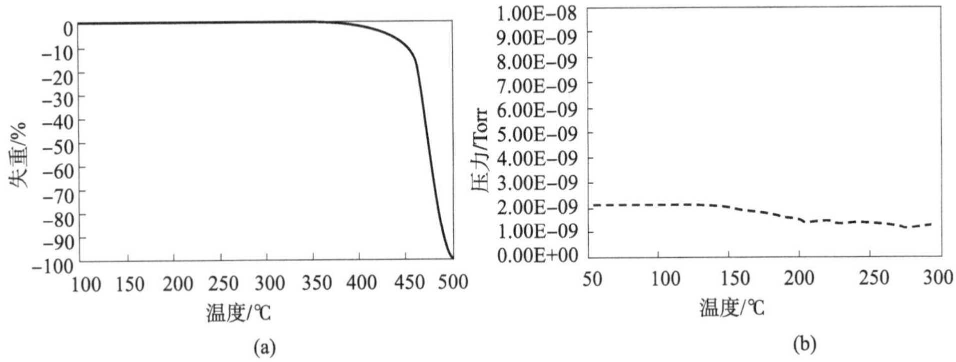

图 12-7　键合胶的热学性能：(a) 在 N_2 氛围下，胶厚 115 μm，从 30 ℃升温到 500 ℃，升温速率 10 ℃/min 下的 TG-DTA 特性；(b) 胶厚 115μm，从 30 ℃升温到 500 ℃的 TDS 特性图

表 12-1　经过不同硬烤温度和硬烤时间后键合胶的溶解性测试

硬烤温度/℃	硬烤时间	
	30 min	60 min
250	可溶解	可溶解
300	可溶解	可溶解
350	可溶解	可溶解

表 12-2　键合胶在不同化学条件下的耐化学性

溶剂	浸泡条件		胶层厚度			失重量/mg	观察结果	评价
	温度/℃	时间/min	涂胶厚度/μm	浸泡后厚度/μm	胶层厚度改变情况/μm			
1% HF	25	3	42.7	42.7	42.7	0	没改变	好
5% HF	—	3	42.7	42.7	42.7	0	没改变	好
31% H_2O_2	—	6	42.7	42.7	42.7	0	没改变	好
2.38% TMAH	—	10	42.7	42.7	42.7	0	没改变	好
PGME	—	10	42.7	42.7	42.7	0	没改变	好
PGMEA	—	10	42.7	42.7	42.7	0	没改变	好
IPA	—	30	42.7	42.7	42.7	0	没改变	好
ST104	60	20	42.7	42.7	42.7	0	没改变	好

12.2.5　集成过程的性能

为了实现3D集成，与玻璃载体键合后的器件晶圆首先从减薄和CMP开始加工，然后进行后续的不同工艺。通常，减薄能力是通过边缘轮廓来检测的，无论边缘是否有减薄过程的碎屑或裂纹。图 12-8 为减薄至 50 μm 后的晶圆背面形貌图。从图中看没有明显的晶圆脱落或开裂。减薄至 50 μm 后，将键合对晶圆放到高温烘箱中，在 900 W 的射频功率下和 133 Pa 压力的 N_2 氛围中，恒温 220 ℃、15 min 后，未观察到分层或任何异常现

象。我们在直径 300 mm、凸点高度 80 μm 的锡晶圆上进行了类似的实验。将该晶圆减薄到 50 μm 厚度，并应用相同的烘烤条件处理，得到相同的结果，即没有分层或晶圆未受到损伤。

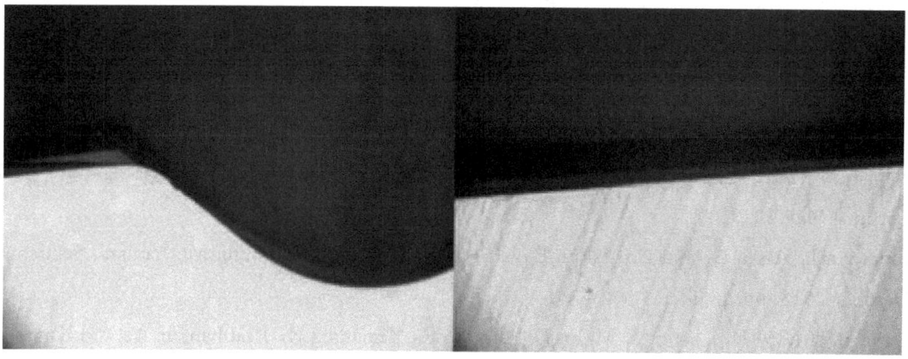

图 12-8　减薄至 50 μm 后未进行 CMP 的晶圆背面形貌

12.3　结论

自 2005 年以来，TOK 一直在开发 3D 集成的 Zero-Newton 技术。这是处理和加工薄硅晶圆的最全面的解决方案。因为 Zero-Newton 可满足键合、解键合和晶圆背面处理，如背面研磨和高温下各种化学工艺步骤的薄硅晶圆的所有工艺要求。

参 考 文 献

[1] Tamura K (2010) Novel Adhesive Development for CMOS - Compatible Thin Wafer Handling. 60th, IEEE - Electronics Components Technology Conference, June 2010, pp. 1239 - 1244.

[2] Najash N (2013) Foundry Perspective of 2. 5D & 3D Integration. Semicon Singapore 2. 5D/3D IC Forum, May 2013.

[3] Jonathan J, Alvin L, and Dongshun B (2013) Thin Wafer Debonding Mechanism. Semicon Europe, October 2013. pp. 1 - 6.

[4] Dang B, Andry P, Tseng C, Maria J, Polastre R, Trzcinski R, Prabhanker A, and Knickerbocker J (2010) CMOS Compatible Thin Wafer, Adhesive and Laser Release of Thin Chip/Wafers for 3D Integration. 60th, IEEE - Electronics Components Technology Conference, June 2010, pp. 1393 - 1398.

[5] Jaesik L, Justin S, Guan Kian L, Vincent L, Hong Yu L, Keng Hwa T, Yubun K, Atsushi K, and Shan G (2011) High Temperature Thermo - Plastic Temporary Adhesive and Chemical Assisted Room Temperature Debonding for 3D Integration, International Conference on Materials for Advanced Technologies, June 2011.

[6] Lutter S (2011) Equipment and Processes for Temporary (De -) Bonding, 3D Integration Workshop, SemiconWest, July 2011.

第 13 章　3M 晶圆支撑系统

Blake Dronen and Richard Webb

13.1　简介

为了制造当下复杂 3D 结构所需要的超薄晶圆，在背面研磨及后续工艺过程中，必须特别关注晶圆的支撑结构，以保护其免受机械应力的影响。由于晶圆表面在工艺中极其容易形成超薄的“刀片”结构，造成开裂或碎裂，故在晶圆表面的任何凸起结构之间对晶圆进行支撑是非常重要的。在减薄和其他工艺之后，必须能够快速且轻松地将晶圆与其支撑系统分离，而不会损坏或使晶圆变形，并且在解键合后无须进行费时的清洁[1]。

3M 公司开发了一种晶圆临时键合系统，可实现 20 μm 以下的晶圆大批量生产，同时保持了与高温硅通孔（TSV）工艺和传统的半导体工艺的兼容性。

13.2　系统描述

3M™晶圆支撑系统（WSS）（自 2008 年起在世界各地的晶圆厂使用）将专有的 3M 临时键合技术与自动化或半自动化设备相结合，专门设计用于使用 3M WSS 材料的晶圆加工。

目前的 3M WSS 包括：

1）3M™液体 UV 固化粘合剂：一系列 100％固体丙烯酸粘合剂，用于将晶圆临时键合到玻璃载片上。

2）3M™光热转换（LTHC）涂层：用于解键合时在玻璃载片上形成释放层。

3）3M™晶圆剥离胶带：用于剥离晶圆上的粘合剂。

4）玻璃载片（客户提供）。

5）自动键合、解键合和玻璃回收设备（由 3M 授权设备制造商提供）。

当前 3M WSS 的工艺步骤如图 13－1 左栏所示，并在此处简要说明。

（1）键合

1）首先，将 UV 固化粘合剂旋涂到晶圆上。然后将其真空键合到玻璃载片上，玻璃载片经过 LTHC 涂层释放层处理，并用紫外光快速固化。

2）使用标准背面减薄工艺对被支撑的晶圆进行减薄。

3）在减薄之后，键合好的晶圆可以通过传统半导体和 TSV 工艺堆叠处理。

4）加工完成后，将标准切割胶带贴在晶圆背面，然后将其放入解键合模块中。

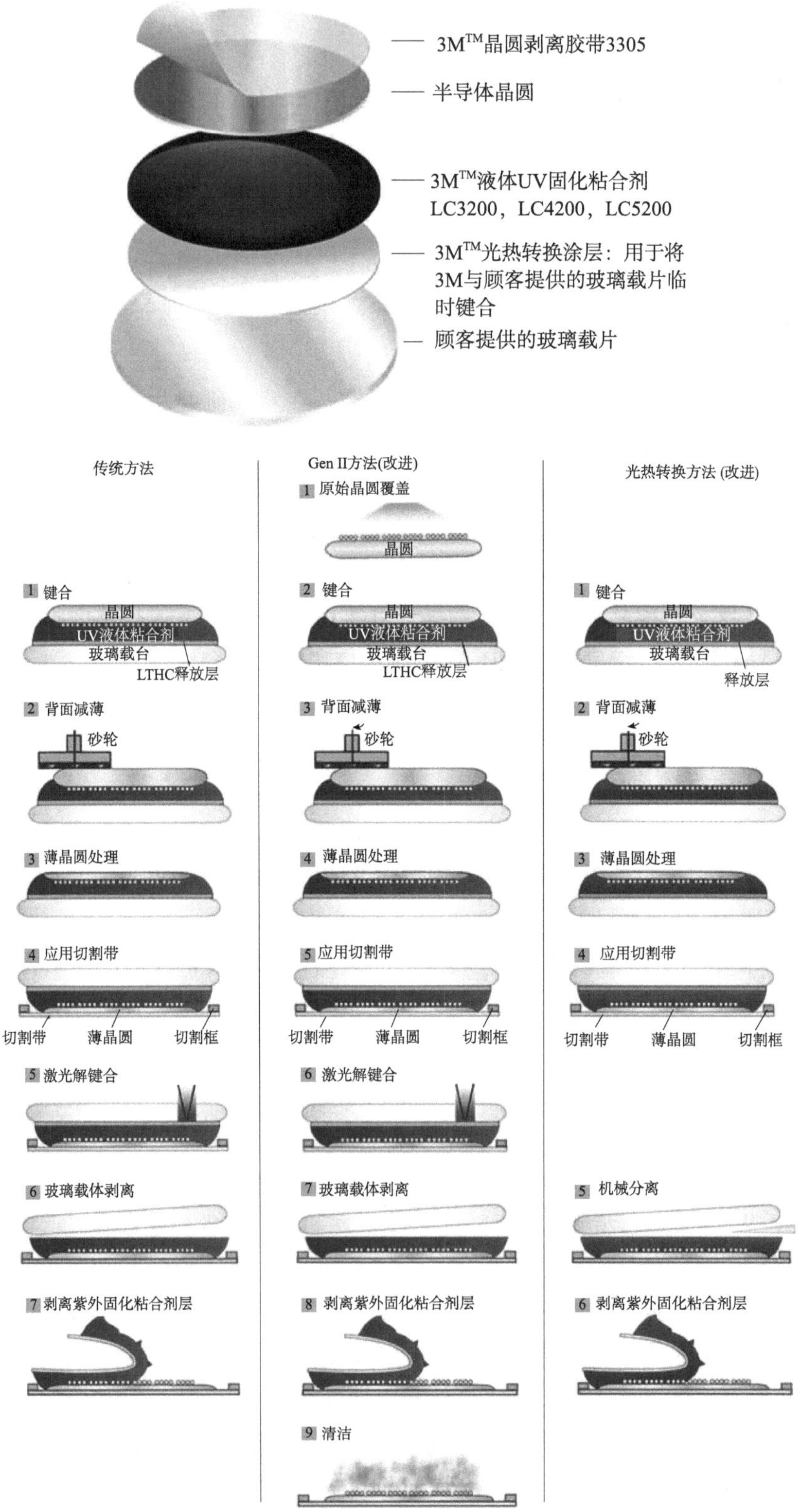

图 13-1　3M WSS 工艺流程图

（2）解键合

1）激光解键合过程将玻璃载体与粘合剂分离。

2）现在可以用很小的力将玻璃载片与粘合层分离。

3）使用 3M 晶圆剥离胶带从晶圆上剥离 UV 胶，无须进行剥离后清洁。

13.3　一般优势

3M WSS 系统具有快速简单的键合和解键合过程，从而提供高吞吐量——通常键合和解键合均为 25 WPH。

3M WSS 粘合剂是 100%固体的紫外线固化材料。由于不含溶剂，粘合剂可在单步工艺中以高达数百微米的厚度进行旋涂，且无须干燥处理。固化是通过短时间暴露在紫外光下完成的，通常为 30 s 左右。当使用具有适当 TTV 和平整度的优质玻璃载片时，直径为 300 mm 的有凸点的晶圆的 TTV 小于 5 μm。键合过程在室温下进行，不需要额外的压力。晶圆上产生的热应力及机械应力很小。

3M WSS 在生产过程中用于制作直径为 100～300 mm 的薄功率器件、LED、逻辑和 DRAM 晶圆。典型的减薄后工艺包括硅（Si）刻蚀、化学气相沉积（CVD）、物理气相沉积（PVD）、介电固化和支持 3D 晶圆集成的抗蚀剂胶带。

3M 粘合剂能够实现低力分离的一个关键设计特点是，在粘合剂与载片或晶圆表面之间具有高剪切粘附力，但是在基板表面有可控的较低的粘附力。这使得键合晶圆能够支持诸如背面减薄和化学机械抛光（CMP）等下游工艺，同时允许以垂直于晶圆表面的非常低的力来去除粘合剂。

解键合过程快速简单。该过程的第一步是采用标准红外标记激光对玻璃载片进行光栅化。激光使 LTHC 层快速局部加热，然后分解。LTHC 层的设计使其在分解后不会重新连接。激光处理完成后（通常不到 1 min），基本不需要施加外力，就可以将玻璃载体从晶圆叠层中移出。

解键合过程的第二步是机械去除 WSS 粘合剂。如上所示，这是通过在粘合剂表面层压解键合胶带并将其从晶圆表面剥离来实现的。垂直于晶圆表面的大角度剥离会在晶圆和粘合剂之间产生低力分离。去除粘合剂所需的力非常小，3M 授权的工具制造商已具备调整下压力和微调剥离滚筒速度和位置的能力，以优化该工艺流程。

13.4　高温材料的应用方案

LC－5200 系列 3M WSS 粘合剂专为高温应用而设计。每种粘合剂由基础 LC－5200 配方和特定量的粘合控制剂组成。

250 ℃下的等温热重分析（TGA）数据表明，LC－5200 的重量损失约为 1.5%，而标准室温下 WSS 粘合剂 LC－3200 的重量损失为 6%（见图 13－2）。

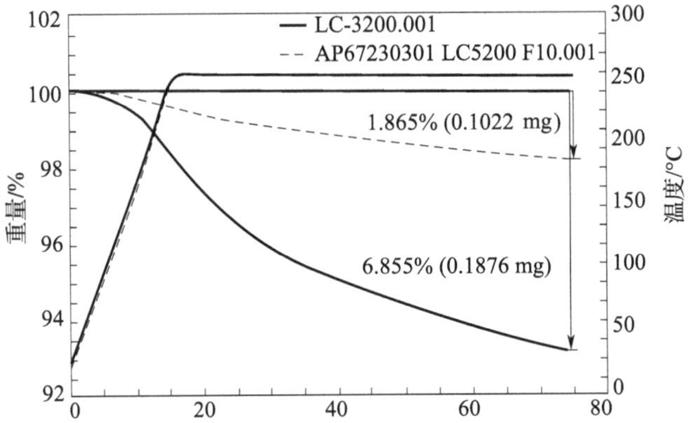

图 13－2　典型的 TGA 失重

LC－5200 包括四种商用配方，每种配方都含有不同水平的粘合控制剂。粘合控制剂的用量取决于晶圆材料、形貌和预热条件，但通常 LC－5200－F1035 和 LC－5200－F11 适用于无机电介质，而 LC－5200－F12 和 LC－5200－F14 更常用于有机电介质。许多应用场景需要对具有凸点或其他重要结构的晶圆进行键合和加工。凸点通常是各种尺寸的焊球或铜焊柱。LC－5200 的粘度约为 1 400 cps，且为 100％固体，因此可在单次旋涂步骤中以适当厚度涂覆凹凸晶圆。凸点晶圆的超薄化和加工对 WSS 粘合剂有额外的限制。它必须能够承受高温，没有分层，并且高温后仍然具有机械性能，能够以较小的力将其从周围结构上移除，从而不会损坏凸点，但仍然足够坚固，以避免在剥离过程中撕裂。LC－5200 粘合剂的玻璃化转变温度在 30～40 ℃之间。在剥离过程中，将粘合剂加热到 50 ℃左右会显著降低模量，使其非常容易变形，并与晶圆表面分离。

表 13－1 所列为具有不同类型和热处理历史的晶圆的应用示例。将示例中的晶圆键合、减薄至 50 μm，经过规定的加热老化，然后解键合。表中报告的剥离力是从晶圆表面以 90°角和 125 mm/min 的速度去除 25 mm 宽条所需的剥离力。对于自动解键合，最大可接受 2 N/25 mm 的力，并且剥离力越小越好。

表 13－1　不同类型和热处理历史的晶圆的应用示例

样品	绝缘物质	特点	粘合剂	加热温度及时间	剥离力/(N/25 mm)
1	SiN	Cu 柱	LC－5200－F11	1 h 200 ℃	1.7
2	SiN	Cu 柱	LC－5200－F12	1 h 200 ℃	0.8
3	Organic A	Cu 柱	LC－5200－F12	1 h 200 ℃	1.9
4	Organic A	Cu 柱	LC－5200－F14	1 h 200 ℃	1.0
5	Polyimide	Cu 柱	LC－5200－F12	2 h 200 ℃	0.6
6	Polyimide	SnAg 焊球	LC－5200－F14	2 h 200 ℃	1.0(0.7 at 50 ℃)
7	Polyimide	SnAg 焊球	LC－5200－F14	1 h 200 ℃	1.3(0.5 at 50 ℃)
8	Polyimide	Cu 柱	LC－5200－F11	1 h 250 ℃	1.3(0.8 at 50 ℃)
9	SiN	10 μm 形貌	LC－5200－F11	1 h 200 ℃ 加固流焊	1.0

由于粘合剂和晶片形貌之间的机械互锁作用，剥离力也会随着凸点密度的变化而变化。

13.5　过程注意事项

13.5.1　晶圆和粘合剂分层

分离晶圆和 WSS 粘合剂所需的力必须足够低，使得能够以机械方式去除粘合剂，但也不能过小，以防止高温处理过程中出现分层。3M 为这些苛刻的应用条件提供了高温稳定的粘合剂，但如果粘合剂与应用条件不匹配，产生的低表面附着力可能导致粘合剂和晶圆表面之间的分层，如图 13-3 所示。这种分层通常是由高温工艺步骤中产生的少量挥发物引起的。这些挥发物产生的压力很大程度上取决于粘结层暴露的时间和温度条件。选择适当的、具有相应粘合控制剂水平的 WSS 粘合剂产品将能防止分层，同时实现良好的粘合剂去除效果。

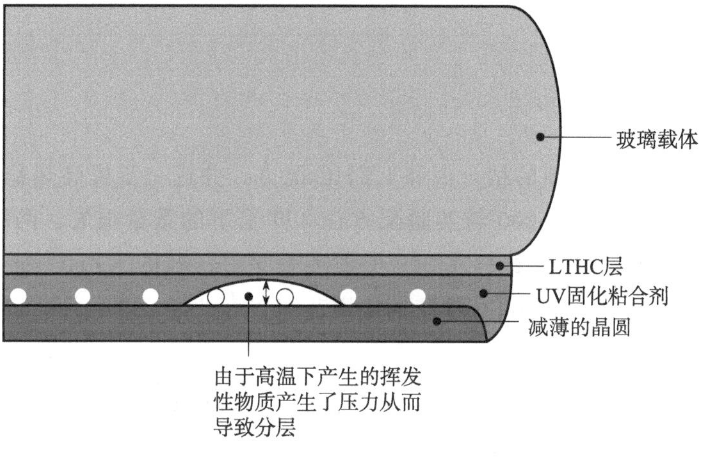

图 13-3　高温加工过程中的分层

13.5.2　LTHC 玻璃分层

如图 13-4 所示，高特征密度区域和低特征密度区域之间的整体热膨胀差异，以及单个特征几何形状上方和周围区域的局部热膨胀差异都会在堆叠中产生应力。这通常表现为单个凸点正上方的玻璃和 LTHC 层之间的小分离点，称为“点”分层。如果分离点范围过大，这些小点会聚集在一起，并导致大面积分层。通过在部件顶部和玻璃之间使用至少 40 μm 的粘合剂来吸收热膨胀差，可以很好地预防这种失效形式。

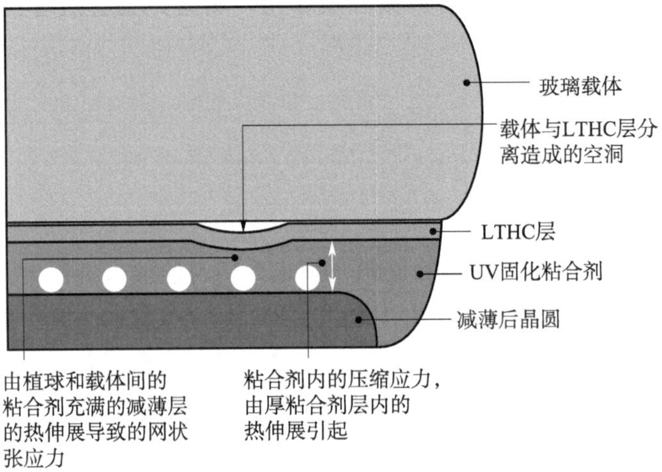

图 13－4　LTHC 和载体空洞

13.6　未来方向

13.6.1　热稳定性

3M 公司正在继续开发新的粘合剂和 LTHC 配方，并进一步提高热稳定性。图 13－5 中的 TGA 数据比较了 LC－5200 与实验配方在 300 ℃下的重量损失。两种材料的重量损失在 250 ℃时大致相同，但新材料在 300 ℃时明显更好。新的 LTHC 配方也验证了类似的变化。这些材料将扩大 3M WSS 系统的应用范围。

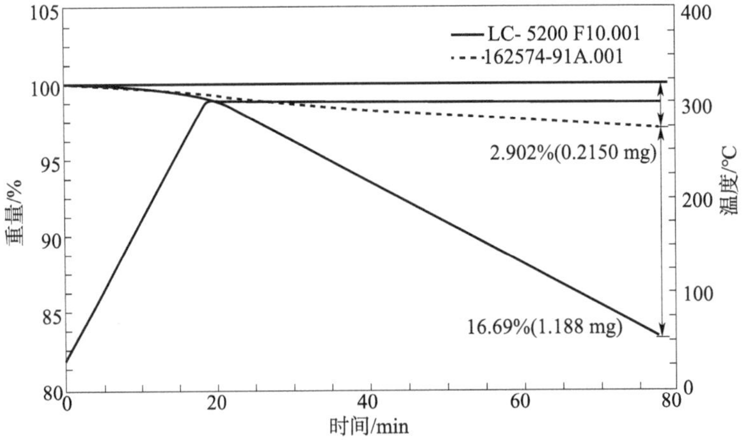

图 13－5　典型的 TGA 重量损失（在 300 ℃下 1 h，LC－5200 粘合剂，实验配方粘合剂）

13.6.2　粘合控制剂的去除

主要指在晶圆表面附加薄底漆层，它可以在剥离本体层 WSS 粘合剂后被轻易去除

(见图 13－6)。这一底漆层对于所有晶圆类型来说都是同样的材料，可以为粘附本体层 WSS 粘合剂提供一个共有表面，从而消除了对粘合剂的差异化需求。

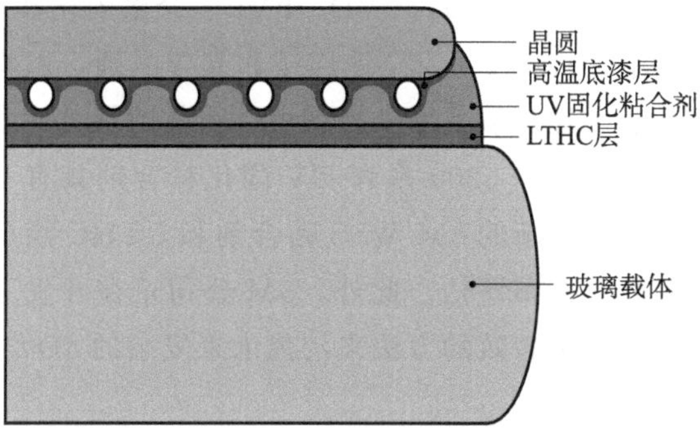

图 13－6　第二代 WSS 工艺和底漆涂层

13.6.3　免激光释放层

3M 公司也在研发一种新的脱模材料，该材料能够实现玻璃载片的机械方法移除，不需要激光控制。该脱模层取代了 LTHC 层，可提前涂覆在玻璃片上，或采用原位键合工具进行处理（见图 13－7）。或者，在粘合玻璃载片之前，可以在固化的 WSS 粘合剂层上涂覆该脱模层。该脱模层易于配置，以实现各种流程。然而，所有这些过程的共同点是这个脱模层成分简单，性能良好，与本体层粘合剂一样，3M 的 WSS 机械脱模材料具有热稳定性、耐化学性且能够快速进行 UV 固化。

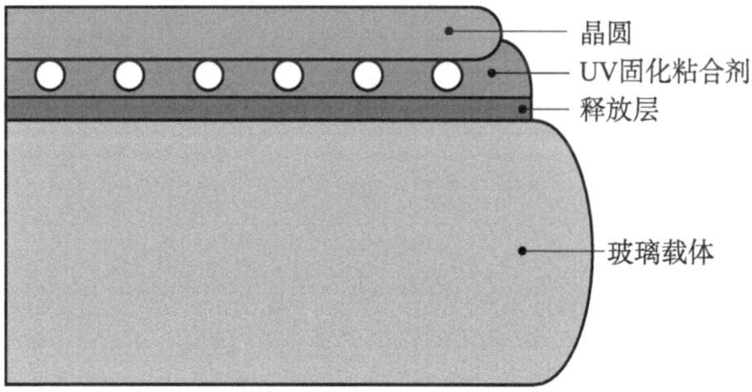

图 13－7　无 LTHC 过程

这些解决方案共同提供了一种“可选择的”方法，以实现下一代临时键合的定制工艺解决方案。图 13－1 中的图表代表了一些最常见的客户工艺流程，表明了临时晶圆处理和 3M WSS 的未来发展方向。

13.7　总结

3M WSS 旨在为临时晶圆键合提供简单、快速、可靠的解决方案。

该系统的核心是一系列100%固体的紫外线固化粘合剂，用于将晶圆临时键合到载体上，载体经过激光活化和脱模涂层处理。这些粘合剂是无溶剂的，可在室温下键合，无须干燥处理，并且与后续工艺包括硅刻蚀、CVD、PVD、介电固化和抗蚀剂剥离兼容。

这些3M UV固化粘合剂可以较为安全地连接和支撑晶圆，以将加工过程中的应力降至最低，随后的激光解键合过程几乎不加外力就可以将晶圆从载片上面释放。

对于高温条件下的应用，LC-5200系列UV固化粘合剂具有不同程度的附着力，以满足特定材料、结构和热要求。新的3M WSS粘合剂和LTHC涂层配方旨在提供更好的高温性能，目前正在进行商业发布评估。此外，3M公司正在开发下一代晶圆支撑材料和工艺，其目标是提供更实用、更高效的方法来构建未来复杂的3D结构。

参 考 文 献

[1] Garrou P, Ramm P, and Koyanagi M (2014) Chapter 1: 3D IC integration since 2008, in Handbook of 3D Integration (eds P Garrou, M Koyanagi, and P Ramm), Wiley - VCH Verlag GmbII, Weinheim.

第 14 章　临时键合和解键合工艺流程的比较

Matthew Lueck

14.1　引言

用于制造 3D 集成电路（IC）的临时晶圆键合材料有着非常严格的要求。与仅用于硅片减薄的胶和胶带相比，临时晶圆键合系统必须在减薄过程中支撑晶圆，并需要与许多制造工艺（如真空沉积、光刻、金属刻蚀、湿法清洗、聚合物固化）兼容，同时需要保持足够粘附力为晶圆提供机械支撑。然后，材料必须被快速、干净地解键合下来，而不会损坏薄的器件层。为了满足这些具有挑战性的要求，在给指定的 3D 制造工艺选择临时键合材料时，必须进行大量研究。虽然近年来开发了许多不同的体系，但每种方法都有限制和不足，工艺设计团队必须了解这些限制和不足。因此，许多公司和研究机构已通过 3D 集成工艺中的常见制造步骤，来评估临时晶圆键合系统的性能。这些研究是对材料供应商和设备供应商所做工作的补充。第 10～13 章是对 SUSS、EVG、TOK 和 3M 公司可用工艺的描述。第 9 章讨论了传统临时键合材料的性能要求。尽管已经报道了用于薄晶圆处理的无载体设计[1]，但大多数薄晶圆处理方案仍然采用粘合剂将减薄后的晶圆临时键合在晶圆支撑系统（WSS）上。

一般来说，研究团队根据以下要求对临时键合系统进行评估：键合层的总厚度变化（TTV）、高温和真空兼容性、湿法化学工艺耐受性、薄晶圆的机械支撑、解键合效率和解键合清洁度。

14.2　晶圆键合和减薄的研究

在晶圆键合步骤中，临时晶圆键合系统的关键要求是高效率、较小的厚度变化以及良好的表面附着力。表 14-1 列出了商用材料及其键合方法、载片类型和涂层厚度范围。从布鲁尔科学公司（BSI）、3M、杜邦、TOK 和 Thin Materials AG（T-MAT）等不同供应商处进行材料的选择将决定粘合剂厚度和后续工艺温度的限制范围。

对于临时晶圆键合系统，载片键合方法和粘合剂厚度将限制减薄晶圆中 TTV 的最小值。因此，大多数常见的临时晶圆键合系统将粘合剂旋涂到设备或载体晶圆上。在 2011 年发表的一项研究中，工研院的一个团队比较了 3D 集成工艺中晶圆减薄和背面凸点互连工序使用的临时晶圆键合材料[2]。该研究发现使用薄的键合材料（小于 50 μm）和热压键合对于实现低的 TTV 值是非常重要的。其他研究也报道了激光释放[3]、热塑性[4]和机械释放[5]的临时晶圆键合系统，进行键合后 TTV 值都很低。Thin Materials AG 的机械释放材料使用低作用力的室温键合法。

表 14-1　一些临时晶圆键合系统

材料	工艺温度限制/℃	可用的粘合剂厚度/μm	工艺载体	设备(键合机/解键合机)	临时键合		解键合	
					设备	载体	方法	温度
T-MAT	约 250	20～200	Si/玻璃	SUSS	Spin coat precursor w/plasma	Spin coat elastomer	(1) Mechanical release (lift-off) (2) Film remains on carrier	室温
B/S (HT 10.10)	约 220	< 100	Si/玻璃	EVG SUSS	Spin coat adhesive	—	Thermal release (slide-off)	约 180 ℃
B/S (9001A) (ZoneBOND®)	约 250	<120	Si/玻璃	EVG SUSS	Spin coat adhesive	Zone 2 treatment	(1) Lif-off then solvent release (2) Film remains on device	室温
3M	约 250	<125	玻璃	Tazmo SUSS w/o debonder	Spin coat adhesive	Spin coat LTHC bond/UV cure	(1) YAG laser release (2) Film remains on device	室温
DuPont	约 350	2～20	玻璃	SUSS	Spin coat adhesive	—	Excimer laser release	室温
TOK	约 250	<130	Perforated support plate	TOK	Spin coat adhesive	—	Solvent release	室温

14.3　背面处理

传统后端（BEOL）半导体制造工艺中仅用于晶圆减薄的胶带和胶膜不能满足现代临时键合工艺的需求。典型的 3D 集成工艺流程通常需要在薄晶圆中制造硅通孔（TSV）互连，故要求临时晶圆键合材料与反应离子刻蚀（RIE）、真空沉积、光刻、溶剂条、酸基金属刻蚀和电镀等工艺均可兼容。这些操作及其顺序对临时键合材料提出了新的要求。

关于临时晶圆键合系统与各种湿化学步骤的兼容性，大多数研究均未报道在标准背面工艺（如光刻、金属刻蚀、电镀，甚至聚合物电介质固化）期间，任何商用材料的附着力损失或咬边现象[2-7]。然而，真空沉积（如等离子体增强化学气相沉积（PECVD））已被报道会破坏临时键合系统。ITRI 研究发现在 250 ℃的 PECVD 过程中，一种临时键合系统表现出了器件晶圆的凹陷现象，而另一个系统被发现器件晶圆开裂。在加工热塑性材料时的 PECVD 过程中，可以看到器件和载体晶圆之间出现气穴[3]。PECVD 沉积期间真空和高温结合的环境对于临时键合系统具有很大挑战性，尤其是那些含有未固化聚合物或挥发性化合物的系统。暴露在相同温度接近大气压条件下的晶圆基本不会产生缺陷，只有在 PECVD 工艺中的较高真空条件下也才会产生缺陷[6]。如果使用非 CTE（热膨胀系数）匹配的基板或更高应力的器件层[6,7]，这些因素将会导致更糟糕的结果。除了会对薄晶圆造成损坏外，这些化合物的废气也会污染 PECVD 的加工腔室。许多临时晶圆键合系统允许调整烘烤过程或粘合强度，可用于减轻高温加工过程中的粘合损失。对应用于硅中介层的临时晶圆键合进行的研究表明，在 280 ℃或更低的温度下完成的 PECVD 工艺，粘合剂不会出现粘附损失或起泡[5-8]。

14.4 解键合和清洁

特别是对于大批量制造，解键合步骤在确定该临时晶圆键合系统的可行性方面起着重要作用。解键合步骤必须快速、干净地完成，并且不会对减薄的晶圆或其凸点互连造成损坏。Zoschke 等人讨论了包含不同器件和封装手段的薄晶圆的 3D 制造工艺中，临时晶圆键合和解键合的几种最佳方案[4]。

全硅系统集成（ASSID）的 Fraunhoffer IZM 最近评估了各种临时键合技术的解键合过程，他们在 2012 年末对四个类别进行的评估如图 14－1[8]所示。

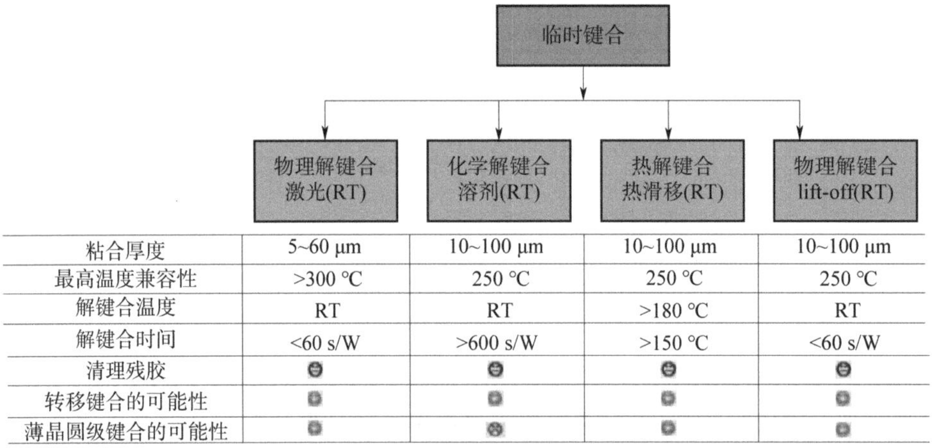

图 14－1　四种临时解键合方法的比较

他们给出了每个解键合机制的预计晶圆产量估计值，结论是依赖溶剂释放或热滑移的工艺比依赖室温干法分离的工艺具有更低的产量。同时研究展示了一种成功的大面积滑动解键合工艺。许多从业者认为，室温分离解键合比热滑移解键合风险低。因此大多数材料供应商已经或正在开发无溶剂或热释放的材料。前面的章节中已经介绍了一些机械或激光照射触发的临时晶圆键合系统。一项研究表明，这些释放材料与 CMOS 电路工艺兼容[9]。RTI 国际公司的一项研究表明，机械释放材料可从薄硅片背面的焊料凸点和 Cu/Sn 微凸点上清洁剥离，且不会损坏[5]。下面简要介绍一些较新的室温解键合材料。

道康宁公司最近推出了一种可在室温解键合的双层临时键合解决方案[10]。这种基于硅树脂的系统由粘合层和释放层组成，可在室温下依靠柔性框架实现自动机械解键合。

HD Microsystems 推出了 HD3007，可以通过热压键合将硅片与载片晶圆临时键合起来[11]。据报道，与其他临时粘合剂相比，HD3007 为薄片背面处理提供了更高的高温耐受度。通过使用 248 nm 准分子激光器透过玻璃晶圆辐照 HD3007 键合层就可以完成硅和玻璃载体晶圆的解键合。

道康宁化学公司最近推出了一种基于 BCB 的临时键合方案 XP－BCB。将 AP－3000 粘附促进剂旋涂到载体晶圆上，而器件晶圆涂有不含粘附促进剂的 XP－BCB[12]。由于 BCB 对器件晶圆的附着力低于对载体晶圆的附着力，因此可以在室温下进行机械解键合。

致谢

作者衷心感谢 RTI 国际的 3D 微系统集成和封装团队所做的贡献，还要感谢 Phil Garrou 所做的贡献。

参考文献

[1] Bieck F et al (2010) Carrierless design for handling and processing of ultrathin wafers. 60th IEEE Electronic Components and Technology Conference, p. 316.

[2] Tsai W L, Chang H H, Chien C H, Lau J H, Fu H C, Chiang C W, Kuo T Y, Chen Y H, Lo R, and Kao M J (2011) How to select adhesive materials for temporary bonding and de - bonding of 200mm and 300mm thin - wafer handling for 3D IC integration. Proceedings of the 61st Electronic Components and Technology Conference, Lake Buena Vista, FL, p. 989.

[3] Shuangwu M H, Pang D LW, Nathapong S, and Marimuthu P (2008) Temporary bonding of wafer to carrier for 3D - wafer level packaging. Proceedings of the 10th Electronics Packaging and Technology Conference, pp. 405 - 411.

[4] Zoschke K, Wegner M, Wilke M, Jurgensen N, Lopper C, Kuna I, Glaw V, Roder J, Wunsch O, Wolf M J, Ehrmann O, and Reichl H (2010) Evaluation of thin wafer processing using a temporary wafer handling system as key technology for 3D system integration. Proceedings of the 60th IEEE ECTC, May 2010, pp. 1385 - 1392.

[5] Lueck M, Garrou P, Malta D, Huffman A, Butler M, and Temple D S (2012) Temporary wafer bonding for 2. 5D and 3D integration applications. Presented at IMAPS Device Packaging Conference, Fountain Hills, AZ, April 2012.

[6] Charbonnier J, Cheramy S, Henry D, Astier A, Brun J, Sillon N, Jouve A, Fowler S, Privett M, Puligadda R, Burggraf J, and Pargfrieder S (2009) Integration of a temporary carrier in a TSV process flow. Proceedings of the 59th IEEE ECTC, May 2009, pp. 865 - 871.

[7] Tamura K, Nakada K, Taneichi N, Andry P, Knickerbocker J, and Rosenthal C (2010) Novel adhesive development for CMOS - compatible thin wafer handling. Proceedings of the 60th Electronic Components and Technology Conference (ECTC), pp. 1239 - 1244.

[8] Wolf J (2012) 3D integration driving heterogeneous integration for system in packages. RTI 3D Architectures for Semiconductor Interconnect and Packaging, Redwood City, CA, December 2012.

[9] Dang B, Andry P, Tsang C, Maria J, Polastre R, Trzcinski R, Prabhakar A, and Knickerbocker J (2010) CMOS compatible thin wafer processing using temporary mechanical wafer, adhesive and laser release of thin chips/wafers for 3D integration. Proceedings of the 60th IEEE ECTC, May 2010, pp. 1393 - 1398.

[10] Rosson J, Meynen H, Wang S, John R, Kim S W, Bourbina M, and Fu P - F (2012) Development of bi - layer, temporary bonding solution for 3D TSV, providing simple room temperature de - bond. SEMICON West 2012, SUSS MicroTec 3D Workshop.

[11] Itabashi T and Zussman M（2010）High temperature resistant bonding solutions enabling thin wafer processing. Proceedings of the 60th IEEE ECTC，pp. 1877 - 1880.

[12] Calvert J（2012）Dow temporary bonding adhesive development. SEMICON West 2012，SUSS MicroTec 3D Workshop.

第 15 章　减薄、通孔露头和背面工艺概述

Eric Beyne，Anne Jourdain，and Alain Phommahaxay

15.1　引言

制作硅通孔（TSV）互连是 3D 芯片堆叠的关键要素。然而，这并不是唯一的技术步骤，也许更具挑战性的是晶圆的精确减薄和减薄后晶圆的处理步骤。无论 TSV 集成方法是通过 TSV - last 还是 TSV - middle，这些过程步骤在很大程度上都是类似的。该方法适用于有源器件堆叠以及基于中介层（“2.5D”）的 3D 堆叠应用。

图 15 - 1 给出了本章讨论的工艺流程示意图。将带有 TSV - middle 或是无 TSV 的 via - last 加工的有源晶圆或硅中介层互连晶圆与临时载片衬底键合在一起，以便于在晶圆减薄后进行操作。通过以上步骤可允许晶圆在减薄后的工艺中使用标准半导体设备。该工艺流程最关键的地方是界面键合材料的选择：它必须将一些相互矛盾的特性和功能相结合。键合材料必须在整个晶圆上具有极好的厚度均匀性，并且在减薄和后续背面处理过程中具有物理、化学和热稳定性。同时，在工艺流程结束后，材料必须易于从减薄的晶圆上剥离而不会留下残留物和损坏晶圆。关于“薄晶圆支撑系统”的各项技术正在被提出和开发，13.3 节讨论了其主要研究方向。

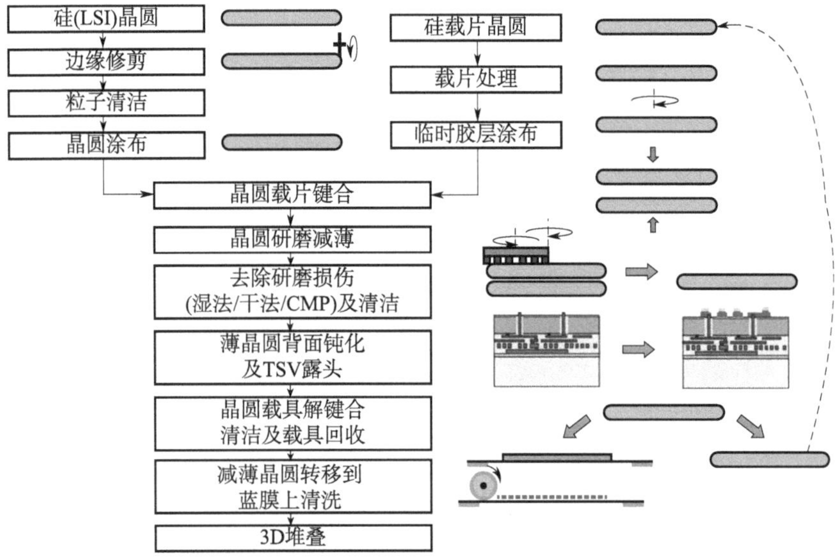

图 15 - 1　使用临时键合载体的晶圆减薄和薄晶圆背面处理的常规工艺流程

通常，在晶圆上执行的第一个工艺步骤是所谓的边缘倒角工艺。这是为了避免减薄后晶圆的锐边问题，或是键合中的晶圆覆盖问题。13.2 节讨论了晶圆边缘倒角的方法。

实际的晶圆减薄是在由载片基板、一层临时键合胶和待减薄晶圆组成的叠层上进行的。

对于 TSV 露头或是 TSV－last 的背面工艺来说，实现薄晶圆的精确厚度控制是至关重要的。这不仅需要高精度的研磨工艺，还需要精确控制载体基板和临时胶层厚度，13.3 节讨论了这些方面的内容。

在成功地减薄硅器件或中介层晶圆之后，就可以对载体上的薄晶圆进行后处理。在 via－middle 方法中，该步骤首先包括“通孔露头”过程，然后是背面钝化和 TSV 触点打开。当使用后通孔方法时，后处理包括 TSV 通孔刻蚀、内部沉积、通孔底部的连接点开口、阻挡层和种子层沉积以及通孔镀铜（部分或完全填充）。在完成 TSV 相关的背面处理后，可能会进行其他处理，例如互连再布线层和背面凸点。13.4 节讨论了晶圆解键合前的晶圆背面工艺。

15.2　晶圆边缘倒角

硅晶圆是根据半导体标准规范生产的，晶圆边缘呈圆形。3D 集成需要将晶圆减薄至 100 μm 及以下的厚度，仅保留晶圆边缘的部分斜面区域。由于该区域与晶圆表面的角度小于 30°，因此会产生锋利的薄片边缘。这种锋利的边缘非常脆弱，可能会引发晶圆裂纹，并很容易在薄晶圆中扩展。解决这些问题的方法是通过在晶圆边缘引入台阶状轮廓来改变晶圆边缘的形状，这会导致薄晶圆的边缘变成矩形。

实现这种台阶轮廓的方法是使用晶圆切割机来修整晶圆的边缘（术语叫作“晶圆倒角”）。该方法是通过在旋转工作台上转动晶圆，固定的划片刀在其上方并精确控制划片深度来实现的，如图 15－2 和图 15－3 所示。晶圆倒角后，修整过程中产生的颗粒必须在晶圆临时键合之前去除。

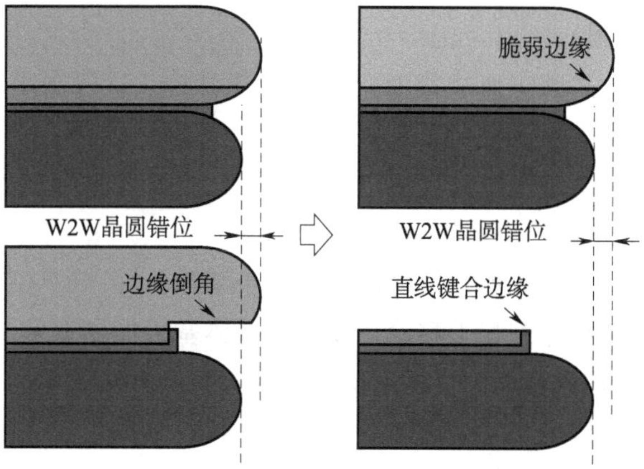

图 15－2　键合晶圆减薄对边缘的影响以及晶圆减薄前边缘倒角示意图

晶圆键合前的边缘倒角的替代方法是在晶圆键合后进行边缘倒角。这样做的优点是倒角前晶圆表面干净，可用于精密的晶圆键合，并且晶圆-晶圆对准的公差可在键合后的边缘倒角中得到补偿。缺点是需要更深的切边（切入整个晶圆厚度）和更加精确的深度控制。但它也使得我们可以在边缘倒角期间从晶圆边缘移除一些临时键合材料。

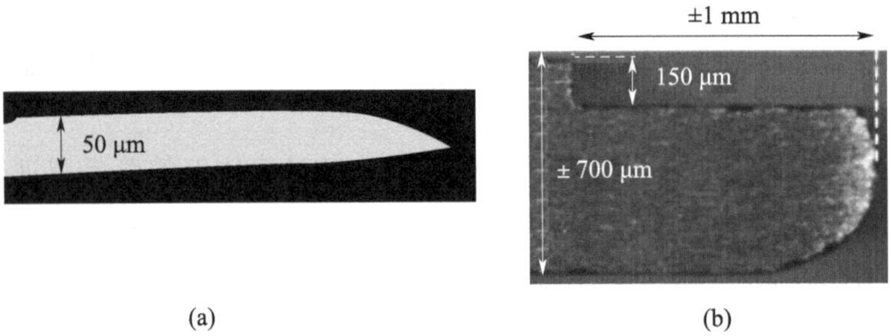

图 15-3　(a) 减薄至 50 μm 的标准硅晶圆的锋利边缘；(b) 在键合和减薄前的边缘倒角

15.3　薄晶圆支撑系统

在半导体工艺线中搬运、运输和加工时，处理厚度小于 100 μm 的晶圆片需要一定的支撑。这种薄晶圆支撑系统在这些操作过程中应非常稳定，但同时需要在完成工艺后较为容易地将晶圆剥离下来。这导致了一系列复杂的需求。这些需求如下（见图 15-4）：

1）后处理过程中良好的热稳定性：不会出现胶层释气或分解，以及在真空过程（例如硅刻蚀或背面氧化物、氮化物沉积）也不会出现释气。

2）后处理过程中良好的化学稳定性：在减薄后工艺过程中（例如清洗、湿法刻蚀和电镀）使用的湿法化学品不会使其发生侵蚀。

3）极好的胶层厚度均匀性：整个晶圆上胶层厚度的任何偏差都会导致最终薄晶圆厚度的变化。

4）晶圆键合后无空洞或分层：在减薄和背面处理过程中，小缺陷会增长并可能导致灾难性缺陷（薄晶圆破损）。

5）在很多情况下，晶圆正面或背面会使用焊接材料。这限制了可用于键合或解键合的温度上限。

6）在保证键合和加工过程中高度稳定性的同时，也必须具有较为简单的解键合方法，使得我们能轻松地将其从晶圆中解键合。

7）解键合后，晶圆上的任何残留物都必须易于清除。

8）胶层也必须可从载体基板上移除，以允许载体基板能够重复使用。

人们提出了各种各样的薄晶圆支撑系统。根据解键合方法的不同有如下分类：

1）激光透过透明载体基板对聚合物胶层材料进行烧蚀。

2）聚合物胶层材料的热分解。

3）高温下低粘度的热塑性胶材料，可以通过“滑移”方式将薄片从载体上分离。

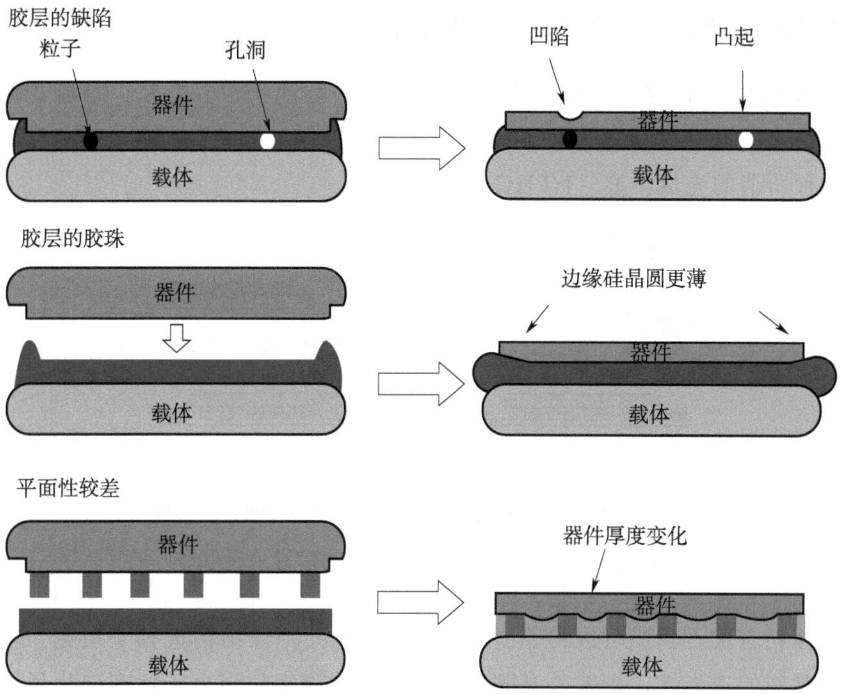

图 15-4　晶圆临时键合期间的典型缺陷

4）通过溶解去除聚合物胶。

5）通过“剥离”动作从薄晶圆上去除载体和胶层：粘接层具有较好的抗剪切力但是对剥离力的抵抗力弱。

6）无胶方法：

a）静电载体方案：在减薄和背面处理过程中，使用带电载体基板支撑有源晶圆。

b）膜减薄：在对晶圆进行减薄时不减薄晶圆边缘，从而得到扁平的薄晶圆，就像“Tyco”磨盘（然而在背面工艺过程中，该方法仍需要在晶圆正面涂上一层保护性有机涂层，该涂层可在工艺结束时轻易去除）。

所有在解键合过程中涉及高温步骤的方法在处理温度敏感晶圆（如 DRAM）或使用焊料凸点晶圆时都面临巨大挑战。因此，室温解键合方法是最受欢迎的解决方案，特别是激光解键合和室温剥离解键合是当今行业的焦点。

晶圆支撑系统的另一个重要方面则是支撑或转移晶圆的载体选择。目前主要使用玻璃或硅载体基板。硅具有作为半导体加工标准衬底材料的优势，它具有精确的厚度控制、与有源硅晶圆完美的热匹配、优异的导热性和高强度等优点。然而，由于它的不透明性，不能与激光解键合方法结合使用。另一种常用载体为玻璃基板。所使用的玻璃需要在工艺过程温度范围内与硅进行热匹配。这需要对半导体加工设备进行改造以处理透明载体和载体晶圆。

在以下部分中，将更详细地讨论一些较有前景的处理方法。

15.3.1　采用激光解键合方法的玻璃载体支撑系统

该方法由3M首创，在晶圆上旋涂液体粘合剂，如图15－5所示。随后，将玻璃载体真空键合到该晶圆上。该载体晶圆在键合前已涂上一层特殊的释放层。在3M工艺过程中，这是一种所谓的光热转换（LTHC）涂层。

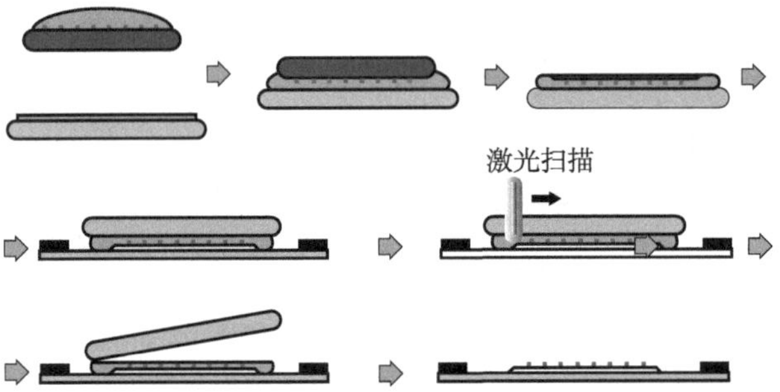

图15－5　3M激光解临时键合载体工艺示意图

使用液体粘合层，我们可以将厚度高达100 μm的特征结构进行平坦化。粘合后，利用玻璃载体晶圆的透光性，用紫外光固化粘合材料。通常使用大于标准硅片尺寸的玻璃载体，这避免了后续的晶圆倒角过程，然而，这需要后续工艺步骤具有处理这种非标准大小的晶圆的能力。

在晶圆减薄和背面工艺之后，薄晶圆需要从载体上释放。该过程包括：首先将键合晶圆粘合到解键合胶带上；接下来，使用激光将载体从薄片上解键合。LTHC层吸收来自激光的能量，并从玻璃载体上解开。通过对玻璃载体晶圆进行扫描后，载体可以很容易地从键合晶圆上移除。下一步，从载体胶带上的薄晶圆表面剥离粘合层。

15.3.2　热塑性粘合剂薄晶圆支撑系统——热滑移解键合系统

图15－6描述的是由Brewer Science首创的一个典型工艺流程图。该工艺基于WaferBOND® HT10.10热塑性高温熔化解键合材料。在完成正面工艺之后，在将晶圆键合到载体晶圆（硅或玻璃）之前，对晶圆进行边缘倒角并涂覆临时粘合剂层。在完成背面工艺（包括TSV露出工艺、再布线层的加工和微凸点）后，薄键合晶圆准备进行解键合。该过程包括以下内容：

1）滑移解键合步骤以及薄晶圆转移到另一种晶圆支撑系统（真空卡盘或静电卡盘）。

2）从薄晶圆上剥离粘合剂。

3）将晶圆从支撑系统中释放并转移到划片胶带上。

15.3.3　室温剥离解键合薄片支撑系统

该方法目前已成为研究领域的主要方法。该方法的晶圆解键合在室温下进行，支持大规模加工，并且与薄晶圆上的焊料凸点兼容。它也不需要透明或特殊制造的载体基板。各

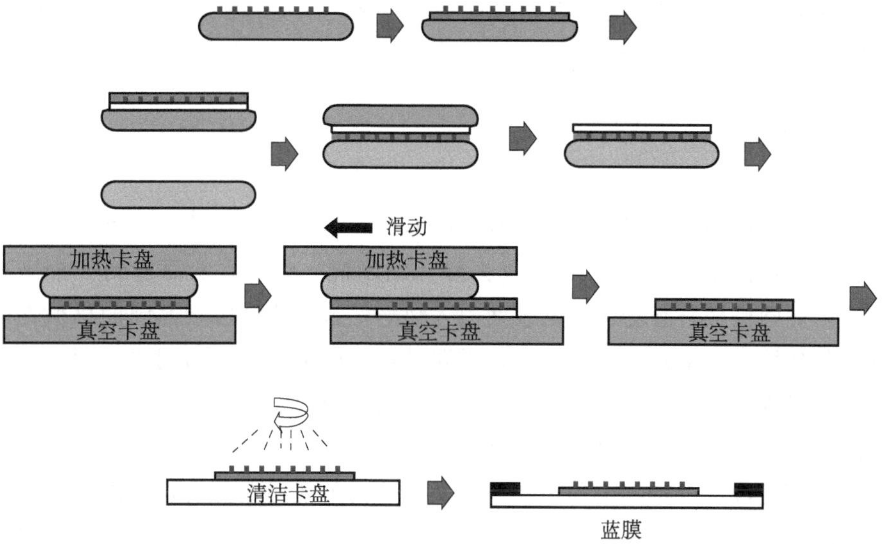

图 15-6　由 Brewer Science 首创的解临时键合载体工艺示意图

种各样的方法和途径正在被提出和发展。

该方法的基础是薄晶圆与载体基板在剪切力方向的良好粘附性，以实现对晶圆进行工艺加工，但同时对剥离力有较低的抵抗性。这些方法大致可分为两类：

1）区域键合系统：该方法由 Brewer Science 首创，如图 15-7 所示。对晶圆的附着力被调整为两个区域：晶圆表面大部分区域为低粘接力，晶圆边缘（粘合区）粘合剂具有高粘附性。在解键合之前，边缘区域的粘合强度被降低到可剥离水平。这是边缘可溶解粘合剂层的典型表现。

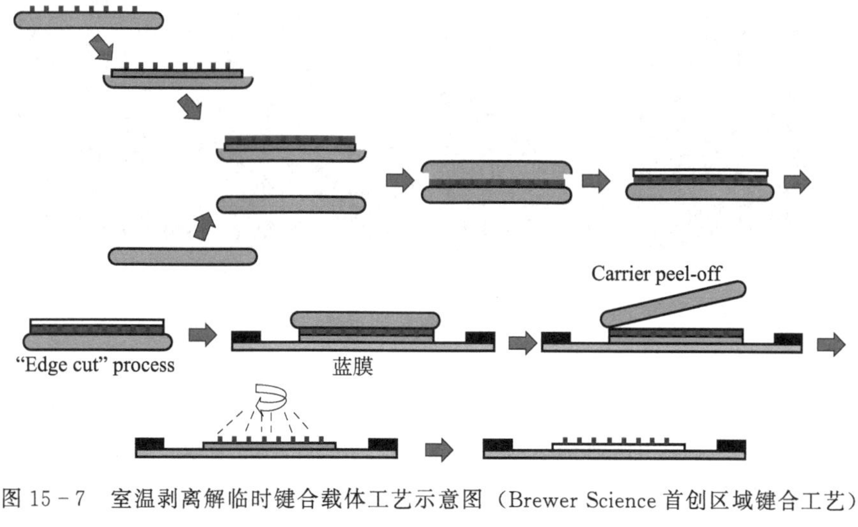

图 15-7　室温剥离解临时键合载体工艺示意图（Brewer Science 首创区域键合工艺）

2）非区域键合系统：在该方法中，胶水和晶圆之间的粘合强度被精确控制，使其足以进行晶圆减薄和减薄后工艺，并同时可以进行剥离解键合。该方法没有定义键合区域，从而简化了工艺流程，但通常需要多个涂层来实现所需的粘合性能调节。这种方法是 TMAT 首创的。

15.4　晶圆减薄

机械研磨是降低晶圆厚度的最经济有效的方法。它由粗磨步骤（每秒去除几微米硅），和精磨步骤（所谓的 polygrind，每秒仅去除几纳米硅）组成，从而得到一个接近光滑的表面。然而，晶圆机械研磨会在晶圆表面引入缺陷，这可能会影响晶圆的机械性能以及集成电路的电气特性。为了避免这种情况，需要进行表面平滑和应力消除。因此，了解并最小化机械研磨过程中的工艺损伤是加工超薄晶圆的关键因素。

图 15-8 给出了不同放大倍数下硅粗磨和精磨后的表面 SEM 照片。可以观察到，精磨表面上的磨痕更浅、更密、更均匀。当然，在这两种情况下都发现了沿磨痕侧面产生的挤压。在粗磨的表面，可以看到一些规则分布的凹陷。这是由硅表面的脆性断裂引起的，并可能导致深层次裂纹，如图 15-9 所示。

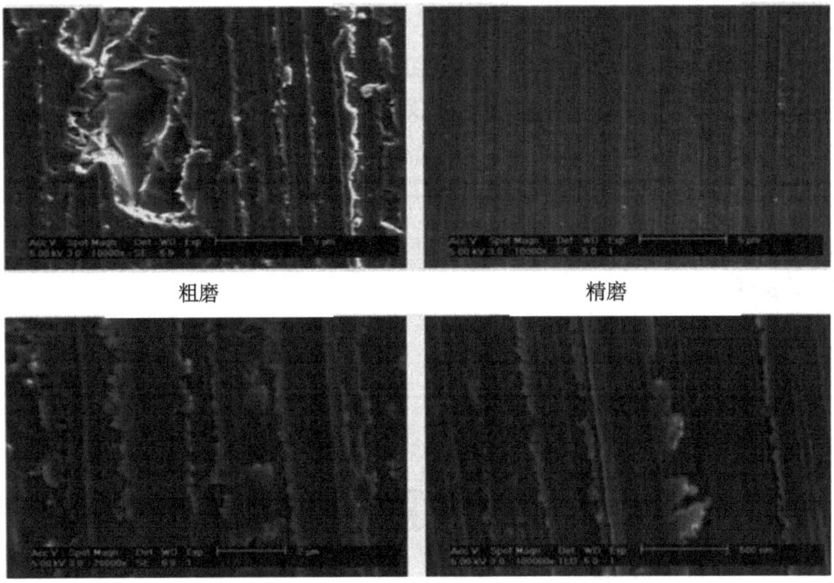

图 15-8　不同放大倍数下硅粗磨和精磨后的表面 SEM 照片

通过显微拉曼光谱对精磨和粗磨后的表面性质进行深入研究。在研磨过程中，较大的压应力、剪切应力、温度和快速卸载导致非晶硅（a－Si）的形成，这是在研磨作用力下硅表面连续相变的结果：Si-Ⅰ→Si-Ⅱ→a-Si。如图 15-10 所示，该图证实了两种研磨机制，即韧性研磨和脆性研磨。韧性研磨机制在表面留下凹槽，侧面会被挤压（较浅的损伤层）。脆性研磨机制会导致断裂，带有内部裂纹（深入块体材料）。考虑到研磨过程中观察到的塑性变形，Si-Ⅱ相的屈服强度低于 Si-Ⅰ。在细磨中，韧性机制占主导地位，而

图 15－9　研磨后硅片表面的脆性断裂和内表面损伤图片

在粗磨中，则是韧性和脆性机制的混合。

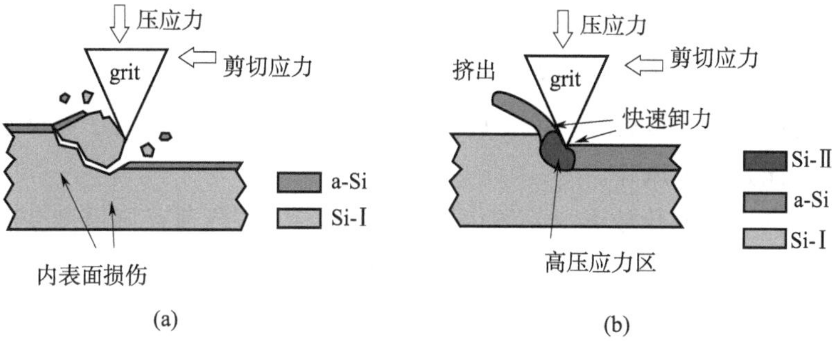

图 15－10　脆性（a）和韧性（b）硅磨机制（脆性磨削是由 Si－Ⅰ内表层结构断裂引起的。在韧性磨削中，Si－Ⅱ相在磨削应力下形成并且 Si 从表面挤出，从而在表面形成 a－Si 层）

详细观察时，粗磨和细磨均显示多层受损的表面结构（见图 15－11）：

1）粗磨：非晶硅（70 nm）/塑性变形层（3.5 μm）/应力层（20 μm）。

2）细磨：非晶硅（几纳米）/塑性变形层（2 μm）/应力层（2 μm）。

在随后的加工步骤中，去除塑性变形的硅层非常重要。

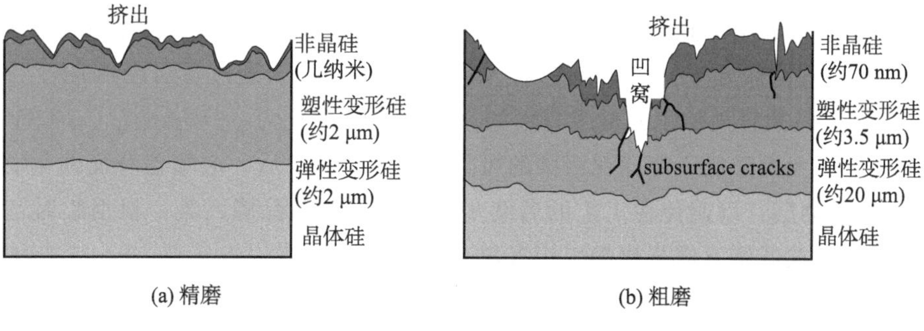

图 15－11　精磨（a）和粗磨（b）表面硅结构

15.5　薄晶圆背面工艺

晶圆在载体上减薄后，需要对晶圆进行进一步加工。此工艺不同于 via - middle 工艺和 via - last 工艺。

15.5.1　中间通孔薄晶圆背面工艺："通孔露头"工艺

由于 TSV 已经存在于薄晶圆中，背面工艺的主要目的是从晶圆背面连接嵌入内部的 TSV。有两种方法可用于"通孔露头"工艺。

15.5.1.1　机械通孔露出

在晶圆减薄过程中，继续进行硅研磨直到所有 Cu TSV 露出。这意味着在工艺的最后阶段同时研磨硅和铜。由于机械研磨会产生需要去除的受损硅层，因此该工艺需要最后的 Cu/Si 化学机械抛光（CMP）步骤来去除受损硅层并获得平坦的 Cu TSV。由于 TSV 的机械研磨，铜将与硅片背面接触，从而在硅片背面造成一些铜污染。对于厚度小于 75 μm 的硅芯片而言这可能是一种风险。

当 Cu TSV 的厚度变化较大（晶圆内变化数微米）和/或薄晶圆厚度变化［总厚度变化（TTV）］较大（TTV>4 μm）时，通常使用该方法。对于特定的应用，此方法可以在 via - middle 工艺条件下实现更深的 TSV（例如，60 μm 深而不是 50 μm 深），以应对工艺公差并实现最终 3D TSV 目标。

15.5.1.2　"软"通孔露出

在这种情况下，在到达第一个 Cu TSV 之前停止机械研磨。一些硅将留在晶圆背面和 TSV 顶端，即所谓的残余硅厚度（RST）。当薄晶圆正面 TSV 通孔刻蚀深度控制在严格公差范围内（晶圆内变化小于 1 μm）且载体上的晶圆减薄导致总厚度变化较小时，RST 的变化将非常小，在几微米的范围内。

研磨后，必须去除受损的硅表面。通过湿法或干法刻蚀技术去除受损的背面硅层，其厚度不应超过残余硅层。然后，额外使用对内部氧化物有选择性的湿法刻蚀或干法刻蚀来露出 TSV 底端（也称为 TSV "nails"）。如图 15 - 12 所示，通过适当控制 RST 变化，可使 TSV nails 从晶圆背面伸出几微米（例如，nails 高度变化为 1～4 μm）。Cu TSV 仍然封闭在氧化层中，大大降低了背面铜污染的风险。在该步骤之后，应覆盖背面钝化层（通常为氧化物/氮化物层）以避免在工艺的后续步骤中导致背面晶圆污染。根据临时键合胶的温度限制，需要在低温下进行化学气相沉积（CVD）。

完成此步骤后，可以使用不同的方法打开 TSV 触点。第一种方法是使用 CMP 抛光去除从晶圆背面伸出的 nails 部分。该工艺有时被称为"knock - off" CMP，其结果是背面平坦，TSV Cu 露出，内衬露出，背面低温 CVD 氧化物或氮化物层露出。示例如图 15 - 13 所示。

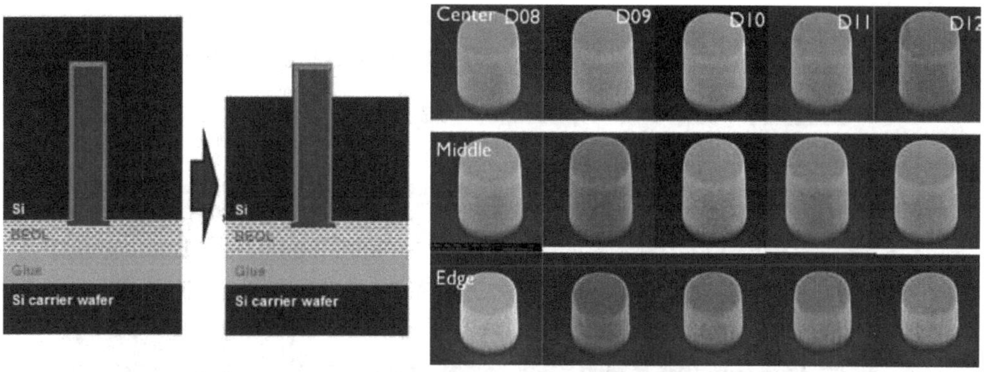

图 15-12　"软"通孔露出工艺：在晶圆减薄后，去除受损的硅层，并在晶圆背面露出 TSV，而不刻蚀 TSV 衬层氧化物（在本图中，右边使用湿法刻蚀）

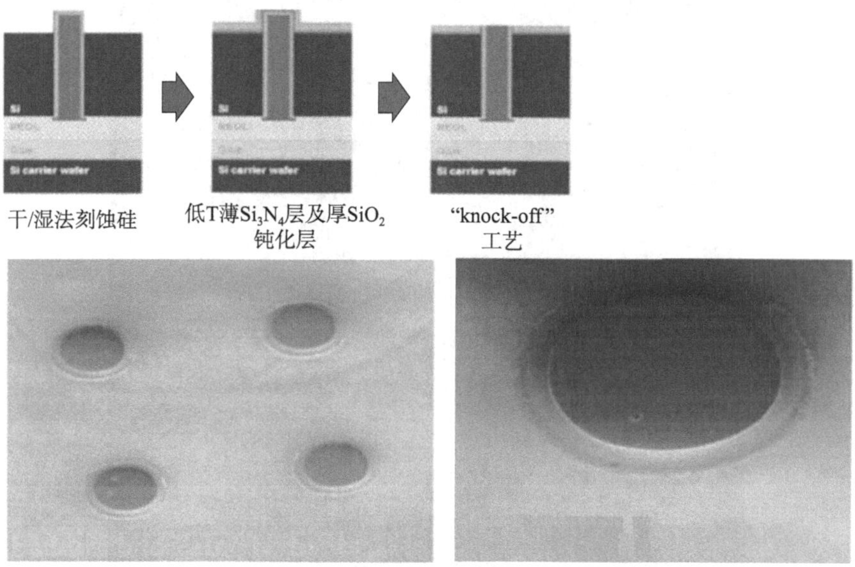

图 15-13　背面 CMP "knock-off" TSV 露出工艺

另一种方法是使用自对准工艺打开氧化层，而不移除任何 Cu TSV。对于该工艺，首先在晶圆背面均匀地沉积平面化光刻胶而不进行光刻。然后使用干刻蚀方法来减小该层的厚度。由于 TSV 位于晶圆背面的较高位置，且光刻胶容易在这些相对较小的结构上流下，因此在此过程中 TSV 的顶部首先露出。然后从 TSV nail 顶端对背面钝化层和氧化衬层进行后续刻蚀。在该过程之后，剩余的光刻胶从晶圆上剥离，并且 TSV 露头可以进行下一步处理。该过程如图 15-14 所示。

如图 15-15 所示，下一步处理包括背面再布线层和互连凸点焊盘的加工。同时，也可以直接使用 Cu TSV 作为背面微凸点进行 3D 堆叠。

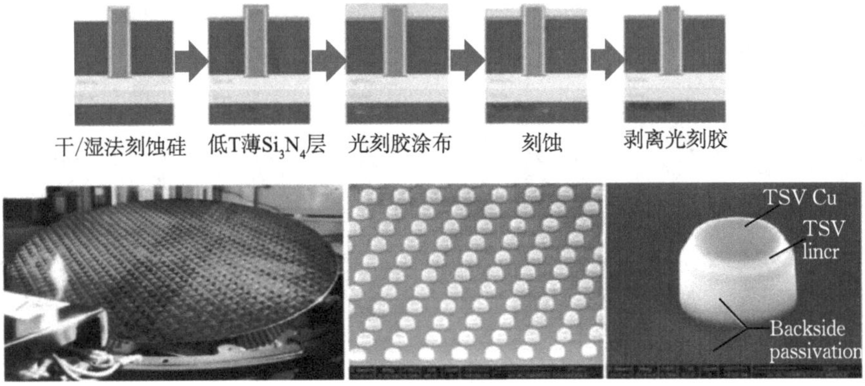

图 15－14　自对准铜接触露出的背面软 TSV 露出工艺

图 15－15　与 TSV 接触的背面铜 RDL 和铜微凸点（直径 25 μm，间距 40 μm）
[位于微凸点左下再布线层（RDL）结构下方]

15.5.2　后通孔薄晶圆背面工艺

当晶圆中不存在 TSV 时，在研磨和去除因研磨而损坏的硅层后，背面或减薄后的硅将呈现均匀的硅表面。后通孔集成的一个关键挑战是薄晶圆的 TTV，TTV 过大会导致晶圆最薄位置的通孔处产生过刻蚀。这将导致底部氧化物/硅界面上通孔的开槽：由于氧化物（有源器件侧的 STI 和 PMD 层）上的电荷积聚，TSV 底部的通孔可能会加宽，从而导致底部通孔侧壁出现凹入形貌。

由于大多数临时载体方案具有有限的温度范围，TSV 内部绝缘、粘附和铜扩散阻挡层以及铜种子层的沉积都必须在较低的温度下进行，通常最高温度约为 200 ℃。这通常会限制背面 TSV 工艺可实现的深宽比。

与 via - middle 集成的另一个关键区别是在晶圆正面和 TSV 之间建立接触。这通常需要对 TSV 底部的沉积衬层和 STI/PMD 绝缘层进行各向异性干法刻蚀。

参考文献

[1] Yang Y et al (2008) Process induced subsurface damage in mechanically ground silicon wafers. Semiconductor Science and Technology, 23, 075038.

[2] Puligadda R et al (2007) High - performance temporary adhesives for wafer bonding applications. Materials Research Society Symposium Proceedings, 970.

[3] McCutcheon J and Bai D (2010) Advanced thin wafer support processes for temporary wafer bonding. IMAPS 2010 - 43rd International Symposium on Microelectronics, 2010, pp. 361 - 363.

[4] Phommahaxay A et al (2012) Ultrathin wafer handling in 3D stacked IC manufacturing combining a novel ZoneBOND™ temporary bonding process with room temperature peel debonding. IEEE - CPMT 3D Systems Integration Conference (3DIC), January 31 - February 2, 2012, Osaka, Japan, pp. 1 - 4.

[5] Jourdain A et al (2012) Integration of the ZoneBOND™ temporary bonding material in backside processing for 3D applications. Proceedings of the IEEE - CPMT 4th Electronic System - Integration Technology Conference (ESTC), Amsterdam, September 2012.

[6] Jourdain A et al (2013) Integration and manufacturing aspects of moving from WaferBOND® HT - 10.10 to ZoneBOND® material in temporary wafer bonding and debonding for 3D applications. IEEE - CPMT 63rd Electronic Components and Technology Conference (ECTC), May 28 - 31, 2013, Las Vegas, NV.

第 16 章　薄硅片背面减薄和应力消除技术

Christof Landesberger, Christoph Paschke, Hans-Peter Spöhrle, and Karlheinz Bock

16.1　引言

本章总结了晶圆减薄的基本技术并解释了它们的具体特点。并且对参考文献 [1] 中关于晶圆减薄的章节进行了深入讨论。当时，技术的关注点在于晶圆背面研磨的工艺特性及其对减薄硅断裂强度的影响。在本卷中，我们将重点介绍工业上应用于薄晶圆制造的最先进的应力消除技术。介绍最近在晶圆等离子体刻蚀方面取得的研究成果，这将为减薄技术对加工晶圆材料性能的依赖性提供新的思路。最后，简要总结和讨论晶圆减薄和切割的可能工艺流程。

16.2　薄半导体器件

让我们快速回顾一下历史。1970 年，Mash 等人发表了他们关于超薄硅器件的第一个想法[2]。他们展示了 10 μm 薄硅的机械柔性，并宣布了通过减小硅衬底厚度来改进二极管器件的可能。同时，在过去的 10 年中，超薄晶圆的制备和加工已经成为半导体工业中越来越重要的任务。根据 Yole Dévelopment 的研究工作，薄晶圆的出货率从 2010 年的 31% 增加到 2016 年的 55%[3]。到 2017 年预计将有 74%的硅片在生产过程中被减薄。在此文中，“薄晶圆”指厚度小于 100 μm 的晶圆，晶圆厚度小于 40 μm 的被认为是“超薄晶圆”。

驱动器件变得更薄有不同的原因：对于垂直结构器件（如功率器件、IGBT 等）可使内部电阻降低，改善散热 [基于砷化镓（GaAs）的高频器件晶圆]，当然也有利于 3D 集成。在最后一种情况下，厚度的减小有助于制备硅通孔（TSV）和转接板。此外，降低半导体封装器件的总高度对先进的晶圆减薄和处理技术提出了非常高的要求。表 16-1 总结了需要通过减薄以提高产品性能或实现薄扁平封装的半导体器件的各种优势和应用。

表 16-1 不同类型产品晶圆减薄的优点

优点	应用
降低半导体衬底的电阻（性能改善）	功率器件(IGBT) 分立半导体(二极管) 光电二极管 太阳能电池 发光二极管(LED)
改善散热	基于砷化镓的高频器件
节省半导体材料成本	太阳能电池
实现更薄封装	RFID器件，层压在薄片之上或内部 芯片卡(物流、识别、安全等) 更薄的MEMS器件 柔性电子 医疗电子和植入物
实现三维集成	转接板的制备 薄型器件晶圆中TSV的制备
增加电子系统的功能	存储器、逻辑器件、传感器设备的芯片堆叠 多元系统(超薄硅和有机电子、显示器、电池等的混合集成)

16.3 晶圆减薄技术

硅片通常在大约750 μm的厚度下进行加工。为了制备厚度小于100 μm的晶圆，必须从已完成加工的器件晶圆背面去除大量硅。工业晶圆减薄流程通常使用机械研磨作为晶圆减薄的第一步，因为研磨过程允许高减薄量和高精度。正如Kröninger[1]解释的那样，研磨过程会在硅衬底中产生微缺陷。为了恢复无缺陷的单晶晶格，必须去除靠近表面的畸变区。晶圆减薄的第二步有各种应力消除技术：超细研磨、干法抛光、化学机械抛光（CMP）、化学机械研磨（CMG）、湿法化学刻蚀和等离子体干法刻蚀。这些技术使用不同类型的去除机制。为了建立具有成本效益的晶圆减薄流程，需要研究通过应力释放去除材料减薄硅的断裂强度和工艺成本之间的关系。下一节将首先讨论应力消除技术的主要工艺特征。而机械强度方面的内容将在后续章节中讨论。

16.3.1 晶圆研磨

晶圆研磨是晶圆背面减薄最常用的第一步。晶圆研磨机使用镶有金刚石颗粒的磨轮在短时间内研磨硅背面。在研磨过程中，晶圆和磨轮进行相同或相反的方向旋转。磨轮由多种块体材料（陶瓷、聚合物、玻璃）和嵌入的特定尺寸金刚石组成。块体沿磨轮的外缘放置，晶圆被固定在旋转的真空工作台上，磨轮环在晶圆中心的上方。研磨过程如图16-1所示。半导体研磨机通常使用两种类型的主轴：第一个主轴（Z1）用于粗磨，第二个主轴（Z2）用于精磨。硅片的工业研磨工艺通常为：主轴Z1和主轴Z2的去除率分别在100～600 μm/min和10～100 μm/min。研磨后的总厚度变化（TTV）在1～2 μm范围内。

(a)　　　　(b)

图 16-1　(a) 标准研磨工艺中旋转晶圆和磨轮的结构；(b) 磨轮（主轴顶部）和卡盘台上硅片的照片

磨轮通常由目数区分，目数表示使用不同尺寸的网格来筛选特定金刚石颗粒。较高的“网格值”表示金刚石更细，表面更光滑，但材料去除速率较低。在第二个主轴上进行的精磨是第一个应力消除过程。为了避免拿持仅粗磨后的硅片（可能会导致严重弯曲），在粗磨和精磨之间转移硅片时，几乎所有研磨设备都将硅片保持在同一真空卡盘上。

目前研磨技术的发展趋势是以超细磨轮为目标，这种磨轮可以进一步减少内表面损伤，提高薄硅的断裂强度。另外设备供应商还提供三轴晶圆研磨机。

2008 年前后，Disco 公司推出了“TAIKO”研磨工艺[5,6]。根据这一概念，磨轮的直径小于晶圆，并且不会在晶圆外缘上移动（见图 16-2）。因此，可在晶圆边缘保留硅加强环（约 2 mm 宽）。通过这种方法，减薄的晶圆区域保持平坦，并且可以安全地拿持衬底。TAIKO 概念的一个有趣方面是，它能够在研磨后进一步加工晶圆的正面和背面。

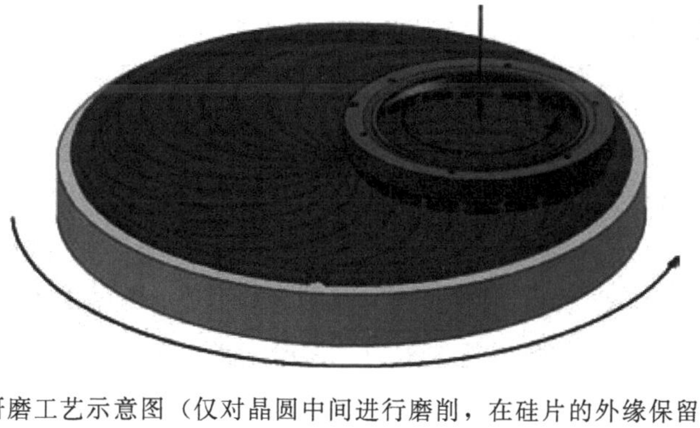

图 16-2　TAIKO 研磨工艺示意图（仅对晶圆中间进行磨削，在硅片的外缘保留一个较厚的加强环）

16.3.2　湿法化学旋转刻蚀

湿法化学旋转刻蚀最初由奥地利 SEZ 公司（现在它是 LAM 的一部分）引入。湿法化学旋转刻蚀可能是第一种工业上应用的硅片应力消除工艺。它使用硝酸（HNO_3）和氢氟酸（HF）的混合物对硅进行湿法化学刻蚀。其主要机制是氧化表面硅原子，随后通过氟离子去除氧化膜。如果在刻蚀槽中进行该工艺，产生的亚硝酸烟雾会使材料的去除非常不均匀。与此相反，在旋转刻蚀过程中，介质流过旋转晶圆的表面，并在很短的时间内被旋出。另外发现向刻蚀剂中添加重质酸 H_3PO_4 和润湿剂（可选）可产生均匀的刻蚀效果。此外，旋转刻蚀设备使用移动手臂分散液体刻蚀剂（见图 16－3）。可以对手臂编程各种移动步骤。因此，可以精确地控制整个晶圆表面上的材料去除。

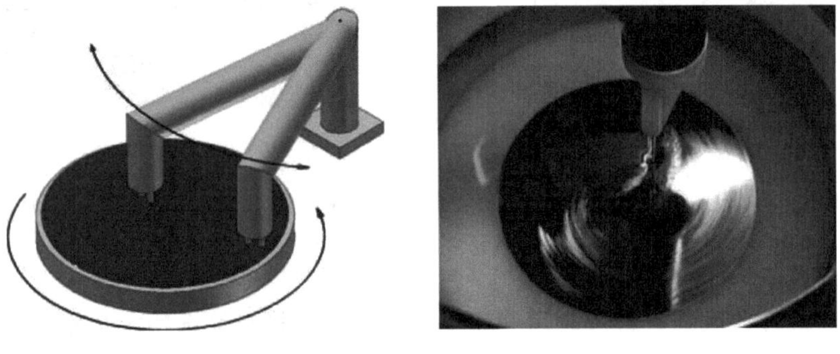

(a)　　(b)

图 16－3　(a) 旋转刻蚀工艺示意图；(b) 旋转晶圆上方液体流动的照片

去除 20 μm 的材料时，均匀性在 5％左右。这将导致 TTV 降低至 1 μm。去除速率取决于 HF 浓度和刻蚀剂温度，标准值为 10～40 μm/min。旋转刻蚀系统在一定周期内重复使用刻蚀剂，HF 的损耗可以进行补加。文献［7］综述了各种工艺参数的影响。在 Fraunhofer EMFT 中，我们发现通过引入两步工艺循环，可以实现湿法刻蚀去除200 μm 的硅时 TTV 小于 2 μm。对于 10 片 8 英寸的晶圆，去除 10 μm 厚硅层，刻蚀剂消耗量约为 1 L。硅片的背面受损层可以被有效地去除。通过该工艺可以得到像镜子一样的硅片背面。

16.3.3　化学机械抛光

CMP 是被广泛用作裸硅片最终表面处理以及氧化硅层平坦化的标准工艺。独立 CMP 设备使用大直径的抛光垫。晶圆被固定在移动夹具中，可通过受控力将其压在抛光垫上（见图 16－4）。CMP 能提供完美光滑的表面，而不会损坏晶格。CMP 在硅片上的去除速率可达1 μm/min。磨料是一种基本的化学刻蚀剂，即所谓的抛光液，含有直径在 20～50 nm 范围内的 SiO_2 球体。这些抛光液颗粒需要在抛光后立即冲洗掉。当前的设备通常使用基于软旋转刷（洗涤器）的集成清洗机构。一般来说，由于需要进行化学物质的处理和清洁步骤，CMP 被认为是一个成本高昂的过程。

根据我们的经验，CMP 通常会使表面粗糙度值小于 0.5 nm，并且在清洁后剩余颗粒数量非常少（每张晶圆少于 10 个）。通过两步抛光工艺可以获得更平滑的表面（表面粗糙度值低至0.2 nm）。因此，CMP 可实现抛光硅片的直接晶片键合。这是 CMP 工艺的一个优势。

研磨设备公司还提供用于研磨和 CMP 的集成工具，以实现集成工艺解决方案。CMP 可被视为研磨设备内的第三个主轴[8,9]。在这种情况下，抛光垫具有与砂轮相似的直径，并在研磨晶圆的背面旋转。

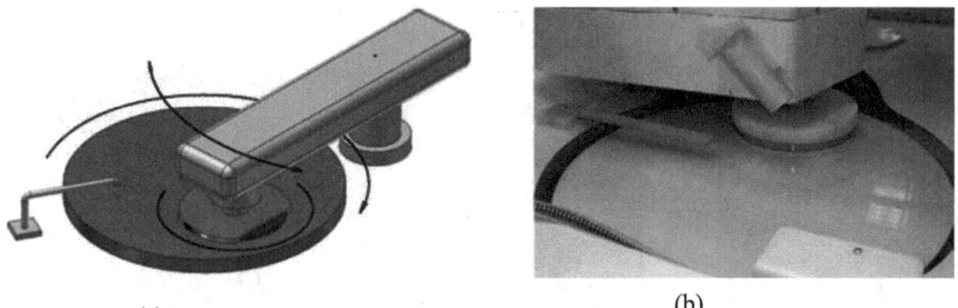

(a)　(b)

图 16－4　(a) 常规 CMP 工艺示意图；(b) 晶圆加工照片（晶圆夹在手臂下面）

16.3.4　等离子体干法刻蚀

多年以来，使用氟自由基对硅进行等离子体刻蚀是一种众所周知的工艺[10]。现在，六氟化硫（SF_6）主要用于硅的干法刻蚀。在等离子体腔室中，这种气体很容易产生氟自由基，然后腐蚀硅并产生气态 SiF_4分子。图 16－5 描述了等离子体干法刻蚀工艺。

图 16－5　等离子体干法刻蚀工艺示意图

干法刻蚀在晶圆减薄方面有强有力的优势。它不会对晶圆产生机械应力，因此可以对微结构晶圆（如 MEMS 器件）进行刻蚀。然而，高等离子体功率和高刻蚀速率可能会导致晶圆温度升高。因此，将等离子体工艺应用于由聚合物保护胶带覆盖或键合在载体上的薄晶片需要将工艺温度限制在 100 ℃以下。Fraunhofer EMFT 使用来自 Surface Technology Systems（STS）的刻蚀设备开发了一种均匀的等离子体刻蚀工艺，在中等温度下刻蚀速率能达到 2 μm/min。图 16－6 中的 AFM 照片显示了干法刻蚀材料去除 2 μm、5 μm 和 10 μm 后的表面状态。相应的表面粗糙度值分别为 11 nm、9 nm 和 8 nm。精磨后的初始表面粗糙度值为 9 nm。实际上，最初的磨纹仍然可以识别。然而，我们发现仅刻蚀去除2 μm 后，干法刻蚀硅的断裂强度显著增加（见图 16－9）。因此，我们得出结论，等离子体刻蚀能将表面材料去除到非畸变晶格，但显示出较差的平坦化和平滑表面的能力。

如图 16－6 所示，刻蚀去除 2 μm、5 μm 和 10 μm，仍然可以看到初始研磨痕迹。

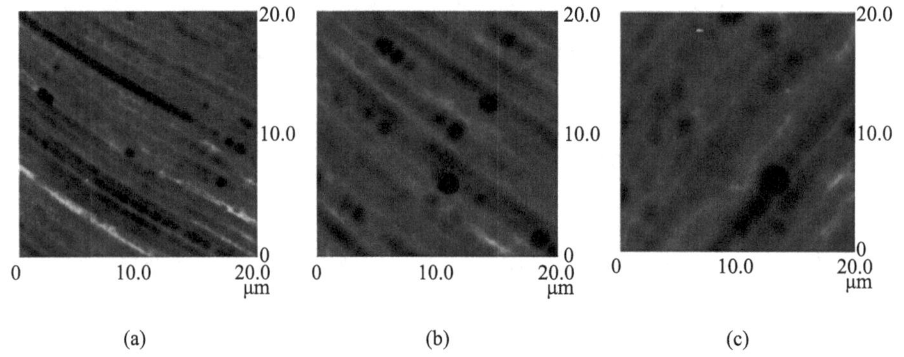

图 16－6　精磨后硅片表面进行干法刻蚀后的 AFM 照片

Jiun 等人的研究表明，等离子干法刻蚀，能够将研磨硅表面的粗糙度值从 35 nm 降低到约10 nm。与我们的结果相比，他们在研磨后，表面粗糙度值较高，但在干法刻蚀后最终达到类似的值[11]。

与 CMP 一样，等离子体干法刻蚀腔室也可以是研磨和应力消除工艺线的一个组成部分。

16.3.5　干法抛光

DISCO[12]介绍了“干法抛光”工艺。旋转几何结构与研磨工艺类似（见图 16－7）。其基本思路是开发一种类似 CMP 的应力消除工艺使表面光滑，但无须使用湿法化学抛光液。实际上，干法抛光是一个真正的干燥过程，没有水或其他液体。基于空气的通风系统可确保在抛光过程中产生的灰尘颗粒通过在工艺室内的过滤装置过滤掉。

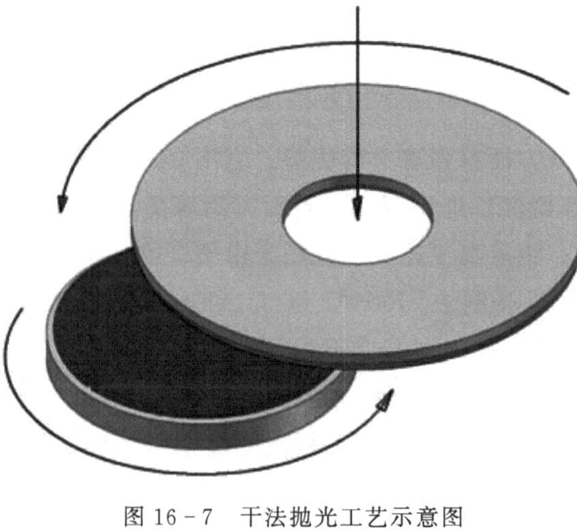

图 16－7　干法抛光工艺示意图

16.3.6　化学-机械研磨（CMG）

CMG 使用含有化学活性磨料的磨轮。例如，氧化铈颗粒（CeO_2），它在晶圆表面发生化学反应形成化合物 Ce-Si-O 的非晶态层，最终以机械方式去除。Guo 等人报告了其材料去除速率为 12 μm/min，表面粗糙度值为 0.7 nm[13]。CMG 可以在标准研磨设备上作为干法工艺（无液体冷却剂）运行。

16.4　薄硅片的断裂试验

回顾过去，我们找到了一种使用环-球测试结构计算断裂强度的方法，以及 Hu 在 1982 年发表的关于离子注入和退火工艺对硅断裂强度影响的早期研究[14]。

在过去的十年中，各个研究小组开展了大量研究工作，以分析硅片减薄技术对减薄硅片断裂强度的影响。研究发现，断裂试验对硅材料表面或边缘的微缺陷非常敏感。两种主要的试验方法是环-球试验和三点弯曲试验。图 16-8 描述了基本的试验设置和弯曲情况。这两种方法都可以推广到在更大面积上更均匀地产生机械应力的试验中。这些试验被称为“ring-on-ring”和四点弯曲试验。文献［15，16］中对这些试验方法和相关数学描述进行了概述。

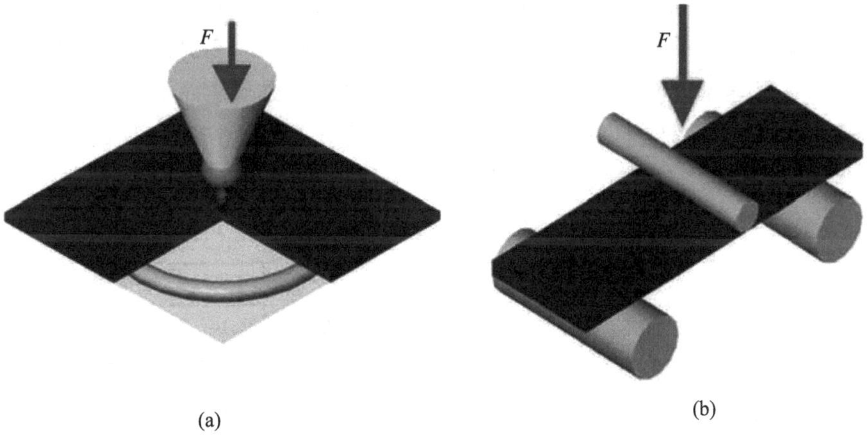

图 16-8　测定较薄硅片试样的断裂强度试验：(a) 环-球试验；(b) 三点弯曲试验

这些方法之间的主要区别在于对样品侧壁的潜在影响。通过三点（或四点）弯曲试验，样品的侧壁承受与块体材料相同的挠度。因此，通常选择这种方法来分析切割工艺对芯片断裂强度的影响。

通过环-球试验，最大形变区域距离样品侧壁最远，该区域位于中心，球的正下方。因此，环-球试验对样品的背面处理最为敏感。为了确定某种应力消除技术的有效性，需要改变材料去除量，测量环-球试验中产生的断裂强度。

Hawkins 等人[17]以及 Tsai 和 Lin[18]提出了环-球试验的替代方法。他们在衬底平面上使用了一种软材料，并通过小球向软材料上的硅样品施加压力。

所有断裂试验都需要测量断裂强度值。这些值取决于样本几何尺寸和厚度。为了比较不同试验装置的断裂试验结果，有必要根据断裂强度计算断裂应力。然而，大多数常用公式仅在试样挠度小于试样厚度一半时有效。对于非常薄的硅，这一假设通常无法实现，因此，应力公式的应用值得商榷。大挠度要求对弯曲几何体进行有限元建模。文献［15］中对这一主题进行了全面的讨论。

虽然断裂试验的数学公式很复杂，但试验很容易进行，并且在晶圆加工过程中，当执行不同的工艺步骤时，它们总能提供断裂现象的相对变化。因此，只要试样几何形状保持不变，断裂强度（而非断裂应力）的比较就具有相关性。

下面几节将进一步给出和讨论关于薄硅断裂试验的最新研究工作。

16.5 晶圆背面减薄的应力消除技术比较

如今，标准晶圆减薄技术从晶圆背面研磨开始。第一步通常称为“粗磨”。半导体晶圆背面的研磨损伤需要通过进一步的工艺步骤（称为“应力消除工艺”）来消除。表 16－2 总结了晶圆减薄的应力消除技术。

众所周知，使用更细的研磨材料（例如磨轮中较小的金刚石）进行精细研磨或超细研磨会使表面变得更加光滑，从而使减薄的硅材料具有更高的断裂强度值[19,20]。

湿法化学旋转刻蚀不会对在制的基板施加任何力。同时，它提供了所有应力消除过程中最高的材料去除速率，并且它具有可以在短时间内去除更多硅而不会损坏硅晶格的独特能力。旋转刻蚀在很大程度上平滑了研磨痕迹。但是，它不会产生极佳的平坦化效果[21]。旋转刻蚀需要处理危险刻蚀剂（HF 及其他）。因此，必须在适当的制造基础设施中实施。

表 16－2 晶圆减薄的应力消除技术

	材料去除方法	研磨介质	去除速率和温度
精磨	机械研磨	镶嵌在磨轮中的细粒金刚石，工艺使用去离子水	10～100 μm/min 去离子水冷却
干法抛光	机械抛光	固态研磨表面，操作过程中无水、无化学品	1 μm/min
CMG	化学刻蚀 机械去除	反应性磨料，嵌入磨轮中的 CeO_2，干式工艺	约 1 μm/min
旋转刻蚀	湿法化学腐蚀	液体刻蚀剂：$HF+HNO_3+H_3PO_4$，以及其他成分	20～50 μm/min T＜40 ℃
CMP	化学－机械抛光	“抛光液”：液体介质中的 SiO_2 颗粒，通常呈强碱性	1～2 μm/min T＜40 ℃
等离子体干法刻蚀	等离子气体反应介质中的刻蚀	氟原子或分子（SF_6、CF_4 等），等离子体腔室	1～10 μm/min 温度取决于刻蚀速率和等离子体条件（T＞60 ℃，甚至可能＞300 ℃）

一些文章展示了晶圆 CMP 后的最低表面粗糙度值。此外，CMP 后薄硅样品的断裂强度通常排名第一。CMP 的缺点是设备和处理介质（抛光垫、抛光液、清洗）成本较高。由于材料去除速率低，CMP 只能是晶圆减薄的最后一步。

CMP 的可能替代品是干法抛光和 CMG。Zhou 等人研究发现 CMG 可以产生比 CMP 更高的表面质量[22]。参考文献［23］中介绍了干法抛光参数对薄硅样品断裂强度的影响。

Maeda 等人的研究表明，超细研磨后的非晶层深度约为 50 nm，可通过 CMP 或干法抛光完全去除[24]。

使用干法抛光和 CMG，只有半导体晶圆的背面会受到影响。这意味着硅芯片的侧壁不可能有圆角或额外的应力消除效应。当晶圆减薄和切割作为一个整体进行评估时需要讨论这些特性（参见后续章节）。

等离子干法刻蚀显示出与其他应力消除技术截然不同的特性。干法刻蚀硅样品的环-球断裂试验表明，从细磨硅片背面去除 2 μm 层后，断裂强度已经显著提高（见图 16 - 9)[21]。

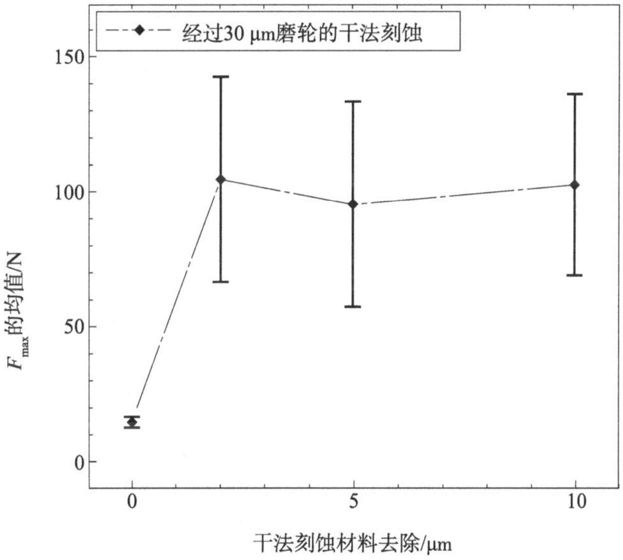

图 16 - 9　通过等离子体干法刻蚀消除研磨后硅应力的断裂强度

经过几分钟的干法刻蚀后，研磨硅片的表面粗糙度值趋于平滑。然而，即使在去除 10 μm 硅后，表面粗糙度值也不会明显优于精磨后的初始状态，如图 16 - 10 所示。这一试验结果显示了等离子刻蚀消除应力的特性：刻蚀去除 2 μm 后，断裂强度迅速增加，但与其他应力消除技术的情况一样，断裂强度与表面粗糙度值无关。

在 Fraunhofer EMFT，我们比较了旋转刻蚀、CMP 和等离子干法刻蚀对 200 μm 厚细磨晶圆强度特性的影响[21]。图 16 - 11 显示了以威布尔图绘制的断裂强度环-球试验系列的结果。Y 轴表示对数坐标上的累积失效概率。Y 轴上的零值定义为 63% 的硅样品断裂的线。

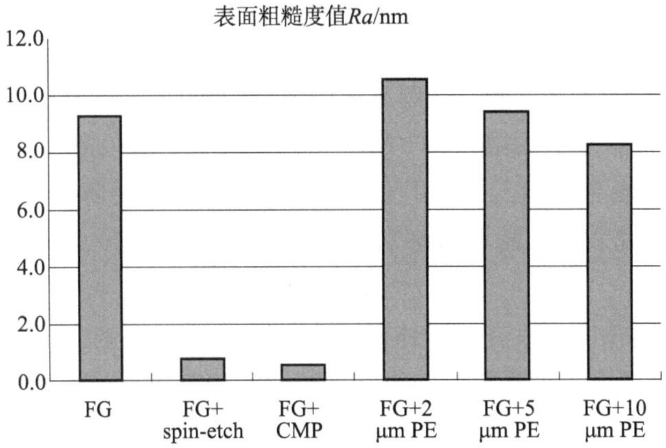

图 16-10　不同应力消除工艺后的表面粗糙度值 *Ra*

图 16-11 清楚地显示了通过细磨（绿线，10～40 μm 材料去除）和应力消除工艺进一步处理粗研磨晶圆（蓝线），断裂强度稳定增强。引人注意的是，CMP、旋转刻蚀和干法刻蚀这三种完全不同的工艺会产生相同的断裂强度最大值。结果表明，在所有情况下，受损层均被移除，因此最终断裂强度与未变形的硅晶格有关。当然，所需的材料去除量取决于应力消除方法。干法刻蚀和 CMP 在消除研磨后的应力层方面最为有效。对于消除应力的试验结果总结见表 16-3。

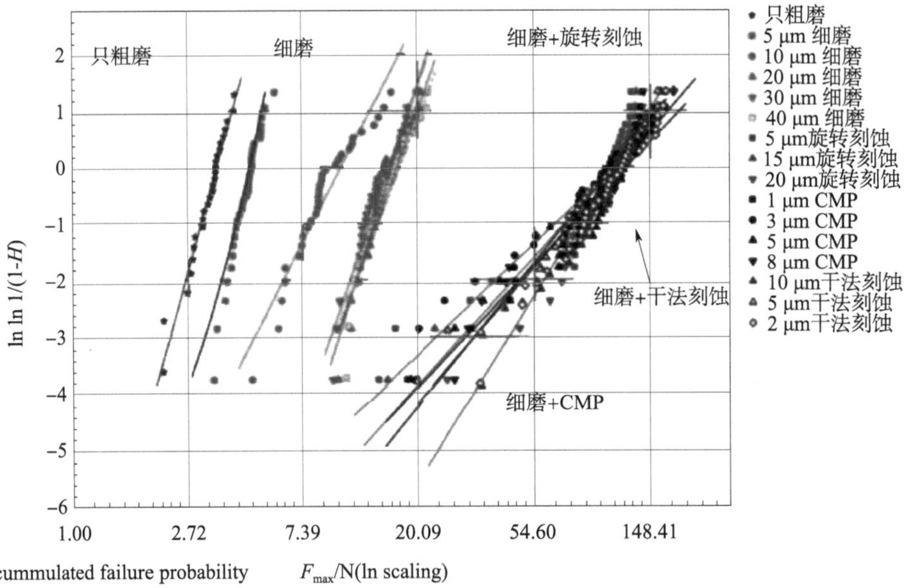

图 16-11　不同研磨步骤和后续应力消除工艺、旋转刻蚀、CMP 和等离子干法刻蚀后产生的断裂强度（通过环-球试验测量）的比较（见彩插）

表 16-3　应力消除技术的比较

	化学机械抛光	干法刻蚀	湿法刻蚀
材料去除量	1～3 μm	2 μm	5～15 μm
处理时间	2～4 min	1～2 min	15～45 s
表面状态	非常光滑	细磨轮(Z2)粗糙度仍存在	像镜子一样，但不非常光滑
断裂强度	对于断裂强度的最高值，三种应力消除技术没有区别		
适用性	非常适合后续的晶圆键合，但是需要清洁抛光液残留物	注意工艺温度，同样适合消除芯片侧壁的应力，尤其适用于 MEMS 晶圆	一般应力消除，对于结构硅表面的刻蚀损伤可能难以控制

图 16-11 中的威布尔图还显示出三种应力消除技术的断裂试验曲线具有较低的斜率。这意味着断裂试验结果显示了相当大的分散性。事实上，这是一个关键点，因为薄硅的机械可靠性最终将与断裂强度的最低值有关。以我们的观点来看，这种大的分散性是由切割技术引起的。当我们使用标准的刀片进行切割分离时，仍然会受到测试芯片侧壁的影响。在较低的断裂强度下可能很少导致失效。对于切割技术这一非常重要的点将在下一节中进一步讨论。

16.6　晶圆减薄和划片工艺流程

在上一节中，对比了各种减薄技术在消除整个晶圆背面研磨过程引起的损伤方面的具体能力。然而，在最终的半导体产品中，需要单个硅芯片具有较高的机械强度。根据标准晶圆工艺，采用旋转的划片刀在晶圆减薄后进行划片。然而，这又是一个机械研磨过程，会导致芯片侧壁损坏。因此，对于厚度小于 100 μm，甚至小于 40 μm 的目标晶圆，划片技术和背面应力消除工艺发挥着同样重要的作用。

图 16-12 显示了晶圆减薄和划片的工艺流程。实线“工艺线”与晶圆有关。它还包括固定于刚性载体基板以进行安全处理和加工的可选步骤。

我们没有找到已发表的涵盖所有划片和减薄技术的最优芯片强度特性的断裂试验结果。缺乏一般性比较的原因可能是设备和工艺仍在开发中，并且没有一个研究小组能够在自己的现场获得所有最新技术。因此，在下面的段落中，我们将尝试总结不同出版物中关于晶圆减薄和划片技术的主要陈述。然而，我们无法将所有不同的晶圆加工技术相互比较。

两种主要的减薄和划片方式分别为“减薄前划片”和“减薄后划片”。“预切割”方法存在两种变体：研磨前切割（DBG）工艺（由 Toshiba 提出）[25]和减薄后切割（DbyT）工艺（由 Fraunhofer 提出）[26]。

DBG 已经广泛应用于工业领域。它的优点是高加工量和低耗材成本。然而，由于它是基于传统的锯切工艺，因此很可能会出现正面和背面崩边以及芯片侧壁的微缺陷。根据 Takyu 等人的说法，背面崩边可产生深度达 50 μm 的微缺陷从而产生芯片强度降低的效

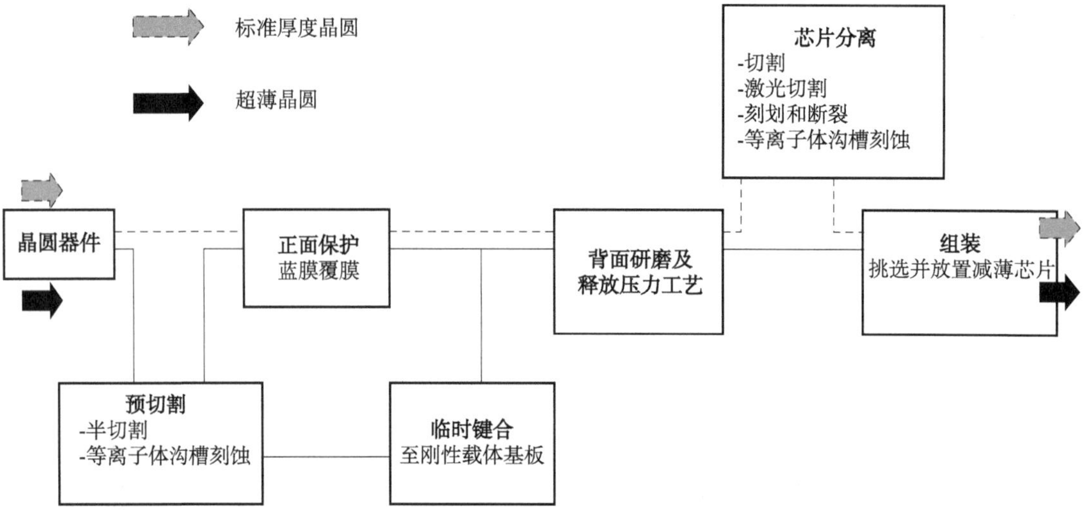

图 16-12 厚（虚线）和薄（实线）晶圆的减薄和划片工艺流程

果[19]。DBG 芯片样品的断裂强度可以通过使用等离子体刻蚀或 CMP 作为背面减薄的最后一个工艺步骤来提高，因为这些技术允许产生芯片侧壁的过刻蚀（通过抛光液或刻蚀气体）。Takyu 等人[19]也描述了使用 CMP 对芯片背面拐角进行圆角处理的积极效果。在另一篇论文中，该研究小组建议对厚度大于 20 μm 的芯片使用 DBG＋CMP，对厚度小于 20 μm 的芯片使用 DBG＋等离子[27]。

与 DBG 相反，DbyT 的概念是基于临时键合刚性载体基板的应用，并侧重于像等离子体刻蚀背面应力消除那样用于芯片分离。已经证明，这种概念可以制备超薄且可弯曲的芯片[28]。采用等离子切割技术可消除正面崩边和侧壁损伤。此外，在晶圆背面通过最终等离子体刻蚀工艺预开槽，也不会发生背面崩边。这一概念的局限性在于芯片设计的改变和背面刻蚀期间合适的晶圆支撑技术（见下文的进一步论述）。

“预切割”方法的缺点是它们仅限于在减薄后不需要进一步工艺步骤的半导体产品。如表 16-1 所示，功率器件和 3D 集成等应用需要在薄晶圆背面进行额外的处理步骤。在这些情况下，需要考虑“减薄后切割”的可能性。如今主要关注的技术是刀具切割、等离子切割和各种类型的激光切割。

在研究已发表的有关这些切割技术的研究成果时，会发现不同作者之间的一点共识：必须避免或消除超薄硅芯片侧壁的损伤以便最终得到高断裂强度的芯片。人们使用三点或四点弯曲试验进行了许多对比研究。有关各种刀片和激光切割技术的结果见文献［19，29-31］。参考文献［30，32-35］中显示了另外关于等离子切割的研究。例如在激光切割或 DBG 半切割之后，等离子刻蚀也可以用作芯片侧壁的额外应力释放。通常可以观察到切割道的等离子体应力消除刻蚀后，断裂强度显著增加[31,36]。

等离子切割基于芯片切割道的光刻定位。因此，一方面，它需要晶圆制造环境中的额外工艺步骤。另一方面，它允许加工任何形状的芯片，例如，具有圆角或六边形的芯片。

芯片外部尺寸精确定义在 1 μm 或 2 μm 范围内。这将允许在芯片贴装（例如，在芯片到晶圆键合应用中）中将芯片角用作对准标记，还允许在基板上实现薄芯片的自组装技术。等离子切割对薄硅芯片的侧壁几乎没有损伤[33,37]。它可能成为超薄晶圆（40 μm 以下）的合适解决方案，因为在这种情况下刻蚀时间仅为几分钟。在芯片分离过程中，晶圆需要某种支撑或夹具。Panasonic 建议在等离子切割过程中使用框架载体作为晶圆和芯片支撑，并称，与刀片切割相比小型芯片的等离子切割具有更大的加工量[35]。当使用聚合物胶带时，刻蚀过程中，晶圆温度必须限制在 100 ℃以下。或者，使用更高温度稳定性的胶带或可逆粘合剂。等离子切割的应用要求在芯片布局设计中进行一些调整，例如，金属图案不允许穿过切割道。

激光切割有两种方式：材料烧蚀或激光诱导裂纹/开裂。后者由滨松发明[38]，也被称为“隐形切割”。在这种情况下，激光束聚焦到硅衬底的中心，并在硅晶格中产生畸变。随后扩展晶圆会导致芯片分离。通过这种方法，切割宽度可以接近于零。激光切割已被引入工业生产。在 10 μm 薄晶圆的情况下，限制硅衬底内的焦点尺寸可能变得越来越困难[29]。

值得一提的是，到目前为止关于晶圆减薄和切割技术分析的大部分研究工作都是在裸硅片上进行的。然而，实际的器件晶圆将显示出不同的特性，即不均匀的衬底应力和正背面复杂的介质层（例如，低 k 电介质）。这无疑会对切割技术和超薄芯片的最终组装步骤带来进一步的挑战。

16.7　3D 集成总结与展望

在过去的几年中，已经开发了各种有用的晶圆减薄和切割技术。它们对薄或超薄硅芯片质量的具体影响是众所周知的。坚固的超薄芯片的主要要求是在芯片背面及其侧壁上均无晶格损伤。目前半导体行业已经有了晶圆减薄和切割的技术解决方案和生产设备，最终芯片厚度可降至 50 μm 左右并已在半导体行业内得到部分实施。为了实现柔韧性或超薄封装解决方案，将目标对准更薄的晶圆（40 μm 以下）是必要的。

其中一个主要的开放性问题涉及引入划算的载体技术进行薄片加工。目前，一个可大批量生产的最终解决方案尚未确定。我们得出如下结论：超薄晶圆的整体制造概念，包括背面工艺、芯片分离以及超薄器件的组装，仍然是未来技术发展的一项重要任务。

在过去几年中，背面减薄和应力消除技术在 3D 集成中的作用变得更加重要，因为这些技术决定了表面质量和装配过程的性能，如键合、通孔填充、底部填充以及成本。由薄器件和薄硅转接板组成的三维组装系统的机械和电气可靠性在很大程度上取决于背面工艺。特别是对于可靠的经济高效的 3D 集成，等离子体工艺具有一个吸引人的优势，它可以应用于减薄、切割和通孔刻蚀。薄芯片、转接板甚至 TSV 上的所有表面状态都是类似的，从而更容易开发不同的集成技术，因为工艺开发的边界条件、工艺窗口以及存在的可靠性问题和退化机制仅取决于与等离子体工艺相关的表面条件和质量。因此，将这些完善为一种面向3D集成技术的模块化方法，在切割、减薄和TSV之后，所有额外的集成技术，如通孔填充、接触和互连，对于IC和转接板来说都可以基于类似的材料和表面质量，通过类似的多用途设备平台，实现更可预测、更可靠的三维集成批量制造技术，同时显著提高成本效率。然而，由于薄晶圆机械性能较差，因此选择合适的键合材料和工艺以实现无损解键合是极其重要的[43]。

参考文献

[1] Kröninger W (2012) Fabrication, processing and singulation of thin wafers, in Handbook of 3D Integration, vol. 1 (eds P Garrou, C Bower, and P Ramm), John Wiley & Sons, Inc. , Hoboken, pp. 177 - 208.

[2] Mash D H, Henshall G D, and Eales B A (1970) Thin silicon device technology. Journal of Physics D: Applied Physics , 3, 1199 - 1204.

[3] Mounier E (November (2011)) Thin wafer handling, a market perspective. Presentation given at the Workshop "Beflexible," Munich, Germany.

[4] Mounier E, Pizzagalli A, and Rosina M (2012) Thin wafer and temporary bonding, equipment and materials market. Study from Yole Dévelopment.

[5] Yoshida S et al (2010) Wafer grinding method. US patent 7, 758, 402 B2.

[6] Klug G (2009) Advanced solutions for ultra - thin wafers and packaging. Proceedings of European Microelectronics and Packaging Conference (EMPC 2009).

[7] Starzynski J S, Yellowaga D, McFarland J, Palmer B, and Drews S (2007) Honeywell Silicon Polish Etchant I, Honeywell Materials White Paper.

[8] http: //www. accretech. jp/english/semicon/ product/c/polish (accessed January 2013).

[9] http: //www. okamoto - sed. com/products . php (accessed January 2013).

[10] Bhardwaj J and Ashraf H (1995) Advanced silicon etching using high - density plasmas. Proceedings of SPIE 2639, Micromachining and Microfabrication Process Technology, September 19, 1995, p. 224.

[11] Jiun H H, Ahmad I, Jalar A, and Omar G (2006) Effect of wafer thinning methods towards fracture strength and topography of silicon die. Microelectronics Reliability, 46, 836 - 845.

[12] http: //www. di sco. co. jp/e g/produc ts/ polisher _ etcher/8000 _ gp. html (accessed January 2013).

[13] Guo D M, Tian Y B, Kang R K, Zhou L, and Lei M K (2009) Material removal mechanism of chemo - mechanical grinding (CMG) of Si wafer by using soft abrasive grinding wheels (SAGW) Key Engineering Material, 389 - 390, 459 - 464.

[14] Hu S M (1982) Critical stress in silicon brittle fracture, and effect of ion implantation and other surface treatments. Journal of Applied Physics, 53 (5), 3576 - 3580.

[15] Schoenfelder S, Bagdahn J, and Petzold M (2011) Mechanical characterisation and modelling of thin chips, in Ultra - Thin Chip Technology and Applications (ed. J Burghartz), Springer.

[16] Yeung B and Lee T - Y T (2003) An overview of experimental methodologies and their applications for die strength measurement. IEEE Transactions on Components and Packaging Technologies, 26 (2), 423 - 428.

[17] Hawkins G et al (1987) Measurement of silicon strength as affected by wafer back processing. 25th

Annual Reliability Physics Symposium, San Diego, CA, USA, April 1987.

[18] Tsai M Y and Lin C S (2005) Determination of silicon die strength. Proceedings of the 55th Electronic Components and Technology Conference, 2005 (ECTC 2005), May 31 - June 3, 2005.

[19] Takyu S, Kurosawa T, Shimizu N, and Harada S (2006) Novel wafer dicing and chip thinning technologies realizing high chip strength. Proceedings of the 56th Electronic Components and Technology Conference, 2006 (ECTC 2006), San Diego, CA, USA.

[20] Vedantham R and Upadhyay R (2008) FAVS advances in Si thinning. Proceedings of the Forum "Be - Flexible 2008," Munich, Germany.

[21] Landesberger C, Paschke C, and Bock K (2011) Influence of wafer grinding and etching techniques on the fracture strength of thin silicon substrates. Advanced Materials Research, 325, 659.

[22] Zhou L, Eda H, Shimizu J, Kamiya S, Iwase H, Kimura S, and Sato H (2006) Defect - free fabrication for single crystal silicon substrate by chemo - mechanical grinding. CIRP Annals: Manufacturing Technology, 55 (1), 313 - 316.

[23] Sun Wei, Zhu W H, Che F X, Wang C K, Sun, Anthony Y S, and Tan H B (2007) Ultra - thin die characterization for stack - die packaging. Proceedings of the 55th Electronic Components and Technology Conference, 2007 (ECTC 2007), pp. 1390 - 1396.

[24] Maeda N et al (2010) Development of ultra - thinning technology for logic and memory heterogeneous stack applications. 2010 Symposium on VLSI Technology: Digest of Technical Papers.

[25] Sasaki et al. Method of dividing a wafer and method of manufacturing a semiconductor device. US Patent 5, 888, 883.

[26] Feil M et al. Method of subdividing a wafer. US Patent 6, 756, 288 B1.

[27] Takyu S, Sagara J, and Kurosawa T (2008) A study on chip thinning process for ultra thin memory devices. Proceedings of the 58th Electronics Components and Technology Conference (ECTC 2008), Lake Buena Vista, Fl, USA.

[28] Landesberger C, Klink G, Schwinn G, and Aschenbrenner R (2001) New dicing and thinning concept improves mechanical reliability of ultra thin silicon. International Symposium on Advanced Packaging Materials: Processes, Properties and Interfaces, 2001, Braselton, GA, USA, March 11 - 14, 2001.

[29] Miyazaki C, Shimamoto H, Uematsu T, and Abe Y (2009) Development of wafer thinning and dicing technology for thin wafer. IEEE International Conference on 3D System Integration, 2009 (3DIC 2009), San Francisco, CA, USA.

[30] Chen S, Kuo T - Y, Hu H - T, Lin J - R, and Yu S - P (2005) The evaluation of wafer thinning and singulating processes to enhance chip strength. Proceedings of the 55th Electronic Components and Technology Conference, 2005 (ECTC 2005), pp. 1526 - 1530.

[31] Li J, Hwang H, Ahn E - C, Chen Q, Kim P, Lee T, Chung M, and Chung T (2007) Laser dicing and subsequent die strength enhancement technologies for ultra - thin wafer. Proceedings of the 57th Electronic Components and Technology Conference, 2007 (ECTC 2007).

[32] Lee Wen Sheng, Khan N, Kek J, Chua H S, Tsutsumi Y, Yew L C, Ho Soon Wee, Eipa M, Vempati S, Kripesh V, and Sundaram V (2009) Ultra thinning of wafer for embedded wafer packaging. 11th Electronics Packaging Technology Conference, 2009 (EPTC 2009).

[33] Heinze P, Amberger M, and Chabert T (2008) Perfect chips: chip - side - wall stress relief boosts stability. Future Fab International, 25, 111 - 117.

[34] Schönfelder S, Ebert M, Landesberger C, Bock K, and Bagdahn J (2007) Investigations of the influence of dicing techniques on the strength properties of thin silicon. Microelectronics Reliability, 47, 168 - 178.

[35] Matsubara N, Windemuth R, Mitsuru H, and Atsushi H (2012) Plasma dicing technology. Proceedings of the 4th Electronics Systems Integration Technology Conference, 2012 (ESTC 2012).

[36] Schmitt F and Zernack M (2011) Thin wafer manufacturing and handling using low cost carriers, in Ultra - Thin Chip Technology and Applications (ed. J N Burghartz), Springer.

[37] Landesberger C, Scherbaum S, and Bock K (2011) Ultra - thin wafer fabrication through dicing by thinning, in Ultra - Thin Chip Technology and Applications (ed. J N Burghartz), Springer.

[38] Kumagai M, Uchiyama N, Ohmura E, Sugiura R, Atsumi K, and Fukumitsu K (2007) Advanced dicing technology for semiconductor wafer: stealth dicing. IEEE Transactions on Semiconductor Manufacturing, 20 (3), 259 - 265.

第 17 章　通孔露头和背面处理工艺

Mitsumasa Koyanagi and Tetsu Tanaka

17.1　引言

使用硅通孔（TSV）实现晶圆或芯片堆叠的大规模三维集成电路已经引起了广泛的关注，因为其可以大幅度减小布线长度、布线电容和芯片尺寸并增加 I/O 数据带宽，从而显著提高信号处理速度并降低功耗[1-16]。然而，在开始批量生产之前仍存在许多问题需要解决[17-19]。TSV 和微凸点的设计制造是实现大规模三维集成电路堆叠的关键。晶圆或芯片在进行三维堆叠之前必须进行背面减薄。因此，堆叠前的背面处理技术对于制造可靠的大规模三维集成电路非常重要。迄今为止，已经有各种类型的三维集成工艺被提出，其中的两种技术，即通孔工艺（via - middle）和背面通孔（back - via）工艺，被认为有望作为大规模生产的 3D 技术。在本章，将重点对中间通孔技术中的背面处理和背面通孔技术进行讨论。

17.2　中间通孔工艺中的露孔和背面处理

使用中间通孔工艺的三维集成电路制造工艺流程如图 17 - 1 所示。TSV 的 Si 深孔是在 3D 中间通孔技术中晶体管形成后使用深孔反应离子刻蚀（DRIE）形成的，如图 17 - 1 所示（步骤 ①）。然后通过等离子体增强化学气相沉积（PECVD）或 O_3 - CVD 在深孔内形成氧化物衬底，并通过物理气相沉积（PVD）在氧化物衬底上沉积金属阻挡薄膜层和铜（Cu）种子层，然后电镀铜，如图 17 - 1 所示（步骤②）。通过化学机械抛光（CMP）依次去除表面的电镀铜层、铜种子层和阻挡金属层，形成 TSV，如图 17 - 1 所示（步骤③）。经过后道（BEOL）工艺形成多级金属层，并在其上形成金属微凸点，如图 17 - 1 所示（步骤④）。

这种带有 TSV 和金属微凸点的 LSI、晶圆被翻转并临时粘接到支撑材料上，并从背面减薄，如图 17 - 1 所示（步骤⑤和⑥）。在这个减薄的晶圆上形成背面金属微凸点，然后在分离支撑材料后将减薄的晶圆切成芯片，如图 17 - 1 所示（步骤⑦）。将处理好的存储芯片和逻辑芯片利用背部的微凸点堆叠在球栅阵列（BGA）基板上，然后通过重复这些步骤，我们就可以实现芯片的三维堆叠，如图 17 - 1 所示（步骤⑧）。这种中间通孔技术在 3D 技术开发的早期阶段被广泛采用。然而，该技术存在严重问题，因为在 Si 减薄过程中，Si 衬底很容易被 Cu 杂质污染（步骤⑥）。Si 衬底的背面和 Cu TSV 的衬底在 Si 减薄

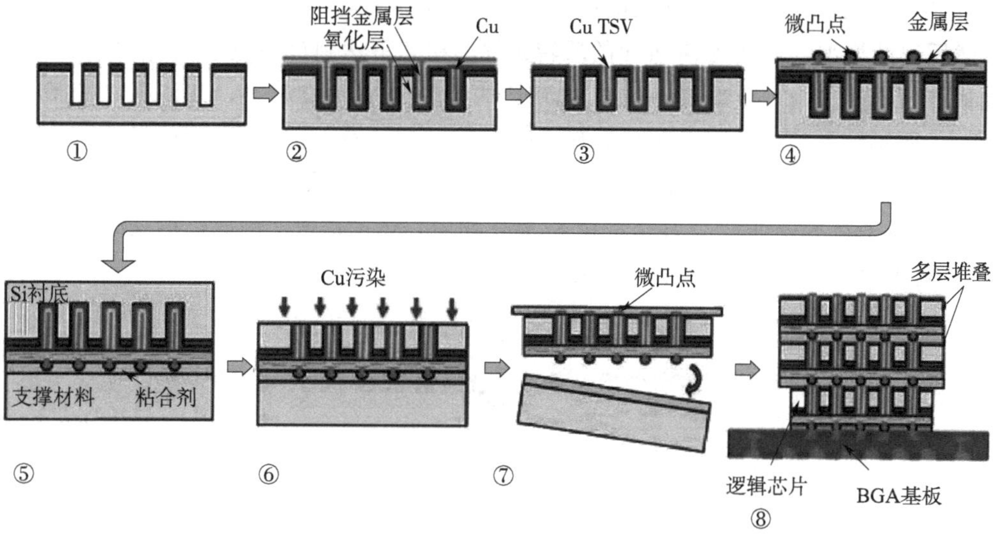

图 17-1 基于中间通孔工艺的三维集成电路制造工艺流程

①深孔反应离子硅刻蚀；②氧化物衬底沉积，阻挡金属层沉积，电镀铜；③抛光金属铜；④BEOL/金属微凸点的形成；⑤临时键合支撑材料；⑥Si 衬底减薄，通过硅刻蚀在 TSV 底部暴露铜；⑦形成背面微凸点，剥离支撑材料并切割；⑧将逻辑器件/存储器多层堆叠到 BGA 基板上

过程中同时暴露，如图 17-1 所示（步骤⑥）。这一结果导致，在进行 Si 减薄的 CMP 过程中，Si 衬底的背面被 Cu 杂质污染，如图 17-2 所示。一旦 Si 表面被 Cu 污染，通过普通单次清洗很难完全消除 Si 表面的 Cu 杂质。这些留在 Si 表面的 Cu 杂质很容易扩散到 Si 衬底中，并在相对较低的温度下在 Si 能带间隙处产生深能级，电子和空穴会在这种能级中结合从而降低载流子寿命。

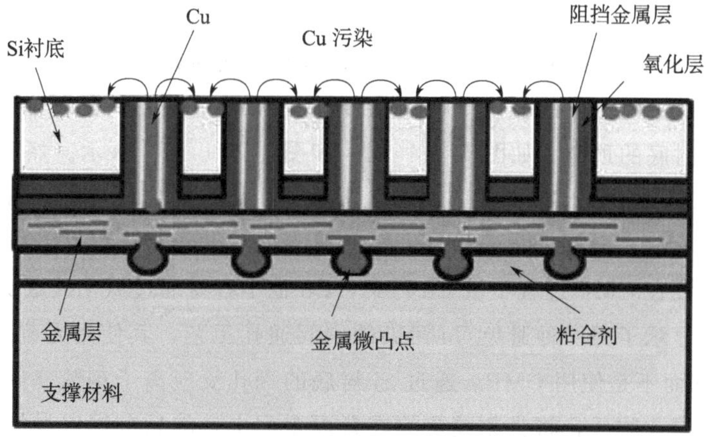

图 17-2 中间通孔技术背面加工过程中的 Cu 污染

我们通过电容-时间（$C-t$）方法评估了 Cu 污染对载流子寿命的影响，其细节在第 24 章中描述。Cu 在 Si 衬底背面扩散后的 $C-t$ 图如图 17-3 所示[20]。在 $C-t$ 方法中对

MOS电容器施加相对较高的阶跃电压。MOS电容器的电容值在施加阶跃电压后突然消失，然后逐渐增加，最终在Si表面的反转条件的稳态下达到最终值 C_f 。在 $C-t$ 方法中，达到最终值的时间 t_f 很重要，这与载流子的寿命有关：t_f 越小，载流子的寿命越短。图17-3所示结果是通过在200 ℃下有意地从Si衬底的背面扩散Cu而获得的。从图中可以清楚地看出，即使在200 ℃的低温下，随着Cu扩散，退火时间增加，t_f 也会迅速减小。因此，Cu原子在Si衬底中（甚至是在Si氧化物中）迅速扩散。因此，在三维集成技术中避免Si减薄过程中的Cu污染非常重要。

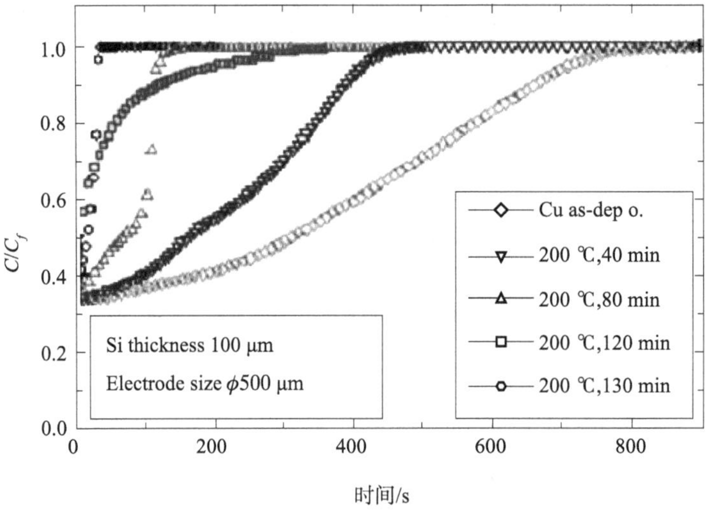

图17-3　来自背面的Cu污染导致 $C-t$ 曲线退化（见彩插）

避免Cu污染的中间通孔工艺如图17-4[21]所示，其中通过机械研磨和CMP使Si衬底减薄，并在TSV露头前停止的步骤，如图17-4（b）所示。然后通过Si衬底的等离子体刻蚀暴露TSV衬底，如图17-4（c）所示，其对氧化物具有很高的刻蚀选择性。之后，通过PE-CVD在相对较低的温度下将双层氮化硅和氧化物沉积在背面表面，并且通过CMP除去TSV衬底的顶部，如图17-4（d）和图17-4（e）所示。然后在暴露的TSV衬底上形成Cu/Sn微凸点，如图17-4（f）所示。在此过程中，当TSV的Cu被CMP暴露时，Si衬底的背面由双层氮化硅和氧化物保护，而氮化硅能够有效阻止Cu的扩散。因此，即使背面表面在CMP过程中被Cu污染，Cu也不容易通过氮化硅层扩散到Si衬底。

图17-5[22]显示了另一种避免Cu污染的中间通孔工艺，其使用光刻胶刻蚀方法去除TSV衬底的顶部而不是使用CMP。通过Si衬底的深孔反应离子刻蚀暴露TSV衬底并沉积双层氮化硅和氧化物后，将光刻胶旋涂在背面表面上，然后刻蚀以暴露TSV衬底的顶部，如图17-5（c）和图17-5（d）所示。通过等离子体刻蚀或湿法腐蚀去除TSV衬底顶部的双层氮化硅和氧化物，最后在暴露的TSV衬底上形成Cu/Sn微凸点，如图17-5（e）和图17-5（f）所示。在此过程中，Si衬底的背面被光刻胶及双层氮化硅和氧化物覆盖。此外，由于TSV衬底的Cu通过等离子体刻蚀暴露，因此背面表面受Cu的污染较

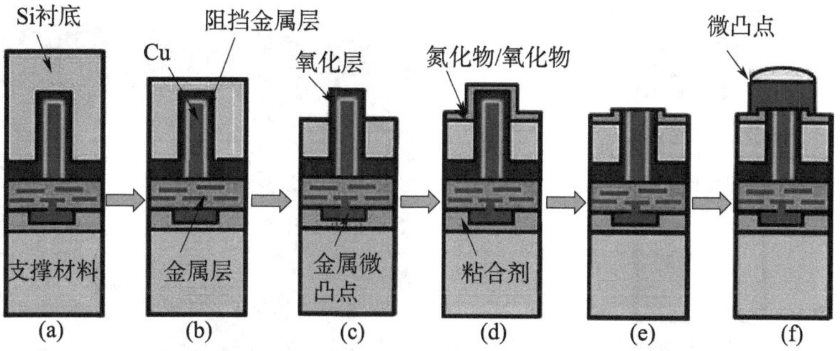

图 17-4　通过通孔露头工艺避免 Cu 污染背面（CMP 方法）：(a) 与支撑材料临时键合；(b) CMP 使 Si 衬底减薄；(c) 通过等离子体刻蚀使 Si 衬底减薄；(d) 用 PE-CVD 沉积氮化物/氧化物薄膜；(e) 用 CMP 法在 TSV 衬底上暴露 Cu；(f) 背部微凸点形成

少。当使用 CMP 暴露 TSV 衬底的 Cu 时，较少的 Cu 颗粒留在背面，并在使用光刻胶刻蚀法的过程中，因去除光刻胶而被去除。

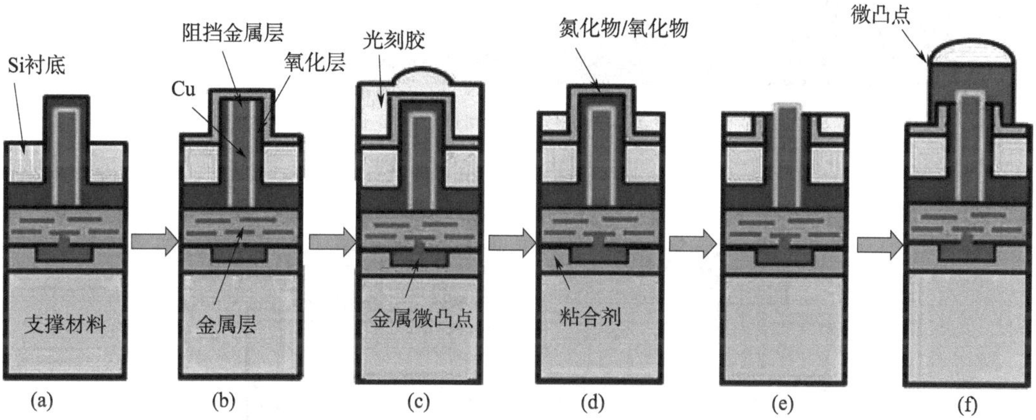

图 17-5　通过通孔露头工艺避免背面 Cu 污染（抬升分离法）：(a) 等离子体刻蚀使 Si 衬底减薄；(b) 用 PE-CVD 沉积氮化物/氧化物薄膜；(c) 涂覆光刻胶；(d) 背面刻蚀；(e) 等离子体刻蚀和湿法刻蚀去除绝缘层；(f) 背部微凸点形成

图 17-6 显示了通过光刻胶刻蚀方法暴露 TSV 底部后的 Cu TSV 照片。从图中可以清楚地看到，TSV 底部的 Cu 暴露在外。

通过采用图 17-4 和图 17-5 中描述的中间通孔工艺过程，背面的 Cu 污染会显著减少。然而，Si 衬底仍有可能被 Cu 杂质污染，因为 Cu 杂质很容易沿着 TSV 氧化物衬底扩散到 Si 衬底，如图 17-7 所示。值得注意的是，在图 17-4 中描述的中间通孔工艺过程中，TSV 衬底处暴露的氧化物衬底在 CMP 期间被 Cu 高度污染。此外，Cu 的微凸点在两种工艺中都与 TSV 氧化物衬底接触，如图 17-7 所示。因此，Cu 原子可能沿着 TSV 氧化物衬底从 Cu 微凸点扩散。为了防止这种 Cu 扩散，应在 Cu 微凸点下方增加薄金属阻挡层，例如 Ta、TaN 或 TiN。

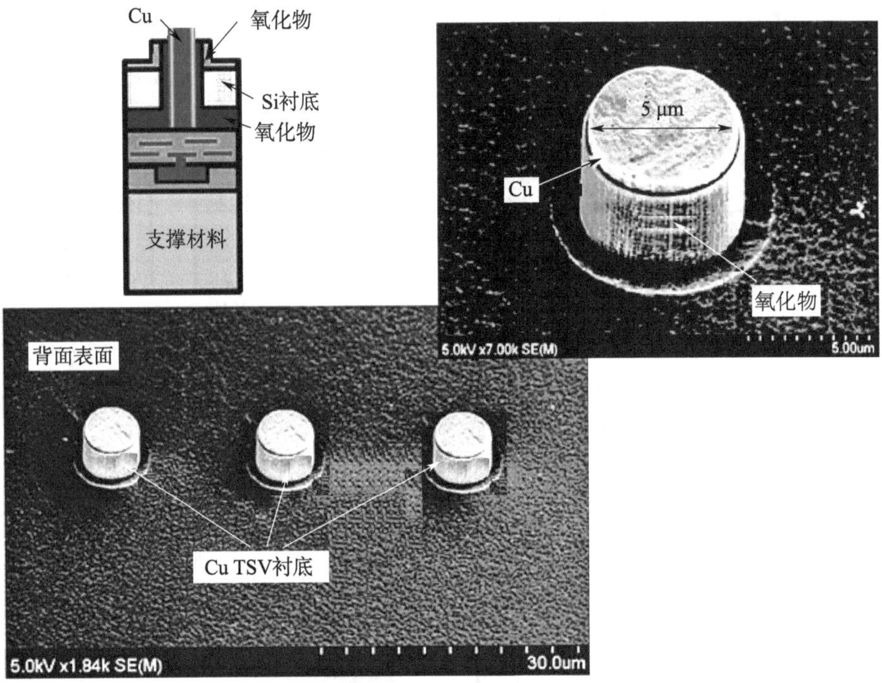

图 17 - 6　通过光刻胶抬升分离法制造的 Cu TSV 显微镜照片

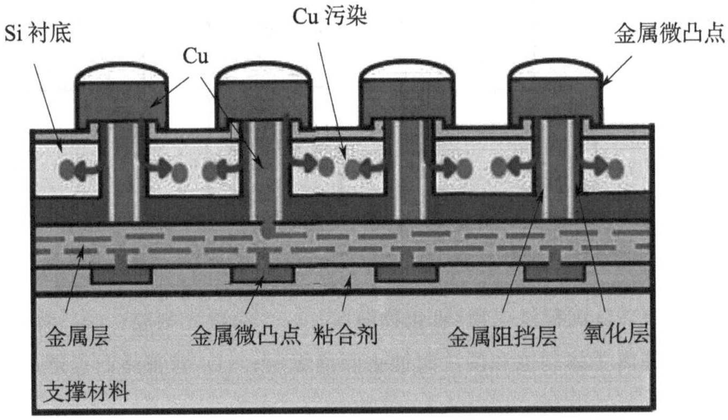

图 17 - 7　Cu 从背面沿氧化物衬底扩散

17.3　背面通孔工艺中的背面处理

使用背面通孔工艺的 3D 集成电路制造工艺流程如图 17 - 8 所示。TSV 是在完成 CMOS 工艺的前道（FEOL）和 BEOL 并减薄 Si 衬底后形成的。首先，将厚集成电路晶圆粘接到支撑材料上，其次通过机械研磨和 CMP 从背面减薄，如图 17 - 8 所示（步骤①和②）。通过 PE - CVD 沉积氮化硅/氧化物堆叠层，再次通过 DRIE 在减薄的 Si 衬底中形成深孔，并在 Si 深孔内形成氧化物衬底，如图 17 - 8 所示（步骤③）。通过 DRIE 去除 Si

深孔的底部氧化物后，通过 PVD 将金属阻挡薄层和 Cu 种子层沉积到深孔中后，通过电镀将 Si 深孔填充满 Cu，并通过 CMP 去除背面的电镀 Cu 层、Cu 种子层和金属阻挡层，如图 17－8 所示（步骤④和⑤）。在背面形成金属微凸点，最后在分离支撑材料后将带有 TSV 和微凸点的减薄晶圆划成芯片，如图 17－8 所示（步骤 ⑥和 ⑦）。这些芯片最终堆叠在 Si 转接板上以制造三维集成电路，如图 17－8 所示（步骤⑧）。

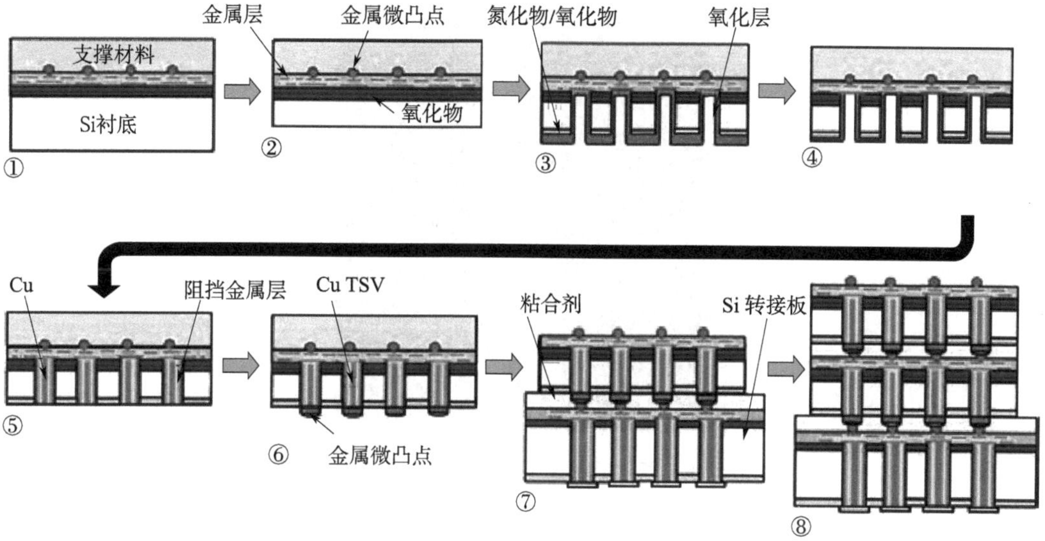

图 17－8　使用背面通孔技术的 3D 集成电路制造工艺流程：①临时键合支撑材料；②Si 衬底减薄；③氮化物/氧化物沉积，深度 RIE，氧化物沉积；④深孔底部的氧化物 RIE；⑤阻挡金属层沉积，电镀铜，CMP 铜；⑥形成背面微凸点；⑦支撑材料的剥离和切割，堆叠到 Si 转接板上；⑧多层堆叠到 Si 转接板上

在背面通孔工艺中，加工温度限制在 300 ℃以下，因为背面加工是在使用具有低耐热性的粘合剂将集成电路晶圆粘接到支撑材料上之后进行的。因此，通过背面通孔工艺制造小直径和高深宽比的 TSV 并不容易，因为在低温下很难将氧化物衬底沉积到直径小、深宽比高的 Si 深孔中。通过背面通孔工艺制备的 Cu TSV 横截面扫描电子显微镜（SEM）照片如图 17－9 所示，该照片是在从背面用 Cu 电镀 Si 深孔后拍摄的[23]。由于成功地沉积了氧化物衬底，因此可以通过电镀将 Cu 完全填充进入直径为 5 μm、深度为 30 μm 的狭窄 Si 深孔。从图中可以清楚地看到，Cu TSV 与一级金属化层（M1）接触。

即使使用背面通孔工艺，Cu 污染仍然是一个严重的问题。在图 17－8（步骤⑦）中描述的 Cu CMP 期间，TSV 衬底顶部的背面表面和暴露的氧化物衬底被 Cu 污染。背面表面上的 Cu 杂质可能受到背面氮化硅的保护，但暴露的氧化物衬底上的 Cu 杂质很容易沿着氧化物衬底扩散到 Si 衬底上。去除 Si 深孔底部氧化物的工艺步骤［如图 17－8 所示（步骤④）］也是一个问题，因为当 Si 深孔的底部氧化物过度刻蚀时，第一级金属化材料被轻微刻蚀。Si 深孔侧壁上的氧化物内衬被 Cu 杂质污染，当 Cu 用作第一级金属化材料时，Cu 杂质是由底部氧化物的过度沉积产生的。这些 Cu 杂质很容易通过氧化物内衬扩散到 Si 衬底。为了避免这种 Cu 污染，应在第一级金属化层下方增加薄金属阻挡层，并且应通过该薄金属阻挡层使过度刻蚀完全停止。在背面通孔过程中 Cu 污染的另一种可能性是由于 Cu 微凸点的 Cu 扩散，如图 17－7 所示。Cu 微凸点的 Cu 扩散是同时存在于中间通孔过程和背面通孔过程中的问题。

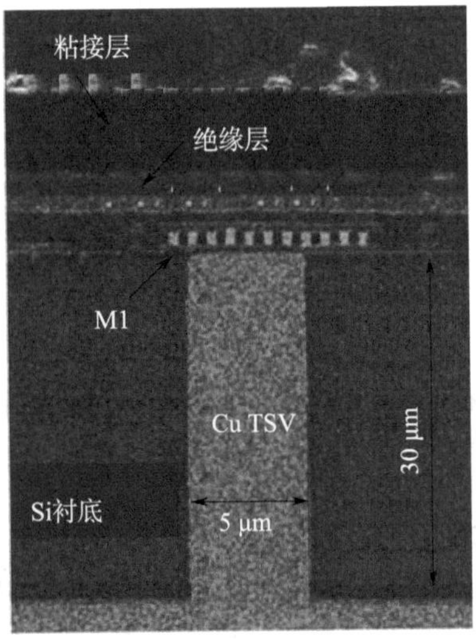

图 17－9　通过背面通孔工艺形成的 Cu TSV 截面 SEM 图

17.4　背面加工和杂质处理

要制造 3D 集成电路，晶圆或芯片都必须进行背面减薄工艺。这意味着位于 Si 正面表面附近的器件更容易受到 3D 集成电路中减薄的 Si 衬底的背面条件的影响。具体而言，来自减薄的 Si 衬底背面的 Cu 污染是 3D 集成电路中的关键问题[17]。沉积在背面的氮化硅薄膜能避免这种 Cu 污染。然而，这种氮化物薄膜通常由低温 PE－CVD 沉积，因此，与在 650 ℃左右通过高温低压（LP）－CVD 沉积的 Si_3N_4 薄膜相比，防止 Cu 扩散的能力较小。此外，在低温下沉积的这种氮化物薄膜可能存在孔隙。完全去除这些孔隙是非常困难的工作。因此，杂质去除在 3D 集成电路制造中非常重要。众所周知，本征吸杂工艺（IG）在捕获和固定 Si 衬底中的 Cu 杂质方面非常有效。具有 p－on－p^+ 结构的晶圆也可有效防止 Cu 从背面扩散。但是，IG 和 p－on－p^+ 晶圆可能不能在某些应用中使用。在这种情况下，另一种方法，即非本征吸杂工艺（EG）变得很重要。

在背面引入晶体缺陷充当 EG 中 Cu 杂质的吸附位点。目前已经提出了各种使用机械研磨、离子注入、激光照射等的 EG。确定如何在 3D 集成电路中使用此类 EG 具有挑战性。众所周知，机械研磨在引入损伤并在背面产生晶体缺陷区域（EG 区域）方面非常有效。但是，EG 中的损伤应该被优化。图 17－10 比较了四种 EG 方法，超磨抛（UPG）、干抛光（DP）、磨抛（PG）和 2000 目机械研磨，其中绘制了晶体缺陷区域的宽度和从 HRTEM 测量的背面表面的应力场区域的长度[24]。应力场区域是指存在机械应力的区域。

如图 17－10 所示，2000 目机械研磨产生的缺陷区域宽度和应力场区域长度最大，这意味着在背面引入了太多的损伤。我们已经通过 $C-t$ 方法证实，通过 2000 目机械研磨处理，Si 晶圆中产生巨大损伤，导致载流子寿命严重缩短，从而增强了 Cu 扩散。相反，UPG 和 DP 产生的缺陷区域宽度和应力场区域长度适中。我们已经确认，在 DP 处理的晶圆中测得载流子寿命表现出了最小的退化，CMP 和等离子体刻蚀（PE）得到了最小的缺陷区域宽度和应力场区域长度，这意味着 CMP 和 PE 几乎不会引入机械损伤。但是经过 CMP 和 PE 处理的晶圆的载流子寿命在 Cu 扩散后，会极大缩短。

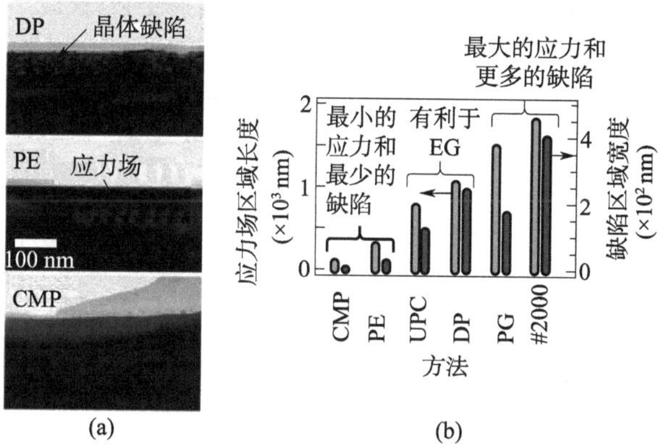

图 17－10　各种背面处理后的缺陷区域宽度和应力场区域长度：(a) 应力消除晶圆的 HRTEM 图像中的应力场区域；(b) 各种应力消除晶圆中的残余应力和缺陷宽度

根据上述结果，我们建议在减薄 Si 衬底后引入 DP 处理，以抑制背面通孔工艺中的 Cu 扩散，如图 17－11 所示。然而，DP 处理不能用于中间通孔工艺，因为 TSV 露头发生在 PE 最终减薄后的背面，如图 17－4（c）和图 17－5（c）所示。因此，在中间通孔过程中 EG 方法使用磷离子注入、Ar 离子注入或激光照射是有效的，如图 17－12 所示。然而，当 EG 用于厚度小于 50 mm 的非常薄的 Si 衬底时，我们必须非常小心，因为随着 Si 厚度的减小，杨氏模量会迅速减小，如图 17－13 所示[25]。这意味着堆叠非常薄的硅芯片（厚度小于 50 μm）可能会导致基板断裂，因为在杨氏模量较小的薄硅基板中，硬度显著降低。结果表明，当厚度减小到小于 50 μm 时，PE 处理的薄基板也表现出杨氏模量显著降低。

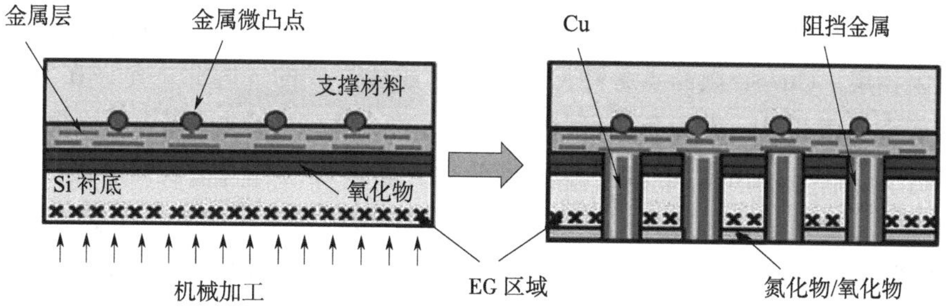

图 17－11　在背面通孔过程中，EG 区域的形成

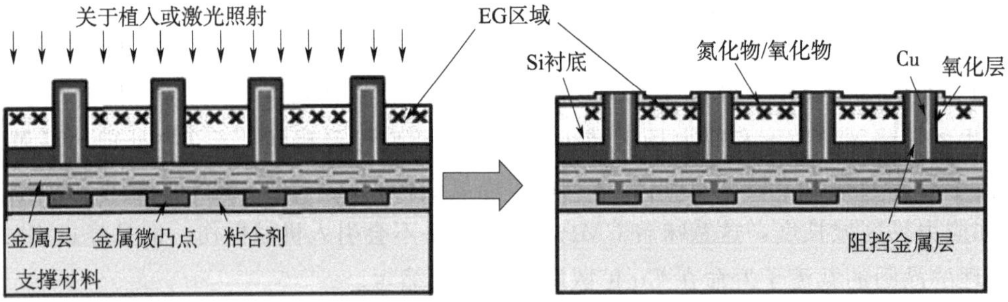

图 17-12 在中间通孔过程中，背面形成 EG 区域

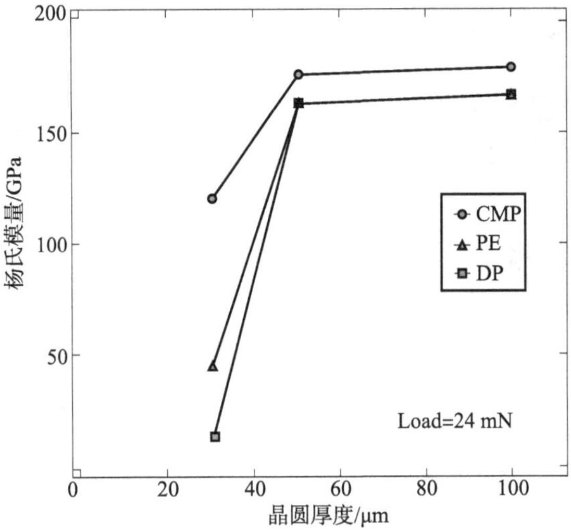

图 17-13 通过减小硅晶圆厚度改变杨氏模量

17.5 RDL 形成的背面处理

背面处理中还包括 RDL 的形成。RDL 很重要，通过 RDL 我们可以实现上下芯片间灵活的连接，RDL 对布线和微凸点有不同的设计规则。Cu RDL 是在 TSV 衬底铜基在通孔工艺和背面通孔过程中暴露后，通过电镀铜在背面形成的。在 Cu RDL 下方插入一层薄薄的金属阻挡层。Cu/Sn 微凸点是在 Cu RDL 形成后形成的。因此，允许在与 TSV 不同的位置形成金属微凸点，因为我们可以通过 RDL 将金属微凸点与 TSV 电连接。图 17-14 显示了带有 Cu TSV、Cu RDL 和 Cu/Sn 微凸点的减薄 Si 芯片背面表面的横截面结构和显微照片，该工艺是通过背面通孔工艺制造的[23]。直径为 15 μm 的 Cu/Sn 微凸点的横截面 SEM 图如图 17-14 所示。在图中可以清楚地观察到，Cu/ Sn 微凸点不是在 TSV 衬底上形成的，而是在 TSV 以外的位置形成的，并且微凸点通过 RDL 与 TSV 连接。因此，RDL 允许我们实现 TSV 和微凸点的灵活布局。图 17-15 显示了 3D 堆叠图像传感器的横截面显微照片，其中图像传感器芯片（CIS）、模拟电路芯片（CDS）和 ADC 阵列芯片

(ADC) 堆叠在 Si 转接板上[23]。芯片尺寸为 5 mm×5 mm，芯片厚度为 40 μm。CIS 芯片和 CDS 芯片由 0.18 μm CMOS 技术制造，而 ADC 芯片由 90 nm CMOS 技术制造。Cu TSV、Cu/Sn 微凸点和 Cu RDL 通过背面通孔工艺在这些芯片中形成。微凸点的位置并不总是与 TSV 的位置对齐，因为它们通过 RDL 与 TSV 连接。因此，在图 17-15 的横截面视图中，在全部的三个芯片中不能同时观察到 TSV。ADC 芯片的横截面 SEM 图也如图 17-15 所示。可以清楚地看到，在多级金属层上形成直径为 5 μm 的 TSV 与一级 Cu 金属层和正面 Cu/Sn 微凸点接触。通过此工艺制作的 3D 图像传感器可以成功运行。

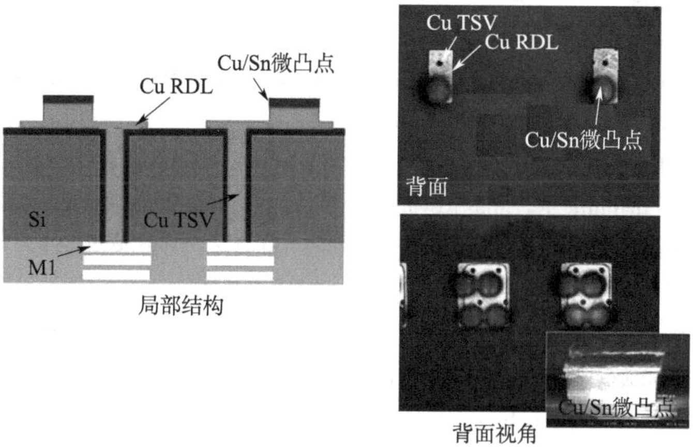

图 17-14　带有 Cu TSV、Cu RDL 和 Cu/Sn 微凸点的减薄 Si 芯片背面表面的横截面结构和显微照片

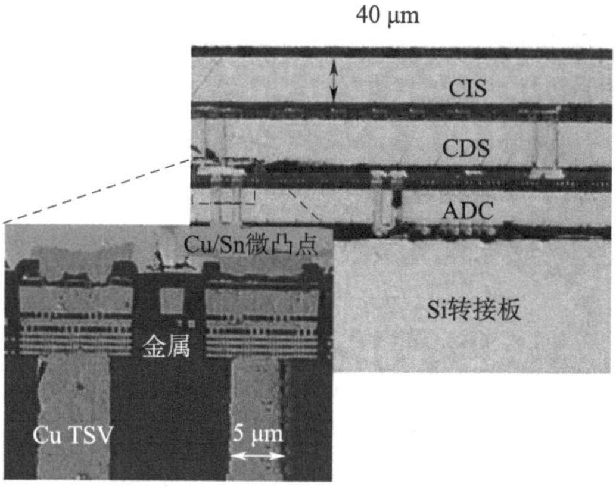

图 17-15　3D 堆叠图像传感器的横截面显微照片

参考文献

[1] Koyanagi M, Kurino H, Lee K W, Sakuma K, Miyakawa N, and Itani H (1998) Future system - on - silicon LSI chips. IEEE Micro, 18 (4), 17 - 22.

[2] Matsumoto T, Kudoh Y, Tahara M, Yu K - H, Miyakawa N, Itani H, Ichikizaki T, Fujiwara A, Tsukamoto H, and Koyanagi M (1995) Three - dimensional integration technology based on wafer bonding technique using micro - bumps. Extended Abstract of the International Conference on Solid State Devices and Materials, pp. 1073 - 1074.

[3] Kurino H, Lee K W, Nakamura T, Sakuma K, Hashimoto H, Park K T, Miyakawa N, Shimazutsu H, Kim K Y, Inamura K, and Koyanagi M (1999) Intelligent image sensor chip with three dimensional structure. Technical Digest International Electron Devices Meeting, 1999 (IEDM 1999), pp. 879 - 882.

[4] Lee K W, Nakamura T, Ono T, Yamada Y, Mizukusa T, Hashimoto H, Park K T, Kurino H, and Koyanagi M (2000) Three dimensional shared memory fabricated using wafer stacking technology. Technical Digest International Electron Devices Meeting, 2000 (IEDM 2000), pp. 165 - 168.

[5] Koyanagi M, Nakagawa Y, Lee K - W, Nakamura T, Yamada Y, Inamura K, Park K - T, and Kurino H (2001) Neuromorphic vision chip fabricated using three - dimensional integration technology. Digest of Technical Papers, IEEE International Solid State Circuits Conference, 2001 (ISSCC 2001), pp. 270 - 271.

[6] Ono T, Mizukusa T, Nakamura T, Yamada Y, Igarashi Y, Morooka T, Kurino H, and Koyanagi M (2002) Three dimensional processor system fabricated by wafer stacking technology. Proceedings of the International Symposium on Low - Power and High - Speed Chips (COOL Chips V), pp. 186 - 193.

[7] Ramm P, Bonfert D, Gieser H, Haufe J, Iberl F, Klumpp A, Kux A, and Wieland R (2001) Interchip via technology for vertical system integration. Proceedings of the IEEE International Interconnect Technology Conference (IITC), pp. 160 - 162.

[8] Burns J, Mcllrath L, Keast C, Lewis C, Loomis A, Warner K, and Wyatt P (2001) Three - dimensional integrated circuits for low - power, high - bandwidth systems on a chip. Digest of Technical Papers, IEEE International Solid State Circuits Conference, 2001 (ISSCC 2001), pp. 268 - 269.

[9] Lu J - Q, Jindal A, Kwon Y, McMahon J J, Rasco M, Augur R, Cale T S, and Gutmann R J (2003) Evaluation procedures for wafer bonding and thinning of interconnect test structure for 3D ICs. Proceedings of the IEEE International Interconnect Technology Conference (IITC), pp. 74 - 76.

[10] Koyanagi M, Nakamura T, Yamada Y, Kikuchi H, Fukushima T, Tanaka T, and Kurino H (2006) Three - dimensional integration technology based on wafer bonding with vertical buried

interconnections. IEEE Transactions on Electron Devices, 53 (11), 2799 - 2808.

[11] Koyanagi M, Fukushima T, and Tanaka T (2009) High - density through silicon vias for 3 - D LSIs. Proceedings of the IEEE, 97 (1), 49 - 59.

[12] Kang U, Chung H - J, Heo S, Ahn S - H, Lee H, Cha S - H, Ahn J, Kwon D M, Kim J H, Lee J - W, Joo H - S, KimW - S, Kim H - K, Lee E - M, Kim S - R, Ma K - H, Jang D - H, Kim N - S, Choi M - S, Oh S - J, Lee J -B, Jung T - K, Yoo J - H, and Kim C (2009) 8 Gb 3D DDR3 DRAM using through - silicon - via technology. Digest of Technical Papers, IEEE International Solid State Circuits Conference, 2009 (ISSCC 2009), pp. 130 - 131.

[13] Katti G, Mercha A, Van Olmen J, Huyghebaert C, Jourdain A, Stucchi M, Rakowski M, Debusschere I, Soussa P, Dehaene W, De Meyer K, Travaly Y, Beyne E, Biesemans S, and Swinnen B (2009) 3D stacked ICs using Cu TSVs and die to wafer hybrid collective bonding. Technical Digest International Electron Devices Meeting, 2009 (IEDM 2009), pp. 357 - 360.

[14] Lin J C, Chiou W C, Yang K F, Chang H B, Lin Y C, Liao E B, Hung J P, Lin Y L, Tsai P H, Shih Y C, Wu T J, Wu W J, Tsai F W, Huang Y H, Wang T Y, Yu C L, Chang C H, Chen M F, Hou S Y, Tung C H, Jeng S P, and Yu Doug C H (2010) High density 3D integration using CMOS foundry technologies for 28nm node and beyond. Technical Digest International Electron Devices Meeting, 2010 (IEDM 2010), pp. 22 - 25.

[15] Iyer S S (2012) The evolution of dense embedded memory in high performance logic technologies. Technical Digest International Electron Devices Meeting, 2012 (IEDM 2012), pp. 781 - 784.

[16] Sukegawa S, Umebayashi T, Nakajima T, Kawanobe H, Koseki K, Hirota I, Haruta T, Kasai M, Fukumoto K, Wakano T, Inoue K, Takahashi H, Nagano T, Nitta Y, Hirayama T, and Fukushima N (2013) A 1/4 - inch 8Mpixel back - illuminated stacked CMOS image sensor. Digest of Technical Papers, IEEE International Solid State Circuits Conference, 2013 (ISSCC 2013), pp. 484 - 485.

[17] Murugesan M, Bea J C, Kino H, Ohara Y, Kojima T, Noriki A, Lee K W, Kiyoyama K, Fukushima T, Nohira1 H, Hattori2 T, Ikenaga3 E, Tanaka T, and Koyanagi M (2009) Impact of remnant stress/strain and metal contamination in 3D - LSIs with through - Si vias fabricated by wafer thinning and bonding. Technical Digest International Electron Devices Meeting, 2009 (IEDM 2009), pp. 361 - 364.

[18] Mercha A, Van der Plas G, Moroz V, De Wolf I, Asimakopoulos5 P, Minas N, Domae S, Perry D, Choi1 M, Redolfi A, Okoro C, Yang Y, Van Olmen J, Thangaraju S, Sabuncuoglu Tezcan D, Soussan P, Cho J H, Yakovlev A, Marchal P, Travaly Y, Beyne E, Biesemans S, and Swinnen B (2010) Comprehensive analysis of the impact of single and arrays of through silicon vias induced stress on high - k/metal gate CMOS performance. Technical Digest International Electron Devices Meeting, 2010 (IEDM 2010), pp. 26 - 29.

[19] Farooq M G, G - Abe T L, Landers W F, Kothandaraman C, Himmel B A, Andry P S, Tsang C K, Sprogis E, Volant R P, Petrarca K S, Winstel K R, Safran J M, Sullivan T D, Chen F, Shapiro M J, Hannon R, Liptak R, Berger D, and Iyer S S (2011) 3D copper TSV integration, testing and reliability. Technical Digest International Electron Devices Meeting, 2011 (IEDM 2011), pp.

143 - 146.

[20] Bea J, Lee K, Fukushima T, Tanaka T, and Koyanagi M (2011) Evaluation of Cu contamination at backside surface of thinned wafer in 3 - D integration by transient - capacitance measurement. IEEE Electron Device Letters, 32 (1), 66 - 68.

[21] Ramaswami S (2011) Transitioning TSV technology to production. 3 - D Architectures for Semiconductor Integration and Packaging Conference, December 12 - 14, 2011.

[22] Beyne E (2011) Challenges in 3D system integration beyond TSV processing. 3 - D Architectures for Semiconductor Integration and Packaging Conference, December 12 - 14, 2011.

[23] Lee K - W, Ohara Y, Kiyoyama K, Konno S, Sato Y, Watanabe S, Yabata A, Kamada T, Bea J - C, Hashimoto H, Murugesan M, Fukushima T, Tanaka T, and Koyanagi M (2012) Characterization of chip - level hetero - integration technology for high - speed, highly parallel 3D - stacked image processing system. Technical Digest International Electron Devices Meeting, 2012 (IEDM 2012), pp. 785 - 788.

[24] Murugesan M, Kino H, Hashiguchi A, Miyazaki C, Shimamoto H, Kobayashi H, Fukushima T, Tanaka T, and Koyanagi M (2011) High density 3D LSI technology using W/Cu hybrid TSVs. Technical Digest International Electron Devices Meeting, 2011 (IEDM 2011), pp. 139 - 1142.

[25] Murugesan M, Kobayashi H, Shimamoto H, Yamada F, Fukushima T, Bea J C, Lee K W, Tanaka T, and Koyanagi M (2012) Minimizing the local deformation induced around Cu - TSVs and CuSn/InAu microbumps in high - density 3D - LSIs. Technical Digest International Electron Devices Meeting, 2012 (IEDM 2012), pp. 657 - 660.

第 18 章　切割、减薄和抛光

Akihito Kawai

18.1　介绍

对于具有硅通孔（TSV）的三维集成电路，由于 Cu 通孔形成随着晶圆变薄而缩短，因此晶圆减薄技术对整体成本至关重要。本节主要讲述减薄、抛光和切割工艺，并涵盖 TSV 晶圆的减薄和切割。

18.2　减薄抛光

18.2.1　常规减薄

18.2.1.1　*减薄方法*

“减薄”也称为背面减薄（BG），是为了集成封装而对晶圆背面进行减薄的工艺过程。图 18－1 和图 18－2 展示了两种不同的减薄进给方法：缓变进给和步进进给。缓变进给适用于 6 英寸及以下的晶圆的减薄，而步进进给则适用于 8 英寸或者更大尺寸晶圆的减薄。

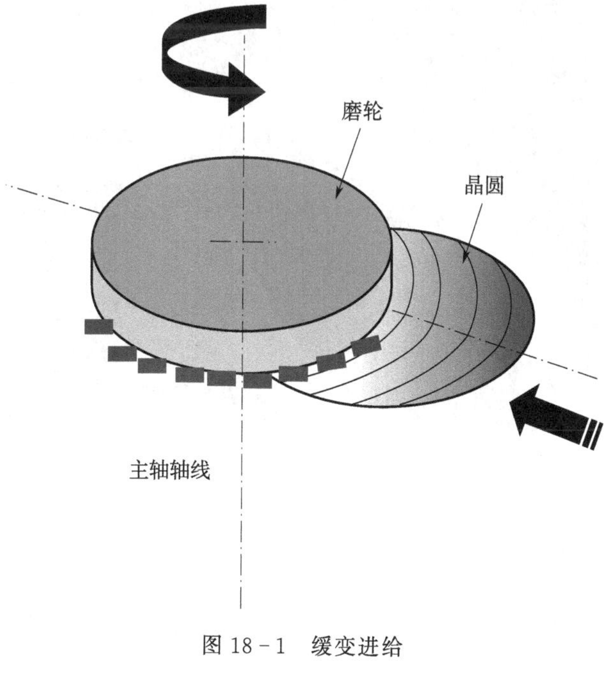

图 18－1　缓变进给

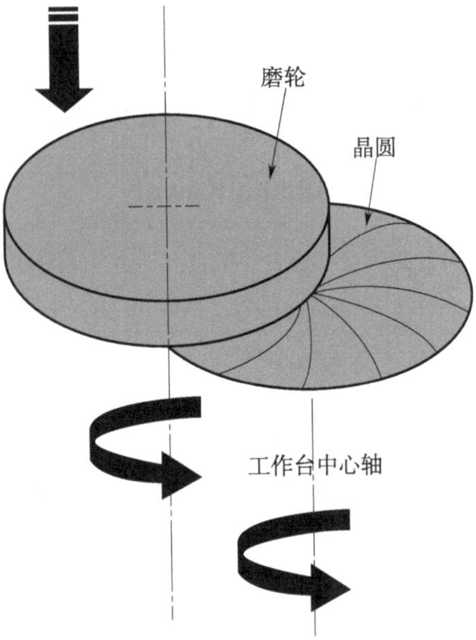

图 18－2　步进进给

1）缓变进给：如图 18－1 所示，吸附在非旋转“卡盘工作台”上的晶圆直接通过高速旋转的减薄磨轮（见图 18－3），通过微接触进行晶圆背面的研磨。通常，缓变进给过程分为三个步骤，因此需要的设备空间尺寸相对较大。应该注意的是，在减薄磨轮磨损后，对于晶圆的减薄精度控制将变得更加困难。

图 18－3　减薄磨轮

2）步进进给：如图 18－2 所示，吸附在卡盘台上的晶圆高速自转，同时随着旋转减薄磨轮高度的缓慢降低，晶圆背面被减薄。

为了进一步讨论，我们将暂定所使用的减薄进给方法是步进进给法。

18.2.1.2 粗磨和细磨

为了确保晶圆的器件层不直接与卡盘台接触，在减薄之前，可以将表面保护胶带（简称 BG 胶带）贴附在晶圆的正面。然后将晶圆翻转并固定到卡盘台，使晶圆背面向上。

通常情况下，晶圆背面的硅层减薄分为粗磨和细磨两个步骤。粗磨去除总减薄量的大部分，而细磨去除最后 40～100 μm 硅以达到预定的减薄厚度。粗磨一般使用＃320 金刚石颗粒度的磨轮。它需要较大的减薄力来去除大部分的晶圆背面层，如氧化物或氮化物。为了提高生产效率，粗磨轮以较高的步进速率减薄晶圆。细磨通常使用＃2000 金刚石颗粒度的磨轮，这显然比粗磨轮效果更好。它消除了在较高的步进速率下粗磨轮减薄造成的损伤，并使晶圆背面更加光滑。

18.2.1.3 减薄机

一个典型的全自动减薄机包含三个减薄主轴和一个放置四个卡盘台的大型转盘，如图 18－4 所示。Z1 主轴用于粗磨，Z2 主轴用于细磨，Z3 主轴用于抛光。在工艺过程中，减薄磨轮覆盖面积不到晶圆圆弧的一半，如图 18－5 所示。为了将晶圆减薄到规定的厚度，设备采用接触式测高仪来测量晶圆总厚度，包括晶圆的厚度和表面保护胶带的厚度。通常，采用一个带有两个探针的测高仪测量晶圆上表面和卡盘台表面的高度差（见图 18－6）。

由于减薄过程中会产生大量的硅颗粒，因此需要使用去离子水清洗晶圆和卡盘台。

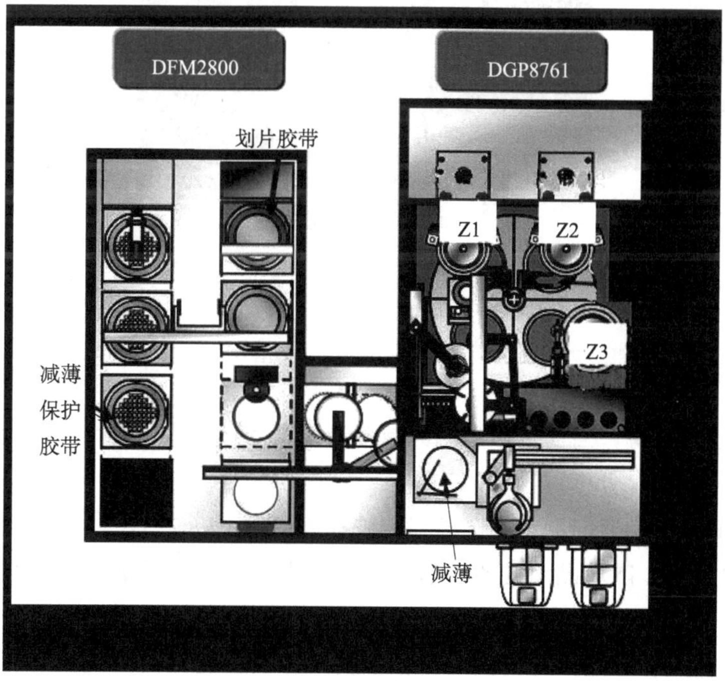

图 18－4 减薄加工流程图

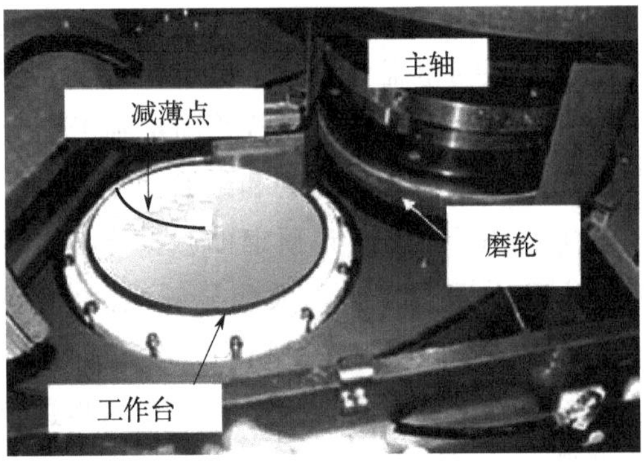

图 18-5　减薄点

图 18-6　接触式测量仪

18.2.2　超薄减薄

围绕晶圆超薄减薄，当前量产中晶圆减薄最薄厚度达到 30 μm，并开始对 30 μm 以下的可行性进行评估。

晶圆减薄的一个主要问题是晶圆破损，破损原因如下：

1）机械强度低：随着晶圆变薄，晶圆的机械强度降低。晶圆的机械强度通常用弯曲试验来测量。

2）晶圆翘曲大：厚晶圆有很强的机械强度，可以抵抗由晶圆正面和背面之间的张力差产生的应力；相反，薄晶圆无法抵抗该应力而产生翘曲。

晶圆越薄，翘曲越大。当在机器内部传送薄晶圆时，翘曲的晶圆可能会接触工作台或传动部件，导致晶圆破损。

3）减薄损伤：减薄后，晶圆背面残留微裂纹等亚表面损伤。亚表面损伤的深度取决于减薄磨轮的颗粒度。像＃320 这样的粗磨轮产生的微裂纹深度超过 5 μm，而像＃2000 这样的细磨轮产生的微裂纹深度约为 0.2 μm。

4）边缘破损：由于减薄冷却水或过快的进给速度，晶圆边缘区域易产生裂口，这可能导致在晶圆边缘发生碎裂。

晶圆破损的另一个常见原因是硅颗粒等硬质颗粒存在于胶带和晶圆之间，减薄时将晶圆垫裂。

18.2.2.1 应力消除

当减薄晶圆所需的厚度达到 100 μm 时，就需要进行抛光工艺。为了提高晶圆强度和减少晶圆翘曲，需要消除由研磨引起的亚表面损伤。这种损伤去除过程称为应力消除。

1）干法抛光：这是一个干法制程，不使用化合物或水，因此成本低、环境友好。干法抛光主要用于消除应力，从晶圆上去除 2 μm 左右的硅损伤层。干法抛光是存储器件封装工艺中使用的一个主要制程。作为参考，存储器件如 DRAM 的厚度小于 100 μm。

2）化学-机械抛光（CMP）：这是一个有抛光液的湿法工艺制程。

3）等离子刻蚀：该工艺是通过氟化物气体等离子体化学作用刻蚀硅层。

4）湿法刻蚀：这个工艺过程用硼酸和硝酸的混合溶液刻蚀硅层。

18.2.2.2 芯片粘接膜（DAF）

为了在封装体内堆叠多个芯片，使用 DAF 代替常用的芯片粘接银浆。按照晶圆尺寸预切后的 DAF 贴附在减薄后的晶圆背面，然后将晶圆和 DAF 一起按照指定的芯片尺寸切割成单颗芯片。每颗芯片的背面都附着厚度均匀的 DAF，因此在芯片键合时键合线高度也可以得到很好的控制。

18.2.2.3 一体化集成系统

为了降低超薄晶圆在减薄保护胶带撕膜设备和切割胶带贴膜设备之间传输过程中的碎片风险，本节介绍了一体化减薄集成工艺。减薄、抛光、减薄保护胶带撕膜和切割胶带贴附功能都集成在一个系统中（见图 18-4）。

18.2.2.4 减薄前切割

减薄前切割技术（DBG）颠倒了常规的在减薄后对晶圆进行切割的工艺流程。在 DBG 过程中，晶圆首先沿切割道进行开槽。然后，当晶圆从背面减薄到凹槽底部时，自然发生芯片分离。将 DBG 晶圆贴附到切割胶带上，然后撕除 BG 胶带。在 DBG 制程中，由于晶圆减薄时已经被切割成单芯，晶圆加工更容易，破碎的风险也会降低。通过背面减薄实现芯片分离降低了背面崩裂的发生率。结合激光开槽的 DAF 分离，将 DAF 用于 DBG 制程。目前，在存储器件中，DBG 工艺已经实现了晶圆超薄减薄工艺（30～100 μm）。

18.2.3 3D IC（如 TSV 器件）的减薄

18.2.3.1 晶圆支撑系统

晶圆支撑系统（WSS）是将硅片或玻璃等支撑材料粘附到晶圆表面（器件表面）的方法。这是降低转移过程中晶圆破碎风险和减少晶圆翘曲的另一种解决方案。TSV 器件尤其需要在多个后续工艺制程设备上加工时进行安全处理。因此，通常采用临时键合胶将硅片或玻璃等临时载片粘附到器件表面（见图 18-7）。临时载片在后续几个背面制程中始终保持粘附在晶圆上，例如减薄、涂胶和刻蚀制程。最后，将晶圆放置在切割胶带上后移除临时载片。目前，有多种方法实现临时载片的分离，如机械热拆解或激光拆解。这在本书的其他章节中有详细介绍。

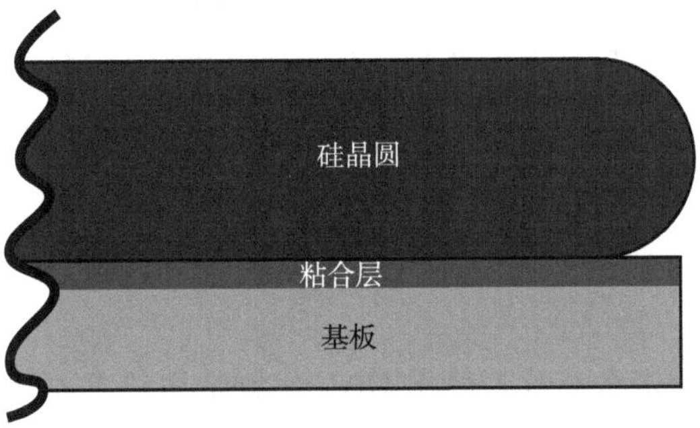

图 18-7 键合晶圆（带临时载片的晶圆）

18.2.3.2 边缘倒角

因为初始的晶圆边缘侧面是弧形的，所以减薄后晶圆边缘的侧面是尖锐锋利的，如图 18-8 所示。尖锐边缘的侧面易发生破损，这是造成晶圆减薄后发生碎片的一个因素，为此提出了一种称为边缘倒角的对策。边缘倒角用切割刀片在晶圆边缘切割开槽，如图 18-9 所示。用切割刀片倒角形成的垂直晶圆边缘，可以有效地防止碎片，提高成品率。对于 TSV 器件，它不仅防止了边缘破损，而且防止了边缘接触，边缘接触是由晶圆和临时载片之间的键合偏移而引起的，是晶圆破损的一个因素。

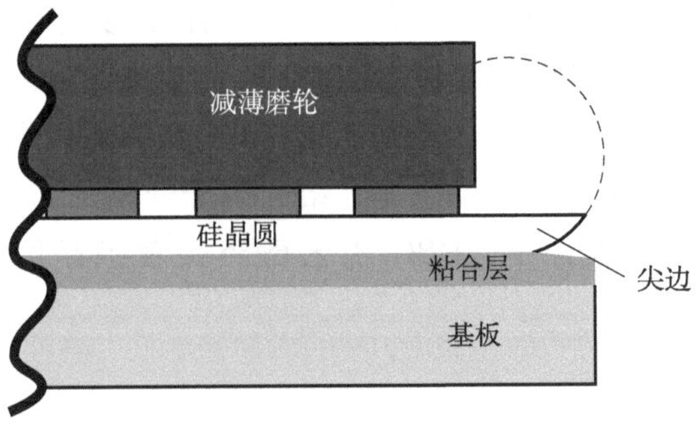

图 18-8 没有倒角的临时键合晶圆边缘轮廓

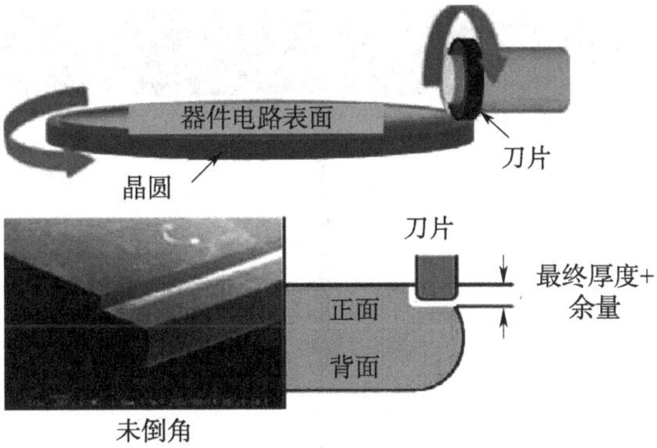

图 18-9　倒角工艺流程图

18.2.3.3　提高减薄厚度均一性

如前所述，接触式测高，即减薄过程中的传统晶圆厚度测量，用来测量工件的总厚度。减薄后晶圆的厚度一致性是由除硅以外的材料的厚度变化引起的，如背面减薄胶带、临时载片和临时键合胶。对于 TSV 来说，如果减薄后晶圆厚度偏大，则在减薄后制程中所需的工艺时间和成本也会增加，如涂胶显影、刻蚀和电镀。为了最小化总的工艺制程成本，晶圆厚度的控制精度是非常重要的。

为了消除硅以外的材料厚度变化的影响，目前采用非接触式测厚仪（NCG），如图 18-10 所示，它只测量有效的体硅厚度。为了追求硅的总厚度均匀性（TTV），本节介绍了一种"Auto TTV"方法。在全自动生产期间，使用 NCG 测量晶圆厚度，可以自动调整卡盘台的倾斜度。这使得提高晶圆减薄厚度均匀性成为可能，如图 18-11 所示，并在连续加工过程中将 TTV 保持在一个恒定的水平。

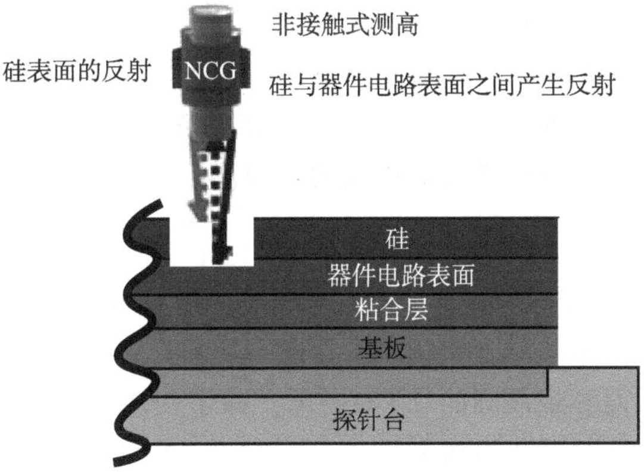

图 18-10　非接触式测厚仪

18.2.3.4　更高的洁净度要求

具有 TSV 器件的晶圆在减薄后需要更高的洁净度，以适应在前端制程的工艺设备（如涂胶显影设备和刻蚀设备）中进行加工。为了防止颗粒物粘附到具有 TSV 器件的减薄

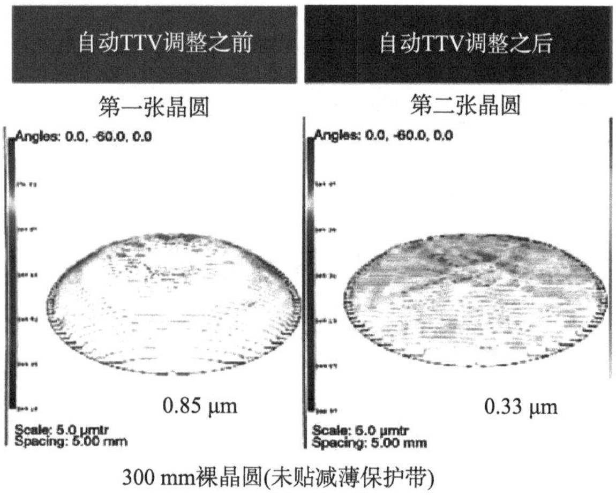

图 18－11　硅晶圆减薄 TTV 对比（未贴减薄保护胶带）

晶圆上，并保持晶圆表面的亲水性，通常可以使用诸如 CMP 等湿法工艺。相比晶圆 CMP 后处于干燥状态，在转移到清洗单元的过程中保持湿润状态，可使晶圆表面粘附的颗粒物更容易清洗干净。

为了去除硅颗粒、有机物和金属杂质，建议在 CMP 加工后增加针对性清洗步骤，如刷子清洗、化学清洗和 DHF 清洗。此外，为了防止具有 TSV 的晶圆产生交叉污染，对于减薄制程及边缘倒角制程，都要求具有较高的洁净度。

18.2.3.5　通孔露头

在进行 TSV 晶圆减薄时，铜离子污染是一个棘手的问题（如 TSV 通孔中），因此需要对铜离子污染采取预防措施。通常的做法是将晶圆减薄到指定的厚度，即铜通孔上方几微米，通过干法刻蚀或湿法刻蚀的方法去除剩余硅层，以暴露覆盖在铜通孔上的钝化层。然后在晶圆的整个背面形成新的钝化层以覆盖硅层，并通过 CMP 或刻蚀的方法暴露出铜通孔，同时确保铜和硅层的隔离。在制造没有晶体管的硅转接板时，电迁移的风险很低，因此可以通过同时抛光硅和铜柱来实现露铜的目的。

18.2.3.6　平坦化

通常，TSV 晶圆在器件表面存在凸点，需要将临时键合胶涂得更厚（如 60～100 μm）来包裹凸点。这容易导致临时键合胶的厚度存在不均匀性，并且这种不均匀性在背面减薄时被转移到晶圆上，从而导致晶圆的 TTV 变差。除了在应用临时键合胶时提高厚度均匀性外，也可以用金刚石钻头使临时键合胶平整，如图 18－12 所示，这是针对这一问题的有效对策。在减薄前对临时键合胶进行平坦化处理，可以减小临时键合胶的厚度差异，改善晶圆减薄厚度的 TTV。

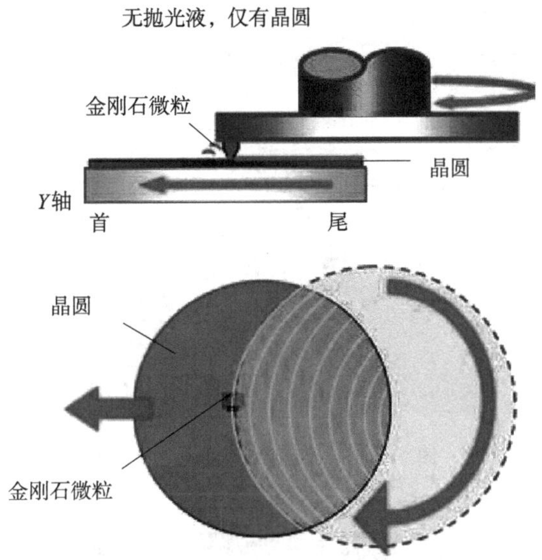

图 18-12　平坦化工艺点

18.3　切割工艺

18.3.1　通用刀片切割

18.3.1.1　切割工艺

切割是通过金刚石切割刀将减薄后的晶圆切割成单个芯片的过程。晶圆通过切割胶带贴附在绷片环上，晶圆的芯片面向上。晶圆芯片面上的器件层是由绝缘层、再布线层和测试元件组成的复合结构。首先沿着晶圆的切割道进行直线切割，然后旋转 90°，再次沿着晶圆的切割道进行直线切割。切割分离后的单颗芯片在芯片分离拾取制程中通过芯片分选机从切割胶带上取下。

本节介绍了刀片切割、激光开槽和激光切割等常用的切割方法，还讨论了单颗 TSV 芯片的相关问题。

18.3.1.2　刀片切割部分

超薄的金刚石切割刀安装在空气主轴上，在高速旋转的情况下切割晶圆。在刀片切割过程中，晶圆受到刀片上金刚石颗粒的冲击，并且因冲击产生的破碎硅颗粒被去除。

在晶圆的器件层上限定的切割位置称作切割道。切割过程中实际切除的材料的宽度称为刀痕宽度，通常等于切割刀的宽度（见图 18-13）。

通常情况下，纯水被用作切割刀的冷却液，并通过冷却液喷嘴喷射到切割刀的刀刃上（见图 18-14），因此切割位置是湿润的。在切割过程中，冷却液喷嘴喷射的纯水带走切割位置产生的热量，同时排出切割产生的硅颗粒。

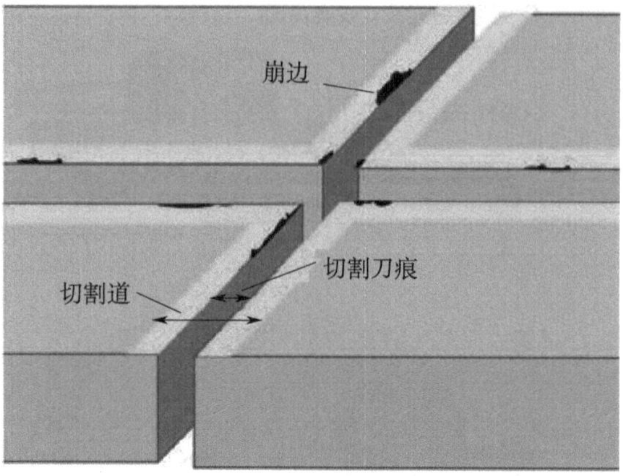

图 18－13　切割制程的基本要素

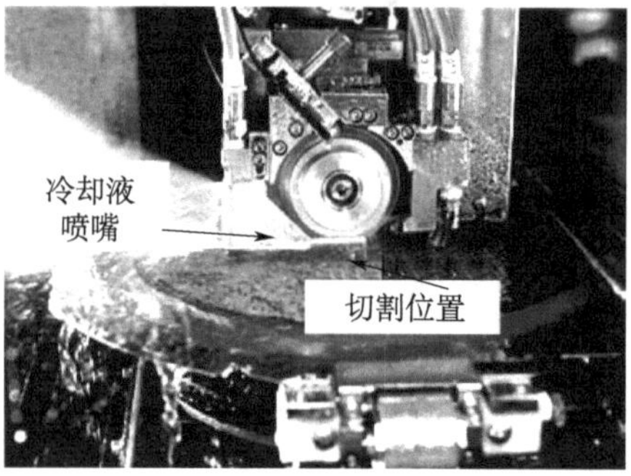

图 18－14　切割刀切割位置

18.3.1.3　切割刀

通常情况下，用于晶圆切割的切割刀是通过电镀工艺制造的带有轮毂的硬质切割刀，电镀刀刃厚度为 25～35 μm（见图 18－15）。下面分别详细介绍大金刚石颗粒的粗切割刀和小金刚石颗粒的细切割刀的典型特征。

图 18－15　带轮毂的硬质切割刀

1）大金刚石颗粒的粗切割刀：由于此类切割刀旋转一周的切削量较大，因此具有较强的切削力和较快的切割速度。在切割延性材料（如 TEG）和粘性材料（如 DAF）时阻碍较小。但是，由于较大的金刚石颗粒固有的较大破碎能力，会导致切割硅颗粒碎屑变大，切割质量变差。

2）小金刚石颗粒的细切割刀：此类切割刀的金刚石颗粒较小，切割过程对晶圆的破坏力较小，单位时间内产生的硅碎屑颗粒较小，可以更好地提升切割质量。但是在切割粘性材料和延性材料时容易造成刀刃堵塞，因此需要匹配较慢的进给速度。

18.3.1.4　切割过程控制优化

在优化切割结果方面，平衡切割产量和切割质量是很重要的。使用大金刚石颗粒的粗切割刀，可以达到更快的切割速度，这对提高生产效率是有益的。使用小金刚石颗粒的细切割刀，需要较慢的切割速度，这是提高切割质量的首选。

在优化器件晶圆的加工工艺条件时，必须考虑晶圆器件层的材质。切割硬度比硅大的绝缘层时容易产生表面碎裂。切割柔性材料（如比硅硬度小的 TEG）时，会导致切割刀粘刀而负载过大断刀。

18.3.1.5　切割机

通常，全自动切割机有两个切割主轴和一个切割工作台。为了以更高的定位精度精确切割晶圆，切割前必须进行切割位置对齐，如图 18－16 所示。在对齐过程中，一个唯一的特征目标首先被切割机识别，然后切割机识别特征目标和切割道之间的距离，最后再通过特征目标调整切割角度（Q 轴对齐）。

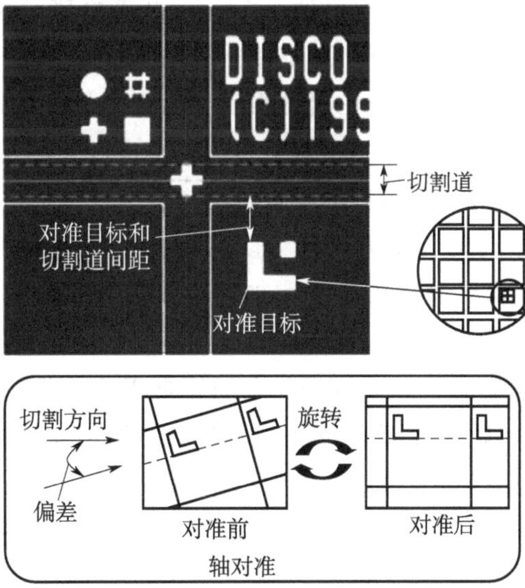

图 18－16　切割位置对齐过程

18.3.1.6　双刀切割工艺的应用

双主轴切割机的引入增加了切割刀切割应用的多样性（见图 18－17）。

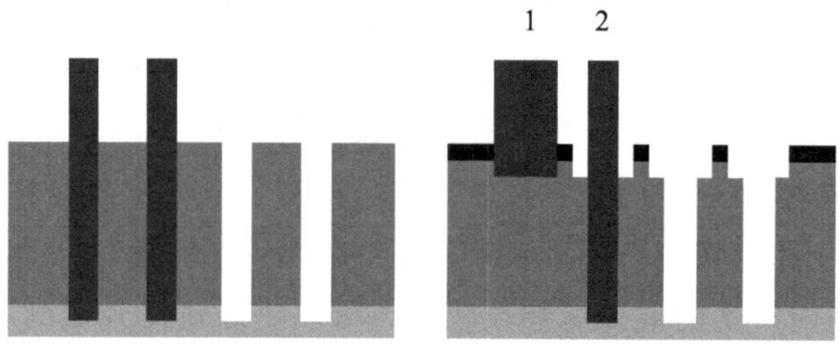

图 18-17 双刀切割工艺的应用

1）双刀切割：相同类型的切割刀分别安装在两个主轴上，可以同时切割两条切割道。为了提高生产效率和降低生产成本，双刀切割应用在8英寸晶圆的大规模生产中。

2）阶梯切割：不同类型的切割刀分别安装到两个不同主轴上，可以在同一切割道上依次切割两次。一个典型的应用实例是在首切时用一把较宽的切割刀在器件层上开槽以去除切割道内的TEG材料，然后二次切割时用一把较窄的刀片切割剩余的硅层。所使用的切割刀类型和切割参数可以根据每一步骤进行优化，第一把用于切割芯片器件层，另一把用于切割硅层。与单刀切割相比，阶梯切割可以提高切割质量。阶梯切割工艺广泛应用于高附加值芯片的加工。

18.3.2 薄晶圆切割

随着封装体变得越来越薄、越来越小，对晶圆的切割质量要求也越来越高，并且变得越来越挑剔。如前所述，超薄晶圆的厚度约为50 μm或者更薄。为了在封装内进行芯片堆叠，DAF胶膜会被贴附到晶圆的背面。下面将介绍超薄晶圆切割时的典型问题。

1）芯片强度：当芯片变薄时，它的机械强度会随之降低。芯片自身的硬度是很低的，因此产生的崩边不论是自身尺寸，还是相对于晶圆厚度本身，都是较大的，不能满足相关质量检验标准要求。因此，薄晶圆的切割质量急需提高。

2）切割TEG和DAF时的切割刀选择：阶梯切割是一种适用于薄晶圆的切割方法，随着晶圆厚度变薄，DAF胶层的相对厚度增加，导致刀片切割的厚度也相对增加，因此需要优化第二步切割硅层和DAF的工艺条件。

下面是DAF贴附在薄晶圆（如50 μm）上的切割工艺条件示例。为了减少表面崩边和防止刀片过载，可使用小颗粒金刚石切割刀和较慢的切割速度来加工晶圆上的器件层。为了保持切割刀的良好状态，可使用具有更大切割力的大颗粒金刚石切割刀来切割DAF。金刚石切割刀通过优化切割工艺条件来达到可接受的切割质量，从而提高切割刀的切割能力。

18.3.3 低 *k* 晶圆切割

低 *k* 氧化物（具有低介电常数的层间绝缘体）的机械强度随着介电常数的降低而降低，即使在较慢的切割速度下，用传统的切割刀切割也可能发生分层。激光开槽是解决这一问题的有效对策。首先，通过激光烧蚀开槽去除切割道内的布线层，包括低 k 层。然后用刀片切割剩下的硅层。该方法可以避免低 k 层分层，还可以通过采用较快的激光切槽进给速度提高切割速度来提高生产效率。

18.3.4　其他激光切割

激光切割是基于刀具切割日益增加的缺陷，为了解决具有挑战性的材料而开发的。文中介绍了两种类型的激光切割方法：激光烧蚀和隐形切割（SD）。在未来，如果不同尺寸的芯片在单张晶圆上排布，则激光切割将比刀片切割更有潜力。通过激光烧蚀和 SD 两种方式可以实现晶圆的不间断加工。

18.3.4.1　激光烧蚀

在激光烧蚀工艺中，短脉冲激光聚焦在晶圆表面。当产生的能量被辐照的材料吸收时，它会使材料升华（见图 18－18）。激光烧蚀可以在不增加机械力的情况下切割晶圆，并且比传统烧蚀具有更小的热变形。

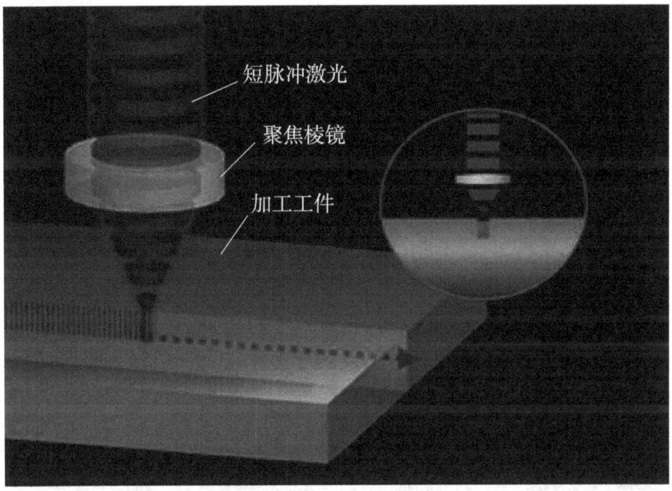

图 18－18　烧蚀过程图像

18.3.4.2　激光烧蚀应用

对于切割薄晶圆，激光烧蚀不仅可以减少切割过程中产生的崩边，而且可以提高切割速度。虽然传统的激光烧蚀可能存在芯片强度低的问题，但这可以通过开发独特的光束整形系统（BSS）和新型激光头优化切割点的能量分布来解决。基于这些改进，由激光烧蚀产生的芯片强度等同于由刀片切割产生的芯片强度，甚至更好（见图 18－19 和图 18－20）。

18.3.4.3　隐形切割

隐形切割是通过将激光聚焦在晶圆内部形成一个改性层，并通过胶带扩膜的方式将晶圆分成单颗芯片的过程，如图 18－21 所示。因为 SD 工艺只引起晶圆内部的材料改性，而不影响晶圆的正面或背面，所以它不会产生正面或背面的崩边（见图 18－22）。对于切割厚度在 100 μm 以下的薄晶圆，隐形切割能够比刀片切割获得更高的芯片强度（见图 18 - 23）。

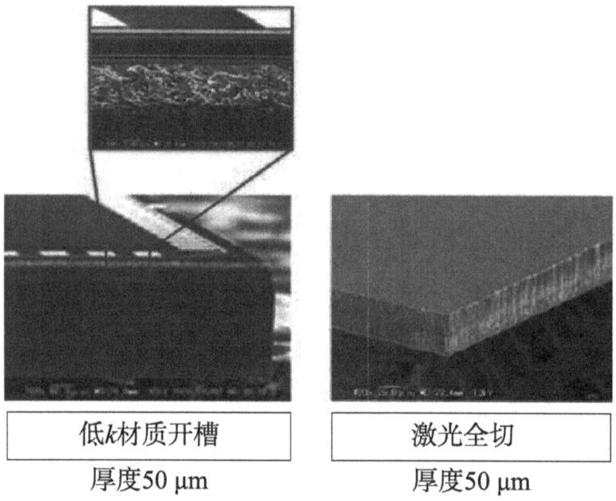

图 18 - 19　激光烧蚀加工实例

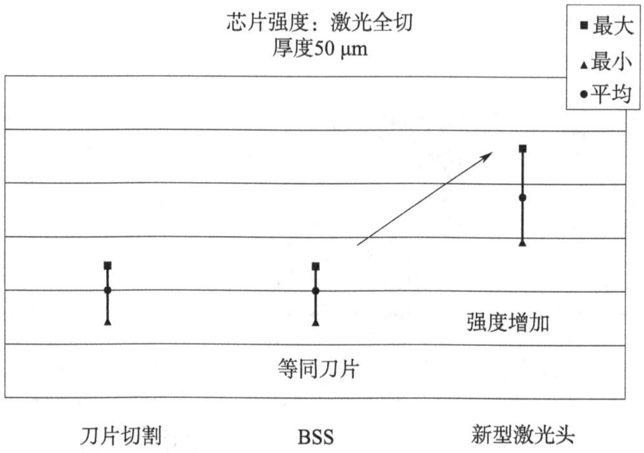

图 18 - 20　刀片切割和激光烧蚀的模型强度对比

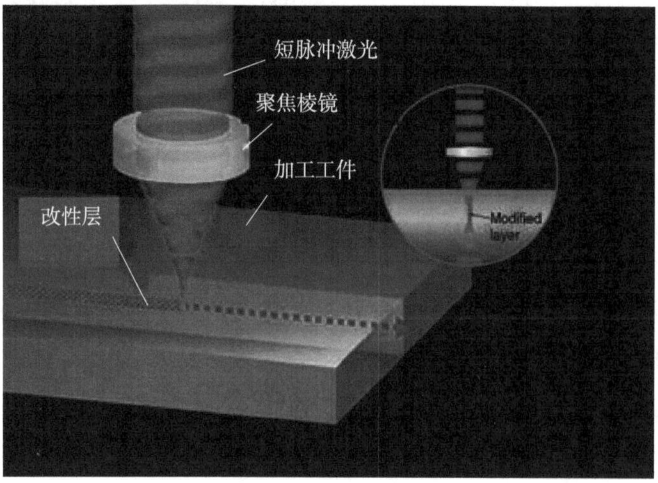

图 18 - 21　隐形切割过程

硅芯片
厚度100 μm

图 18－22　隐形切割示例

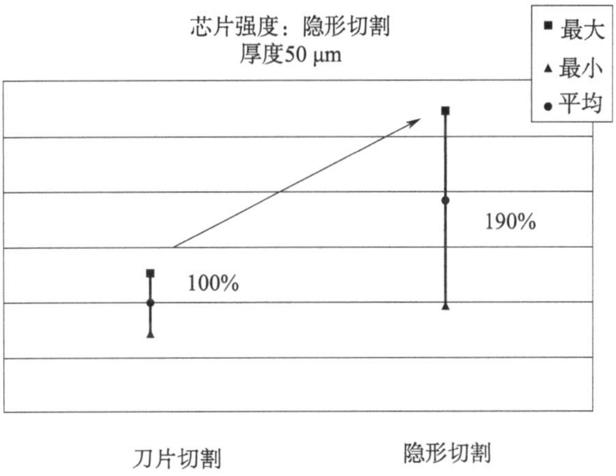

图 18－23　刀片切割和隐形切割的芯片强度比较

隐形切割是一个完美的干法制程，全程无须用水。隐形切割工艺特别适用于 MEMS 晶圆，由于此类晶圆表面结构的机械强度很低，因此禁止使用湿法切割工艺。

隐形切割工艺使切割道的宽度非常窄，几乎为零，因此可以实现切割道宽度的缩小。从而可以增加单张晶圆上生产的芯片数量，特别是对于具有小芯片的晶圆。同时，隐形切割工艺提高了进给速度。与传统刀片切割相比，这使得生产效率有了很大的提高。

18.3.5　3D－IC（如 TSV 晶圆）的切割

此类晶圆的切割方式通常有三个不同的途径：将整张晶圆切割成单颗芯片，将堆叠晶圆切割成单颗芯片，以及将完全封装的封装体切割成单颗芯片。在芯片分选时确定合适的拾取方法是必要的。

18.3.5.1　芯片-芯片键合片（CoC）和芯片-晶圆键合片（CoW）切割

在切割整张TSV晶圆（如CoC或CoW）时，面临的主要问题是芯片强度和晶圆背面的凸点。

1）芯片强度：多个通孔（TSV）在单个芯片内垂直形成，因此具有TSV的芯片强度低于普通芯片。

2）晶圆背面凸点：具有TSV结构的典型薄片晶圆，正反两面都有大量的凸点或柱子。因此要将晶圆紧密贴附在切割胶带上很困难，这无论对刀片切割还是隐形切割都是一个新的挑战（见图18-24）。

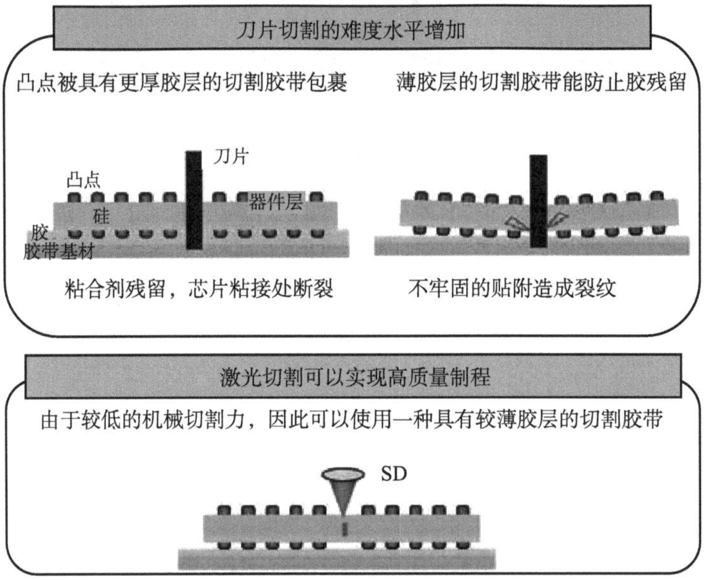

图18-24　晶圆背面凸点的影响

切割CoC和CoW可以考虑采用刀片切割和隐形切割。

1）刀片切割。由于刀片切割具有较强的机械撞击力，可能会在晶圆上产生裂纹，因此在切割中需要将晶圆紧密地贴附在切割胶带上以保持切割质量。为了在切割过程中稳定地固定晶圆，晶圆背面的凸起需要用具有较厚胶层的切割胶带完全包裹。这种类型的切割胶带也会引入其他新问题。比如可能会在芯片背面留下残胶，在芯片分选时需要更大的拾取力。对于堆叠芯片，较大的拾取力可能是芯片破裂的原因，因此较小的拾取力是首选条件。为了使用刀片切割工艺对背面有凸点的晶圆片进行切割分离，开发一种既适用于刀片切割又适用于堆叠芯片的切割胶带是必要的。

2）隐形切割（SD)。隐形切割可以显著提高薄晶圆的芯片强度，因为它是一种无损的芯片切割过程，正如前面所描述的那样。隐形切割具有较低的机械应力，是一种损伤较小的切割方法。这意味着没有必要将凸点完全包裹到切割胶带的胶层中。相比刀片切割，隐形切割更容易确保晶圆切割芯片背面质量。

附注：在晶圆外圆周上没有凸点的情况下，使用普遍的SD胶带扩膜工艺可能无法扩展外圆周部分，需要采取相应的对策。

临时键合工艺的实际标准尚未确定，目前各个 TSV 制造商正在进行深入的研究。因此，工艺流程的变化取决于临时键合胶的类型和使用的解临时键合方法。

在室温条件下进行临时载片的拆解。在这种情况下，隐形切割工艺在解临时键合之前。首先隐形切割工艺从晶圆背面进行，然后将晶圆贴附在切割胶带上，最后将临时载片拆解去除。这是从晶圆背面进行隐形切割的最简单过程，也是最容易实现的过程。

如果进行热拆解，则热拆解在隐形切割之前进行。因为业内还没有特别适合用于热拆解的耐热切割胶带，因此切割胶带贴附在热拆解后进行。如果切割道内存在 TEG，则隐形切割的激光束无法有效穿透切割道，因此需要从晶圆的背面进行隐形切割工艺。从切割胶带面进行隐形切割的应用以及相匹配的切割胶带正在开发中（见图 18-25）。

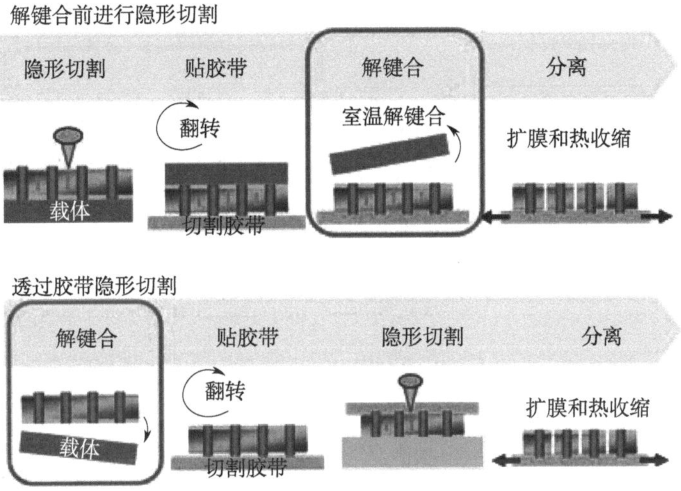

图 18-25　隐形切割工艺流程示例

18.3.5.2　芯片-晶圆键合片（CoW）和晶圆-晶圆键合片（WoW）切割

CoW 和 WoW（见图 18-26）切割面临的一个主要问题是复合材料切割。由多层晶圆堆叠或芯片堆叠的封装体主要由硅晶圆和凸点之间的填充材料组成。填充材料包括下填充胶水、非导电膜（NCF）和非导电浆料（NCP）。它们的典型成分通常是树脂和填充料。

七层晶圆堆叠的WoW样品

图 18-26　WoW 切割工艺流程示例

这些材料可以使用金刚石刀片进行切割。相比用于切割硅的传统切割刀片，随着叠层晶圆内树脂含量的增加，需要选择具有较小负载特性的切割刀片来加工。

另一个关于CoW和WoW的切割问题是含有低k层晶圆的切割。此类晶圆可能需要使用激光开槽工艺或激光烧蚀等完成切割。目前这些技术还在开发中。

18.4　总结

DISCO提供了Kiru、Kezuru和Migaku（切割、减薄和抛光）技术和解决方案，是3D IC封装领域的整体解决方案提供商。

参考文献

[1] Geng H (2005) Semiconductor Manufacturing Handbook, McGRAW—HILL, pp. 20.1 - 20.22.

[2] Hirose M (2007) Thinning wafer technology for 3D packages. Technical Digest of the International 3D System Integration Conference (3D - SIC 2007), pp. 22. 1 - 22. 12.

[3] Kim Y S, Maeda N, Kitada H, Fujimoto K, Kodama S, Kawai A, Arai K, Suzuki K, Nakamura T, and Ohba T (2013) Advanced wafer thinning technology and feasibility test for 3D integration. Microelectronic Engineering, 107, 65 - 71.

[4] Kobayashi Y (2008) Electronic Journal Technical Symposium No. 188, pp. 99 - 114.

[5] Ohba T (2011) Through - silicon - via technologyfor stacked thin Si device wafers. Proceedings of IEEE IWJT, pp. 61 - 66.

第 19 章　三维集成的键合和组装概述

James J. - Q. Lu, Dingyou Zhang, and Peter Ramm

19.1　引言

三维集成电路（3D IC）技术与传统的组装技术有很大的不同，其中最主要的区别在于 3D IC 垂直集成了多个功能 IC 芯片，而不是将单个芯片或多个芯片平铺组装到 2D 封装结构中，实现了材料、工艺和功能 IC 芯片的异构集成[1-6]。此外，3D 集成在工艺流程方面有更多选择，如芯片对芯片（CoC）、芯片对晶圆（CoW）和晶圆对晶圆（WoW），如图 19 - 1 所示。

3D 集成工艺有四个关键技术：硅通孔（TSV）的形成、对位、键合和减薄，有关工艺的详细描述如本书其余部分所述。键合是所有 3D 集成的关键技术，它可以垂直集成多种功能 IC 芯片，其可以为芯片和晶圆之间提供永久的机械、热、电和光学连接，也可以为晶圆减薄过程或薄晶圆的转运提供临时机械支撑。键合工艺不仅与对位和减薄工艺有密切联系，也是组装过程的步骤之一，例如芯片与芯片之间的微凸点键合、CoW 自组装或基于模板对齐的 CoW 键合。

3D 集成使得堆叠器件之间互相结合，并将三维叠层组件组装到基板上[1-5]。键合工艺的选择取决于芯片的组成及其所能承受的工艺条件，如温度限制。3D 集成技术可分为以下主要类别：

1）CoC 方法：封装后的器件或基板的堆叠。

2）CoC 或 CoW 方法：裸芯片（带或不带 TSV）的堆叠。

3）WoW 方法：带有 TSV 的晶圆键合晶圆的堆叠。

本章概述了键合技术以及 3D 集成工艺中的关键技术，有关键合技术和组装技术的更多详细信息，请参见本章的参考文献和其他章节。

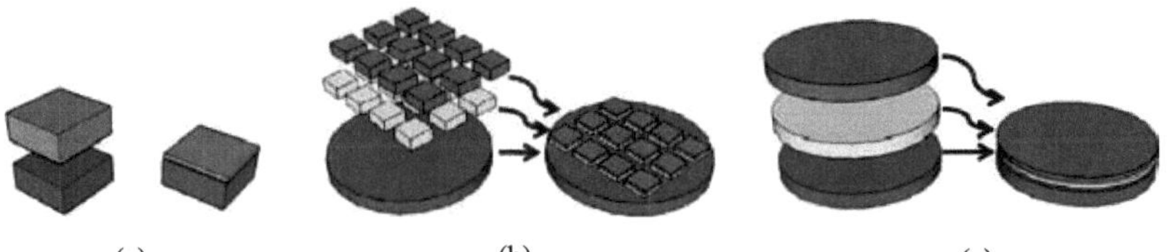

图 19 - 1　主要的 3D 集成技术：（a）CoC；（b）CoW；（c）WoW

19.2 直接键合、间接键合和混合键合

键合可直接或间接连接两种基材，如图 19－2 所示。直接键合无需中间材料即可连接两种相同或不同的材料，间接键合通过中间材料实现两种材料的连接。此外，在某些情况下，还需要混合键合来形成键合界面。在混合键合中，两种或两种以上材料共存于键合界面的一侧或两侧。下面介绍一些适用于不同键合工艺的材料体系。

直接键合的材料包括：Si－Si 疏水键合（具有相同或不同的性质，例如晶体取向和杂质）[8-11]，Si－SiO_2 键合[10]，等离子体增强化学气相沉积（PECVD）的 SiO_2－SiO_2 键合[12,13]，铜-铜键合（或一般的金属键合）[14-16]，苯并环丁烯（BCB）与 BCB 键合（或一般的粘合剂键合）[7,17-21]。

间接键合的材料包括：Si－Si 亲水键合，通过在键合界面形成氧化层实现[11]；BCB 和各种聚合物或聚酰亚胺键合，可实现硅芯片或晶圆等材料的键合[17-21]；金属层键合（如薄 Ti 膜），可应用于两层硅晶片的键合[22,23]；金属间化合物键合，通过金属间化合物（IMC）将两个芯片或晶圆键合在一起[24-32]。

混合键合主要通过非金属材料在两个互连器件之间提供额外的热/机械性支持[1,7,33-37]，而金属材料通常嵌于非金属基体之间，形成电气互连，该类键合材料体系包括氧化物基体与铜焊盘（Cu－环氧树脂）[33-36]或 BCB 基体与铜焊盘（Cu－BCB）[37]，微凸点与填充胶[38]。聚合物一般用作绝缘体基体材料。

具体属于哪种键合类型与该键合体系如何被定义有关。例如 BCB－BCB 键合，键合材料为晶圆，BCB 用作中间键合材料，因此属于间接键合。同样地，SiO_2－SiO_2 键合和 Cu－Cu 键合也可作为中间键合材料，用于连接两个功能晶圆，被划分为间接键合。不管如何定义，所有的键合方法都为芯片之间或晶圆之间的机械、热和电气连接起到了支撑或连接作用。

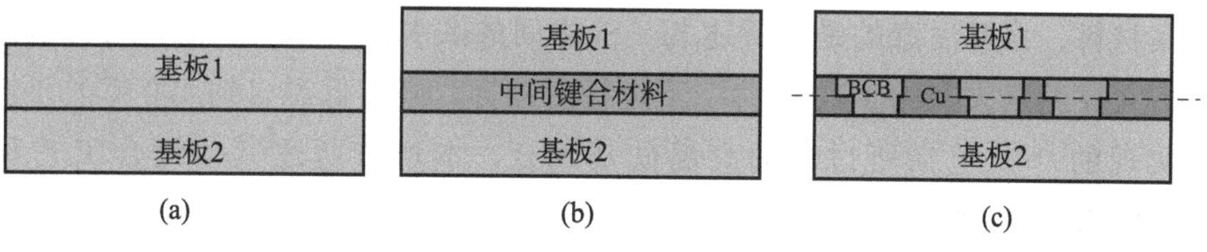

图 19－2 主要的三维键合方法：(a) 直接键合；(b) 使用中间材料的间接键合；(c) 混合键合（以 Cu－BCB 模式为例）[7]

19.3 键合工艺和键合材料

由于在 3D 集成封装之前前端生产线（FEOL）和后端生产线（BEOL）流程已经完成部分工艺流程，因此 3D 集成封装需要满足以下条件：

1）与 BEOL IC 工艺兼容，键合温度不高于 400 ℃，键合材料薄且具有较低应力。

2）在 BEOL 和封装过程中，键合界面具有较高的热稳定性和机械稳定性。

3）键合材料在键合过程中，不得释放气体以免形成空洞。

4）键合界面无缝隙，且具有高键合强度，以免分层。

为了满足最后一个条件，在键合过程中，整个芯片-晶圆的键合面上分子间必须形成较强的化学键。这进一步要求原子级的平整度键合阶段或键合后退火过程中键合界面有大量的原子扩散发生。图 19－3 显示了键合表面平整度对键合效果的影响。原子级平整度（即埃刻度）对于刚性键合表面尤其重要（例如，对于 Si－Si 键合或 SiO_2－Si 键合），但对于较软的键合表面（例如，Cu－Cu 或 BCB－BCB 键合）影响并不大，这是由于 Cu 原子在相对较低（小于 400 ℃）的键合温度下即可发生再结晶及晶粒长大，而 BCB 在高于 180 ℃ 时即可流动且发生交联反应[17]。此外，刚性键合表面必须非常干净，即没有颗粒物和缺陷[10]，而软键合表面（例如，Cu－Cu 键合或 BCB－BCB 键合）可以在一定程度上允许微粒和表面缺陷的存在。

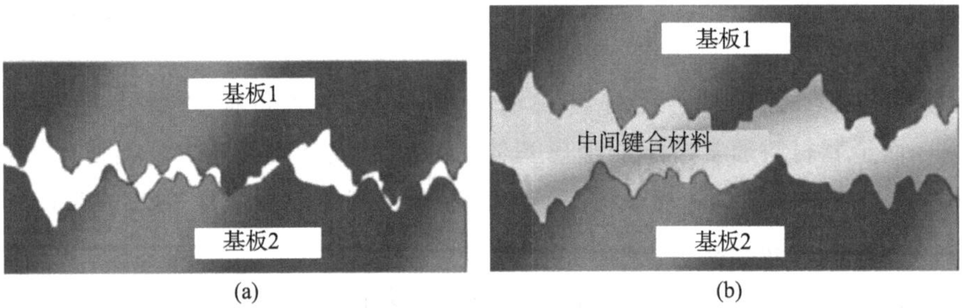

图 19－3　键合表面的影响：(a) 表面粗糙度可以防止原子尺度两个刚性键合表面之间的键合，而软键合表面仍可通过表面变形和界面扩散键合；(b) 一种中间材料（如 BCB)，其润湿键合表面可促进两个粗糙刚性表面之间的键合

图 19－4 展示了各种直接和间接键合的示例和键合材料，图 19－5 展示了一些混合键合示例及其材料。需要注意的是，所述 Si－Si 之间的亲水键合和疏水键合均为室温开始预键合，然后在高温退火（约 1 100 ℃）[8]下进行后键合，其实低温（约 400 ℃）下疏水键合也是可以实现的[41]。包括所讨论的高温硅基键合，本章节所述其他键合工艺和材料与 CMOS BEOL IC 工艺兼容。下面将讨论一些其他的关键键合工艺，更多详情可参考本书相应参考文献和其他章节。

Cu－Cu 键合、BCB－BCB 键合和 PECVD 氧化物键合可满足上述所有要求[7,42]，尤其是 Cu－Cu 键合。Cu－Cu 键合过程中，高于 350 ℃时，键合界面上 Cu 晶粒再生长可获得高的键合强度，在进一步的热处理过程中，键合界面 Cu 互扩散更大，键合强度更高[7,15,23,42]。BCB 在 180 ℃时流动，并在 250 ℃时快速形成 BCB 交联网络，且不会产生气体，可形成非常强的键合界面。高达 400 ℃热处理，可以进一步完成 BCB 交联网络，从而实现更高的键合强度[7,17,20,42]。与 Cu－Cu 键合和 BCB－BCB 键合相比，PECVD 氧化物键合需要更高的表面平整度和清洁度，但不像 Si－Si 和热氧化物键合那样严苛[7,42]。与热

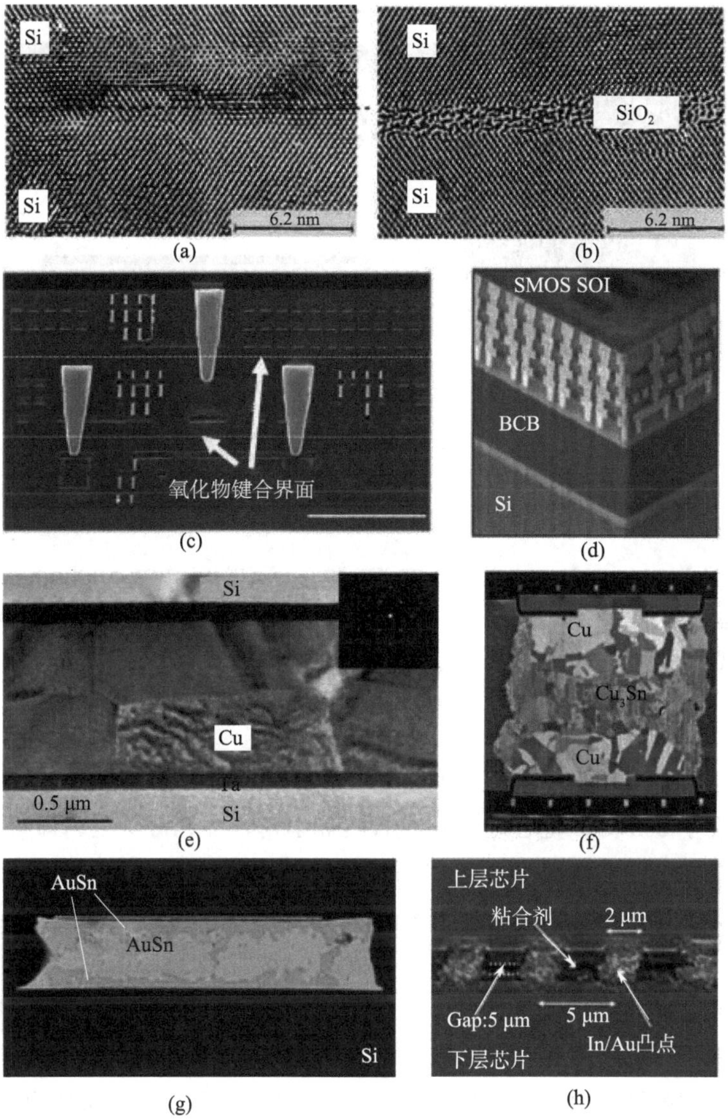

图 19-4　直接和间接键合的示例和材料。高温键合：加热至 1 100 ℃后，疏水（a）和亲水（b）键合硅片[8]。低温（400 ℃）键合：（c）PECVD SiO_2 - SiO_2 键合[12]；（d）BCB-BCB 键合[7]；（e）Cu-Cu 键合[14]；（f）Cu-Sn IMC 键合[26]；（g）Au-Sn 共晶键合[39]；（h）Au-In 共晶键合[40]

氧化物相比，PECVD 键合表面的 Si — OH 键密度较低；在约 275 ℃的热退火过程中，Si — OH 键断裂，键合表面原子重新排列以形成更强的 Si — O — Si 键（并释放少量 H_2O 分子，其很容易从氧化物中扩散出）[7,12,13,42]。

固液互扩散（SLID）键合[24-26]（或 IMC 键合，例如，使用 Cu-Sn 系统）和共晶键合（例如，Au-In 和其他焊料体系）可在空气中进行[24-32]，这有利于 CoC 和 CoW 工艺的实现。对于铜锡固液键合，基板上沉积有 Cu-Sn 结构，在特定的键合温度下（240～

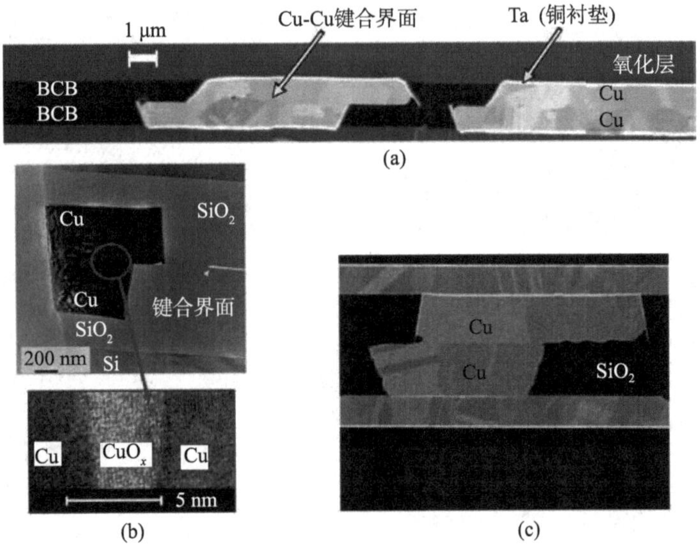

图 19-5　混合键合示例和材料：(a) Cu-BCB 混合键合[37]，其中，BCB-BCB 在较低温度（250 ℃）下键合，然后将温度提高到 350 ℃上进行 Cu-Cu 键合。(b) 和 (c) Cu-PECVD 氧化物混合键合[33,35]，其中预键合在室温下进行，永久性键合是在上述温度 350 ℃下的键后退火过程中形成的，4 nm 厚的氧化铜结晶层在键合后退火之前就存在[33]

270 ℃)，沉积的锡完全转变为金属间化合物 Cu_3Sn（见图 19-6）。该 ε 相是一个热力学稳定相，其熔点高于 600 ℃。键合时，Sn 的厚度相当薄，在几分钟之内即可被完全消耗掉，最终焊点两侧只有未消耗的铜。固液扩散键合技术的关键优势是机械互连和电气互连都是同时形成的，无需后续退火等后处理过程即可实现堆叠，随后三维集成在下一步继续进行。实现这一工艺的关键就是键合过程中生成的 IMC 熔点远高于键合温度，这一点与共晶键合完全不同。共晶键合是通过高于共晶温度的再加热重新熔化共晶焊料实现。然而，无论是固液键合还是共晶键合，键合材料在键合过程中均会熔化，很难通过合适的压力去控制焊点的直径和高度。因此，一般设计成较大尺寸的焊盘（较小的焊点密度）和较薄的焊料，但是此时形成的 IMC 层较薄且脆，是一个潜在的可靠性问题[27]。

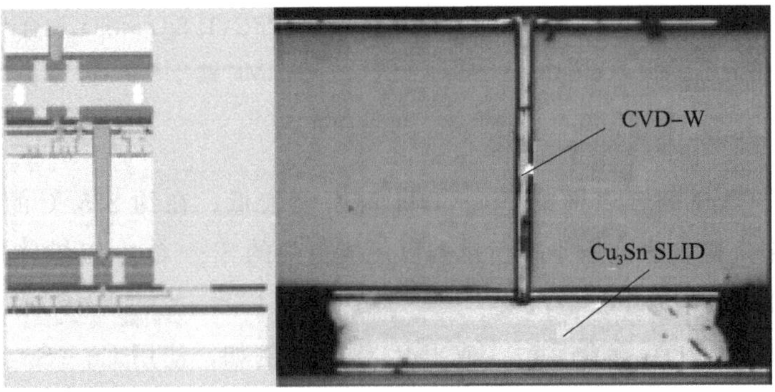

图 19-6　基于 SLID 粘接工艺[25]的三维 TSV 技术

除了上述要求外，在某些情况下根据实际应用情况，对键合材料还需要提出附加要求，以实现芯片之间或晶圆之间的永久的机械、热、电气和光学连接，或者实现晶圆减薄及薄晶圆转运的临时承载。临时键合往往对键合和解键合温度有严苛的要求，对其他要求倒没有非常严格的限制[43-46]。然而，由于薄晶圆机械性能较差，因此选择合适的键合材料和工艺以实现无损解键合是极其重要的[43]。

19.4　键合质量表征

目前，已提出多种指标用来检测和评价键合工艺，如键合界面结构、机械性能、热性能和电性能等。但是，与键合质量最相关的因素是空洞/缺陷、键合强度、电阻值和可靠性[2]。键合结构、机械性能、热性能和电性都可能会影响键合的可靠性。

如果能获得无空洞/无缺陷的键合界面是最好的，因为空洞或缺陷会很大程度上影响粘接质量和可靠性。然而，实际上不可避免地在粘接界面处会存在空洞/缺陷，尤其是在键合工艺的开发阶段。因此，键合工艺优化的第一个目标就是减小空洞/缺陷的尺寸和密度，空洞缺陷的产生取决于多种因素，如表面粗糙度（见图 19 - 3）、键合界面处的排气、微粒或金属晶粒的长大。检查空洞/缺陷的主要方法有：1）非破坏性方法，其适用材料有限且分辨率有限，例如红外（IR）成像和扫描声学显微镜（SAM）；2）破坏性方法，例如高分辨率聚焦离子束（FIB）扫描电子显微镜（SEM）和透射电子显微镜（TEM）。图 19 - 7（a）～（d）显示了随着温度的变化，Cu - Cu 键合界面处空洞/缺陷演变的 TEM 图像，图 19 - 4（a）、（b）和（e）以及图 19 - 5（b）也显示了其他类型键合界面的 TEM 图像，图 19 - 4 和图 19 - 5 中的其余图像显示了键合界面的 FIB/SEM 或 SEM 图像。图 19 - 7（e）显示了在 400 ℃下疏水键合的 150 mm 基本硅晶片对的 SAM 图像双向绝缘栅双极晶体管（BD - IGBT）的制造。在槽栅间距为 3.95 mm 和 7.9 mm 时，可获得无空洞的键合界面[41]。对上述键合晶圆，同样也获得了类似的红外图像。SAM 与红外成像方法也可用于检测 BCB[47] 和其他材料的键合界面[10,47,48]。

键合强度不仅是衡量结构和机械性能的指标，也会影响热和电气性能，以及整体的可靠性。为了避免界面分层，永久性键合需要很高的键合强度（临界能量约为1 J/m^2 或更高）。而临时键合对于键合强度没有特别严格的要求，但也必须足够高以抵抗晶圆减薄及抛光时的力，在一些特定情况下，为了更易解键合，键合强度也可以很低[43]。

键合强度的主要测试方法有刀片试验、裂纹扩展法（或双悬臂梁试验）和四点弯曲试验。刀片试验是一种定性的键合强度测试方法，其特点是简单、快速，通过在键合界面边缘插入锋利的刀片来检测键合强度，如果键合后晶圆对不易分离或破碎，则通过初步强度试验。裂纹扩展法是在键合晶片对之间插入一个特定厚度的刀片，通过记录裂纹长度及裂开时间定量评价键合质量（即表面能量）[50,51]。表面断裂韧性越高或界面材料越脆时（如 IMC），测量误差越大。四点弯曲技术理论基础来源于断裂力学，在该理论中将分层看作裂纹沿着两种键合材料之间的界面的扩展[19,20]，通过在其中一个键合晶片上形成预裂纹来制备键合晶片或芯片的电子束试样。试样安装在特殊夹具中，称重传感器测量施加的负载，执行器测量位移。键合强度（即临界粘附能）可通过荷载-位移曲线确定[19]。

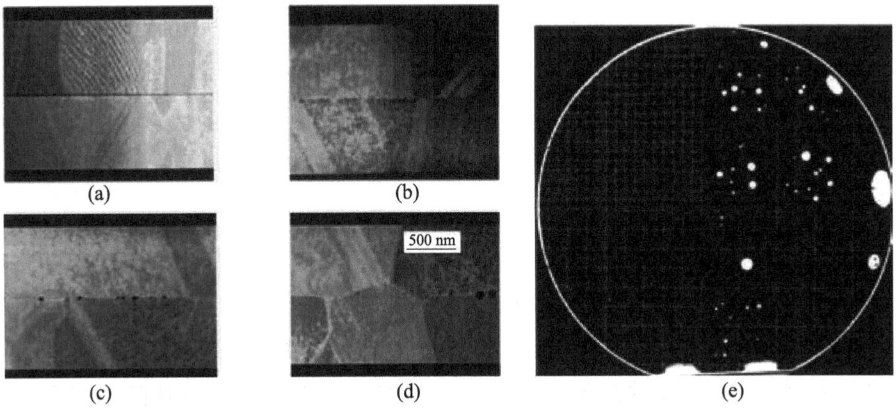

图 19-7　Cu-Cu 非热压键合的 TEM 横截面：在（a）室温下，（b）200 ℃下，（c）300 ℃下，（d）400 ℃下进行 30 min 的键合后退火[49]。（e）一张 6 in 的超声波照片。硅晶片对在 400 ℃下通过可变放气进行疏水性键合（槽栅间距为 3.95 mm、7.9 mm、15.8mm 和 30.6 mm），显示槽栅间距在 3.95 mm 和 7.9 mm 时，可获得无孔洞的键合界面[41]

图 19-8 显示了裂纹扩展法[9]测量硅直接键合的键合强度和四点弯曲法测量 BCB 键合的键合强度[18,52]。

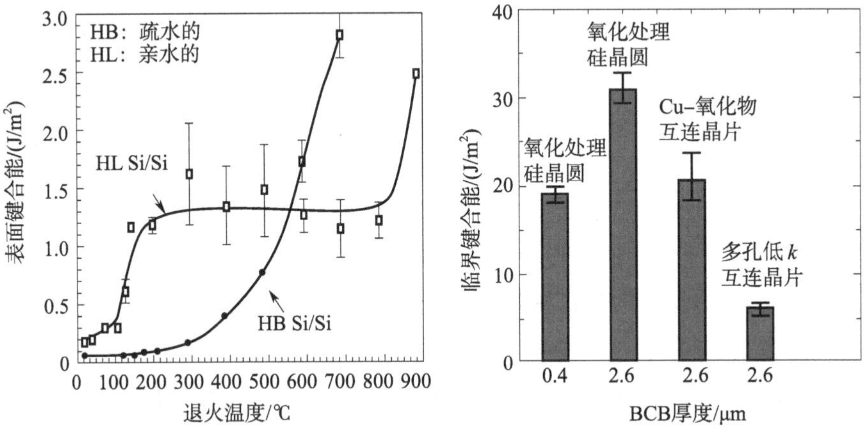

图 19-8　（a）通过裂纹扩展法测量键合材料的键合能（亲水性和疏水性硅片）[9]；（b）通过四点弯曲法测量含氧化物晶片的临界粘附能，铜氧化物和铜低 k 互连，使用 BCB 键合氧化硅晶片[52]

对于批量生产的三维集成电路来说，键合工艺可靠性越来越重要。通常会结合各种传统的可靠性测试方法来检验 3D 键合的可靠性，如剪切试验、机械冲击试验、热冲击试验和热循环试验、电迁移（EM）试验和其他电性能试验[1-4,18,21,23,26-32,48,50-55]。尤其是近期，可靠性测试重点关注了 IMC 键合的工艺[26-32,53-55]，这是因为 IMC 键合可能是大规模生产宽 I/O DRAM 的较好选择[42,53-57]。图 19 - 9 列举了几个例子，与此相关的更多研究工作也正在进行中（另见本书相应章节）。相对的，针对其他键合体系（例如，Si - Si、Si - SiO_2、SiO_2-SiO_2、Cu - Cu 和 BCB - BCB）的可靠性研究相对较少，这是因为这些键合体系一旦连接良好，它们就相当可靠[10,15,42,52]，而且半导体行业也尚未将 3D IC 的批量生产重点放在这些键合体系上。

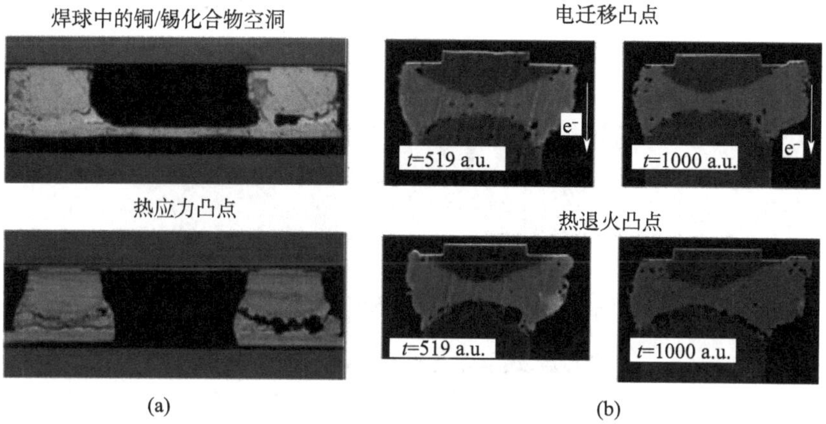

图 19 - 9　粘接可靠性测验示例：(a) Cu - Sn IMC 键合的横截面：在热机械应力试验后（40～125 ℃），不规则碰撞与失败碰撞导致的空洞[30]；(b) Cu - Sn - Cu 结构的电迁移凸点（180 ℃）和热退火凸点（170 ℃）[54]

19.5　键合技术和组装技术的讨论

三维立体集成是公认的能实现甚至超越摩尔定律的必要途径。该行业的发展从 CoC 3D 流程[3]开始，就以 TSV 为核心技术，其被用于宽 I/O 3D DRAM[56,57]和带有 TSV Si 转接器的大型领域可编程门阵列（FPGAs）[58]，此外，使用 TSV 的图像传感器在市场上已经有几年了[3]。

一些 3D 处理流程已通过大量材料进行了演示。下面将简要讨论几种主要的键合和组装技术的研究现状，相关的进一步研究仍在进行中。

1）临时键合-解键合：CoC 和 CoW 3D 工艺中其中主要的问题就是如何实现相关过程中薄晶圆的夹持及转运，如晶圆减薄过程、TSV 露头及对易碎薄晶片进行的其他减薄后过程。因此，一些组织和公司一直在研发临时键合-解键合技术及相关的键合材料，包括溶剂辅助型解键合、tape 解键合、滑移解键合和 ZoneBOND™解键合，以上各种解键合方式均有特定的键合材料，如热塑性材料、激光可降解材料、化学可溶解材料等[43-46,59]。

图 19 - 10 的流程示意图显示了基于 ZoneBOND 技术的示例。更多应用于 3D IC 批量生产的临时键合-解键合的工艺和设备的内容可以参考本手册第 10 章，其对临时键合和解键合过程有更详细的介绍。

2）CoC 键合：CoC 键合可以将不同尺寸、不同材料和不同工艺的芯片（KGD）堆叠

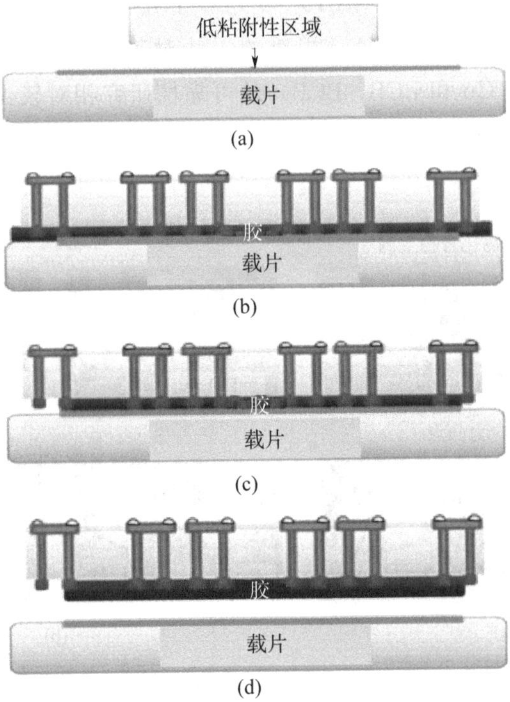

图 19 - 10　用于薄晶圆处理的临时键合-解键合工艺

起来实现 3D 系统。但是，由于属于芯片级别的封装，因此产能较低。为了提高产能，可以在空气中进行键合。因此，应运而生了 Microsolder 和微凸点技术，尤其是像固液扩散键合技术（或金属间化合物键合，例如使用 Cu - Sn 系统）和共晶键合技术（例如，使用 Au - Sn、Au - In 和其他焊料）的开发。图 19 - 11 为使用微凸点键合的一个应用示例，其为基于 TSV 的堆叠的具有 4×128 I/O 的 12.8 GB/s，2 Gb 的 DRAM[56]。图 19 - 12 为使用水滴辅助芯片自组装技术进行的 In - Au 键合示例[60]。

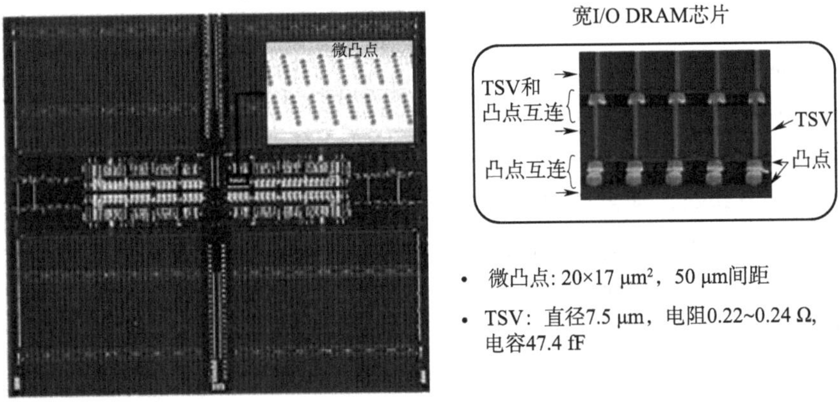

图 19 - 11　1.2 V，12.8 GB/s，2 Gb 移动式宽 I/O DRAM 的微凸点连接，4×128 I/O 使用基于 TSV 的堆叠[56]

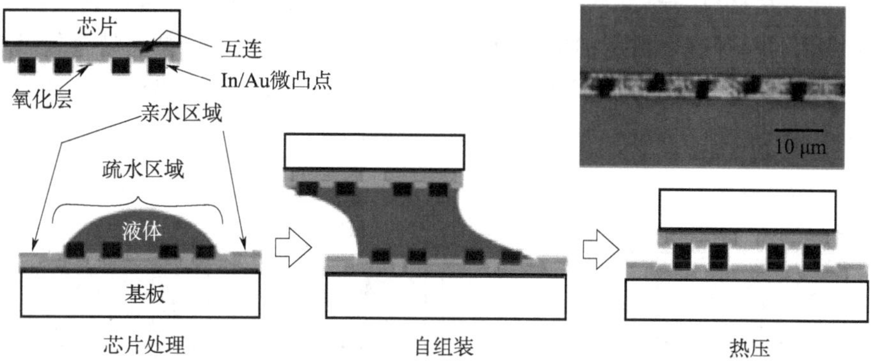

图 19-12　使用液体表面张力将芯片自组装至基板的工艺流程示意图，右上角的横截面图显示了自组装后的 In/Au 微凸点以及下面的热压缩[59]

3）CoW 键合：CoW 键合具备 CoC 所具有的所有优点，且可以同时使用晶圆级工艺以提高产量和可靠性。但是，目前 CoW 键合所面临的关键的挑战是拾取和对准精度，预热和键合过程的条件限制，以及两层以上的 IC 晶圆键合较难。In-Au 键合的水滴辅助芯片自组装技术可以为 CoW 提供亚微米级对准精度[60]，在该工艺中，芯片和晶圆表面被选择性地处理成亲水性和疏水性，因此液体焊料可以自对准待焊接的芯片表面（见图 19-12）。另一种 CoW 3D 方法通过使用主晶圆上的对准模板克服上述三个限制，并且可以达到亚微米级的对准精度，且键合更方便且可控，从而可以大大提高 3D 集成制造的产能[60]。该方法是通过晶圆减薄前先与主晶圆完成键合，然后再进行减薄，因此也可以避免临时键合-解键合步骤。图 19-13 所示为 CoW 3D 集成方法的示意图，除 rough pick-place step 之外，该方法几乎适用于任何键合材料且所有 3D 集成工艺过程都可以在晶圆级实现[61]。

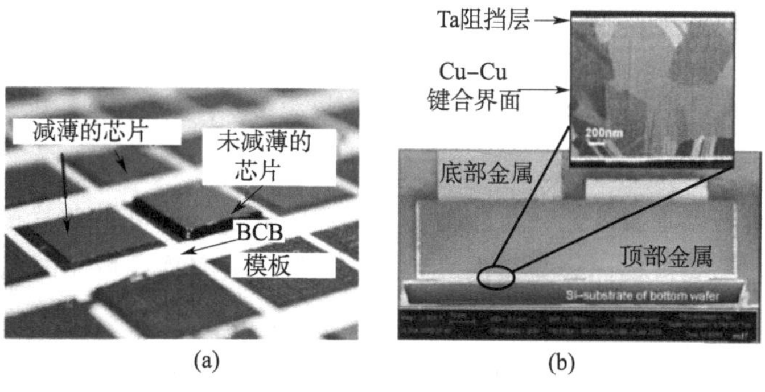

图 19-13　CoW 3D 模型演示集成平台[60]：(a) 键合在使用 BCB 模板的晶圆上的减薄芯片和未减薄芯片比较；(b) 铜-铜菊花链结构的 FIB-SEM 图像，显示出良好的对齐精度（$\sigma<2\ \mu m$）和 Cu-Cu 键合情况

4）WoW 的 3D 键合：WoW 技术是一种无需临时键合-解键合工艺的全晶圆级作业的键合技术，具有很高的产能及高可靠性。然而，WoW 技术也存在潜在挑战，如晶圆厂前期的高投入，由于缺少 KGD 而导致的良率损失以及设计和生产制造中的不灵活性，尤其

是不同的功能芯片材料一般也不相同。严格的晶圆键合条件如 19.3 节所述，通常，3D 集成的 TSV 技术对晶圆键合技术的应用具有重大影响。幸运的是，晶圆键合技术的研究由来已久，已经开发了几种晶圆键合技术[1-5]。图 19－14 给出了 3D 集成工艺最常用的几种键合方式，如氧化物熔合键合、粘合剂键合和金属键合等。

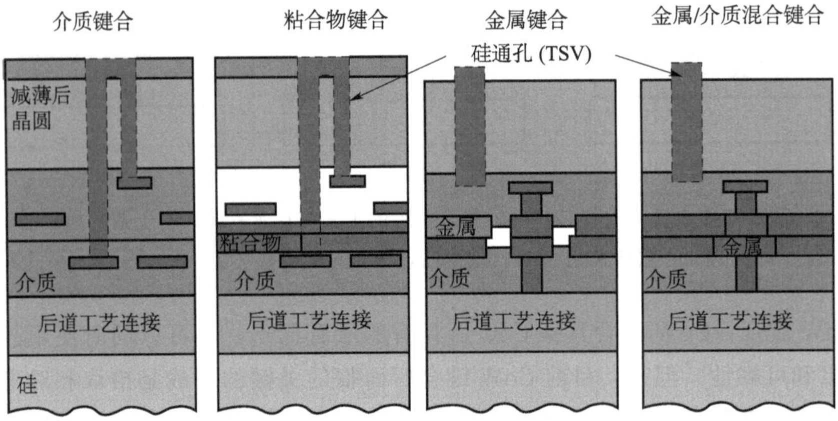

图 19－14　3D 集成工艺最常用的几种键合方式

引线键合或微凸点键合是 CoC 工艺中广泛应用的技术，除了一些特定的应用（如 3D 存储器的堆叠）外，在未来几年，从 CoC 到 CoW 和 WoW 工艺中，3D IC 技术的发展和应用将以进化而不是革命的方式继续推进。随着 TSV 技术在常规产品方面的成熟，3D 加工材料、技术和设备也将随之发展，随着 TSV、对准、键合和减薄工艺基础设备的进一步更新，CoW 和 WoW 将在 3D 集成中实现全面的应用。我们相信材料和工艺的开发和研究进展将为加工集成、热-机械应力、良率和测试以及成本降低提供一个良好的环境，从而实现未来智能系统的 3D 集成，并应用于计算、信息技术、移动和混合信号、生物医学设备、电源和智能照明中[62]。

19.6　总结和结论

三维集成技术可以垂直堆叠并将多种不同材料、工艺和功能的芯片进行异构集成。目前，许多技术概念已经被提出，完整的 3D 集成过程已被实现。可靠的晶圆键合技术使制造 3D 集成系统成为可能。多种键合方法及材料已被研究报道：

1）永久性键合，为功能芯片之间或晶圆之间提供了机械、热、电，以及光学连接。

2）临时键合，为晶圆减薄和晶圆转运提供了临时性的机械支撑（见第 10 章）。

由于特定应用键合条件（例如温度、环境、完整性和良率）的限制，研究给出了使用相应导电材料和绝缘材料体系的三种类型的永久键合工艺（即直接键合、间接键合和混合键合）。可导电的键合材料包括 Si、Cu（或其他金属）、IMC 或固液扩散键合材料（例如 Cu－Sn）、共晶金属（Au－Sn、Au－In 和其他焊料）。这些键合材料提供垂直方向的电连接以及机械和热连接。电绝缘键合材料包括 SiO_2、聚合物（如 BCB）、聚酰亚胺和底部填充胶。它们为功能芯片提供了可靠且绝缘的机械支撑。在一些情况下，需要将导电和绝缘材料组合起来通过混合实现产品的键合，该方法可以有效利用两种键合材料的优点。同样的，临时键合方法、材料和设备也在发展中，并被应用至 3D 集成的批量生产中。此外，各种键合特征化方法被用来检测键合空洞/缺陷、键合强度、电阻和可靠性，从而为 3D 芯片之间提供更可靠的互连。

在未来几年，三维集成电路技术的发展和应用将从 CoC 发展到 CoW 和 WoW，这伴随着键合方法和键合材料选择的改变：

1）CoC 键合：聚合物、IMC 或焊料，一般可在空气中进行。

2）CoW 键合：微凸点（Cu - Sn 或 Au - In）、金属或金属/电介质混合材料，一般在空气或真空中进行。

3）WoW 键合：适用于所有的键合材料。

三维技术为未来半导体技术提供了一条可行的超越摩尔定律的思路，以此打造的智能系统将能更轻松地与人及环境进行交互。

参 考 文 献

[1] Lu J - Q (2009) 3D hyper - integration and packaging technologies for micro - nanosystems. Proceedings of the IEEE, 97 (1), 18 - 30.

[2] Ramm P, Lu J J - Q, and Taklo M (eds) (2012) Handbook of Wafer Bonding, Wiley - VCH Verlag GmbH, Weinheim.

[3] Garrou P, Lu J - Q, and Ramm P (2012) Three - dimensional integration, in Handbook of Wafer Bonding (eds P Ramm, J J - Q Lu and M Taklo), Wiley - VCH Verlag GmbH, Weinheim, pp. 301 - 328.

[4] Garrou P, Bower C, and Ramm P (eds) (2008) Handbook of 3D Integration: Technology and Applications of 3D Integrated Circuits, Wiley - VCH Verlag GmbH, Weinheim.

[5] Tan C S, Gutmann R J, and Reif L R (eds) (2008) Wafer Level 3 - D ICs Process Technology, Springer.

[6] International Technology Roadmap for Semiconductors (ITRS) (2011) http: // public. itrs. net/.

[7] Lu J - Q, McMahon J J, and Gutmann R J (2008) 3D integration using adhesive, metal, and metal/adhesive as wafer bonding interfaces. MRS Proceedings, 1112, 69.

[8] Gösele U, Stenzel H, Reiche M, Martini T, Steinkirchner H, and Tong Q - Y (1996) History and future of semiconductor wafer bonding. Solid State Phenomena, 47 - 48, 33 - 44.

[9] Tong Q - Y, Cha G, Gafiteanu R, and Gösele U (1994) Low temperature wafer direct bonding. IEEE Journal of Microelectromechanical Systems, 3 (1), 29 - 35.

[10] Tong Q - Y and Gösele U (1999) Semiconductor Wafer Bonding: Science and Technology, Wiley - Interscience.

[11] Plöl A and Kräuter G (March 1999) Wafer direct bonding: tailoring adhesion between brittle materials. Materials Science and Engineering, 25 (1 - 2), 1 - 88.

[12] Burns J A et al (2006) A wafer - scale 3 - D circuit integration technology. IEEE Transactions on Electron Devices, 53 (10), 2507 - 2516.

[13] Guarini K W et al (2002) Electrical integrity of state - of - the - art 0. 13μm SOI CMOS devices and circuits transferred for three - dimensional (3D) integrated circuit (IC) fabrication. International Electron Devices Meeting (IEDM 2002), December 8 - 11, 2002, pp. 943 - 945.

[14] Chen K N, Fan A, Tan C S, Reif R, and Wen C Y (2002) Microstructure evolution and abnormal grain growth during copper wafer bonding. Applied Physics Letters, 81 (20), 3774 - 3776.

[15] Chen K N and Tan C S (2011) Thermocompression Cu - Cu bonding of blanket and patterned wafers, in Handbook of Wafer Bonding (eds P Ramm, J J - Q Lu, and M Taklo), Wiley - VCH Verlag GmbH, Weinheim, pp. 161 - 180.

[16] Patti R S (2006) Three - dimensional integrated circuits and the future of systemon - chip designs. Proceedings of the IEEE, 94 (6), 1214 - 1224.

[17]　Niklaus F, Stemme G, Lu J - Q, and Gutmann R J (2006) Adhesive wafer bonding. Journal of Applied Physics, 99 (3), 031101.

[18]　Lu J - Q, Jindal A, Kwon Y, McMahon J J, Rasco M, Augur R, Cale T S, and Gutmann R J (2003) Evaluation procedures for wafer bonding and thinning of interconnect test structures for 3D ICs. IEEE International Interconnect Technology Conference, pp. 74 - 76.

[19]　Kwon Y, Seok J, Lu J Q, Cale T S, and Gutmann R J (2006) Critical adhesion energy of benzocyclobutene (BCB) - bonded wafers. Journal of the Electrochemical Society, 153 (4), G347 - G352.

[20]　Kwon Y, Seok J, Lu J - Q, Cale T S, and Gutmann R J (2005) Thermal cycling effects on critical adhesion energy and residual stress in benzocyclobutene (BCB) - bonded wafers. Journal of the Electrochemical Society, 152 (4), G286 - G294.

[21]　Kwon Y, Jindal A, Augura R, Seok J, Cale T S, Gutmann R J, and Lu J - Q (2008) Evaluations of bonding and thinning integrity of stacked wafers for three dimensional (3D) integration. Journal of the Electrochemical Society, 155 (5), H280 - H286.

[22]　Yu J, Wang Y, Lu J - Q, and Gutmann R J (2006) Low - temperature silicon wafer bonding based on Ti/Si solid - state amorphization. Applied Physics Letters, 89, 092104.

[23]　Ko C - T and Chen K - N (2012) Low temperature bonding technology for 3D integration. Microelectronics Reliability, 52 (2), 302 - 311.

[24]　Ramm P, Klumpp A, Merkel R, Weber J, and Wieland R (2004) Vertical system integration by using inter - chip vias and solid - liquid interdiffusion bonding. Japanese Journal of Applied Physics, 43 (7A), L829 - L830.

[25]　Ramm P, Klumpp A, Weber J, Lietaer N, Taklo M, De Raedt W, Fritzsch T, and Couderc P (2010) 3D integration technology: status and application development. Proceedings of the ESSCIRC/ ESSDERC, Seville, Spain, pp. 9 - 16.

[26]　Huebner H, Penka S, Barchmann B, Eigner M, GruberW, Nobis M, Janka S, Kristen G, and Schneegans M (2006) Microcontacts with Sub - 30μm pitch for 3D chip - on - chip integration. Microelectronic Engineering, 83 (11), 2155 - 2162.

[27]　Sakuma K, Sueoka K, Kohara S, Matsumoto K, Noma H, Aoki T, Oyama Y, Nishiwaki H, Andry P S, Tsang C K, Knickerbocker J U, and Orii Y (2010) IMC bonding for 3D interconnection. Proceedings of the 60th Electronic Components and Technology Conference, 2010 (ECTC 2010), pp. 864 - 871.

[28]　Huffman A, Lueck M, Bower C, and Temple D (2007) Effects of assembly process parameters on the structure and thermal stability of Sn - capped Cu bump bonds. Proceedings of the 57th Electronic Components and Technology Conference, 2007 (ECTC 2007), pp. 1589 - 1596.

[29]　Sakuma K, Andry P S, Dang B, Maria J, Tsang C K, Patel C, Wright S L, Webb B, Sprogis E, Kang S K, Polastre R, Horton R, and Knickerbocker J U (2007) 3D chip stacking technology with low volume lead - free interconnections. Proceedings of the 57th Electronic Components and Technology Conference, 2007 (ECTC 2007), pp. 627 - 632.

[30]　Khan N, Wee D H S, Chiew O S, Sharmani C, Lim L S, Li H Y, and Vasarala S (2010) Three Chips Stacking with Low Volume Solder Using Single Re - Flow Process. Proceedings of the 60th

Electronic Components and Technology Conference，2010（ECTC 2010），pp. 884 - 888.

[31] Huang S - Y，Zhan C - J，Chung S - C，Fan C - W，Chen S - M，Chang T - C，and Chen T - H (2011) Bonding and reliability assessment of 30μm pitch solder micro bump interconnection with various UBM structure for 3D chip stacking. 6th International Microsystems，Packaging，Assembly and Circuits Technology Conference（IMPACT 2011），Taipei，Taiwan，pp. 454 - 457.

[32] Reed J D，Lueck M，Gregory C，Huffman C A，Lannon J M，Jr，and Temple D（2010）Reliability and ultra - low temperature bonding of high density large area arrays with Cu/Sn - Cu interconnects for 3D integration. 2010 International Interconnect Technology Conference，Burlingame，CA，USA，pp. 1 - 3.

[33] Di Cioccio L（2011）Cu/SiO_2 hybrid bonding，in Handbook of Wafer Bonding（eds P Ramm J J - Q Lu，and M Taklo），Wiley - VCH Verlag GmbH，Weinheim，pp. 237 - 259.

[34] Gueguen P，Ventosa C，Cioccio L D，Moriceau H，Grossi F，Rivoire M，Leduc P，and Clavelier L（2010）Physics of direct bonding：applications to 3D heterogeneous or monolithic integration. Microelectronic Engineering，87（3），477 - 484.

[35] Enquist P，Fountain G，Petteway C，Hollingsworth A，and Grady H（2009）Low cost of ownership scalable copper direct bond interconnect 3D IC technology for three dimensional integrated circuit applications. IEEE International Conference on 3D System Integration（3DIC 2009），pp. 1 - 6.

[36] Enquist P（2011）Metal/silicon oxide hybrid bonding，in Handbook of Wafer Bonding（eds P Ramm J J - Q Lu，and M Taklo），Wiley - VCH Verlag GmbH，Weinheim，pp. 261 - 278.

[37] Lu J - Q，McMahon J J，and Gutmann R J（2012）Hybrid metal/polymer wafer bonding platform，in Handbook of Wafer Bonding（eds P Ramm，J J - Q Lu，and M Taklo），Wiley - VCH Verlag GmbH，Weinheim，pp. 215 - 236.

[38] Nimura M，Sakuma K，Ogino H，Enomoto T，Shigetou A，Shoji S，and Mizuno J（2012）Hybrid solder - adhesive bonding using simple resin planarization technique for 3D LSI. 3rd IEEE International Workshop on Low Temperature Bonding for 3D Integration（LTB - 3D），Tokyo，Japan，p. 81.

[39] Oppermann H and Hutter M（2012）Au/ Sn solder，in Handbook of Wafer Bonding（eds P Ramm J J - Q Lu，and M Taklo），Wiley - VCH Verlag GmbH，Weinheim，pp. 119 - 138.

[40] Koyanagi M and Motoyoshi M（2011）Eutectic Au - In bonding，in Handbook of Wafer Bonding（eds P Ramm J J - Q Lu，and M Taklo），Wiley - VCH Verlag GmbH，Weinheim，pp. 139 - 159.

[41] Picard J（2012）Thinned wafer low temperature silicon direct bonding for power device fabrication. M. S. Thesis. Rensselaer Polytechnic Institute，Troy，NY.

[42] Lu J - Q（2012）Advances in materials and processes for 3D - TSV integration. ECS Transactions，45（6），119 - 129.

[43] Puligadda R（2011）Temporary bonding for enabling three - dimensional integration and packaging，in Handbook of Wafer Bonding（eds P Ramm，J J - Q Lu，and M Taklo），Wiley - VCH Verlag GmbH，Weinheim，pp. 329 - 345.

[44] Phommahaxay A et al（2012）Ultrathin wafer handling in 3D stacked IC manufacturing combining a novel ZoneBOND™ temporary bonding process with room temperature peel debonding. IEEE International 3D Systems Integration Conference（3DIC），2012，Osaka，Japan.

[45] Kawano M, Komatsu T, Fehkührer A, Schachinger M, Wiesbauer H, Burggraf J, Burgstaller D, Matthias T, Wimplinger M, and Lindner P (2012) Temporary bonding and LowTemp® debonding technology for various applications. 3rd IEEE International Workshop on Low Temperature Bonding for 3D Integration, Tokyo, Japan, p. 149.

[46] Chen M - C, Hsieh F, and Hu D - C (2012) A new carrier structure for TSV thin wafer handling. IEEE 62nd Electronic Components and Technology Conference (ECTC 2012), San Diego, CA, USA, pp. 561 - 563.

[47] Zschech E and Diebold A (2011) Metrology and failure analysis for 3D IC integration. AIP Conference Proceedings, 1395, 233 - 239.

[48] Brand S, Czurratis P, Hoffrogge P, Temple D, Malta D, Reed J, and Petzold M (Oct. (2011)) Extending acoustic microscopy for comprehensive failure analysis applications. Journal of Materials Science: Materials in Electronics, 22 (10), 1580 - 1593.

[49] Moriceau H, Rieutord F, Fournel F, Di Cioccio L, Moulet C, Libralesso L, Gueguen P, Taibi R, and Deguet C (2012) Low temperature direct bonding: an attractive technique for heterostructures build - up. Microelectronics Reliability, 52 (2), 331 - 341.

[50] Gosele U and Tong Q - Y (1998) Semiconductor wafer bonding. Annual Review of Materials Science, 28, 215 - 241.

[51] Martini T, Steinkirchner J, and Gösele U (1997) The crack opening method in silicon wafer bonding: how useful is it? Journal of the Electrochemical Society, 144 (1), 354 - 357.

[52] Lu J - Q, Cale T S, and Gutmann R J (2008) Handbook of 3D Integration: Technology and Applications of 3D Integrated Circuits, vol. 1 (eds P Garrou, C Bower, and P Ramm), Polymer Adhesive Bonding Technology, pp. 249 - 259.

[53] Smith K, Hanaway P, Jolley M, Gleason R, Strid E, Daenen T, Dupas L, Knuts B, Marinissen E J, and Dievel M V (2011) Evaluation of TSV and micro - bump probing for wide I/O testing. IEEE International Test Conference (ITC), 2011, Anaheim, CA, USA, pp. 1 - 10.

[54] Wang Y, Chae S - H, Dunne R, Takahashi Y, Mawatari K, Steinmann P, Bonifield T, Jiang T, Im J, and Ho P S (2012) Effect of Intermetallic Formation on Electromigration Reliability of TSV Microbump Joints in 3D Interconnect. IEEE 62nd Electronic Components and Technology Conference (ECTC), 2012, San Diego, CA, pp. 319 - 325.

[55] Lee C - K et al (2012) Wafer bumping, assembly, and reliability assessment of μbumps with 5 μm Pads on 10 μm Pitch for 3D IC Integration. IEEE 62nd Electronic Components and Technology Conference (ECTC), San Diego, CA, USA, pp. 636 - 640.

[56] Kim J - S, Oh C S, Lee H, Lee D, Hwang H - R, Hwang S, Na B et al (2011) A 1.2V 12.8GB/s 2Gb mobile Wide - I/O DRAM with 4128 I/Os using TSV based stacking. IEEE International Solid - State Circuits Conference Digest of Technical Papers (ISSCC), pp. 496 - 498.

[57] Zhan C - J, Tzeng P - J, Lau J H, Dai M - J, Chien H - C, Lee C - K, Wu S - T et al (2012) Assembly process and reliability assessment of TSV/RDL/IPD interposer with multi - chip - stacking for 3D IC integration SiP. IEEE 62nd Electronic Components and Technology Conference (ECTC), San Diego, CA, USA, pp. 548 - 554.

[58] Banijamali B, Ramalingam S, Nagarajan K, and Chaware R (May 2011) Advanced reliability

study of TSV interposers and interconnects for the 28nm technology FPGA. IEEE 61st Electronic Components and Technology Conference (ECTC), pp. 285 - 290.

[59] Charbonnier J, Cheramy S, Henry D, Astier A, Brun J, Sillon N, Jouve A, Fowler S, Privett M, Puligadda R, Burggraf J, and Pargfrieder S (2009) Integration of a temporary carrier in a TSV process flow. IEEE 59th Electronic Components and Technology Conference, San Diego, CA, USA, pp. 865 - 871.

[60] Fukushima T, Ohara Y, Murugesan M, Bea J - C, Lee K - W, Tanaka T, and Koyanagi M (2011) Self - assembly technologies with high - precision chip alignment and fine - pitch microbump bonding for advanced die - to - wafer 3D integration. IEEE 61st Electronic Components and Technology Conference (ECTC), pp. 2050 - 2055.

[61] Chen Q, Zhang D, Wang Z, Liu L, and Lu J - Q (2011) Chip - to - wafer (C2W) 3D integration with well - controlled template alignment and wafer - level bonding. IEEE 61st Electronic Components and Technology Conference (ECTC), pp. 1 - 6.

[62] Lu J - Q (2012) 3D hyper - integration: past, present and future. Future Fab International, 41, 81 - 87.

第 20 章　台积电（TSMC）的键合与组装

Douglas C. H. Yu

20.1　介绍

2012 年，台积电应用硅通孔（Through - Silicon Via，TSV）技术的晶圆级三维（3D）集成技术又实现了一个重要的里程碑，表现为从研发阶段转为生产阶段。同构集成是通过将一个大芯片划分为几个小块，再将其集成到硅转接基板上来实现的，这样能显著提高芯片良率并降低成本。异构集成为不同器件、不同技术节点和不同功能的芯片提供了最有效的方法，封装体内的芯片之间具有更短的互连。3D IC 是一种极具吸引力的、低成本的大型多功能片上系统（SoC）集成电路的替代品，其可将多功能片上系统分为几个较小的芯片，每一个小芯片具备特定的功能和最佳的技术节点，然后再通过 3D IC 技术将这些小芯片集成在一起。低功耗、高性能以及更小的体积使其应用更广泛，详细信息将在其他章节中讨论。

正如本书和其他已出版的文献所讨论的，通过 TSV 实现芯片垂直堆叠的 3D 集成方法有很多。因此，了解不同方法的局限性和优势，从而制定最合适的工艺方案是至关重要的。台积电致力于提供市场上最高效、最具成本竞争力的 3D 解决方案。所选择的最可行的方案不仅需要满足先进性且具有成本竞争力，同时该技术也要可持续性地应用，符合未来产品路线图的发展需求。因此，具体选择某种技术时不仅要从工艺角度来看，还要考虑其成本、良率和风险等因素，以及是否可扩展到未来的技术节点，满足未来产品的应用。

芯片晶圆上基板（CoWoS™）是一种 3D TSV 技术，首先通过 CoW 工艺将芯片连接到晶圆上，然后将 CoW 切割成小片并连接到基板上（CoW - on - substrate），从而形成 CoWoS 组装结构。台积电已成功开发、优化了 CoWoS 工艺，并投入生产，同时也申请了相关专利。CoWoS 工艺中的所有关键技术，如 TSV、微凸点制备、晶圆拿持、键合-解键合，以及窄间距双面再布线等均已有深入的研究，并具备严格的良率和可靠性要求。它为客户提供端到端的解决方案，其提供的 3D 芯片堆叠和系统集成与［如片上基板（Chip On - Substrate，CoS）或片上芯片（Chip - On - Chip，CoC）］相比，主要的优势有四点：

1）高良率：微凸点制备工艺具有极高的互连良率。

2）易于处理：更容易处理大尺寸芯片器件和不对称芯片。

3）低风险：薄型晶圆传输和转运的风险最小化。

4）在工厂环境中进行成熟的晶圆工艺，以实现大批量生产，高良率，高产能。

更为重要的是，晶圆和芯片翘曲控制和焊接一直是 CoC 工艺面临的主要问题，但使用 CoW 方法很容易实现三维芯片堆叠。CoWoS 同样可以最大限度地减少热失配引起的硅和有机衬底之间的翘曲变形。解决了最具挑战性的难题，CoWoS 因此能够实现稳定且持续的高产能。该技术已通过试验鉴定，正在批量生产中[1]。

20.2 工艺流程

CoWoS 组装工艺包括两个步骤。首先，将顶部芯片化成单颗 die，并通过倒装焊的方法焊接到底部晶圆上，底部晶圆可为重构晶圆。在堆叠过程中，晶圆起到了机械支撑作用。顶部芯片与底部晶圆之间通过微凸点连接起来，所用微凸点比有机基板上的 C4 凸点更小。先 CoW 的流程由于可以有效地避免翘曲且效率高，因此提供了更宽的工艺窗口，这是因为焊点两侧的材料均为硅，其热失配很小。这一优势还使先 CoW 工艺能够在更大尺寸芯片/更小微凸点的堆叠中应用，这对于微凸点尺寸不断减小、产品尺寸不断缩小有着重要的意义。在 CoW 完成后，下一步是将晶圆切割成小 die，并将小块的 CoW 模块组装到有机材料上［见图 20-1（c）］。

(a)　(b)　(c)

图 20-1　CoWoS 流程示例显示了两个主要的堆叠步骤：首先，如（a）和（b）所示，在晶圆级执行 CoW。最后，(CoW) oS 过程的完成在（c）[1]中进行了演示。(a) CoW，每个都附有三个芯片，并在整个底部晶圆中重复。(b) 放大图像显示三芯片集成（请注意，锯齿间隙大于芯片间间隙）。(c) 完成最终基板堆叠后的 CoWoS™（请注意，在这种情况下，顶部芯片没有受到模塑料的保护）经 IEEE 许可转载，由台积电提供。

20.3 芯片到晶圆的堆叠键合

根据堆叠体是面对面（F2F）还是面对背（F2B），有两种不同的方法来进行 CoW 堆叠。如果是 F2B 堆叠，一般是在晶圆正面（该面具有高功率器件及高密度布线）制备好 C4 凸点，并通过键合临时载片进行保护。再在晶圆背面进行背面研磨露出 TSV，随后进行背面 RDL 和微凸点制备。最后，使用微凸点实现 CoW 互连[2]。图 20-2 为该方法的流程图。

对于 F2F，使用传统晶圆制备形式，然后在晶圆正面通过倒装焊设备拾取并放置实现

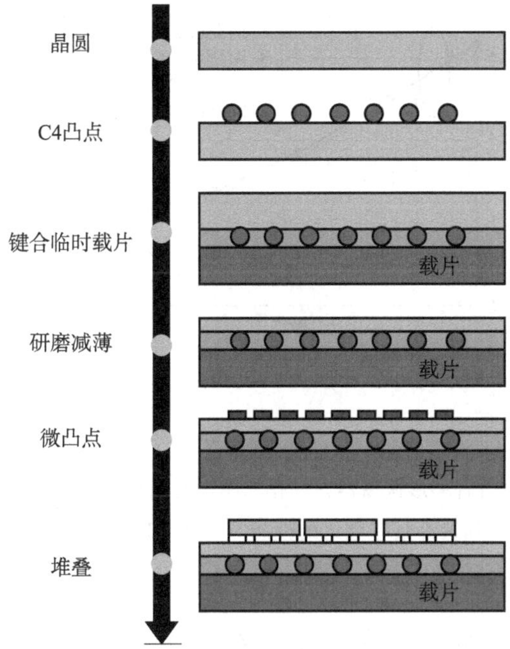

图 20－2　晶圆正面（带有器件的一侧）有 C4 凸点的 CoW 工艺流程[2]
经 IEEE 许可转载，由台积电提供。

CoW 堆叠。虽然该方法是通过微凸点而不是 C4 凸点进行的连接，但生产流程与上面的 F2B 没有本质的区别。晶圆是否经过焊点的回流工艺，取决于是采用传统焊料回流工艺还是采用热压键合（TCB）工艺。

在完成所有的单颗芯片到晶圆的贴装后，进行毛细底部填充。或者也可以采用另外一种方案，在贴装芯片之前，使用非流动底充胶（NUF）或晶圆级底部填充技术（WLUF），然后通过 TCB 完成键合。在完成芯片与晶圆之间的底部填充后，在 CoW 晶圆的正面键合载片，然后继续进行晶圆（底部晶圆背面）背面减薄和背面其他工艺。典型工艺包括 TSV 晶圆减薄、TSV 露头、背面 RDL（如有）处理，以及凸点下金属化层（UBM）和 C4 焊料凸点制备，从而完成背面的晶圆级工艺。随后，对 CoW 晶圆进行划片，分割后的单颗 CoW 芯片即可堆叠至基板上。类似于上述 CoW 工艺，当底部芯片仍为晶圆形式时，CoW 晶圆继续从背面进行减薄，薄晶圆的拿持即可被避免。CoW 还能够以晶圆形式进行堆叠后处理或测试，这大大改善了叠层对齐、分辨率误差、工艺处理和良率控制等堆叠后的步骤。图 20－3 为 post－CoW 测试结果。CoW 组装在焊接前后对环形振荡器性能几乎没有影响。该示例还使 CoW 工艺组装后立即进行高灵敏度晶圆级功能测试成为可能。

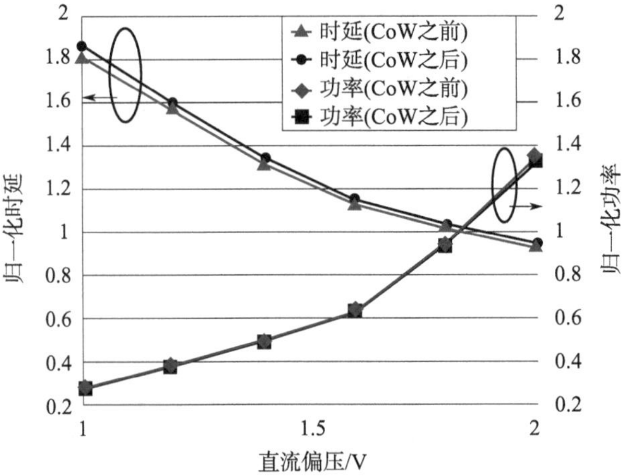

图 20－3　CoW 堆叠过程前后环形振荡器归一化功率和时间延迟的比较。在 CoW 堆叠过程之前和之后，功率和时间延迟都具有可比的性能[2]（经 IEEE 许可转载。由台积电提供）

20.4　基板上的 CoW（CoWoS）堆叠

基板上的 CoW 堆叠和传统的倒装芯片封装工艺在流程上没有本质的区别。使用 C4 凸点进行芯片连接，芯片的对位及放置具有相同的对准精度，相同的回流焊，相同的毛细底部填充工艺和固化，相同的功能测试和分选。实际上，这也是 CoWoS 具有吸引力和产量高的原因之一，几乎所有的倒装芯片工艺相关的经验都可以直接应用到（CoW）oS 工艺中。

20.5　CoWoS 与 CoCoS

另一种可替代的堆叠结构，如芯片对芯片基板（CoCoS），无论是 CoC 工艺还是 CoS 工艺都面临着各种各样的挑战[3]。对于先 CoC 工艺，薄晶圆和薄芯片的拿持和后测是主要问题。所有的待组装的芯片都需要经过测试、减薄、背面处理、切割和分选至合适的料盒中或承载治具中。在顶部芯片与底部芯片正面键合之前，底部芯片需要被放到合适的载具或者平台上。这个步骤很关键，因为芯片背面有 C4 凸点，且芯片正面有微凸点。双面凸点芯片的大尺寸芯片拿持是 CoC 工艺面临的新挑战。在不使用热压键合工艺时，如果没有适当的控制，共面性控制是个很大的问题点。

对于先 CoS 工艺，大尺寸薄底芯片与有机基板的连接不可避免地会引起组件内产生较大的翘曲，如图 20－4 所示。顶层芯片具有更小的微凸点间距，其对对位精度及共面性有更高的要求，再加上 CoS 引入的较大翘曲，使得顶层芯片与 CoS 层的组装将变得更加困难。

另一种 CoCoS 组装流可使用 TCB 和 NUF（或 WLUF）。采用 TCB 工艺时，翘曲问题就不那么严重了。然而如果采用 TCB 工艺，针对双面凸点芯片的键合就没有那么简单了，必须使用专门设计的处理夹具、键合头或凸起结构。TCB 和 NUF（或 WLUF）工艺在大批量生产中实现高产量都相当具有挑战性。整个行业对此类组装形式在长期可靠性上缺乏经验，行业需要从大批量生产和长期现场应用中学习，以便积累足够的数据和经验，以优化技术。上述与 CoCoS 相关的一些问题目前仍没有解决方案，要么会影响产量，要么需要大量的人力、成本和时间来解决。

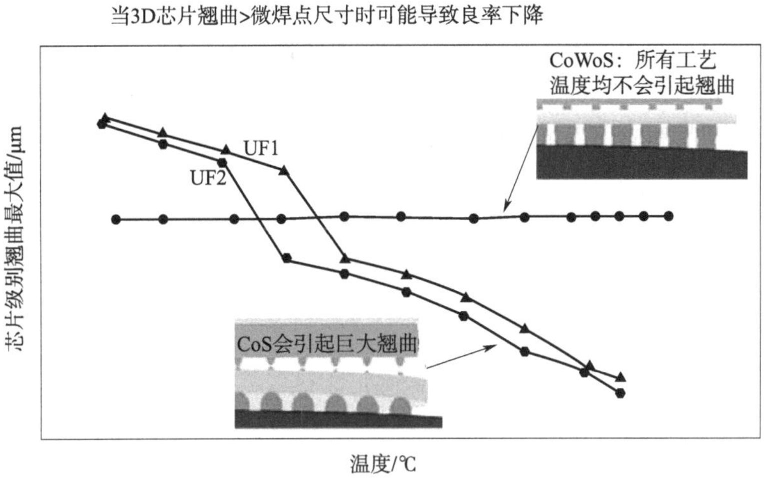

图 20－4　三维装配良率与装配过程中的翘曲控制密切相关，先 CoS 工艺在焊接温度和可靠性应力下都会引入较大的翘曲，这反过来又会导致组装良率低和机械可靠性差，例如温度循环（由台积电提供）

20.6　测试和已知良好堆叠

另一个经常提到的 3D 问题是测试和已知合格芯片（KGD）或已知合格芯片的堆叠（KGS）。测试是生产流程中耗费成本的一个环节。正确的测试有助于去除不良件，改善最终产品良率，从而降低总体生产成本。然而，测试也同样增加产品流转工步，增加了产生不良件的风险，特别是当所测试芯片为较薄的堆叠件时。当产品从一个供应链步骤移交到下一个供应链步骤时，通常需要进行测试。在 3D 堆叠中，测试成为一个复杂的问题。

与传统封装相比［如封装对封装（PoP）、CoC 或多芯片模块（MCM）］，3D TSV 集成的真正优势是不同或相同类芯片的互连更短，同时其摒弃了传统的有机基板而选用了细间距和高密度硅基晶圆，显然，这种 3D 集成通常需要基于晶圆工艺。当不同的芯片堆叠在底部晶圆上时（基板或者大尺寸的芯片充当基板），CoW 工艺可在划片前完成晶圆级的测试（晶圆探针，称为 CP 测试）。如果采用先 CoS 的工艺，便无法进行此类测试，除非通过有机基板特殊定制了测试设计（DfT）。实现这种 DfT 给芯片和系统带来了额外的成本，在某些情况下，这种 DfT 过于复杂，无法在有机基板中实现。因此，从 KGS 和基板设计方面来看，CoWoS 是一种更具成本效益的三维组装工艺。

20.7　未来展望

无论是良率测试方法还是芯片种类，使用超大硅转接基板（大于 1 英寸 ×1 英寸）作为底部晶圆的 CoWoS 工艺证明具有更大的产能和潜力。机械和电可靠性试验也均已通过严格的工业组件级可靠性要求。CoWoS 堆叠方案为大尺寸芯片、微细节距凸点和多种异构芯片的 3D 系统集成提供了很宽的工艺窗口。其基本工艺流程成熟，且可适用于不同的焊接工艺（回流焊、TCB 或铜-铜键合），不同的底部填充材料（毛细管、非流动、晶圆级），以及不同的塑封工艺（晶圆或芯片）。这种广泛的适用性至关重要，其允许 3D 系统集成根据市场、产品和应用需求的快速变化而发展。

参考文献

[1] Chiou W C, Yang K F, Yeh J L, Wang S H, Liou Y H, Wu T J, Lin J C, Huang C L, Lu S W, Hsieh C C, Teng H A, Chiu C C, Chang H B, Wei T S, Lin Y C, Chen Y H, Tu H J, Ko H D, Yu T H, Hung J P, Tsai P H, Yeh D C, Wu W C, Su A J, Chiu S L, Hou S Y, Shih D Y, Chen Kim H, Jeng S P, and Yu C H (2012) Symposium on VLSI Technology (VLSIT), 2012, pp. 107-108.

[2] Lo T, Chen M F, Jan S B, Tsai W C, Tseng Y C, Lin C S, Chiu T J, Lu W S, Teng H A, Chen S M, Hou S Y, Jeng S P, and Yu C H (2012) IEEE International Electron Devices Meeting (IEDM), 2012, pp. 793-795.

[3] Wakiyama S, Ozaki H, Nabe Y, Kume T, Ezaki T, and Ogawa T (2007) Novel low temperature CoC interconnection technology for multichip LSI (MCL). Proceedings of the 57th Electronic Components and Technology Conference, 2007 (ECTC 2007), pp. 610-615.

第 21 章　STATS ChipPAC 的 TSV 封装研究

Rajendra D. Pendse

21.1　介绍

3D TSV 技术的出现可以被看作是 Si 级片上系统（SoC）和系统级封装（SiP）的两个独立领域交叉的产物。因此，它代表了 SoC 和 SiP 集成方法的一个扩展集，并为我们今天所知道的 Si 技术和封装技术带来了革新。

表 21－1 从 STATS ChipPAC 的角度概述了 TSV 技术变迁，以及随之变化的产品和应用、封装架构、设备输入/输出（I/O）密度，以及每种技术革新大致的引入时间。对于芯片尺寸接近光刻工具极限的大型设备，使用 TSV 技术对设备进行“分割和重新整合”是一种自然的趋势：它可以被看作是为摩尔定律的延续提供了另一个维度，否则芯片尺寸将超过光刻工具中使用的刻线尺寸的限制。例如表 21－1 所示的第一代技术革新，目前已经被领先的代工厂和客户用于现场可编程门阵列（FPGA）产品。第二代技术是针对移动平台的，代表了“真正的 3D”封装的实现，其主要的驱动因素是应用程序处理器和内存之间的带宽增加，同时对减小寄生，这种技术使得智能手机和平板电脑等产品可以在不增加功耗的情况下获得更高的性能。该 TSV 技术的实现基于 STATS ChipPAC 与关键应用处理器的联合高速发展的背景，稍后将详细进行介绍。第三代技术结合了前两种技术，面向传统计算进行了改进。这种技术能够满足在 GPU 或 CPU 与内存通信时对性能和电源的需求。第四代技术被视为 TSV 技术的“圣杯”，因为它的目标是从本质上缓解所谓的冯·诺伊曼瓶颈，直接加速高端计算系统的 CPU－内存接口；然而，这一版本需要对硅、结构和冷却解决方案进行专门设计，因此它的真正实现需要更长的时间。STATS ChipPAC 的开发重点是第二代技术，以保持该公司在移动平台封装方面的领导地位，同时进行第三代技术的开发活动。

表 21－1　不同种类 TSV 技术的应用、市场和引入时间

集成方案	应用领域	以前的结构	未来的结构（含 TSV）	驱动因素	输入/输出密度	大致推出时间
单晶硅的分割和重新整合（2.5D）	FPGA；ASIC 系列；GPU			节约成本：摩尔定律扩展；硅节点	$<1\ \mu m\ L/S$；约 $10^3 \sim 10^4\ mm^{-2}$	2011—2012 年
不同功能整合（用于移动设备）（3D）	AP＋宽 I/O 存储		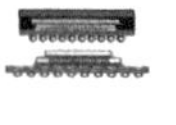	更高的带宽与更低的功耗	$10\ \mu m\ L/S$；$10^1 \sim 10^2\ mm^{-2}$	2014 年

续表

集成方案	应用领域	以前的结构	未来的结构(含 TSV)	驱动因素	输入/输出密度	大致推出时间
不同功能整合(用于计算)(2.5D)	GPU/CPU+存储			通过最大限度地减少寄生器件，实现高功率/性能	1～5 μm L/S；10^2～10^3 mm^{-2}	2014—2015 年
不同功能整合(用于计算)(3D)	CPU+HBM			通过消除内存瓶颈提高性能	<1 μm L/S；>10^4 mm^{-2}	约 2015—2016 年

21.2　移动平台 3D TSV 解决方案的开发

TSV 技术实现的主要挑战之一是 Si 制造（代工）和封装制造［外包半导体组装和测试（OSAT）］操作之间的划分和切换点，封装制造公司通常被称为 OSAT。图 21-1 是 STATS ChipPAC 和其他 OSAT 目前遵循的流程。

STATS ChipPAC 开发了所谓的中端和后端工艺能力[1-6]。中端流程需要全新的技术，需要像晶圆厂一样的制造操作和更高的资本密度（每单位产出所需的美元投资），而后端流程是对现有的、传统的封装能力的扩展。

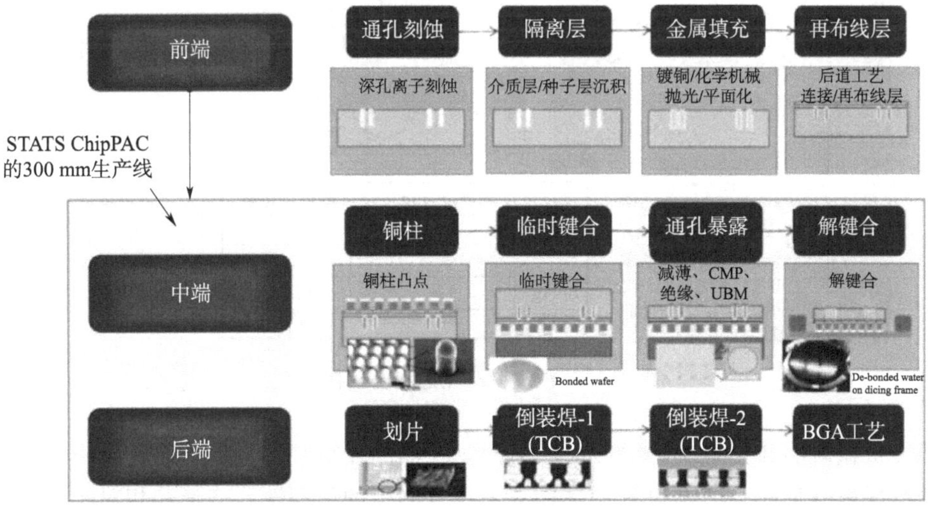

图 21-1　STATS ChipPAC 提供的整体 3D TSV 工艺流程和功能

图 21-2 是典型的封装结构和工艺流程，该流程是针对智能手机和平板电脑产品配置的 28 nm 测试装置开发的。STATS ChipPAC 开发了图 21-2 中的每一个单元工艺。从硅晶圆厂的全厚度器件晶圆开始，晶圆结构中已经嵌入了 TSV，但尚未暴露出来。STATS ChipPAC 目前的制造能力为每月 5 000 片。下面描述了各个单元工艺的关键特性。

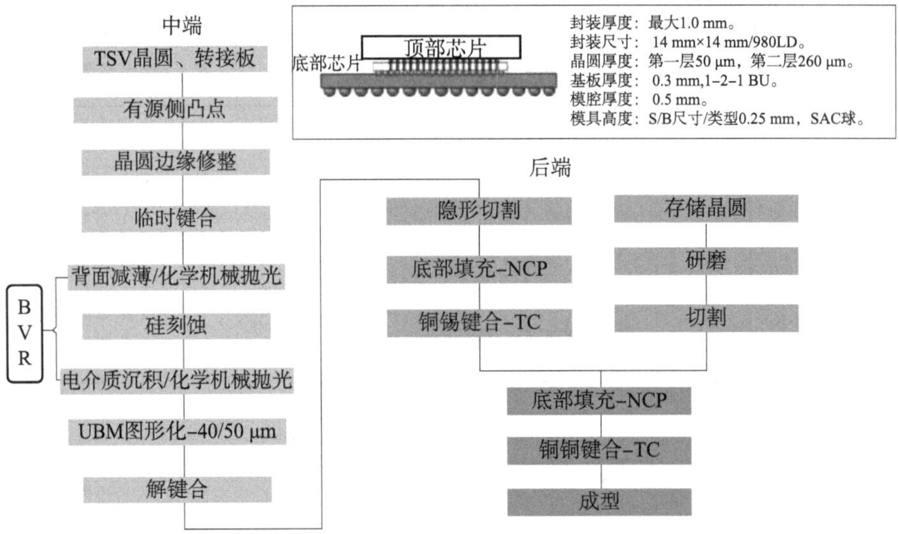

图 21－2　用于 3D TSV 开发的工艺流程及测试装置

图 21－3 显示了微凸点单元工艺的特点，微凸点工艺是 flip－chip 产品中植球工艺的延伸。微凸点工艺下铜柱的间距能够达到 40 μm，铜柱上的“帽”由锡/银焊料构成。形成顶部芯片的 F2B 键合的焊盘的相关工艺也使用电镀，但通常使用镍/金冶金。

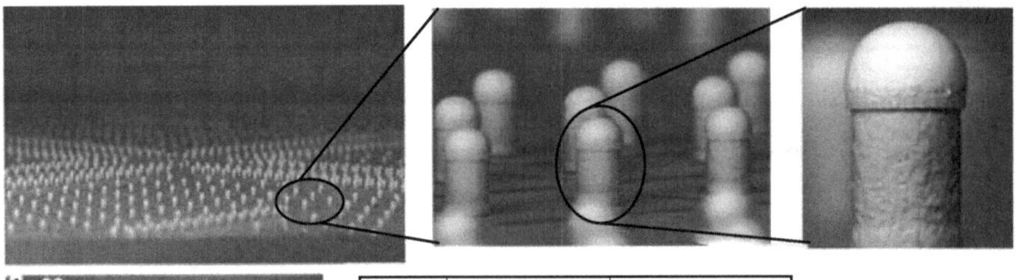

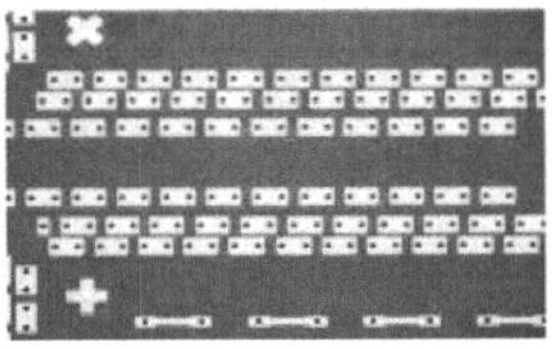

	目标值/μm	测量值/μm
Cu	25	25
Ni	3	2.96
SnAg	12	12.2
总计	40	40.16

图 21－3　电镀微凸点过程（铜柱凸点）

结合机械研磨和化学-机械抛光（CMP），在晶圆片临时键合后，通过湿法刻蚀对背面通孔进行暴露（见图 21－4 和图 21－5）。考虑到制造的便利性、产量和相对于其他备选方案的过程稳定性，我们选择了一种基于 UV 的激光辅助释放临时粘接工艺。红外显微镜是用来监测和管理胶粘剂层厚度的计量工具。在 BVR 过程之后，通过等离子体增强化学气相沉积（PECVD）对暴露的材料进行钝化处理，最后用 CMP 进行精细研磨，形成最终的 via 结构。解键合后的晶圆片转移到切割蓝膜上进行剥离。

后端处理从晶圆切割开始。我们开发了“隐形切割”技术（见图 21－6），它非常适合切割厚度小于 100 μm 的薄晶圆，并允许使用 50 μm 或更小的窄划线宽度。

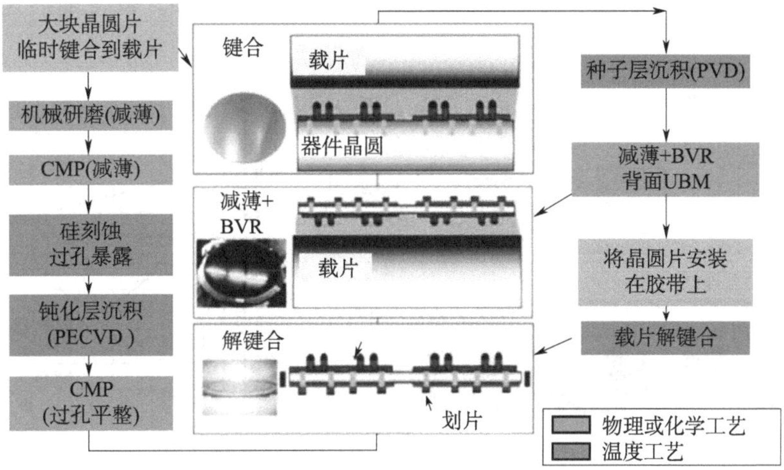

图 21-4　临时键合/解键合处理示意图

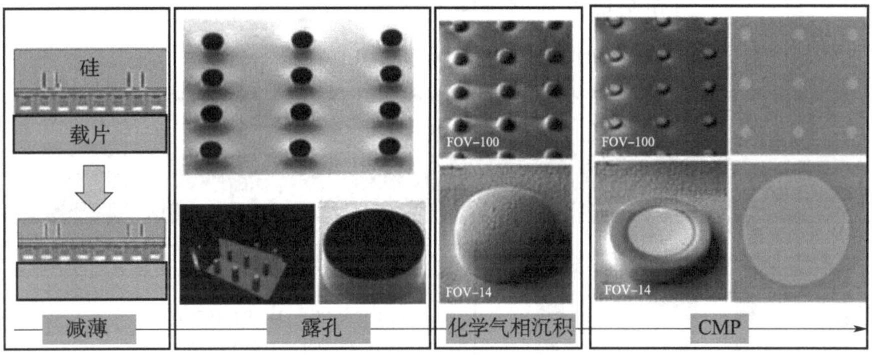

图 21-5　通过露孔、化学气相沉积、CMP 处理的细化图

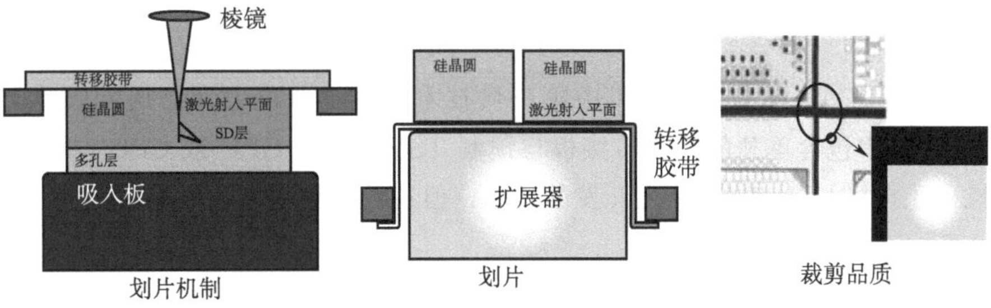

图 21-6　隐形切割工艺

随后将底部芯片微键合到封装基板，然后以 F2B 的形式将顶部芯片微键合到底部芯片。这两个键合步骤通常使用 NCP 或 NCF 的热压键合技术（见图 21-7）。芯片与基板的键合通常以 80 μm 的交错间距完成，而芯片与芯片的键合则以低于 50 μm 的间距（通常为 40 μm）完成。在某些应用中，与使用 NCP 和 NCF 的热压键合相反，使用大规模回流工艺以及随后的毛细管底部填充来执行芯片与基板的键合。对于某些应用，使用薄膜辅助

成型（FAM）技术执行成型步骤，使顶部芯片的背面暴露在外，以便随后连接可选的散热器。

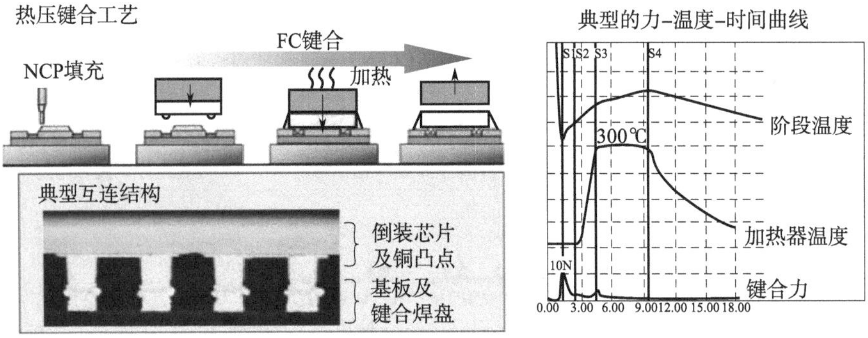

图 21-7　细间距互连热压键合工艺

最终的封装结构如图 21-2 所示，每一个标准的 JEDEC 测试程序都进行了一整套的可靠性测试，以证明结构和制造过程的鲁棒性（见图 21-8）。

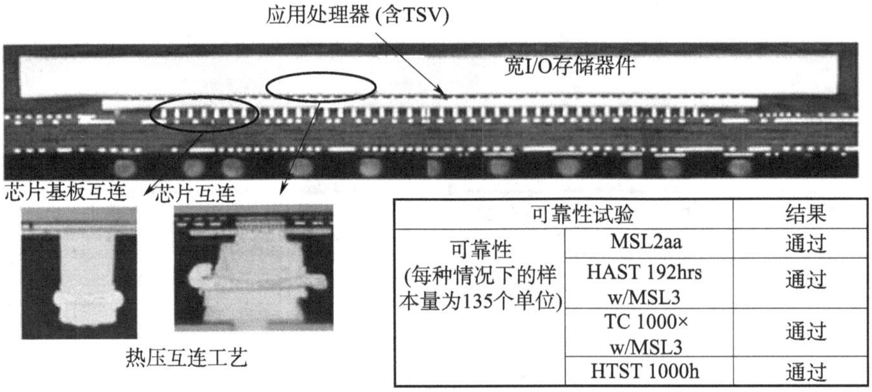

可靠性试验		结果
可靠性 (每种情况下的样本量为135个单位)	MSL2aa	通过
	HAST 192hrs w/MSL3	通过
	TC 1000× w/MSL3	通过
	HTST 1000h	通过

图 21-8　最终封装结构及可靠性测试结果

STATS ChipPAC 还为表 21-1 中第三代技术提供了解决方案。通常被称为“2.5D TSV 集成”，其中包含单独的无源转接板与预制 TSV，用于 GPU 或 CPU 与内存的集成。虽然基本采用了上述 3D TSV 工艺开发的技术，但这种结构的工艺流程在处理大型薄硅转接板时与图 21-9 略有不同（见图 21-9）。

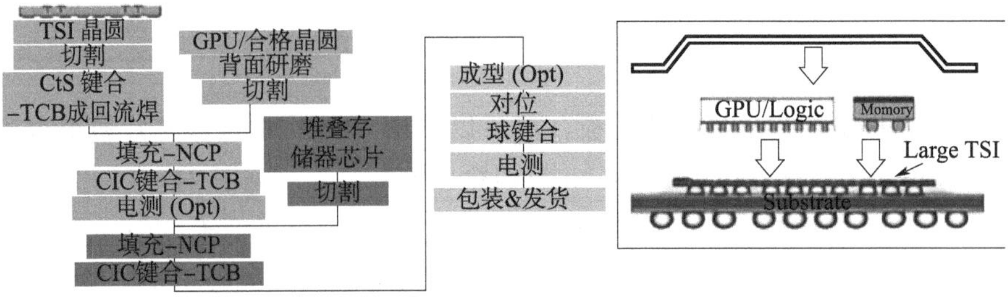

图 21-9　采用大型薄 Si 转接板（大 TSI）的 2.5D 集成工艺流程

21.3　替代方法和未来发展

近几个月来，Si 代工厂和 OSAT 之间的基础设施和交接点的发展一直是重点关注的领域。此外，随着行业从 2014 年开始应用表 21－1 中的第二代和第三代技术，为了提高产量和吞吐量，逐渐将工艺设备和单元工艺的改进提上日程。3D TSV 方法需要直接在活性硅晶圆中制造 TSV，这需要更先进的制造技术、设计工具和在晶圆水平上开发标准 cell。因此，一些行业专家建议，2.5D 方法加上合适的技术和供应来源，可能会成为一种权宜之计。在 STATS ChipPAC 的评估中，除了 Si TSV 方法外，还有多种可选的转接板概念，且满足必要的密度要求，如图 21－10 所示。

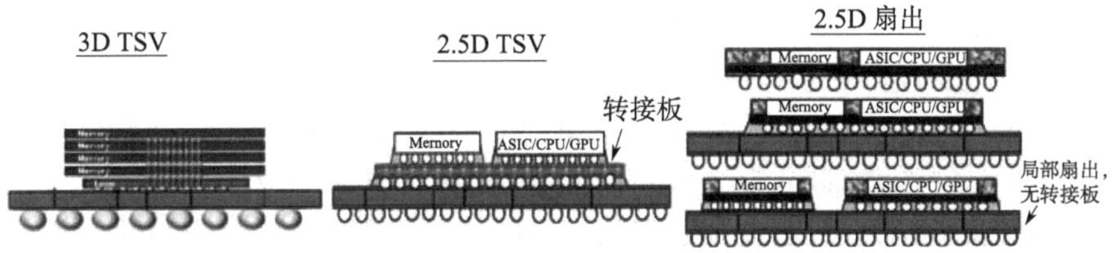

应用	输入/输出密度(*X*–*Y*) (*L*/*S* Pitch/μm)	I/O密度(*Z*) (#via/mm^2)	优化集成技术
FPGA (Si分配和合成)	2~10	1×10^3~1×10^4	TSV
GPU/CPU+DRAM (集成)	8~40	2×10^2~1×10^3	TSV/WL Fan–out
APU/BB+DRAM (集成)	16~60	1×10^2~4×10^2	TSV/WL Fan–out
离散功能模块集成	40~100	0.1×10^2~1.0×10^2	WL Fan–out/ 层压积层

图 21－10　使用 FOWLP/eWLB 进行 2.5D 集成的可选方法

值得注意的是，扇出晶圆级封装（FOWLP）或 eWLB（eWLB 是由 STATS ChipPAC 推广开来的一个商标名）技术提供了一种很有吸引力的方法来实现 2.5D 结构，因为它为表 21－1 中第二代和第三代技术中的最佳点提供了设计规则。并且特别适用于移动平台封装（智能手机和平板电脑）。目前正在与智能手机和平板电脑领域的领先 IC 供应商积极开发基于 FOWLP 和 eWLB 的解决方案，预计将在 2013 年至 2014 年期间推出生产解决方案。

参考文献

[1] Pendse R (2011) 3D packaging evolution from an outsourced semiconductor assembly and test (OSAT) perspective. The ConFab Conference, PennWell, Las Vegas, NV.

[2] Pendse R (2011) The packaging application space for 2.5D/3D and recent developments at OSATs. 3 - D Architectures for Semiconductor Integration and Packaging Conference, RTI International, Burlingame, CA, USA.

[3] Yoon S W, Kang K T, Choi W K, Lee H T, Yong C B, and Marimuthu P (2012) 3D TSV micro Cu pillar chip - to - substrate/chip/ assembly/packaging. International Wafer Level Packaging Conference, SMTA, Santa Clara, CA, USA.

[4] Yoon S W, Na D J, Choi W K, Yong C B, Kim Y C, and Marimuthu P (2012) TSV MEOL (mid -end - of - line) and its assembly/ packaging technology for 3D/2.5D solutions. ICEP - IMAPS All Asia Conference (IAAC), ICEP, Tokyo, Japan.

[5] Yoon S W, Na D J, Choi W K, Kang K T, Yong C B, Kim Y C, and Marimuthu P (2011) 2.5D/3D TSV processes development and assembly/packaging technology. IEEE 13th Electronics Packaging Technology Conference, 2011 (EPTC 2011), Singapore.

[6] Yoon S W, Hsiao Y K, Yong C B, Choi W K, Kim Y C, Kang G T, and Marimuthu P (2011) 3D TSV middle - end processes and assembly/packaging technology. 18th European Microelectronics and Packaging Conference, 2011 (EMPS 2011), Brighton, England.

第 22 章　Cu - SiO_2混合键合

Léa Di Cioccio, S. Moreau, Loïc Sanchez, Floriane Baudin, Pierric Gueguen, Sebastien Mermoz, Yann Beilliard, and Rachid Taibi

22.1　引言

金属表面的键合广泛用于 MEMS 密封、功率器件、散热或 3D 互连。对于实现上述应用，关键技术包括热压缩、是否使用共晶合金或粘合剂层、低温焊料的凸点或直接键合等技术[1-4]。

此外，对于 more - Moore 和 more - than - Moore 的应用，低温键合和金属键合正在成为最新发展的主要驱动力。由于铜是 CMOS 互连的主要金属，因此层结构之间的高密度铜互连对于未来基于不同技术/设计理念制造的分立电子器件的三维集成具有重要意义。

为了解决这个问题，氧化铜表面的直接键合具有许多有吸引力的优势：与顺序方法的前端或后端兼容、工艺温度低、互连层的兼容性、键合的高精度对准、不需要底部填充，以及这种技术允许非常高的互连密度。

直接晶圆键合是指两个镜面抛光晶圆在室温下通过键合力接触并结合在一起的过程，无需任何其他中间材料[5]。直接晶圆键合可以在室温与空气环境下在净化室中实现，无需任何压力，也无需任何粘合剂材料。然而，为了提供可靠和高性能的器件，需要高键合强度和无空隙键合界面。

铜-氧化物表面直接键合是一种可以实现 3D 金属互连，同时在两个堆积的 2D 加工层之间键合的技术。否则，就在键合界面处有一个绝缘层，需要两个不同深度的硅通孔（TSV）来连接上层和下层。由于局部导电，即铜-氧化物表面通过直接键合获得键合界面处的焊盘，单一 TSV 技术是可行的（见图 22 - 1）。

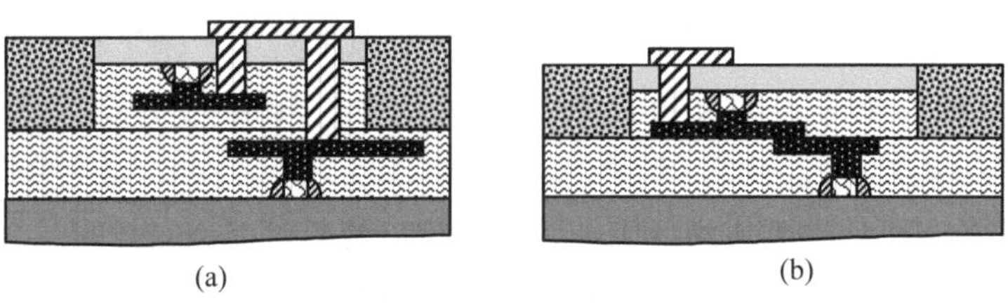

图 22 - 1　晶圆到晶圆的集成氧化物基键合，这种键合技术需要两个硅通孔：(a) 芯片到晶圆的集成方案；(b) 图形化铜键合

使用氧化物键合技术进行局部铜热压缩键合可使薄铜电极在 350 ℃左右以 8 μm 的间距互连,[6]。经过长时间退火后，铜原子在厚的吸附物（主要是氧化物）层上扩散，以获

得足够的键合强度和导电性。还可以采用大马士革工艺制造的 6 μm 间距无凸点铜电极。在对表面进行 Ar 溅射以除去天然氧化铜层后，在真空和室温条件下进行表面键合。使用高真空条件增加了键合工艺的复杂性，例如样品处理和对准困难，以及低产量和高成本。最近，该工艺允许在真空下进行相同的表面处理后，在常压 O_2气氛下进行键合[7]。

最佳工艺必须使用标准的双大马士革 BEOL 工艺。因此，我们的目标是开发一种基于 CMP 的表面制备工艺，在室温和空气中键合，在键合过程中不增加键合压力。键合退火应在 BEOL 允许的范围内，即在 400 ℃以下[8-16]。以下各节将介绍此过程。

22.2　Cu－SiO_2直接键合原理

22.2.1　化学-机械抛光参数

大马士革铜 CMP 广泛用于生产线，作为去除铜至氧化物的有效后端工艺。标准大马士革 CMP 工艺是微电子中最常用的金属平面化工艺。然而，为了避免泄漏，该过程通常会在图形表面制备铜垫片。这种表面拓扑结构带来了严重的不便：铜焊盘碟形缺陷和氧化物侵蚀。如果希望在两个面对面的铜焊盘之间直接进行铜接触，则它是关键问题。在 CEA－LETI 中，在图形化表面上实施了优化的基于 CMP 的工艺，以达到高表面平坦度（见图 22－2）。CMP 优化（焊盘-浆料匹配）的目标是最大限度地减少铜焊盘碟形缺陷和氧化物侵蚀，并应用标准的湿法清洁来去除浆料残留物和剩余颗粒。

图 22－2　大马士革 CMP 工艺，碟形缺陷控制在铜焊盘上

具有 5 μm 铜焊盘和 20％铜密度的晶圆被设计用于实现 Cu－SiO_2 的直接键合。在基于 CMP 的制备之后，在整个晶圆的焊盘上获得了小于 10 nm 的凹陷。

清洁后，晶圆被单独引入 EVG SmartView™对准工具中。基于特定的对准标记，在光学上实现了对准。然后，键合由晶圆中心处启动。键合在室温、空气和大气压下进行。

在图 22－3 中，可以看到使用此工艺，不同接口的密封都是完美的。

考虑到硅、二氧化硅和铜的弹塑性特性，利用 ANSYS 仿真了铜焊盘在 200 ℃下焊盘尺寸和高度的变形。从图 22－4 中可以看出，铜焊盘的垂直位移随焊盘尺寸而变化。结果还表明，在低温下（如 200 ℃）也要进行后键合退火。同样重要的是，对 CMP 步骤进行监控，以及对良好键合所需的布局进行了解是必需的。

此种方式键合的质量和韧性较高。在图 22－5 中，声学观测证实了键合的高质量。使用双悬臂技术记录键合韧性[17]，其范围从 200 ℃时的1 J · m^{-2} 到 400 ℃时的 6.6 J · m^{-2}，证

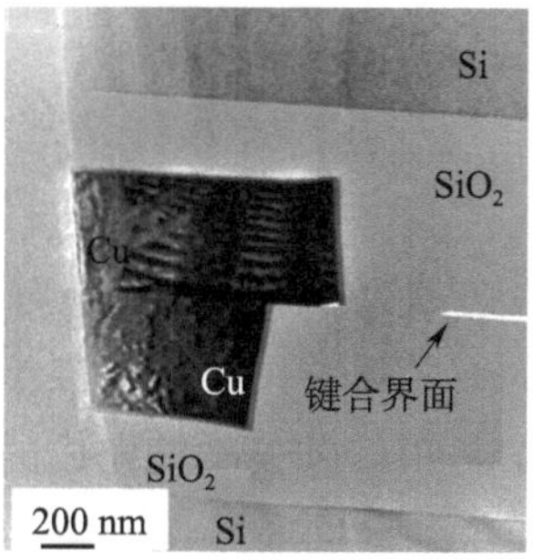

图 22－3　键合铜焊盘的 TEM 图像：不同接口的密封是完美的

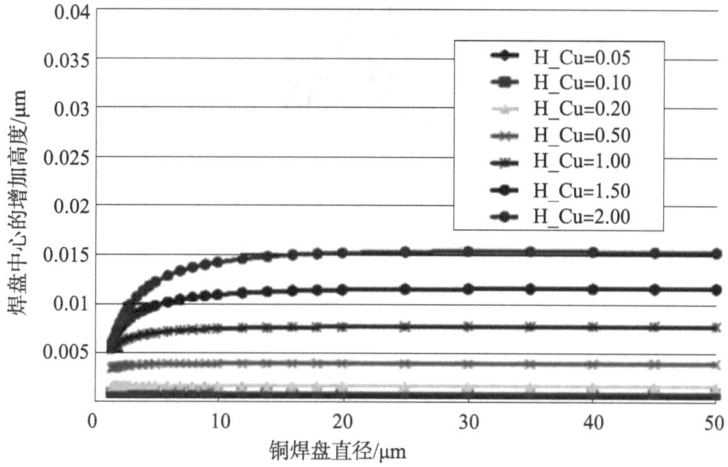

图 22－4　200 ℃下模拟铜焊盘垂直位移随焊盘尺寸的变化，H 是铜线的高度，单位为 μm（见彩插）

实了该机理与前面描述的金属间键合相同[18]。使用 200 ℃后键合退火，可以将键合对的顶部硅研磨到 5 μm（见图 22－5）。

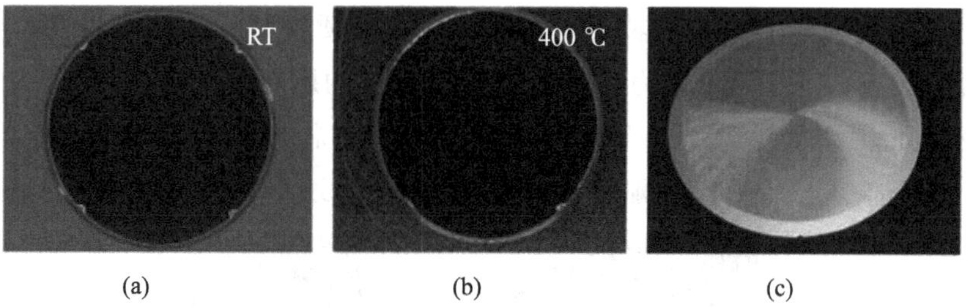

图 22－5　（a）室温下键合图形化晶圆（混合氧化物-金属）的声像图；（b）400 ℃退火后的相同晶圆；（c）在 200 ℃下键合退火后研磨至 5 μm 的照片

22.3 对齐键合

22.3.1 晶圆到晶圆键合

在CMP之后，图形化的晶圆在EVG SmartView对准工具中以大气压键合。使用的对准标记（用于光学识别）是四周有挡风器图案的标准十字，测量精度为0.2 μm或更低，取决于特定的标记设计。对准测量是用红外显微镜完成的（见图22-6）。

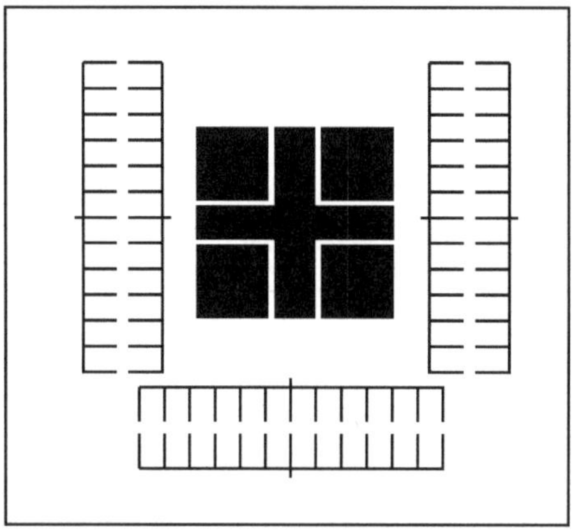

图22-6 图形化晶圆键合后的对准标记

由于晶圆的每个芯片中都存在对准标记，因此可以对比键合后未对准的程度。记录偏移1.2 μm以上的情况，在σ=0.4 μm时平均值为0.6 μm。这些结果证实，由于该过程是在室温下完成的，在键合过程中不会引起巨大的未对准，此外，键合是由晶圆中心的引脚引发的。

22.3.2 拾放设备中的芯片到晶圆键合

使用SET FC300设备的对准功能以及在芯片和晶圆表面上定义的两组对准模式进行芯片到晶圆（C2W）直接键合。为了减少加工过程中的颗粒污染，对FC300设备进行了特定的开发。在设备中创建了一个局部微环境，以在芯片键合期间保护晶圆表面（见图22-7）。键合工艺与晶圆到晶圆键合工艺几乎相同。划片后要增加额外的清洁过程。

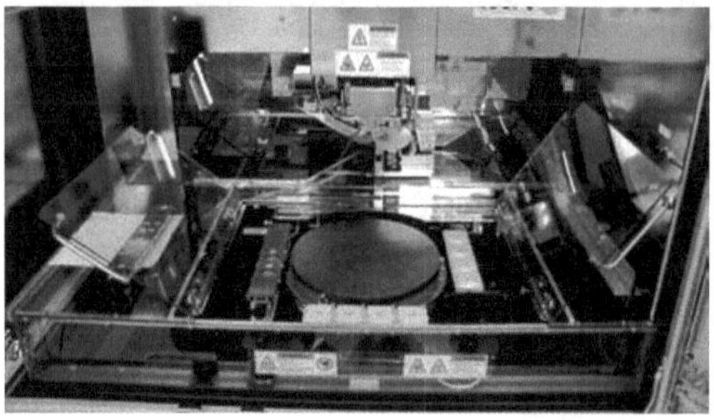

图22-7 SET FC300设备的微环境图示，以减少芯片到晶圆键合过程中的颗粒污染

在 300 mm 晶圆上，通过红外显微镜读取芯片和晶圆上的游标图案，测量键合后的对准精度（见图 22 - 8）。在左右对齐的 X 轴和 Y 轴上，测得的未对准误差均低于 1 μm[19,20]。

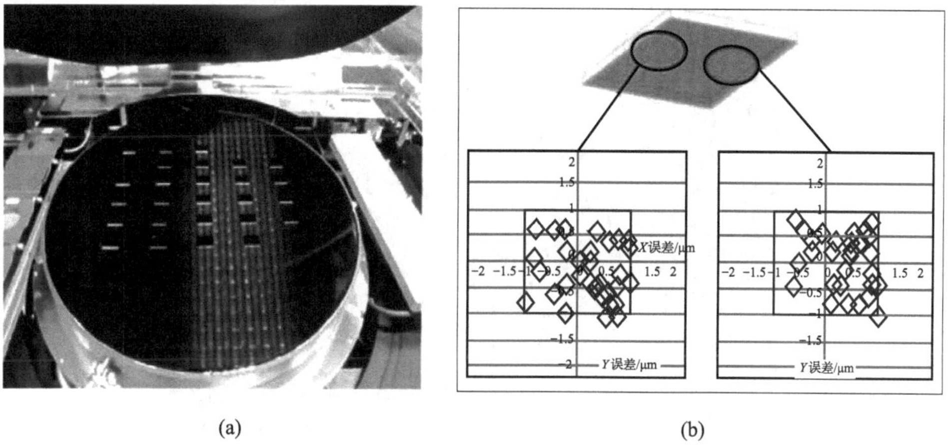

图 22 - 8　(a) 300 mm 晶圆上的键合芯片；(b) 在 50 个芯片的左右对准模式上测得的 X 向和 Y 向的芯片与晶圆之间的未对准误差（游标尺度分辨率为 200 nm）

22.3.3　通过自组装技术的芯片到晶圆

自组装工艺使用小水滴将芯片对准并键合到晶圆衬底上。获得的芯片对准基于水滴表面张力最小化，并且由于水滴蒸发后的直接键合而进行杂化，如图 22 - 9 所示。

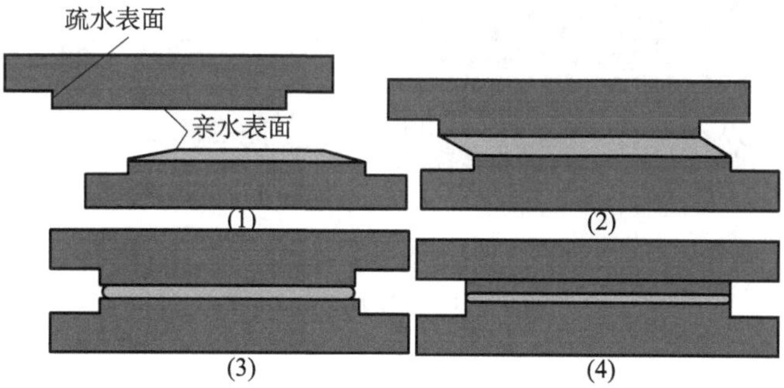

图 22 - 9　自组装过程的不同步骤：(1) 使用拾放工具进行不准确的预对准（约 200 μm）；(2) 液滴扩散和芯片以亚微米级精度（约 400 nm）重新对齐；(3) 液滴蒸发；(4) 直接键合

分析了液滴容器分类，并检验了其对假硅氧化芯片自对准工艺产率的影响。结果表明，通过足够的液滴容器分类，即芯片垫的边缘是疏水的（接触角约为 110°），可以获得具有 90％工艺产率的亚微米级对准[21]。

根据上述结果，自组装过程被转移到具有铜图案结构的芯片上。开发了疏水性制备和集成方法，以最大限度地提高键合位点与晶圆其余部分之间的润湿对比度，从而考虑到芯片和晶圆表面上是否存在铜互连。制造适合图形化键合所需的氧化铜表面。首先用湿法刻蚀铜，通常使用硫酸（H_2SO_4）和过氧化氢（H_2O_2）的混合物。然后，氧化硅和块状硅被等离子体刻蚀。最后，在晶圆水平上沉积几纳米的疏水聚合物。通过使用合适的抗蚀剂剥离方法，产生剥离效应，并且有选择地从键合区域除去聚合物膜。在光刻胶剥离后，键合区域被亲水化以达到小于5°的接触角，而未降解区域成为疏水性容器（接触角约为110°）。图22-10显示了通过这种集成工艺获得的图形化铜表面的C2W结构。

图22-10　观察到的自对准C2W结构（图形化铜表面）

在300 ℃退火后对自组装结构通过扫描电子显微镜（SEM）观察键合界面（见图22-11）。键合界面不可观察，这意味着在键合和退火后完全闭合，对准精度是在特定的游标图案上测量的——测量到的未对准误差低至200 nm。

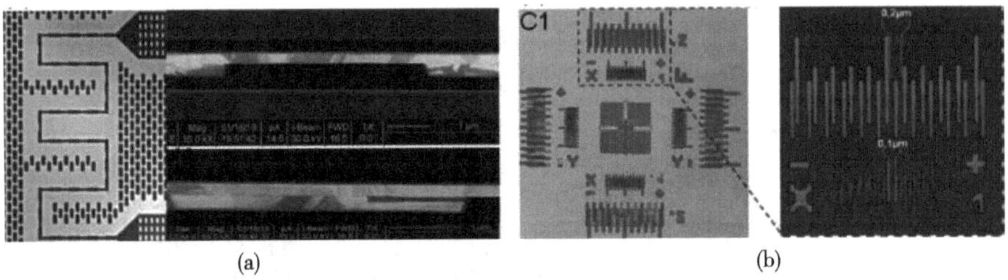

图22-11　(a) 键合后的红外观测；(b) 300 ℃退火后，Cu-Cu接触（左侧）的SEM图像，并在200 nm处的游标（右侧）

22.4　金属直接键合原理

测试了具有或不具有扩散阻挡层的不同金属堆叠，以实现直接与Cu、W和Ti键合。沉积时，金属层的表面粗糙度太高，无法直接键合。因此，在键合之前添加一个CMP步骤，以使表面粗糙度值（RMS）小于0.4 nm。经过验证，每个表面在至少几个小时内都表现出亲水性，接触角小于5°。在CMP之后，金属表面形成一个薄的氧化层，该层是通过X射线反射法（XRR）或椭圆测量法测量的，并通过X射线光电子能谱（XPS）确认。金属氧化物的厚度总结在表22-1中。这意味着在室温下，可以通过金属氧化物实现键合。

表 22 - 1　键合前金属氧化层厚度

	铜	钨	钛
富氧层/nm	3	1.5	3.5

室温下进行特定的表面处理，包括平坦化、清洁和对称金属-金属键合（例如，Cu - Cu，Ti - Ti，W - W）之后，在不施加任何外力（类似于硅直接键合）的情况下进行键合测试。从室温到高达 400 ℃时看不到键合缺陷（见图 22 - 12）。

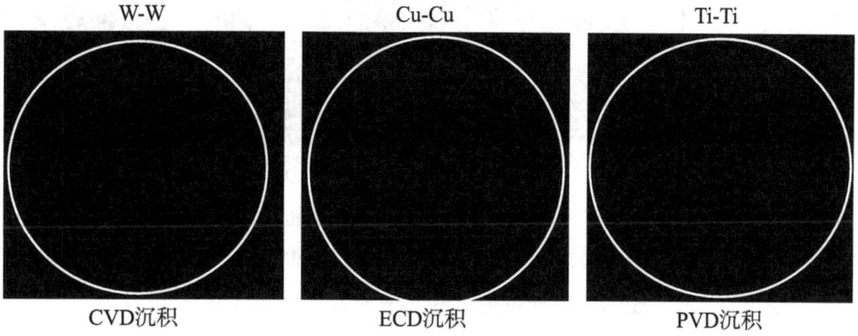

图 22 - 12　400 ℃退火后不同金属键合的扫描声学显微镜图

采用双悬臂技术在不同温度下退火后，评估了不同金属-金属键合的键合强度，如图 22 - 13[21]所示。值得一提的是，Cu - Cu 或 Ti - Ti 键合似乎比传统的 SiO_2 - SiO_2键合强得多，而 W - W 键合的键合能量较小。然而，该技术是为脆性样品开发的，不考虑金属层中塑性（延展性效应）产生的能量耗散，可能会显著影响结果。此外，每种金属的延展性效应因其性质和沉积参数工艺而异。但是，这些键合的强度将允许后续处理，例如减薄、TSV 加工、刻蚀等。键合强度随温度的变化可以通过键合界面的相互扩散动力学和天然氧化层的不稳定性来解释。从金属熔点为 $0.3T_m$ 开始的塑性机制也有助于氧化物溶解，如图 22 - 14 所示。先前有报道[18]，对于铜，在 200 ℃以上，对于钨，在 700 ℃以上，可以解开大量的金属键。对于钛，“吸气剂效应”允许在 300 ℃以下在该厚度范围内实现完美的金属键合[22]。

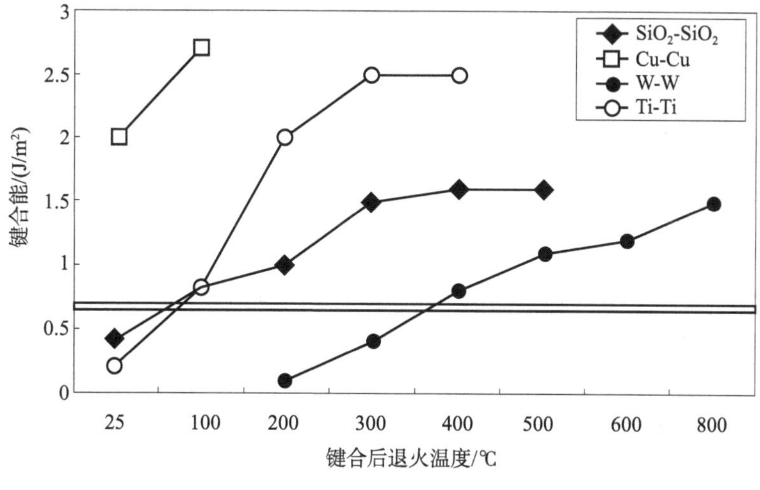

图 22 - 13　不同金属键合在不同温度下的键合能

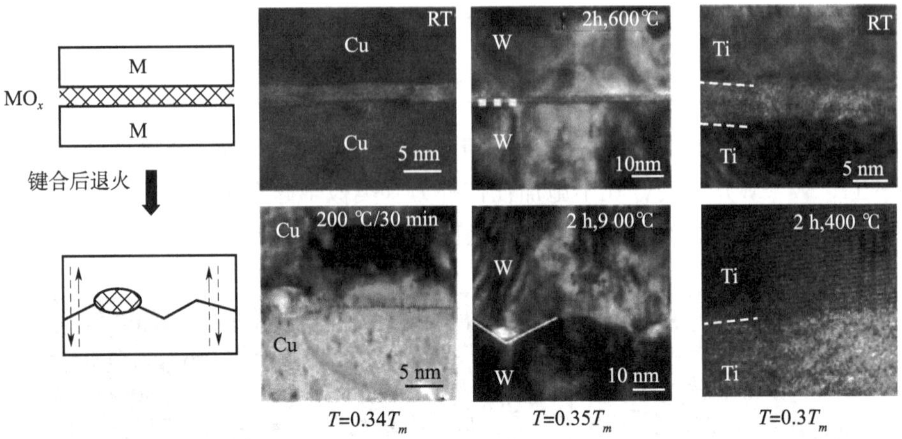

图 22-14 金属键合界面的 TEM 图像：在室温下，每个键合界面呈现一个氧化层，其厚度（键合前每个叠层的两倍）参考表 22-1。在 $T=0.3T_m$ 时，氧化层不稳定，大部分溶解。在三晶界处可见一些几纳米的氧化物结节

22.5 电气特性分析

22.5.1 晶圆到晶圆和芯片到晶圆铜键合电气特性

在 500 nm 宽线条的晶圆上进行 NIST 和菊花链图形化。按照前面所述方法在 200 ℃下进行键合和退火后，上部晶圆被减薄至 50 μm。然后通过刻蚀和沉积重新布线层来完成。最后，实现了苯并环丁烯（BCB）和凸点下金属层（UBM）钝化，如图 22-15 所示。

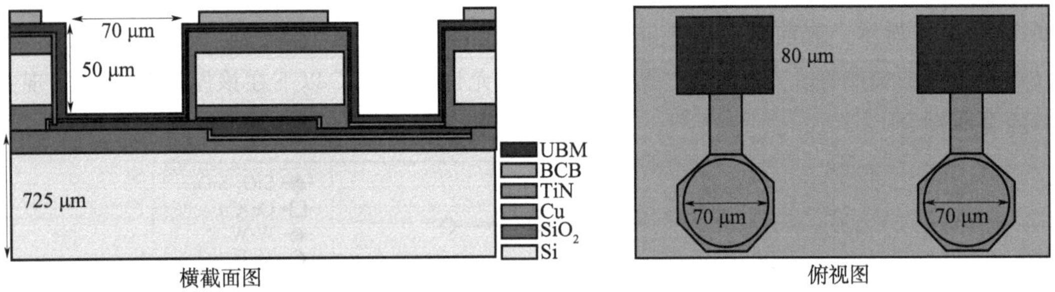

图 22-15 完全集成的示意图：键合配对的顶部晶圆减薄到 50 μm，然后进行通孔刻蚀和重新布线层沉积。最后，进行 BCB 和 UBM 钝化以允许检测和包装（见彩插）

对于 D2W 键合，为了表征键合界面，无须进行任何进一步的光刻和刻蚀步骤，底部晶圆被设计为集成脱模接触焊盘。需要 SiN 封装以防止铜线氧化。图 22-16 显示了最终集成和测试探针的位置。

使用独立的 NIST 提取铜电阻率的参考值（见表 22-2）。铜线电阻率是用 NIST 结构上四点探针电气特性进行测量的：

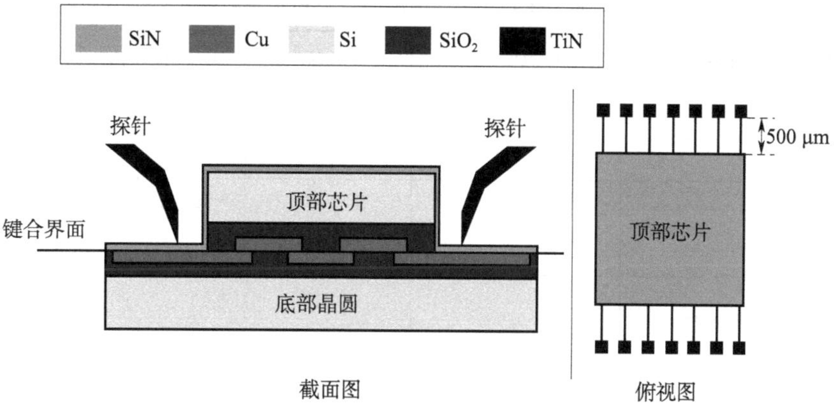

图 22 - 16　与离顶部芯片 500 μm 处的焊盘接触的探头示意图（见彩插）

$$\rho=(R\times S)/L \tag{22-1}$$

其中，R 是测得的铜线电阻（Ω）；L 是铜线长度（$L=640$ μm）；S 是它的截面积（$S=3\times0.5$ μm^2）。

表 22 - 2　键合和独立 NIST 电阻

NIST 结构	NIST a	NIST b	NIST c	NIST d
	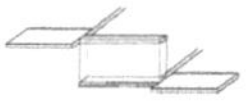	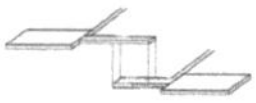		
接触面积/μm^2	640×3	340×3	640×3	—
理论电阻/Ω	4.27	6.26	4.27	8.54
晶圆到晶圆实际电阻/Ω	4.39	6.34	4.31	8.59
芯片到晶圆实际电阻/Ω	4.34	6.37	4.47	8.62

提取的铜电阻率为 2×10^{-2} Ω · μm。

表 22 - 3 给出了 W2W 和 D2W 实验电阻之间的比较，以及由提取的电阻率计算的理论电阻。正如 Taibi 等人已经验证的那样[23,24]，W2W 结构与理论值非常吻合。此外，由于 NIST a 和 NIST c 的结果相同，因此键合界面提供了非常低的电阻，表明电流通过整个键合线。在 D2W 结构上观察到相同的行为。事实上，电阻非常接近理论电阻和 W2W 结构，显示出良好的键合质量和低电阻界面。

表 22 - 3 列出了各种测试菊花链。DC5 是互连密度为 1.5×10^6 cm^{-2} 的菊花链。表 22 - 4 列出了五种直流电的理论和实验电气测量值。全局电阻表示整个结构上测得的电阻，而每个节点的电阻对应于单个节点电阻。可以看到，与 D2W 键合相关的所有全局电阻都略低于 W2W 电阻，这意味着每个节点的电阻均较低。这些结果证实了 D2W 工艺具有非常好的键合质量，并且与 W2W 工艺相比，对全局电气性能没有影响。

表 22-3　用于可靠性测试的各种菊花链的描述

菊花链名称	连接数量	接触区域面积/μm^2	下层线宽/μm	上层线宽/μm	间距/μm
DC1	10 136	9	3	3	x:17 y:85
DC2	4 872	25	5	5	x:25 y:66
DC3	10 772	9	5	3	x:10 y:30
DC4	149 342	9	3	3	x:7 y:19
DC5	29 422	9	3	3	x:7 y:7

表 22-4　菊花链电学结果

菊花链		DC1	DC2	DC3	DC4	DC5
连接数量		10 136	4 872	10 772	14 934	29 422
连接区域大小		3 ×3 μm^2	5 ×5 μm^2	3 ×3 μm^2	3 ×3 μm^2	3 ×3 μm^2
晶圆到晶圆	全局电阻/Ω	801	310	681	1 180	2 340
	单个节点电阻/mΩ	79	63.6	63.2	79	79.5
芯片到晶圆	全局电阻/Ω	793	304	661	1 148	2 297
	单个节点电阻/mΩ	78.2	62.4	61.3	79	79.5

22.5.2　可靠性

W2W键合进行了可靠性测试，重点是菊花链行为。

22.5.3　热循环

200 ℃的菊花链在－65～＋150 ℃之间经历了一千次热循环，没有记录到电阻下降：从1 K到30 K连接，从3 μm到15 μm宽，以及对称或非对称（DC3）菊花链。即使对于DC3，也没有记录到任何接口的分层。键合界面在200 ℃时足够稳定，可以通过这些测试（见图22-17）。

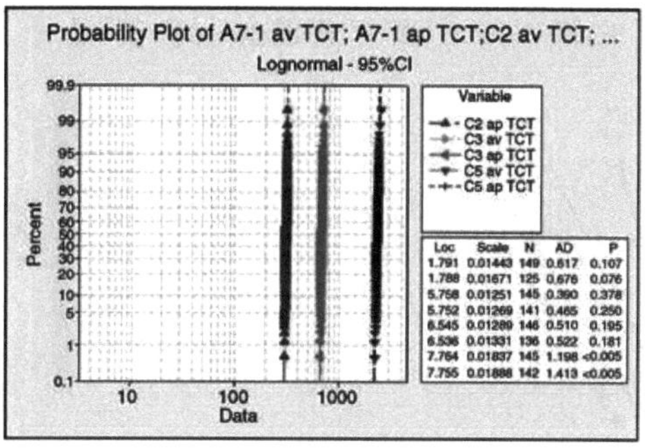

(a)

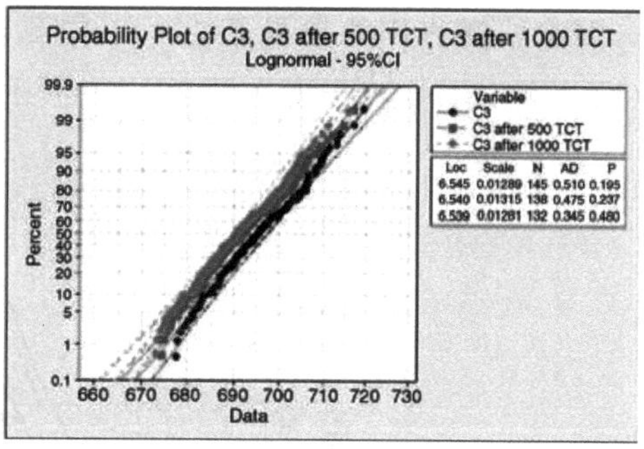

(b)

图 22－17　(a) 在 200 ℃键合的菊花链上进行热循环（－65～150 ℃）超过 500 次的电阻；(b) 经 500 和 1 000 次热循环后菊花链上的累积电阻。热循环前（av）和热循环后（ap）均未出现降级现象（见彩插）

22.5.4　对 200 ℃后键合退火样品进行应力空洞测试

在 175 ℃的热应力下在各种菊花链上进行 500 h 的 SIV 测试。电阻测量分别在存储之前和之后完成，如图 22－18 所示。在测试的芯片中，99％的移位电阻小于 3％。可以观察到位于 200 mm 晶圆边缘的芯片的电阻降低。这些芯片与铜焊盘的更高的凹陷键合在一起，并且电阻随着存储时间的提高可以通过长时间退火封闭界面来解释，即使在低温下也是如此。另一个需要注意的重要结果是，即使经过长时间的退火，也没有发生短路。因此，即使间距低至 7 μm，铜扩散到氧化物（可能存在）中也不会降低结构的性能。

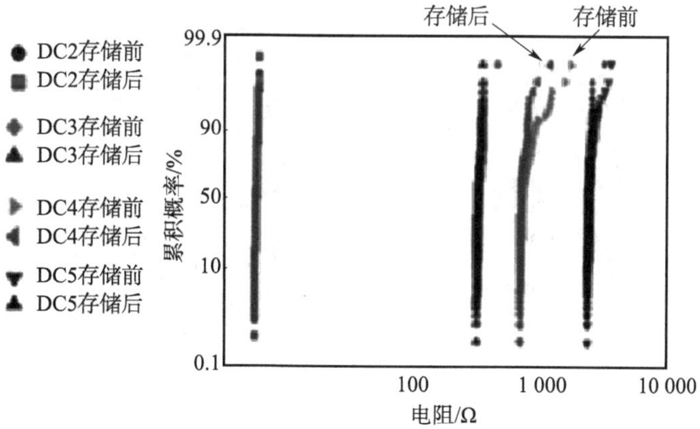

图 22－18　在 175 ℃下烘烤 500 h 之前和之后菊花链电阻的累积概率，存储后未观察到任何移位，人们可以看到最初具有高电阻的测试芯片的电阻降低

22.5.5　封装级电迁移测试

电迁移（EM）测试是在经过 200 ℃键合后退火的封装菊花链上实现的。每个器件都要在两种温度（325 ℃和 350 ℃）和两种电流密度（3 MA · cm^{-2}和3.5 MA · cm^{-2}）条件

下进行测试。失效时间（TTF）是在电阻变化10%的情况下获得的。仅观察到一种退化机理，因为被测芯片的数量很多，不同测试的斜率0.5和0.6的差异并不显著。对于350 ℃下的测试，电流密度如图22-19所示。

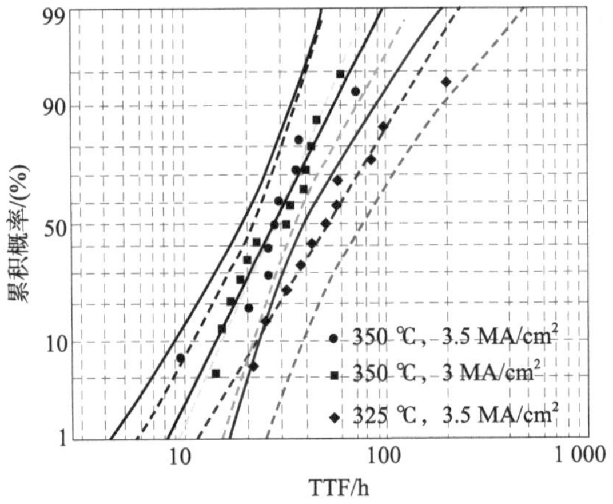

图22-19　在菊花链上进行两种温度和两种电流密度的EM测试（只有一种机制是可见的）

Cu-TiN界面似乎是EM现象的主要途径，而不是预期中的键合界面。空洞在Cu-TiN界面处成核。它们会一直生长，直到它们切断铜线并使设备短路。

空洞会出现在顶线或底线，这与键合或应力测试条件无关。与这些缺陷相关，人们可以看到线的阴极侧出现铜的挤出（见图22-20）。挤出发生在氧化物键合界面处，如模式Ⅰ所示[23]。

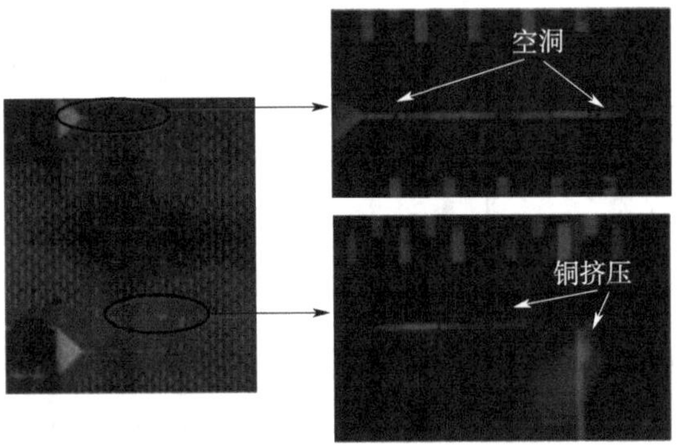

图22-20　EM测试后的红外显微图像（通过BCB、氧化物和硅层），显示了铜线两侧的空洞和铜挤压

事实上，键合的菊花链不会像标准3D链那样与线和过孔发生反应。在后一种情况下，EM现象被限制在线路中，因为通孔的TiN势垒更具电阻性，在前一种情况下，直接键合菊花链的反应为单铜线，而众多的键合接口对器件没有影响（见图22-21）。

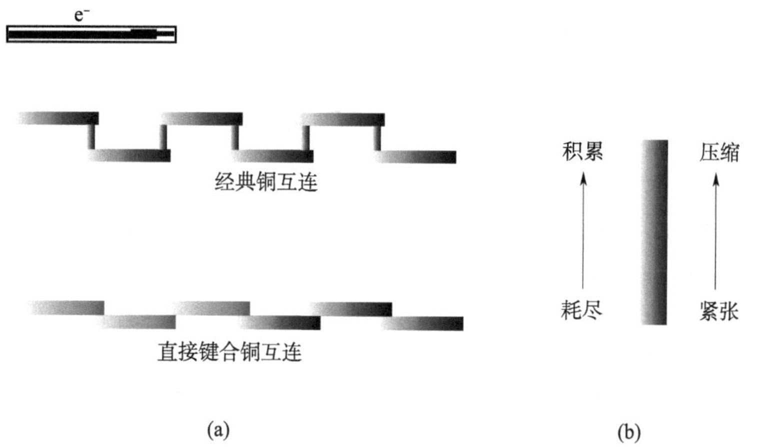

图 22 - 21　(a) 经典铜互连和 (b) 直接键合铜互连中的应力和物质浓度

22.6　结论

Cu - SiO_2键合已在 W2W 键合和 D2W 键合中得到验证。在这两种情况下，扫描声学显微镜和红外分析都表现出了高键合质量和精度。在多个接触区域实现了非常低的接触电阻，并且接触电阻率通过 29 422 个菊花链降低到 $\rho = 22.5\ m\Omega \cdot \mu m^2$。可靠性测试已经展示了该技术的质量。结果表明，键合器件的 EM 可靠性并不被认为是由键合界面决定的。在低于 200 ℃的热应力和热循环下，没有观察到任何失效。

参 考 文 献

[1] Chen K N, Fan A, Tan C S, and Reif R (2004) Contact resistance measurement of bonded copper interconnects for three dimensional integration technology. IEEE Electron Device Letters, 25 (1), 10 - 12.

[2] Labie R, Ruythooren W, Baert K et al (2008) Resistance to electromigration of purely intermetallic micro - bump interconnections for 3D - device stacking. International Interconnect Technology Conference, 2008 (IITC 2008), p. 19.

[3] McMahon J J, Lu J - Q, and Gutmann R J (2005) Wafer bonding of damascene patterned metal/adhesive redistribution layers for via - first three - dimensional (3D) interconnect. Proceedings of the 55th Electronic Components and Technology Conference, 2005 (ECTC 2005), pp. 331 - 336.

[4] Temple D (2008) Bonding for 3 - D integration of heterogeneous technologies and materials. ECS Transaction, 16, p. 3 - 13.

[5] Ventosa C, Rieutord F, and Libralesso L (2008) Hydrophilic low temperature direct wafer bonding. Journal of Applied Physics, 104, p. 123524.

[6] Enquist P, Fountain G, Petteway C et al (2009) Low cost of ownership scalable copper direct bond interconnect 3D IC technology for three dimensional integrated circuit applications. IEEE International Conference on 3D System Integration, 2009 (3DIC 2009).

[7] Shigetou A and Suga T (2009) Modified diffusion bond process for chemical mechanical polishing (CMP) - Cu at 150℃ in ambient air. Proceedings of the 55th Electronic Components and Technology Conference, 2009 (ECTC 2009).

[8] Di Cioccio L, Gueguen P, Grossi F et al (2008) 3D Technologies at CEA - Leti Minatec. IMAPS Conference on Device Packaging.

[9] Gueguen P, Di Cioccio L, and Rivoire M (2008) Copper direct bonding for 3D integration. International Interconnect Technology Conference, 2008 (IITC 2008), pp. 61 - 63.

[10] Leduc P, Assous M, Di Cioccio L et al (2008) Enabling technologies for 3D chip stacking. International Symposium on VLSI. Technology, Systems and Applications, 2008 (VLSI - TSA 2008), pp. 76 - 78.

[11] Sillon N, Astier A, Boutry H et al (2008) Enabling technologies for 3D integration: from packaging miniaturization to advanced stacked ICs. IEEE International Electron Devices Meeting, 2008 (IEDM 2008), pp. 1 - 4.

[12] Gueguen P, Di Cioccio L, Gergaud P et al (2009) Copper direct bonding characterization and its interests for 3D integration. Journal of the Electrochemical Society, 156 (10), H772 - H776.

[13] Gueguen P, Di Cioccio L, Gonchond J P et al (2008) 3D vertical interconnects by copper direct bonding. Materials Research Society Symposium Proceedings, 1112, 81.

[14] Gueguen P, Ventosa C, Di Cioccio L et al (2010) Physics of direct bonding; applications to 3D

heterogeneous or monolithic integration. Journal of Microelectronics Engineering, 87, 477 - 484.

[15] Di Cioccio L, Gueguen P, Signamarcheix T et al (2009) Enabling 3D interconnects with metal direct bonding. International Interconnect Technology Conference, 2009 (IITC 2009), pp. 152 - 154.

[16] Di Cioccio L, Gueguen P, Taibi R et al (2009) An innovative die to wafer 3D integration scheme: die to wafer oxide or copper direct bonding with planarised oxide inter - die filling. IEEE International Conference on 3D System Integration, 2009 (3DIC 2009).

[17] Maszara W P et al (1988) Bonding of silicon - wafers for silicon - on - insulator. Journal of Applied Physics, 64, 4943 - 4950.

[18] Di Cioccio L et al (2011) An overview of patterned metal/dielectric surface bonding: mechanism, alignment and characterization. Journal of the Electrochemical Society, 158, 81 - 86.

[19] Augendre E et al (2011) Chip - to - wafer technologies for high density 3D integration. MINaPAD.

[20] Sanchez L, Bally L, Montmayeul B et al (2012) Chip to wafer direct bonding technologies for high density 3D integration. IEEE 62nd Electronic Components and Technology Conference, 2012 (ECTC 2012), pp. 1960 - 1964.

[21] Mermoz S, Sanchez L, Di Cioccio L et al (2012) Impact of containment and deposition method on sub - micron chip - towafer self - assembly yield. IEEE International 3D Systems Integration Conference, 2011 (3DIC 2012).

[22] Baudin F, Di Cioccio L, Delaye V, Chevalier N, Dechamp J, Moriceau H, Martinez E, and Br _ echet Y Direct bonding of titanium layers on silicon. Microsystem Technologies, 19, 647 - 653.

[23] Taïbi R et al (2010) Full characterization of Cu/Cu direct bonding for 3D integration. Proceedings of the 55th Electronic Components and Technology Conference, 2010 (ECTC 2010), pp. 219 - 225.

[24] Taibi R et al (2011) Investigation of stress induced voiding and electromigration phenomena on direct copper bonding interconnects for 3D integration. IEEE International Electron Devices Meeting, 2011 (IEDM 2011), pp. 6. 5. 1 - 6. 5. 4.

第 23 章　用于 2.5D 和 3D 集成的凸点互连

Alan Huffman

现在凸点互连在电子封装中的应用无处不在。随着 3D 集成技术首次被提出，凸点互连始终被视为互连设备的主要方法之一。凸点互连提供较短的连接长度、低寄生和高机械稳定性，所有这些都是 3D 系统所必需的。最近，2.5D 这个名词已被用来描述使用硅和玻璃作为衬底材料制造的集成器件或集成设备。2.5D 技术提供了将设备垂直互连集成的能力，并且可以将垂直互连置于基板中，从而简化了加工并降低了 IC 的风险。随着 2.5D/3D 技术的发展，凸点互连也在不断发展，互连密度更高，尺寸也越来越小。2.5D 和 3D 集成被广泛接受，当前正迎来电子封装的下一个范式变化，凸点互连在这项技术的发展中发挥着重要作用。本章将深入探讨各种凸点互连技术演变过程以及它们在 2.5D 和 3D 技术中的应用。

23.1　凸点互连背景

凸点互连最初是在 20 世纪 60 年代早期由 IBM 公司开发的，用于在两个设备之间实现面对面电气连接的一种方式。IBM 公司最初实现的凸点互连是通过放置在 IC 和基板之间的焊接涂层铜球[1]。在接下来的几年里，IBM 公司进一步发展了凸点互连，朝着完全由高铅焊料（即 95% Pb，5% Sn）组成的凸点发展，该焊料被称为 C4，用于控制塌陷芯片连接。延展性焊料在芯片和基板之间提供了更可靠的互连，并用于限制 TCE 引起的应力向芯片的转移。C4 凸点是通过蒸发沉积的，因此该过程相当昂贵，并且主要限于高端应用，如大型计算机。

在整个 20 世纪 90 年代的十年中，世界各地的几个集团都在努力开发下一代的凸点互连工艺，以降低成本并减小凸点尺寸。使用 Ti/Cu/Ni 凸点下金属化（UBM）对高铅和共晶 Sn/Pb 焊料进行电镀沉积是由 MCNC 开发的[2,3]，然后由 Unitive Electronics 进行大批量生产，该公司后来于 2002 年被 Amkor 收购。通过用 Al/ Ni - V/Cu UBM 的焊膏钢网沉积制造凸点由 Flip Chip Technologies（Delco 和 Kulicke&Soffa 的合资企业）开发，即现在的 Flip Chip International[4]。英特尔[5]和摩托罗拉[6,7]等主要原始设备制造商开始透露他们在便携式消费产品和台式计算机中使用凸点互连，晶圆凸点很快被其他公司采用，并且在 21 世纪初在 Amkor、ASE、SPIL 和 STATS ChipPAC 等公司建立了大批量生产能力。随着 CMOS 技术的不断发展，对更高凸点密度的需求加速了铜柱凸点的发展，以进一步减小互连间距并增加芯片上的连接数量。Cu 柱凸点技术最初由 Advanpack 开发，由富士通和英特尔[8-10]实施，最终被授权给许多外包半导体组装和测试（OSAT），为前沿应用提供大批量访问。如今，各种不同形式的凸点互连技术已成为主流封装技术，并已广泛地应用在产品中。

从 3D 集成开发之初就设想在垂直堆叠配置中使用凸点来互连设备[11]。目前在 2.5D 和 3D 集成应用中有三种主要的凸点结构：C4 焊料凸点、铜柱凸点和铜凸点。通常，在特定应用中使用的凸点类型取决于所需凸点的间距和尺寸，以及凸点与构建 2.5/3D 结构的装配过程的兼容性。Sematech[12] 在图 23-1 中说明了这三种类型的凸点（铜柱是根据装配工艺而变化的两种类型）以及主要应用的凸点间距。

键合方式	C4 FC(可控芯片塌陷连接)	C2 FC(芯片连接)	热压(TC)/回流(LR)FC	热压(TC)FC
示意图	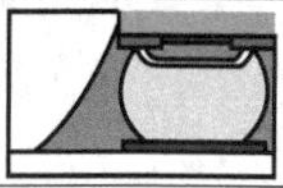	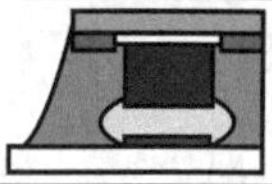	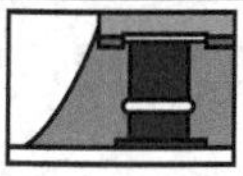	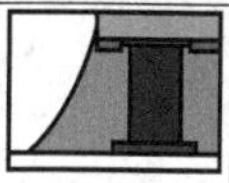
主要应用的凸点间距	>130 μm	140~60 μm	80~20 μm	<30 μm

图 23-1　2.5D 和 3D 的凸点互连变体

23.2　C4 焊料凸点

在 2.5D 和 3D 集成中使用 C4 焊料凸点仅限于较大的互连间距和某些应用，但在实现某些结构和应用方面非常重要。用于 2.5D 和 3D 的 C4 焊料凸点的制造类似于典型晶圆级封装应用的工艺流程。焊料通过用 UBM 制备的 I/O 焊盘沉积在器件表面上，该 UBM 在焊料和 IC 之间提供机械和电气接口。如果所需的凸点尺寸或间距太小，则可能会限制 C4 凸点的实现。虽然可以在 50 μm 间距上可靠地制造直径小至 25 μm 的 C4 凸点[13]，但小于 50～75 μm 的凸点通常使用其他类型的凸点（即铜柱）制造。然而，较大的凸点尺寸可用于 2.5D 和 3D 应用，最显著的是 Si 转接板（2.5D）应用，在这种应用中凸点用于提供转接板和有机基板之间的互连。一个典型的例子，C4 凸点用于 Xilinx 的 Virtex-7 FPGA 器件中的硅转接板，如图 23-2 所示。在该器件中，100 μm C4 凸点用于将 Si 转接板连接到有机基板，其中较大的凸点尺寸符合 I/O 密度要求，并提供必要的机械强度以承受由转接板和基板之间的热膨胀系数（CTE）不匹配产生的应力[14]。

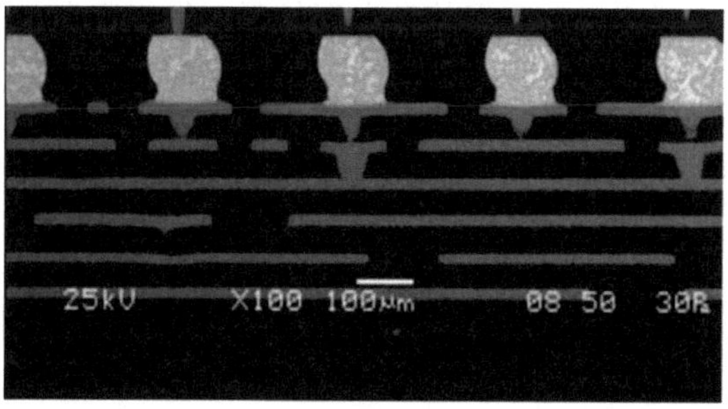

图 23-2　将 Si 转接板（顶部）连接到有机基板的 100 μm C4 凸点的视图

在互连密度与 C4 技术的制造和组装能力兼容的情况下，焊料凸点也可用于垂直堆叠应用。例如，一侧有焊料凸点，另一侧有焊料凸点焊盘的多个器件层，只需通过放置和成组回流焊即可实现堆叠。IBM 在减薄的 Si 芯片上使用 25 μm 焊料凸点演示了这种工艺，如图 23 - 3[15] 所示。大多数 C4 工艺的 UBM 足够可靠，可以承受多次回流焊而不会降解[16]，这使得首先放置的器件中的凸点能够承受连接后续器件所需的额外回流焊。这种结构只能扩展到目前这种状态为止，因为每个额外的级别也会增加更多必须承担的重量。

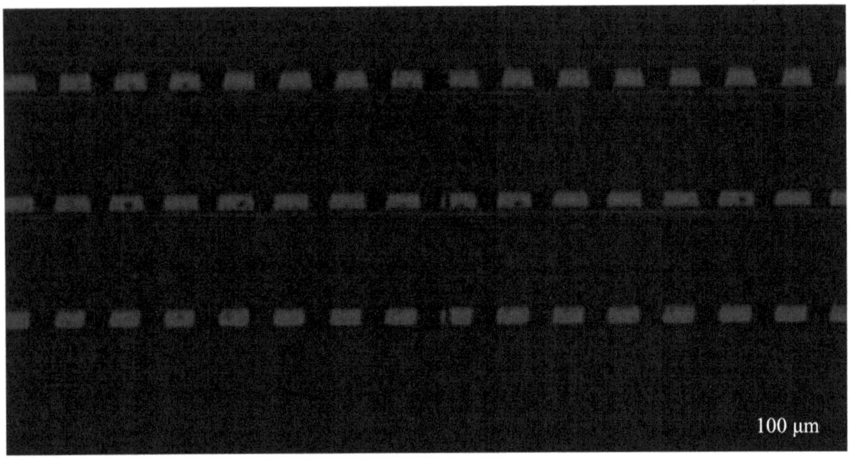

图 23 - 3　具有 25 μm C4 凸点的堆叠硅芯片

在回流焊过程中，较低层次的凸点在液化时会产生浮力。最终，器件的重量将克服熔融焊料凸点的浮力，导致下层凸点在回流时完全塌陷，从而破坏该层中的凸点互连。

23.3　铜柱凸点

铜柱凸点是凸点互连的最新发展。由 APS 开发的铜柱凸点最初被设想为焊料凸点的替代品，以便在组装到有机基板上时提供更精细的间距能力和更高的可靠性[17]。铜柱凸点通常采用类似于电镀焊料凸点的工艺形成。在焊料之前镀一层厚厚的铜，然后回流，在铜柱的顶部形成一个圆形的盖子，如图 23 - 4 所示。这种结构与类似尺寸的 C4 凸点相比，使用的焊料量大大减少，铜柱为凸点提供了大部分支座高度。由于这种结构，铜柱凸点在回流焊时不会塌陷，因此回流焊后它们的最大直径不会像焊料凸点那样增加。这意味着它们可以在不增加桥接风险的情况下以较小的相邻凸点之间的空间制造，因此可以在不减小凸点直径的情况下实现更高的互连密度。铜柱的结构可以比相同直径的焊料凸点提供更高的支座高度，可以改善底部填充和可靠性。

铜柱凸点主要有两种，取决于沉积在铜柱顶部的焊料量，这反过来又决定了凸点阵列的组装过程。帽内有大量焊料（10 μm 或更大）的铜柱凸点可称为倒装芯片（FC）铜柱凸点。倒装芯片铜柱凸点的组装方式与 C4 焊料凸点类似，采用传统的贴装和成组回流焊工艺。倒装芯片铜柱凸点往往表现为直径和间距较大，但仍可成功扩展至 50～60 μm 间距。

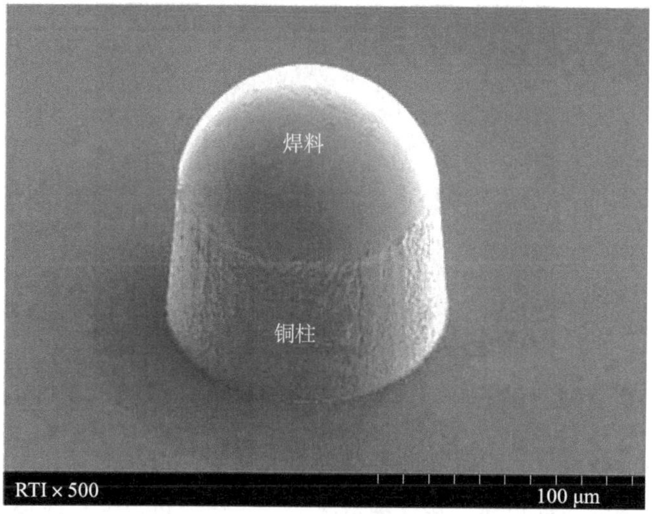

图 23－4　铜柱凸点（来源：RTI 国际）

当铜柱凸点的直径达到约 40 μm 时，热压缩装配工艺成为实现良好装配所必需的工艺，这种工艺称为 TC 铜柱凸点。Amkor 在图 23－5 中说明了装配方法如何在 40～50 μm 间距下从回流焊转变为热压缩[18]。

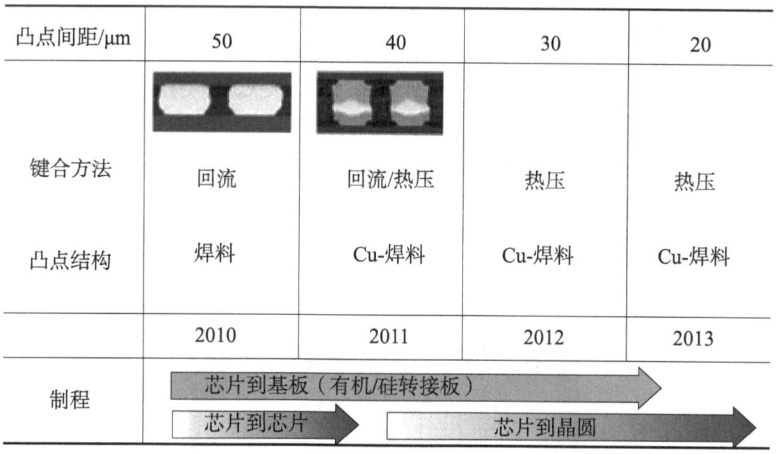

图 23－5　铜柱凸点间距和装配方法

近年来，铜柱凸点的使用使 2.5D 和 3D 集成技术成为可能。由于许多 2.5 D 和 3D 应用需要高密度互连，因此细间距铜柱凸点是提供良好可靠性的一种选择。作为 2.5D 应用中铜柱凸点最广泛报道的应用之一，Xilinx 使用 Amkor 制造的 45 μm 间距铜柱凸点将四个单独的现场可编程门阵列（FPGA）芯片连接到 Si 转接板[19]。图 23－6 显示了将 FPGA 器件粘接到 Si 转接板的铜柱凸点。

热压粘接通常用于组装间距小于 50 μm 的铜柱凸点。当凸点的间隔很小时，回流过程中有机基板的翘曲会影响装配良率，使传统的回流焊工艺不一致。此外，在凸点密度高且

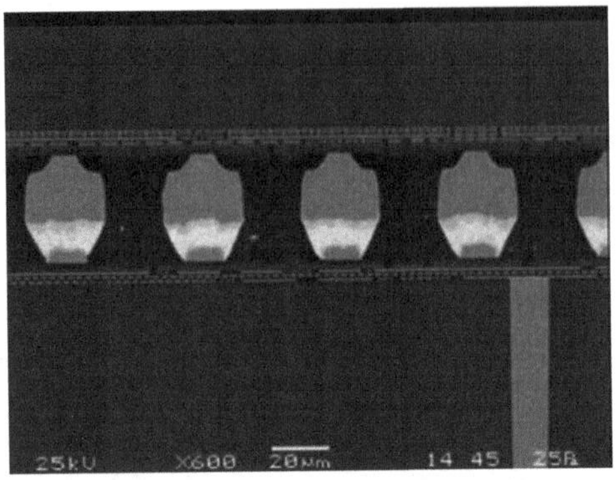

图 23-6　将 FPGA（顶部）粘接到 Si 转接板的 45 μm 间距铜柱凸点视图

芯片到基板间隙小的情况下，很难实现均匀的底部填充，因此最好在组装前使用底部填充而不是粘合后的毛细管底部填充。在这种情况下，热压缩可以通过较厚的焊料层实现高键合良率[20]。

当铜柱凸点的焊料层厚度减小到只有几微米时，就会达到一个临界点，即不再有足够的焊料可用于组装的典型回流焊工艺，并且需要热压缩粘合。在这种情况下，焊料层与铜反应后完全转化为金属间相。这种键合被称为固液互扩散（SLID）键合，伯恩斯坦在文献 [21] 中描述了微电子应用。当带有薄层焊料或 Sn 的铜柱凸点被热压缩粘合到铜焊盘或其他具有薄焊料层的铜柱上时，在粘合界面处形成一层 Cu-Sn 金属间层。这种结构已被许多机构广泛研究用于 2.5D 和 3D 应用，并已在 10 μm 的凸点间距下得到验证[22-26]。与这种类型的铜柱凸点的 SLID 键合通常在 250～300 ℃范围内完成，但由此产生的 Cu-Sn 金属化合物层的熔化温度远远超过了键合温度（Cu_6Sn_5 为 415 ℃，Cu_3Sn 为 670 ℃）。这意味着由 SLID 形成的键合在随后的键合过程中不会熔化，这使其成为芯片堆叠应用中良好的凸点互连选择，在这些应用中，凸点将经历多次热压缩循环。图 23-7 显示了使用 Sn 作为焊层的 SLID 粘结铜柱凸点[25]。键合后，Sn 已完全转化为 Cu-Sn 金属间相。

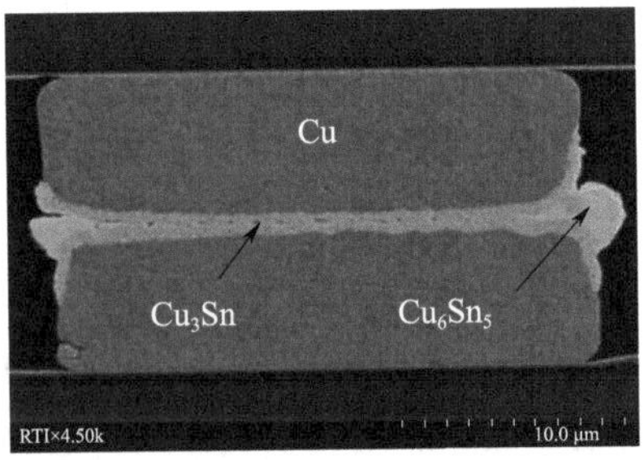

图 23-7　使用 Sn 通过 SLID 粘合的铜柱凸点

23.4　铜凸点

虽然仅由铜组成的凸点不太常用，但已经在 2.5D 和 3D 应用中得到了验证。铜凸点通常在电镀过程中形成，类似于铜柱凸点和焊料凸点。没有焊料层熔化并形成粘合，热压缩粘合是连接铜凸点的唯一选择，并且依赖于铜-铜在粘合界面上的扩散。可能需要长时间（约 1 h）和高温（400 ℃或更高）以驱动铜原子在键合界面上的扩散[27]，但某些器件承受不住如此高的加工温度。此外，还需要高键合压力以确保铜凸点在键合过程中彼此具有良好的物理接触。通常还需要以某种方式使铜凸点平坦化，这样凸点的高度波动才不会影响键合的良率。最后，在键合之前，对铜凸点表面进行处理，以去除氧化物，这对于在键合操作期间铜原子扩散至关重要。在这方面已经有几种不同的方案，包括湿法刻蚀[28]、离子束刻蚀[29]和暴露在氧化物还原气氛中[30]。许多铜凸点焊接方法的实际应用很难扩展到使用标准工业设备的批量装配过程，因此铜凸点的使用仍然相当有限。

铜凸点的低温粘合已被各种研究证明。RTI International（见图 23－8）[31]和 IMEC[32]都发表了在 300 ℃下使用热压工艺键合铜凸点的结果。富士通展示了一种新颖的铜凸点工艺，其中凸点使用机械切割工艺进行平面化，如图 23－9 所示。该过程在凸点表面产生损伤层，这在粘合过程中证明是有利的，允许粘合温度降低至 200 ℃[33]。

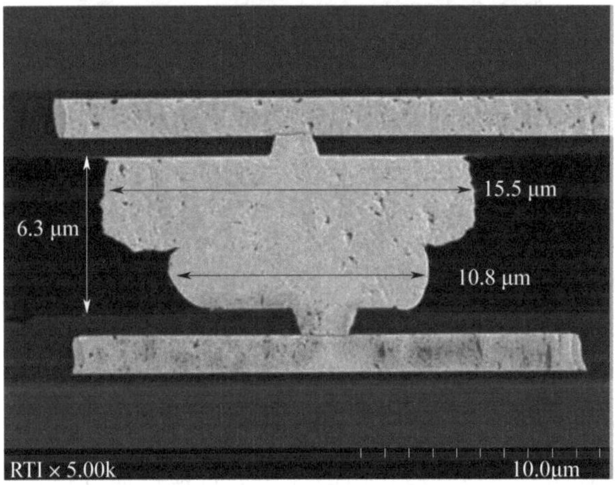

图 23－8　在 300 ℃下键合的铜凸点

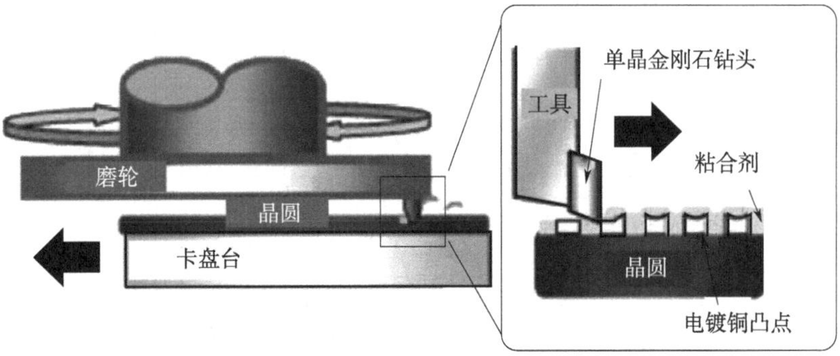

图 23－9　富士通精密铜凸点切割工艺

23.5　电迁移

随着 2.5D 和 3D 系统的凸点尺寸不断减小，电迁移问题成为选择凸点互连时更重要的考虑因素。当流经凸点的高电流将原子从互连的一个物理区域移动到另一个区域时，就会引起电迁移。随着时间的推移，这会导致凸点的电气和机械性能下降，最终导致互连失效。图 23 - 10 显示了共晶 Sn/Pb 凸点中典型的电迁移损伤情况，其中由于空隙积聚而导致的开裂发生在凸点的阴极（顶部）侧[34]。随着时间的推移，凸点的横截面积减小，电迁移损伤会加速恶化，因为导体横截面减小会导致电阻加热不断增加。

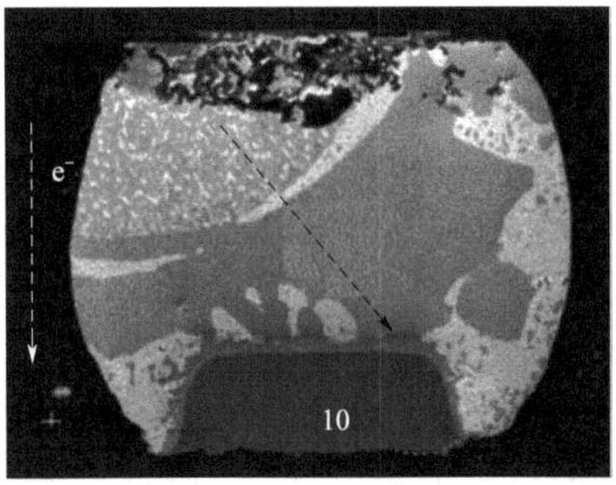

图 23 - 10　SnPb 焊料凸点中的电迁移损坏

无铅焊料和铜柱凸点可显著提高电迁移性能。Darveaux 提供了电迁移数据[35]，比较了相同尺寸（90 μm UBM 直径，150 μm 凸点间距）的高 Pb、共晶 SnPb、SnAg 和铜柱凸点，显示出铜柱凸点的使用寿命明显更长。在一项相关研究中，Syed 等人测试了带有 SnAg 焊帽的直径为 25 μm 的铜柱凸点的电迁移性能，该焊料在电流密度大于 35 000 A · cm^{-2}时的寿命超过 5 500 h[36]（见图 23 - 11）。对拉出的样品进行横截面分析，经过 2 775 h 的测试表明，当前应力和无应力凸点中的焊料已完全转换为 Cu - Sn 金属间相。

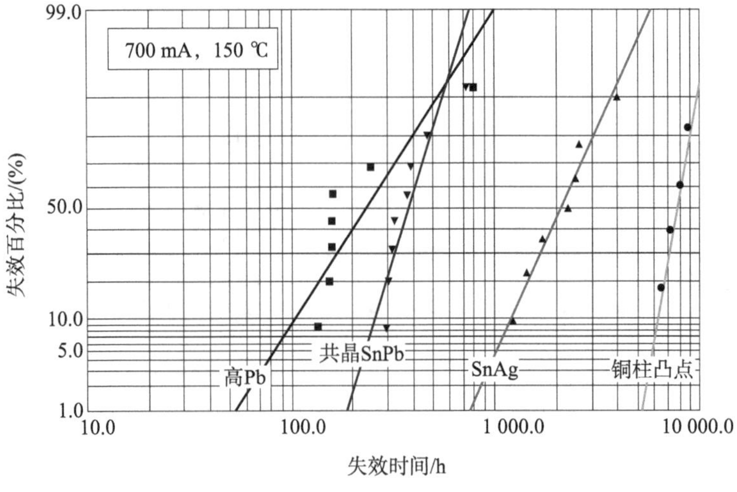

图 23 - 11　电迁移性能比较

参考文献

[1] Davis E et al (1964) Solid logic technology: versatile high performance electronics. IBM Systems Journal, 8, 102.

[2] Yung E and Turlik I (1991) Electroplated solder joints for flip chip applications. IEEE Transactions on Components, Hybrids and Manufacturing Technology, 14, 549.

[3] Mis J, Rinne G, Deane P, and Adema G (1996) Flip chip production experience: design, process, reliability and cost considerations. Proceedings of the International Symposium on Hybrid Microelectronics (ISHM), Minneapolis, p. 20.

[4] Elenius P (1997) Flex on cap - solder paste bumping. Proceedings of IEEE Electronic Components and Technology Conference, San Jose, p. 248.

[5] Shukla R, Murali V, and Bhansali A (1999) Flip chip CPU package technology at Intel: a technology and manufacturing overview. Proceedings of the 49th Electronic Components and Technology Conference, 1999, pp. 945 - 949.

[6] De Haven K and Deitz J (1994) C4: an enabling technology. Proceedings of the 44th Electronic Components and Technology Conference, p. 1.

[7] Brooks R et al (1993) Direct chip attach: a viable chip mounting alternative. Proceedings of the International Conference and Exhibition on Multichip Modules, Denver, p. 595.

[8] Wang T, Tung F, and Foo L (2001) Studies on a novel flip - chip interconnect structure: pillar bump. Proceedings of the 51st Electronic Components Technology Conference, p. 945.

[9] Kawahara T (2000) SuperCSP™. IEEE Transactions on Advanced Packaging, 23 (2), 215 - 219.

[10] Chipworks (2006) . Intel D920 Presler and T2300 Yonah Copper Pillar Bump Technology Package Analyses, April 3.

[11] Takahashi S, Hayashi Y, Kunio T, and Endo N (1992) Characteristics of thin - film devices for a stack - type MCM. Proceedings of the 1992 IEEE Multi - Chip Module Conference, pp. 159 - 162.

[12] Arkalgud S (2012) Scaling 2. 5D/3D: the next R&D challenge. 2nd Annual IEEE Global Interposer Technology Workshop, Atlanta, GA, November 2012.

[13] Huffman A, LaBennett R, Bonafede S, and Statler C (2003) Fine - pitch wafer bumping and assembly for high density detector systems. IEEE Nuclear Science Symposium Conference Record, 5, 3522 - 3526.

[14] Banijamali B, Ramalingam S, Nagarajan K, and Chaware R (2011) Reliability study of TSV interposers and interconnects for the 28nm technology FPGA. Proceedings of the 61st Electronic Components Technology Conference, pp. 285 - 290.

[15] Maria J, Dang B, Wright S L, Tsang C K, Andry P, Polastre R, Liu Y, Wiggins L, and Knickerbocker J U (2011) 3D chip stacking with 50 μm pitch lead - free micro - C4 interconnections. Proceedings of the 61st Electronic Components Technology Conference, pp.

268 - 273.

[16] Li L, Jang J W, and Allmen B (2001) Shear property and microstructure evaluation of Pb - free solder bumps under room temperature and multiple reflow/high temperature aging. Proceedings of the International Symposium on Advanced Packaging Materials Processes, Properties, and Interfaces, pp. 347 - 353.

[17] Wang T, Tung F, and Foo L (2001) Studies on a novel flip - chip interconnect structure: pillar bump. Proceedings of the 51st Electronic Components Technology Conference, p. 945.

[18] Yoo M (2012) 3D IC technology: OSAT perspective. SEMICON Taiwan SiP Global Summit 2012, Taipei, Taiwan.

[19] Chaware R, Nagarajan K, and Ramalingam S (2012) Assembly and reliability challenges in 3D integration of 28nm FPGA die on a large high density 65nm passive interposer. Proceedings of the 62nd Electronic Components Technology Conference, pp. 279 - 283.

[20] Patterson D (2012) 2.5/3D packaging enablement through copper pillar technology. Chip Scale Review, 16 (3), 20 - 26.

[21] Bernstein L (1966) Semi - conductor joining by the solid - liquid inter - diffusion (SLID) process. Journal of the Electrochemical Society, 113 (12), 1282 - 1288.

[22] Tomita Y et al (2000) Copper bump bonding with electroless metal cap on 3 dimensional stacked structure. Proceedings of the 3rd Electronics Packaging Technology Conference, Sheraton Towers, Singapore, pp. 286 - 291.

[23] Tanida K et al (2003) Ultra - high - density 3D chip stacking technology. Proceedings of the 43rd Electronic Components and Technology Conference, New Orleans, LA, pp. 1084 - 1089.

[24] Klumpp A et al (2003) Chip - to - wafer stacking technology for 3D system integration. Proceedings of the 43rd Electronic Components and Technology Conference, New Orleans, LA, pp. 1080 - 1083.

[25] Huffman A, Lueck M, Bower C, and Temple D (2007) Effects of assembly process parameters on the structure and thermal stability of Sn - capped Cu bump bonds. Proceedings of the 57th Electronic Components and Technology Conference, Reno, NV, pp. 1589 - 1596.

[26] Reed J, Lueck M, Gregory C, Huffman A, Lannon J, and Temple D (2010) Low temperature bonding of high density large area array interconnects for 3D integration. Proceedings of the 4th International Symposium on Microelectronics, 2010 (IMAPS 2010), Raleigh, NC, USA, pp. 28 - 35.

[27] Tan C S (2009) Cu - to - Cu thermocompression bonding and its recent progress. International Workshop on 3D Design and Nanoelectronic System Technologies, Atlanta, GA.

[28] Lannon J, Gregory C, Huffman A, Lueck M, and Temple D (2009) High density Cu - Cu interconnect bonding for 3D integration. Proceedings of the 59th Electronic Components and Technology Conference, San Diego, CA, pp. 355 - 359.

[29] Kim T H, Howlader M M R, Itoh T, and Suga T (2003) Room temperature Cu - Cu direct bonding using surface activated bonding method. Journal of Vacuum Science and Technology A, 21 (2), 449 - 453.

[30] Farrens S (2008) Wafer and die bonding technologies for 3D integration. MRS Symposium: Materials and Technologies for 3 - D Integration, December 2008, Boston, MA, vol. 1112, pp.

55 - 65.

[31] Lannon J, Gregory C, Huffman A, Lueck M, and Temple D (2009) High density Cu - Cu interconnect bonding for 3D integration. Proceedings of the 59th Electronic Components and Technology Conference, pp. 355 - 359.

[32] Swinnen B, Ruythooren W, DeMoor P, Bogaerts L, Carbonell L, DeMunck K, Eyckens B, Stoukatch S, Sabuncuoglu Tezcan D, Tokei Z, Vaes J, Van Aelst J, and Beyne E (2006) 3D integration by Cu - Cu thermo - compression bonding of extremely thinned bulk - Si die containing 10 μm pitch through - Si vias. Proceedings of the International Electron Devices Meeting, pp. 1 - 4.

[33] Sakai T et al (2011) Cu - Cu thermocompression bonding using ultra precision cutting of Cu bumps for 3D - SIC. Proceedings of the IMAPS International Conference and Exhibition on Device Packaging, Fountain Hills, AZ, USA, pp. 146 - 149.

[34] Chen K - M, Wu J D, and Chiang K - N (2006) Effects of pre - bump probing and bumping processes on eutectic solder bump electromigration. Microelectronics Reliability, 46 (12), 2104 - 2111.

[35] Darveaux R (2012) Escalating challenges in developing complex solutions for next generation package and interconnect technologies. Proceedings of the IMAPS International Conference and Exhibition on Device Packaging, Fountain Hills, AZ, USA.

[36] Syed A, Dhandapani K, Moody R, Nicholls L, and Kelly M (2011) Cu pillar and m - bump electromigration reliability and comparison with high Pb, SnPb, and SnAg bumps. Proceedings of the 61st ECTC, Lake Buena Vista, FL, USA, May 31 - June 3, pp. 332 - 339.

第 24 章　基于自组装的三维异构集成

Takafumi Fukushima and Jicheol Bea

24.1　介绍

芯片到晶圆的三维集成方法可以提高 3D IC 制造的生产良率，因为可以选择性地使用已知合格的芯片（KGD)，并且可以在拾取和放置芯片组装后进行晶圆级加工。因此，芯片到晶圆的 3D 集成被认为是实现 3D 芯片堆叠的有效方法[1,2]。然而，传统的芯片到晶圆 3D 集成在晶圆上的组装吞吐量和 KGD 的对准精度之间需要进行权衡，如图 24－1 所示。为了克服这个问题，提出了利用液体的表面张力[3]，可大规模并行的、具有键合功能的多芯片自组装技术。通过多芯片自组装，可以同时、及时地将大量 KGD 精确地对准晶圆。本章介绍基于自组装的 3D 集成技术。特别指出了影响 KGD 自组装定位精度的关键参数。此外，本章还将介绍如何将自组装的 KGD 与晶圆或其他堆叠的 KGD 互连。

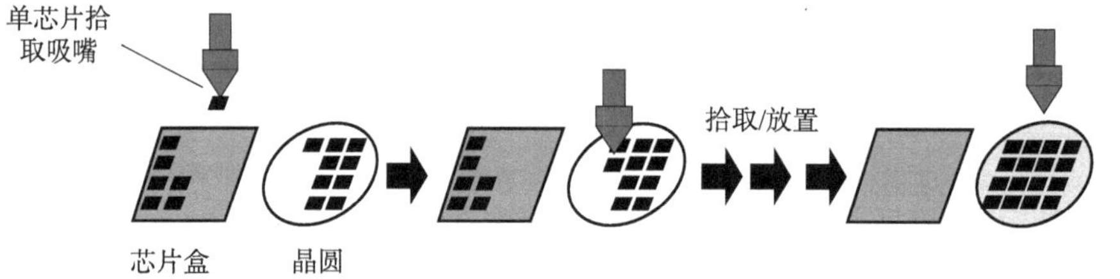

	贴片机A	贴片机B
贴装速度	3 600 chip/h (1.0 s/chip)	12 000 chip/h (0.3 s/chip)
对准精度	±10 μm	±25 μm

(a)

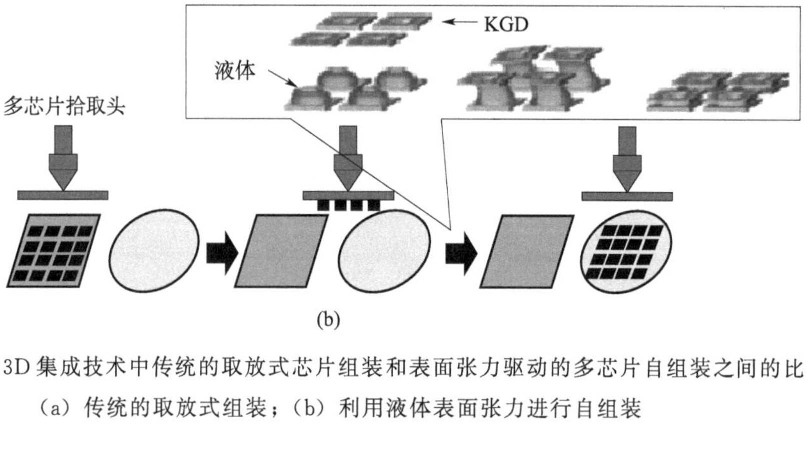

(b)

图 24－1　晶圆 3D 集成技术中传统的取放式芯片组装和表面张力驱动的多芯片自组装之间的比较：(a) 传统的取放式组装；(b) 利用液体表面张力进行自组装

24.2　自组装工艺

多芯片自组装需要液滴作为宿主流体，此外还需要晶圆对液体具有高润湿性和低润湿性区域。整个自组装过程非常简单。图 24-2 显示了用两个高速相机观察到的芯片自组装短片的快照[4]。首先，在主晶圆上形成芯片自组装的亲水区域和周围的疏水区域，反之亦然。例如，通过标准光刻技术，在主体晶圆上用 SiO_2 形成亲水组装区域而用 Si[5,6] 或碳氟化合物[7,8]形成周围的疏水区域。通常采用自组装单层（SAM）技术和硅烷偶联剂形成疏水区域[9-11]。

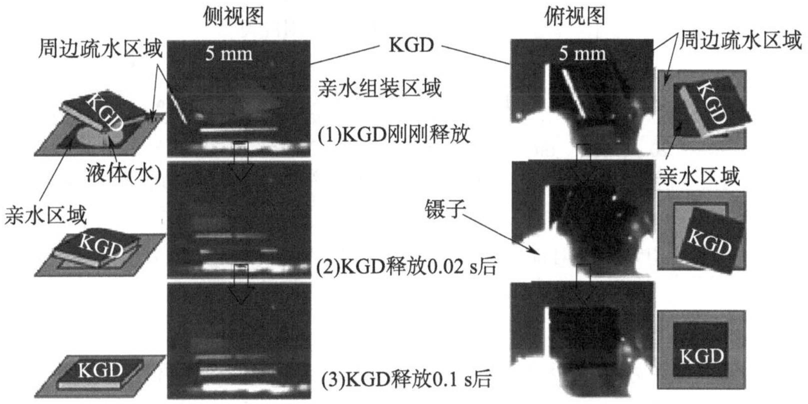

图 24-2　芯片自组装到具有亲水组装区域和周围疏水区域的主机晶圆的短片的快照

在图 24-2 中，水滴通过点胶的方式供给到亲水组装区域。据报道，浸涂[12]、蒸汽[13]或雾气[14]可同时向主晶圆提供液滴。芯片大致预对准相应的组装区域后，释放到水滴表面。然后，芯片在短时间内精确地对准组装区域。纯水[7,15-17]、稀氟酸[5,6]、水溶性粘合剂[17,18]和水溶性助焊剂[19]作为宿主流体被用于具有亲水组装区域的自组装。稀释后的氟酸有助于自对准后无负载室温氧化物对氧化物的直接芯片键合。相反，碳氢化合物[10,11]、丙烯酸树脂[9]和环氧树脂[20]等粘合剂以及熔融焊料[21,22]已应用于具有疏水组装区域的自组装中。如图 24-2 所示，芯片可以在 0.1 s 内精确对准在主机晶圆上形成的亲水组装区域。

24.3　自组装对准精度的关键参数

本节讨论芯片自组装的对准精度的影响因素。作用在 x 方向上自组装到晶圆上的 KGD 的驱动力是表面张力，可以用下式表示

$$F_x = -\frac{\partial E}{\partial x} = -\mu\frac{\partial A}{\partial x}$$

其中，E 和 A 分别表示芯片的表面自由能和面积。从上式中可以清楚地看出，驱动力 F_x

与液体表面张力 μ 呈正比，因此可以说第一个关键参数是自组装过程中使用的宿主流体的表面张力。众所周知，水是除有毒汞外室温下具有最高表面张力的液体。在 25 ℃时，该值为 71.99 mN·m^{-1}（=mJ·m^{-2}）。如图 24－3（a）所示，表面张力越高的液体，对准精度越高。实际上，水已经被用于自组装实验[7,15-17]。在高温下，熔融焊料的表面张力高于水。因此，电子封装中的传统自对准技术利用其高表面张力将 KGD 稍微向精确方向移动，这通常发生在带有焊料凸点的 KGD 通过拾取和放置倒装芯片键合进行机械安装后[23,24]。

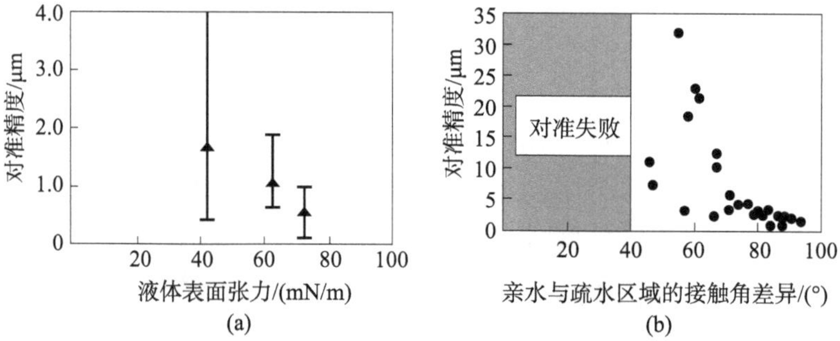

图 24－3 （a）自组装中的对准精度对液体表面张力的依赖性以及（b）亲水组装区域与周围疏水区域之间的润湿性对比

第二个关键参数是亲水组装区域和周围疏水区域之间的接触角差异，称为润湿性对比。如果接触角差异较小，液滴很容易扩散到组装区域外，从而得到低对准精度。相反，如果差异很大，则可以将液滴限制在组装区域内，以获得高对准精度。图 24－3（b）显示了接触角差异与对准精度之间的关系。当组装区域与周围区域之间的水接触角差异大于 90°时，对准精度在 1～2 μm 以内[4]。通过使用黑色硅表面严格限制宿主液体，疏水性非常高的周围区域表明水接触角接近 180°，尽管它们的受体位点（组装区域）水接触角为 69°[25]。

到目前为止，晶圆倾斜度[6]和液体体积[26,27]等其他参数对自组装精度的影响都已经被研究过。佐藤等人描述了通过自组装获得的对准精度取决于初始对准，这意味着在芯片释放前在 x、y、z 和 q 方向上的位置对自组装精度影响很大[15]。Zhou 及其同事提出，通过强制润湿将 KGD 压入液体表面可以获得更高的对准精度。因此，液滴可以虚假地增加组装区域的润湿性，并在整个区域完全湿润，以提供高对准精度，尽管组装区域对宿主流体没有高亲水性[25]。

芯片尺寸精度是影响 KGD 精确对准晶圆的另一个重要参数。Fukushima 等人采用等离子切割再研磨技术制造的芯片进行自组装，使芯片尺寸精度达到 1 μm，从而获得约 0.4 μm 的高对准精度[6]。用带陶瓷刀片的标准锯切割，可以得到 1～2 μm 的高尺寸精度，这在实现亚微米对准精度方面具有巨大的潜力。然而，在当前的半导体行业中，芯片尺寸并没有得到很好的控制。F. Sun 等人报告了焊盘辅助自组装和完全或部分润湿的自组装技术，芯片周围具有/没有疏水性区域，如图 24－4 所示。由于初始贴装质量小于焊盘间距的一半，该技术可实现亚微米级别对准精度[26]。

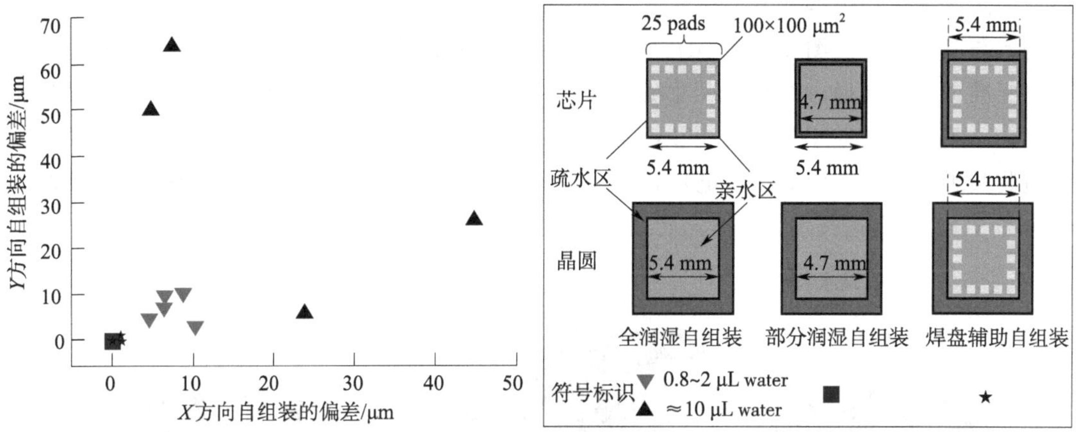

图 24-4　自组装中的对准精度对芯片和晶圆上亲水/疏水区域设计的影响[26]

24.4 如何将自组装芯片与芯片或晶圆互连

自组装的 KGD 必须与堆叠在 KGD 上方和下方的其他芯片或目标晶圆（如 Si 转接板和 LSI 晶圆）互连。基于自组装的 3D 集成方法仅分为两类。一种是以面朝下键合的方式自组装 KGD，其中 KGD 具有用于倒装芯片键合的金属微凸点，并直接自组装到转接板或 LSI 晶圆上，没有临时载体或支撑晶圆。另一种是 KGD 以正面键合的方式自组装，Fukushima 等人建议使用自组装作为新的 3D 集成技术重构晶圆到晶圆 3D 集成[5]。本节介绍倒装芯片到晶圆的 3D 集成和重构的晶圆到晶圆 3D 集成。

24.4.1　倒装芯片到晶圆 3D 集成

具有金属微凸点电极的 KGD 通过水的表面张力可自组装到晶圆上[4,7,8,11,28]。典型的面朝下自组装工艺（如倒装芯片键合）如图 24-5（a）所示。液滴放置在相应晶圆上形成的组装区域，其周围区域具有疏水性，这类似于多芯片到晶圆的无微凸点的 KGD 自组装过程。KGD 被释放到液滴后，立即自组装到晶圆上，然后进行液体蒸发。随后的热压缩导致 3D 微凸点互连。

Chapuis 等人使用水滴进行了表面张力驱动的 MEMS 芯片自组装[8]。200×200 μm^2 焊块（Bi 44.7%，Pb 22.6%，In 19.1%，Sn 8.3%和 Cd 5.3%）的 MEMS 芯片具有 47 ℃ 的低熔化温度，成功地自组装到具有 Cr/Au 焊盘的晶圆上，对准精度为 20～100 μm。Mastrangeli 等人（IMEC）介绍了他们的 3D 集成自组装研究[11]，他们采用 SAM 技术，通过自组装实现芯片到晶圆的 3D 集成。他们展示了利用十六烷作为宿主流体的倒装芯片自组装，将 Ti/Au 焊盘的芯片组装到具有 120 μm 间距/直径凸点的晶圆上。

Fukushima 等人提出了细间距倒装芯片自组装，其芯片具有 3 μm 厚的 In/ Au 微凸点阵列，凸点间距为 10 μm 或 20 μm[4]。图 24-5（b）和图 24-5（c）显示了自组装前以及随后的热压缩过程中晶圆上形成的微凸点的横截面图。从图 24－5（c）可以看出，芯片在结构上与晶圆相连。图 24－5（d）所示为具有微凸点的自组装芯片阵列的照片。这些芯片通过标准锯切割获得，具有高尺寸精度（达到 2 μm）。倒装芯片自组装产生的对准精度很高，在 x 和 y 方向上分别为 0.8 μm 和 0.2 μm。2 500 In/Au 微凸起菊花链通过倒装芯片自组装实现，由此产生的菊花链具有欧姆接触，该电阻足够低，可以采用基于芯片到晶圆键合的 3D LSI 制造技术，并且与传统的拾取和放置芯片组装效果相当。

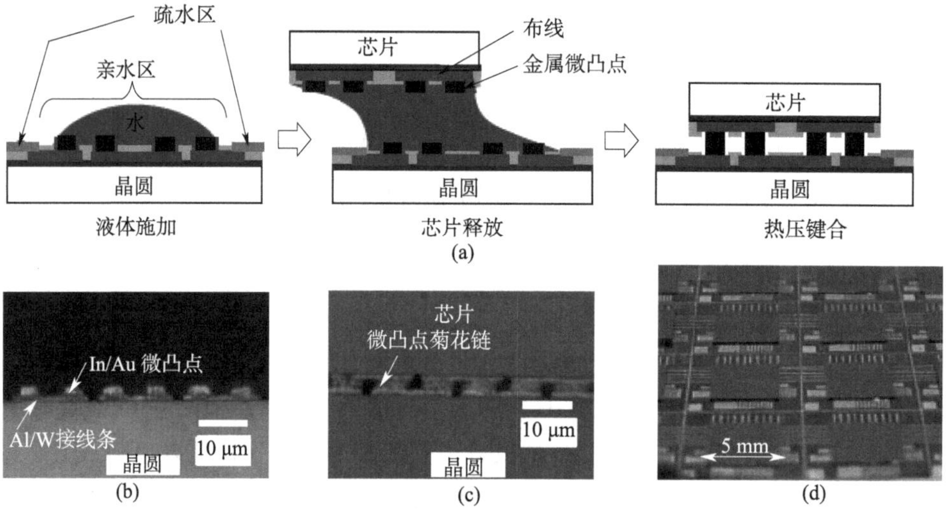

图 24－5　(a) 用于多芯片到晶圆的直接 3D 集成的自组装过程；(b) 自组装前和 (c) 热压缩后在晶圆上形成的微凸点的截面图像；(d) 晶圆上的自组装芯片阵列的透视图

24.4.2　重构的晶圆到晶圆 3D 集成

重构的晶圆到晶圆 3D 集成是一种先进的多芯片到晶圆 3D 集成方法，使用面对面自组装，临时键合到载体晶圆，并将载体晶圆转移到其他目标晶圆上。Fukushima 等人将具有自组装 KGD 的载体晶圆称为“重构的晶圆”。图 24－6（a）和图 24－6（b）显示了重构晶圆到晶圆 3D 集成的概念及其工艺流程[5,17,28-30]。首先，经过测试，从各种器件晶圆中分拣出带有微凸点的第一层 KGD。然后，KGD 在载体晶圆上自行组装，并以面朝下键合的方式暂时粘合到晶圆上。之后，载体晶圆对齐并粘合到相应的目标转接板或晶圆上，其微凸点设计与自组装的 KGD 相同。因此，在 KGD 和目标晶圆之间形成微凸点键合，然后，KGD 从载体晶圆上分离并转移到目标晶圆上。接下来的工序包括底部填充、多芯片减薄［包括背面研磨和化学机械抛光（CMP）］以及硅通孔（TSV）/微凸点形成。最后，通过重复多芯片转移工艺，这些 KGD 垂直分层堆叠。

LETI 报道了使用正面芯片键合的芯片到晶圆 3D 集成方法的另一个例子。Berthier 等人（LETI）通过自组装使用水的表面张力与直接的氧化物-氧化物结合，以实现 3D 集成[16]。在他们的芯片自组装实验中，采用了 SAM 技术，使组装区域具有亲水性，并在亲水区域周围形成了 50 μm 深的沟槽结构将芯片紧紧地限制在组装区域内。

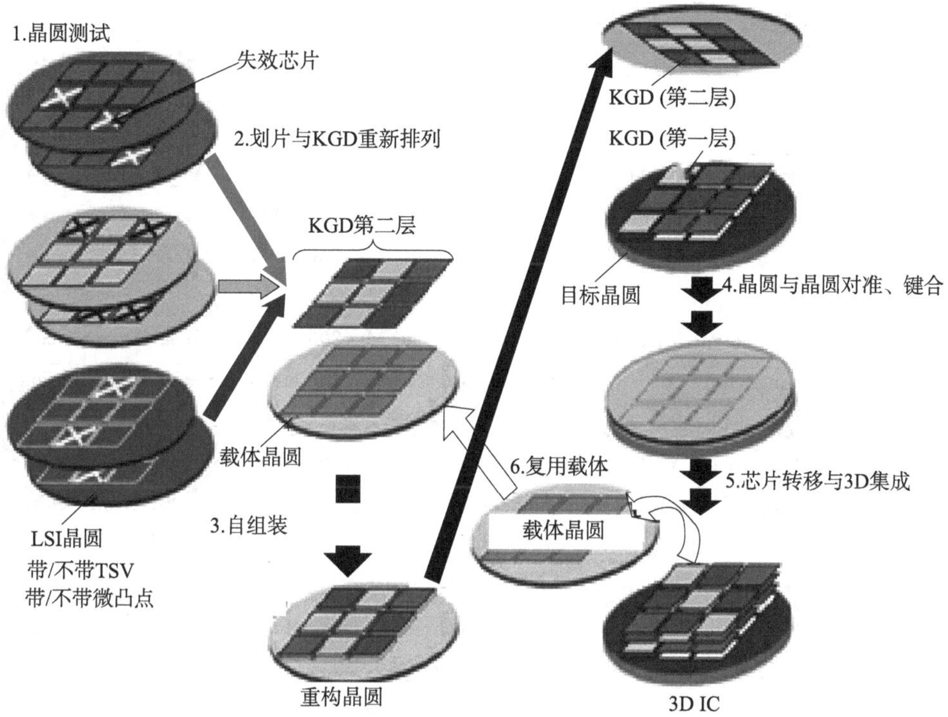

(a)

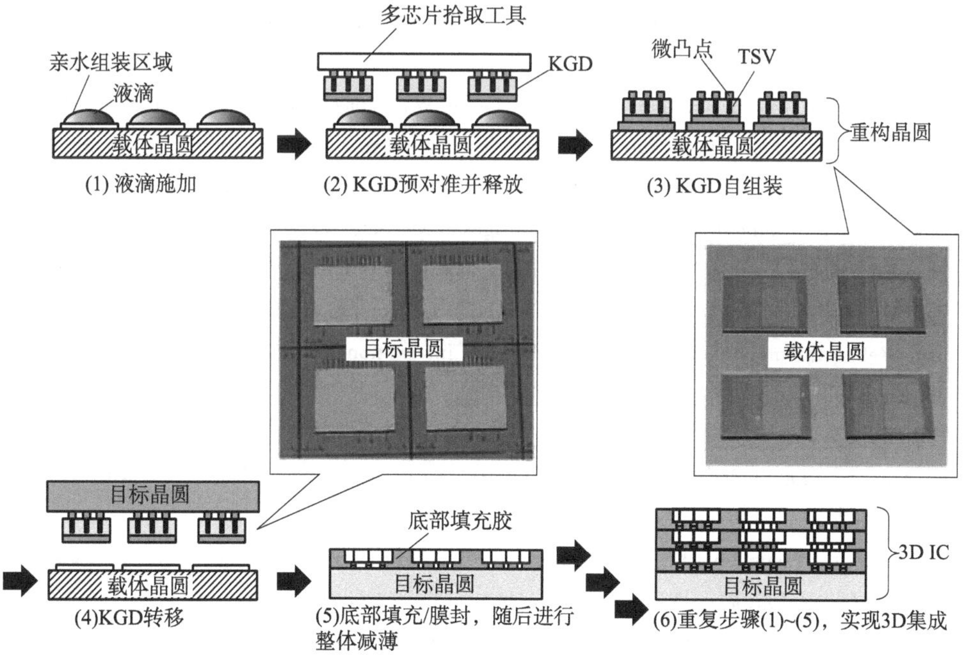

(b)

图 24-6　(a) 重构晶圆到晶圆的 3D 集成概念和 (b) 工艺流程，包括自组装芯片的照片，其表面有金属微凸点，自组装的芯片被转移到目标晶圆上

参考文献

[1] Klumpp A, Merkel R, Ramm P, Weber J, and Wieland R (2004) Vertical system integration by using inter - chip vias and solid - liquid interdiffusion bonding. Japanese Journal of Applied Physics, 43, L829.

[2] Fukushima T, Yamada Y, Kikuchi H, and Koyanagi M (2006) New three - dimensional integration technology using chip - to - wafer bonding to achieve ultimate super - chip integration. Japanese Journal of Applied Physics, 45, 3030.

[3] Fukushima T, Yamada Y, Kikuchi H, and Koyanagi M (2005) New three - dimensional integration technology using self - assembly technique. Technical Digest: International Electron Devices Meeting (IEDM), pp. 359 - 362.

[4] Fukushima T, Iwata E, Ohara Y, Murugesan M, Bea J - C, Lee K - W, Tanaka T, and Koyanagi M (2012) Multichip - to - wafer 3D integration technology using chip self - assembly with excimer lamp irradiation. IEEE Transactions on Electron Devices, 59, 2956.

[5] Fukushima T, Yamada Y, Kikuchi H, Konno T, Liang J, Ali A M, Sasaki K, Inamura K, Tanaka T, and Koyanagi M (2007) New three - dimensional integration technology based on reconfigured wafer - onwafer bonding technique. Technical Digest: International Electron Devices Meeting (IEDM), pp. 985 - 988.

[6] Fukushima T, Iwata E, Konno T, Bea J C, Lee K W, Tanaka T, and Koyanagi M (2010) Surface tension - driven chip selfassembly with load - free hydrogen fluoride assisted direct bonding at room temperature for three - dimensional integrated circuits. Applied Physics Letters, 96, 154105.

[7] Fukushima T, Konno T, Kiyoyama K, Murugesan M, Sato K, Jeong W - C, Ohara Y, Noriki A, Kanno S, Kaiho Y, Kino H, Makita K, Kobayashi R, Yin C - K, Inamura K, Lee K - W, Bea J - C, Tanaka T, and Koyanagi M (2008) New heterogeneous multichip module integration technology using self - assembly method. Technical Digest: International Electron Devices Meeting (IEDM), pp. 499 - 502.

[8] Chapuis Y A, Debray A, Jalabert L, and Fujita H (2009) Alternative approach in 3D MEMS - IC integration using fluidic selfassembly techniques. Journal of Micromechanics and Microengineering, 19, 105002.

[9] Srinivasan U, Liepmann D, and Howe R T (2001) Microstructure to substrate selfassembly using capillary forces. Journal of Microelectro mechanical Systems, 10, 17.

[10] Xiong X, Hanein Y, Fang J, Wang Y, Wang W, Schwartz D T, and Böhringer K F (2003) Controlled multibatch selfassembly of microdevices. Journal of Microelectro mechanical Systems, 12, 117.

[11] Mastrangeli M, Ruythooren W, Celis J - P, and Hoof C V (2011) Challenges for capillary self - assembly of microsystems. IEEE Transactions on Electronics Packaging Manufacturing, 1, 133.

[12] Mastrangeli M, Ruythooren W, Van Hoof C, and Celis J - P (2009) Conformal dipcoating of patterned surfaces for capillary die - to - substrate self - assembly. Journal of Micromechanics and Microengineering, 19, 045015.

[13] Fang J and Böhringer K F (2006) Wafer level packaging based on uniquely orienting self - assembly (the DUO - SPASS processes) . Journal of Microelectromechanical Systems, 15, 531.

[14] Chang B, Sariola V, Jääskeläinen M, and Zhou Q (2011) Self - alignment in the stacking of microchips with mist - induced water droplets. Journal of Micromechanics and Microengineering, 21, 015016.

[15] Sato K, Ito K, Hata S, and Shimokohbe A (2003) Self - alignment of microparts using liquid surface tension: behavior of micropart and alignment characteristics. Precision Engineering, 27, 42.

[16] Berthier J, Brakke K, Grossi F, Sanchez L, and Di Cioccio L (2010) Self - alignment of silicon chips on wafers: a capillary approach. Journal of Applied Physics, 108, 054905.

[17] Fukushima T, Iwata E, Ohara Y, Murugesan M, Bea J - C, Lee K - W, Tanaka T, and Koyanagi M (2011) A multichip self - assembly technology for advanced die - to - wafer 3D integration to precisely align known good dies in batch processing. IEEE Transactions on Electronics Packaging Manufacturing, 1, 1873.

[18] Sato K, Lee K, Nishimura M, and Okutsu K (2007) Self - alignment and bonding of microparts using adhesive droplets. IEEE Transactions on Electronics Packaging Manufacturing, 8, 75.

[19] Ito Y, Fukushima T, Lee K - W, Choki K, Tanaka T, and Koyanagi M (2013) Reductant - assisted self - assembly with Cu/ Sn microbump for three - dimensional heterogeneous integration. Japanese Journal of Applied Physics, 52, 04CB09.

[20] Kim J - M, Yasuda K, and Fujimoto K (2005) Resin self - alignment processes for self - assembly systems. Journal of Electronic Packaging, 127, 18.

[21] Chung J, Zheng W, Hatch T J, and Jacobs H O (2006) Programmable reconfigurable self - assembly: parallel heterogeneous integration of chip - scale components on planar and nonplanar surfaces. Journal of Microelectromechanical Systems, 15, 457.

[22] Morris C J, Stauth S A, and Parviz B A (2005) Self - assembly for microscale and nanoscale packaging: steps toward selfpackaging. IEEE Transactions on Advanced Packaging, 28, 600.

[23] Wale M J and Edge C (1990) Self - aligned flip - chip assembly of photonic devices with electrical and optical connections. IEEE Transactions on Components, Hybrids, and Manufacturing Technology, 13, 780.

[24] Hayashi T (1992) An innovative bonding technique for optical chips using solder bumps that eliminate chip positioning adjustments. IEEE Transactions on Components, Hybrids, and Manufacturing Technology, 15, 225.

[25] Chang B, Shah A, Routa I, Lipsanen H, and Zhou Q (2012) Surface - tension driven self - assembly of microchips on hydrophobic receptor sites with water using forced wetting. Applied Physics Letters, 101, 114105.

[26] Sun F, Leblebici Y, and Brunschwiler T (2011) Surface - tension - driven multichip self - alignment techniques for heterogeneous 3D integration. Proceedings of the IEEE Electronic Components and Technology Conference (ECTC), pp. 1153 - 1158.

[27] Lee K - W, Kanno S, Kiyoyama K, Fukushima T, Tanaka T, and Koyanagi M (2010) A cavity chip interconnection technology for thick MEMS chip integration in MEMS - LSI multichip module. Journal of Microelectromechanical Systems, 19, 1284.

[28] Fukushima T, Iwata E, Ohara Y, Noriki A, Inamura K, Lee K - W, Bea J - C, Tanaka T, and Koyanagi M (2009) Three dimensional integration technology based on reconfigured wafer - to - wafer and multichip - to - wafer stacking using selfassembly method. Technical Digest: International Electron Devices Meeting (IEDM), pp. 349 - 352.

[29] Fukushima T, Hashiguchi H, Bea J, Ohara Y, Murugesan M, Lee K - W, Tanaka T, and Koyanagi M (2012) New chip - to - wafer 3D integration technology using hybrid self - assembly and electrostatic temporary bonding. Technical Digest: International Electron Devices Meeting (IEDM), pp. 789 - 792.

[30] Fukushima T, Bea J - C, Kino H, Nagai C, Murugesan M, Hashiguchi H, Lee K -W, Tanaka T, and Koyanagi M Reconfigured - wafer - to - wafer 3D integration using parallel self - assembly of chips with Cu - SnAg mbumps and a non - conductive film. IEEE Transactions on Electron Devices, Accepted.

第 25 章 等离子编程表面薄硅芯片的高精度自对准

Christof Landesberger, Mitsuru Hiroshima, Josef Weber, and Karlheinz Bock

25.1 介绍

半导体器件的高精度放置是 3D 系统集成制造技术的强烈要求。引入自组装技术既可以提高芯片贴装精度，又可以简化芯片粘接设备的结构。在过去几年中，多个研究小组提出并分析了微电子设备自对准的工艺方案。参考文献 [1] 中提供了有关各种技术的综述。其他文献中介绍了基于液体表面张力的自对准的具体结果[2-5]。

通常，流体自组装的概念要求基板表面对特定液体表现出选择性润湿行为。本章介绍了一种表面编程过程，该过程在氟等离子体处理后导致金属和聚合物表面的相反润湿行为。该研究工作的主要目的是制备不同尺寸的薄硅芯片，开发流体自对准工艺，并确定所得的对准精度。

25.2 薄芯片流体自对准工艺原理

厚度为 50 μm 的薄硅芯片重量轻，能够在水等流体液滴上移动。如果液体相对于底层基板表现出特定的润湿行为，则液滴和芯片可以在基板上移动和自对准。该概念需要对基板进行表面编程，以定义选择性润湿区域。主要工艺流程如图 25－1 所示。

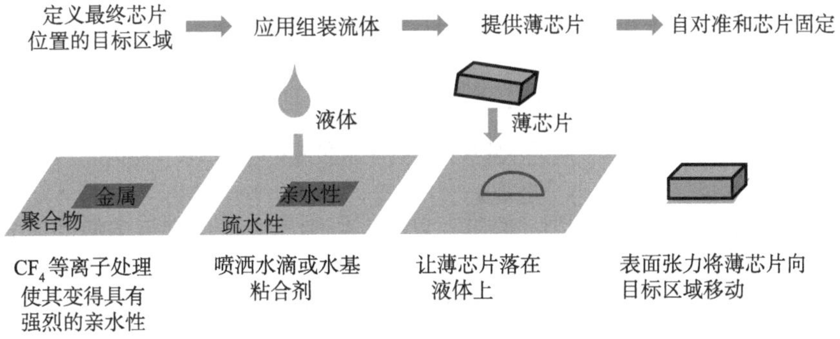

图 25－1 薄硅芯片流体自对准工艺主要工艺流程

首先在聚合物表面上制备金属图案，在这种情况下，在硅晶圆衬底上的聚酰亚胺层上以光刻方式定义铝焊盘。铝焊盘代表最终芯片位置的目标区域。然后将晶圆置于等离子体室中，其中 CF_4气体作为反应性化学物质。氟等离子体使聚酰亚胺区域具有强烈的疏水性，而金属图案则变得具有强烈的亲水性。下一步是在金属目标区域上施加极性组装液滴，例如水。然后，只需让薄芯片落到液膜上来即可。薄而轻的芯片在流体上游动，流体本身无法克服金属垫和聚合物界面处的疏水屏障。芯片、流体和金属垫的系统将变成液体的表面能最小的配置。由于液体和金属以及液体和芯片的接触面积是恒定的，因此必须将液体和空气的界面最小化。当芯片位于金属焊盘正上方时，就会达到这种状态。

25.3 表面等离子体编程

在早期的研究工作中发现聚合物和金属表面进行氟等离子体处理导致水滴的润湿行为相反[6]。图 25-2 显示了等离子体处理后水在聚酰亚胺和铜表面上的接触角的测量结果，这取决于气体组成。比例为 80：20 的 CF_4 和 O_2 的混合物导致材料选择性润湿，因为金属表面变得强亲水性，而聚合物表面则变成疏水性。

金属区域的亲水效应在环境条件下至少持续两个小时，并且取决于周围大气[6]。对于金属铝、铜和金以及聚酰亚胺、PET 薄膜等聚合物也发现了类似的效果。此外，研究发现，除了纯水外，水和粘合剂的水性混合物也可以用作组装液体[7]。

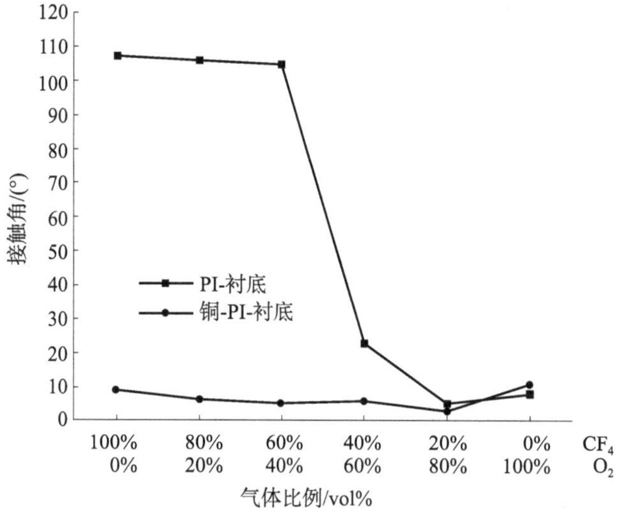

图 25-2 氟等离子体处理后聚酰亚胺和铜表面的选择性润湿

进行 X 射线光电子能谱（XPS）测量，分析 CF_4 等离子体处理后金属和聚合物上的分子组成。研究发现氟和碳都存在于金属和聚合物表面上[7]。因此，相反润湿行为的解释可能与碳和氟原子的空间配置有关。然而，这一假设还没有最终的证据。

25.4 准备自对准实验材料

通过在硅底部晶圆衬底（直径 200 mm）上将铝溅射沉积在几微米厚的聚酰亚胺薄膜上，完成自组装实验的目标区域的制备。“底部晶圆”上的每个“顶部芯片”和每个目标区域都显示出两个通过步进光刻制备的图形化薄膜铝层制成的对准标记。

薄芯片（顶部芯片）是在弗劳恩霍夫 EMFT 制备的，符合“逐个切割”概念[8]。顶部芯片的尺寸设定为：1×1 mm^2、2×2 mm^2、4×4 mm^2、7×7 mm^2、5×9 mm^2、6×8 mm^2 和 10×10 mm^2。用标准表面钝化层 SiO_2/Si_3N_4 制备顶部芯片。通过光刻图形化和等离子体干法刻蚀在标准硅晶圆的正面制备分离线。沟槽宽度设置为 15 μm，沟槽深度设置为 50 μm。

晶圆减薄是通过使用双面胶带临时粘合的载体基板完成的。我们在等离子体沟槽硅晶圆的背面应用了晶圆研磨和湿化学旋蚀，芯片分离在最后的旋蚀过程中进行。背面减薄后，整套薄而分离的芯片从载体基板（裸硅晶圆）转移到安装在框架支架上的 UV 拾取胶带上。有关材料制备的更多细节，请参见参考文献 [7]。

25.5　自对准实验

具有 Al 靶图案的底部晶圆（直径 200 mm）被切成四分之一，然后在 CF_4 等离子体工艺中被反复引入进行一系列实验。自对准实验通常在等离子体活化后几小时内进行。使用纯水作为组装液体。液滴的点胶和芯片处理是通过芯片键合设备（松下倒装芯片键合器 FCB3）完成的。在第一组测试中，根据不同的芯片尺寸确定使用的液体量。在大多数情况下，组装液体的体积设定在等于薄芯片体积两倍芯片体积的范围内。芯片粘接设备使用目标金属焊盘中心位置的 x 和 y 坐标。首先在这些位置分配液体。然后从 UV 胶带框架中取出一个薄的芯片，移动到目标位置，然后落到液体上。对理论目标中心和下降位置之间的指定偏移进行编程。偏移值在 0～2 mm 之间变化。芯片在液体上释放后，在几秒钟内自对准，组装液（去离子水）在几分钟内干燥。芯片继续停留在各自的位置。图 25-3 显示了顶部芯片在底部晶圆的金属目标区域自对准的示例。

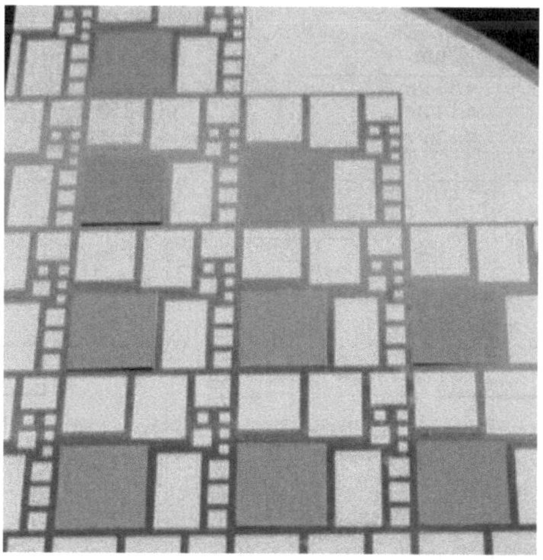

图 25-3　自对准 50 μm 薄顶芯片示例，面朝下放置在底部晶圆上，亮区域表示未占用的铝金属目标区域

经过一系列放置后，通过红外（IR）显微镜确定每个芯片的最终位置。图 25-4 显示

了红外图像以及顶部和底部芯片叠加的对准图案。内圆到对齐标记内部正方形图案的距离为 1 μm。

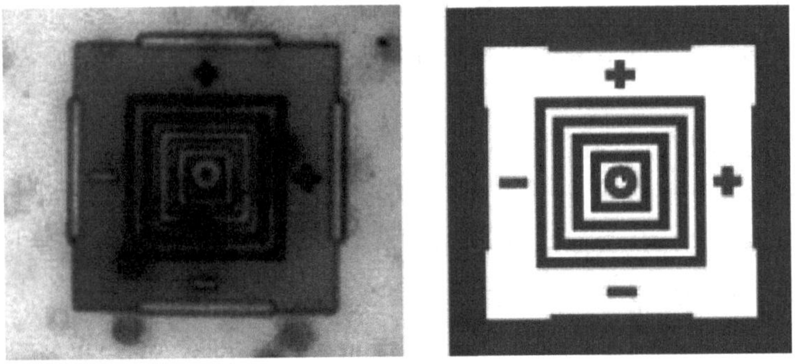

图 25-4　在顶部和底部芯片上设计相关基准标记后的堆叠芯片红外显微镜图片

25.6　自校准实验的结果

图 25-5 显示了芯片尺寸为 7×7 mm²、5×9 mm²、4×4 mm² 和 2×2 mm² 的自对准实验结果。蓝色区域表示 X 和 Y 方向的精度极限低于 3 μm。

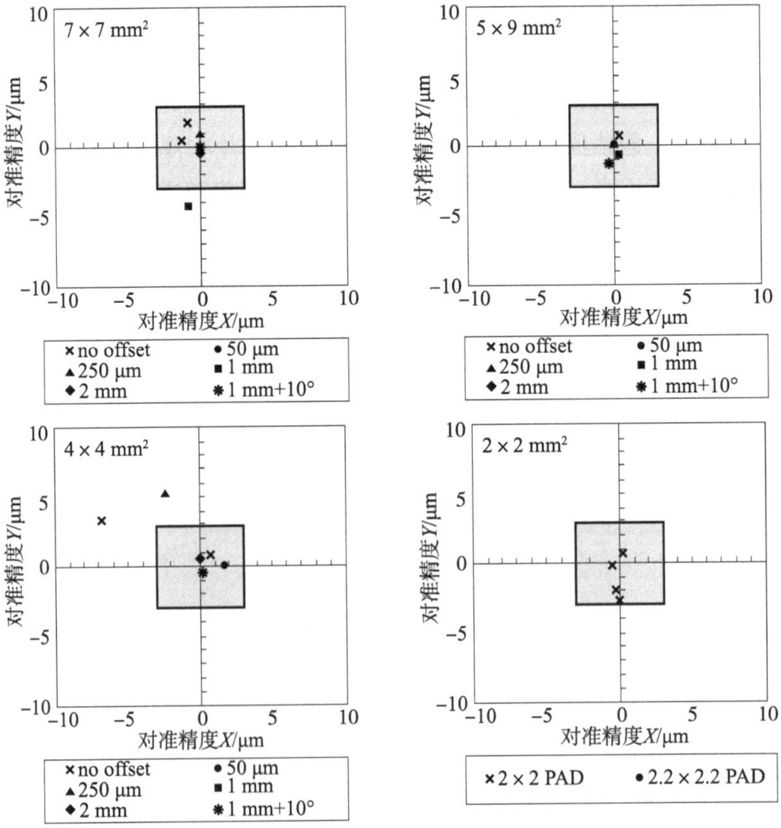

图 25-5　不同尺寸的 50 μm 薄片自对准后的精度（见彩插）

自对准精度通常小于 1 μm。即使在下降位置的编程偏移 1～2 mm 的情况下，芯片也能移动到几乎完美对准的中心位置。但是，也有一些结果显示 5～8 μm 的对准偏差。下一段将讨论这一现象。据观察自对准精度取决于水滴的体积。分配水滴的体积 V_1 与薄片的体积 V_c 相关，在 $V_c < V_1 < 2V_c$ 范围内可获得最佳结果。图 25－6 显示了水滴体积对自对准精度的影响。根据这一发现，组装液体的分配体积需要根据薄芯片的单个尺寸和厚度进行调整。

如前所述，金属垫的亲水行为取决于 CF_4 等离子体处理后经过的时间。为了能够估计金属和聚合物上接触角所需的最小差异，根据金属目标区域上实际存在的接触角来分析自对准精度。研究发现，小于 30°的接触角通常会使芯片元件精确对准[9]。该信息可用于判断表面的等离子体调节是否仍然足够强大以继续自对准过程。图 25－7 显示了该实验结果，对准偏差以对数刻度给出。

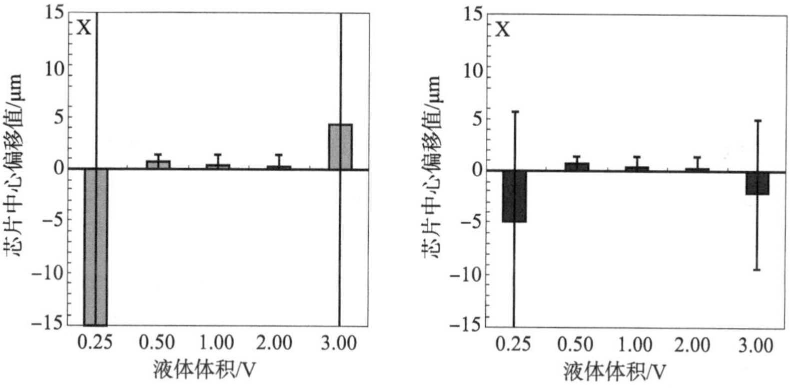

图 25－6　在尺寸为 6×8 mm² 的薄芯片的情况下，分配的水滴体积对对准精度的影响

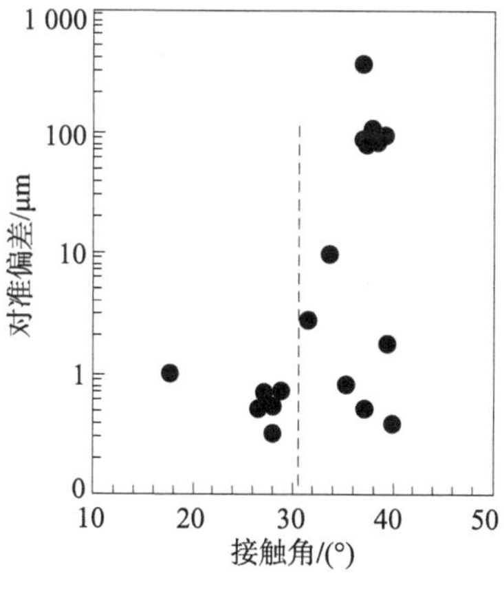

图 25－7　水的对金属目标区域的亲水接触角，对尺寸为 7×7 mm² 的薄芯片的对准精度的影响

图 25－8 显示了在接触角为 26°（a）和 5°（b）的金属目标区域上自组装芯片的自对准精度的详细结果。

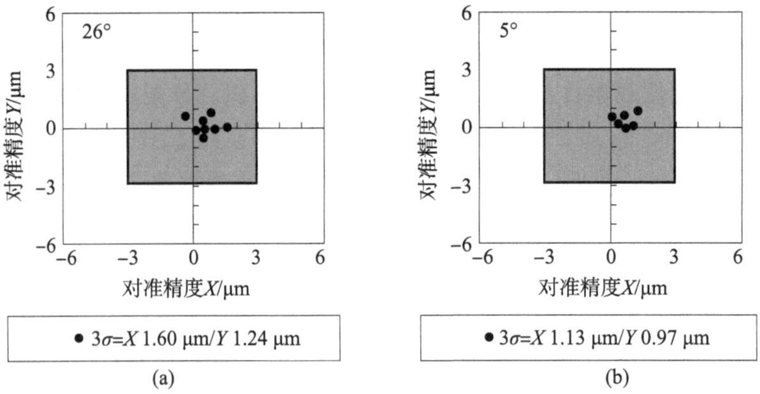

图 25-8 接触角为 26°（a）和接触角为 5°（b）的金属目标区域上，薄芯片的自对准具有类似的高精度

25.7 讨论

对于较大的芯片（边长＞5 mm），我们发现许多芯片的自对准精度小于 1 μm。较大的位移似乎与重复使用底部基板后表面上越来越多的颗粒和灰尘有关[9]。对于小型芯片（1×1 mm^2，2×2 mm^2），也能观察到精确的自对准。然而，随着芯片尺寸的减小，出现较大位移的芯片比例也在增加。对这一观察结果的解释是可能与芯片侧壁的不完美有关。由于我们使用湿法刻蚀作为晶圆减薄（即芯片分离）的最后一步，因此芯片边缘会经历一定程度的过刻蚀。芯片尺寸可能与原始设计相差几微米。此外，由于湿法刻蚀 Si 和 SiO_2 的选择性，表面非常薄的 SiO_2 薄膜可能会超过芯片的块状 Si 材料。薄氧化膜的悬垂可能会断裂，因此芯片边缘不再是一条完美的直线。芯片形状的这些缺陷实际上降低了自对准精度。这种形状问题可以通过对设计进行一些更改来消除，也可以通过将湿法刻蚀替换为等离子体干法刻蚀作为晶圆背面减薄的最后一步来消除。

当使用纯水作为组装液体时，由于表面附着力，放置的芯片仍然粘附在目标区域。这通常足以用于下一步的处理步骤。如果芯片可牢固地保持在底部晶圆上更长的时间，那么也可以使用低粘度的水性胶水。用水稀释的粘合剂证实了自对准的良好效果。

另一个可能的改进点与控制组装液体的分配体积有关，必须根据芯片尺寸和厚度选择最佳方案。

25.8 结论

薄芯片在选择性湿润表面图案上的自对准可实现 1 μm 范围内的高精度芯片粘合。为了达到较高统计置信度，需要精确定义芯片边缘，并需要消除颗粒或边缘缺陷可能产生的扭曲。等离子切割芯片为进一步的自对准提供了最佳性能。结论是，自对准工艺为高精度芯片粘接和低成本贴装技术提供了新的技术解决方案。

这种工艺的可能应用是在临时载体基板上自对准一组薄芯片（重构的晶圆），以进行后续的 3D 集成[10]。另一个应用场景可能是在大面积薄膜基板上放置薄芯片，例如在卷对卷加工中。在这种情况下，可以在芯片处理中实现并行工艺的优势，而无需光学对准和机械精度的裸片处理。

致谢

感谢 Sabine Scherbaum、RobertWieland 和慕尼黑 Fraunhofer EMFT 的技术人员所做的晶圆制备工作。

参考文献

[1] Mastrangeli M, Abbasi S, Varel C, Van Hoof C, Celis J - P, and Böhringer K F (2009) Self - assembly from milli - to nanoscales: methods and applications. Journal of Micromechanics and Microengineering, 19, 083001.

[2] Fukushima T et al (2010) Evaluation of alignment accuracy on chip - to - wafer self - assembly and mechanism on the direct chip bonding at room temperature. 2010 IEEE International 3D Systems Integration Conference (3DIC), November 16 - 18, Munich, Germany, pp. 185 - 189.

[3] Mastrangeli M, Ruythooren W, Van Hoof C, and Celis J - P (2008) Characterization of Interconnects resulting from capillary die - to - substrate self - assembly. 2nd Electronic System Integration Technology Conference, 2008 (ESTC 2008), Greenwich, UK, pp. 135 - 140.

[4] Noda H, Usami M, Sato A, Terasaki S, and Ishizaka H (2011) Self - aligned positioning technology to connect ultrasmall RFID powder - chip to an antenna. 61st Electronics Components and Technology Conference, 2011 (ECTC 2011), pp. 1009 - 1014.

[5] Landesberger C, Yacoub - George E, Hell W, and Bock K (2010) Self - assembly and self - interconnection of thin RFID devices on plasma - programmed foil substrates. 3rd Electronic System Integration Technology Conference September 13 - 16, 2010, (ESTC 2010), Berlin, Germany.

[6] Bock K, Scherbaum S, Yacoub - George E, and Landesberger C (2008) Selective one - step plasma patterning process for fluidic self - assembly of silicon chips. 58th Electronics Components and Technology Conference, 2008 (ECTC 2008), Lake Buena Vista, FL, USA.

[7] Landesberger C, Scherbaum S, Bock K, Hiroshima M, and Oberhofer B (2012) Plasma dicing enables high accuracy self - alignment of thin silicon dies for 3D - device - integration. 4th Electronic System Integration Technology Conference, September 2012 (ESTC 2012), Amsterdam, Netherlands.

[8] Landesberger C, Scherbaum S, and Bock K (2010) Ultra - thin wafer fabrication through dicing - by -thinning, in Ultra - Thin Chip Technology and Application (ed. J N Burghartz), Springer, Berlin, pp. 33 - 43. ISBN 978 - 1 - 4419 - 7275 - 0.

[9] Hiroshima M, Arita K, Haji H, Oberhofer B, Landesberger C, Scherbaum S, Weber J, and Bock K (2012) A robustness study on self - alignment of thin - Si dies using surface tension. Proceedings of the 22nd Micro Electronics Symposium (MES 2012), Osaka, Japan (in Japanese).

[10] Klumpp A and Ramm P (2012) Temporary adhesive bonding with reconfiguration of known good dies for three - dimensional integrated systems, in Handbook of Wafer Bonding (eds P Ramm, J - Q Lu, and M Taklo), Wiley - VCH Verlag GmbH, Weinheim, pp. 347 - 354. ISBN 978 -3 -527 - 32646 - 4.

第 26 章　3D 制造的挑战

Douglas C. H. Yu

26.1　介绍

大批量生产（HVM）3D 制造过程与大多数关于 3D 的报道文献之间的主要区别在于两个方面：良率和成本。这两个方面将生产与研发过程区分开来。本章描述了 HVM 3D 制造过程的挑战，重点是良率和成本的优化。

HVM 3D 生产需要满足严格的良率和可靠性要求。完成最终产品所需的众多加工步骤中，每一步都需要宽泛的制造窗口。每步工序都必须达到高良率（N9 良率），累积下来，则最终的良率和成本将控制在可接受范围内。因此，3D 生产最适合半导体车间环境，该环境在生产纳米级器件的良率和成本控制方面非常严格。这与进行探索性科学研究有很大的不同。除了工艺开发和优化之外，还必须悉心管理基础设施和后勤事项，从生产工具和设备的选择、化学品和材料、日常操作规程的优化、能源效率、绿色技术和环境影响，到设备正常运行时间、废物和副产品处理、持续质量监测和良率改善协议等等。随着时间的推移，最先进的技术不一定能产生最好的结果，尤其是采用新技术或使用样机设备时。在技术开发的早期阶段，识别和理解一项新技术的潜在良率和成本问题是至关重要的。

26.2　3D 集成的大批量生产

与一般观念相反，新产品开发的最佳技术选择通常是使用基于现有材料和设备的简单工艺，如果它是经过生产验证的工艺流程，只要其功能和性能能够满足新产品的要求，就会取得很好的结果。3D 芯片堆叠制造也不例外。

3D 集成采用了基于硅通孔（TSV）的芯片堆叠技术，针对以下技术问题和挑战展开了广泛研究：

1）晶圆正面和背面工艺［包括 TSV、再布线层（RDL）等］以及凸点工艺［包括在同一晶圆的正、反面创建微凸点和焊接可控塌陷芯片连接（C4）凸点等］，均以晶圆形式加工完成。

2）芯片或晶圆减薄、切割，以及晶圆的处理和运输。减薄大多以晶圆形式进行，运输和处理减薄的晶圆和芯片既可以采用晶圆或芯片形式，也可以两者兼而有之。

3）芯片和晶圆的键合、堆叠和保护（包括底部填充和化合物成型）。这可能涉及芯片或晶圆形式，或者两者的组合。

4）可靠性测试和测试方法。

5）最终模块或子系统的封装与装配。主要以芯片形式进行，既可以在载体基板上，也可以在有机印制电路板（PCB）上。

26.3　技术挑战

在工艺流程的制定上有多种选择，每种选择都与不同技术的挑战和优势相关联。以下部分中关于 3D 制造技术挑战的一般性讨论将集中在模块化工程问题上，并在必要时讨论与流程相关的特定集成问题。

26.4　晶圆正面和背面工艺

金属-氧化物半导体场效应晶体管除了常见的前道（FEOL）和后道（BEOL）工艺外，3D 芯片堆叠需要在晶圆工艺流程中插入 TSV 工艺。通孔可以通过激光钻孔或光刻技术，加上深反应离子刻蚀（DRIE）工艺形成。众所周知的博世工艺[1]能够形成小直径的高纵横比深孔，并普遍应用于 TSV 深孔的形成。早期工艺的问题是侧壁表面的粗糙度较高［见图 26－1（a）］，这可能会导致氧化物局部厚度线性变化，并导致较高的泄漏电流［见图 26－1（c）］[2]。对于改进后的刻蚀工艺来说，这不再是一个问题［见图 26－1（b）］。漏电电流监测结果表明，孔间电流泄漏情况得到了很好的改善。对于尺寸较大的孔，可使用激光钻头作为替换选择。激光束引入高度聚焦的局部能量，将材料（硅或玻璃）熔化至所需深度[3]。高速脉冲激光器或配置有掩膜版的平行宽束激光器均可用于深孔成形工艺。与光刻制造的深孔相比，激光孔通常具有较低的成本（CoO），但其在间距、吞吐量和侧壁质量方面存在一定局限性[4]。

为了集成到有源器件中，TSV 可以插到前道工序晶体管工艺之后，但必须在后道工序 Cu 互连之前。因而通常也被称为中道工序。在硅介质没有有源器件的情况下，TSV 是第一个主要工艺步骤，被称为正面通孔工艺。另外，也可以在晶圆正面工艺完成后，在背面形成 TSV 通孔，这被称为背面通孔工艺。绝大多数的晶圆厂采用正面通孔工艺，而封装厂采用背面通孔工艺。中道工序的工艺流程能够产生更小、更密集的 TSV，对设计和工艺的限制更少，在晶圆厂中也更受欢迎。晶圆背面通孔工艺通常需要尺寸较大的孔刻蚀金属焊盘，这与正面金属层有关。由于刻蚀过程中的不均匀性，会造成金属焊盘附近通孔的尺寸不一致现象，这通常被称为“象脚”。对于 3D 集成电路，较深的通孔底部难以沉积种子层，因此更容易产生不良的通孔接触。此外，在晶圆背面使用通孔工艺时，晶圆正面结构层在后道工序中由于铜通孔挤压问题而造成的损伤也难以消除。

通孔形成后，首先是介质层沉积，然后是种子层金属沉积，最后是铜电镀填充整个通孔。与铜 TSV 电镀相关的几个典型问题如图 26－2（a）～（c）所示。优化 TSV 的过程应该考虑到这些问题，才能实现无缺陷和高可靠的 TSV，如图 26－2（d）所示。

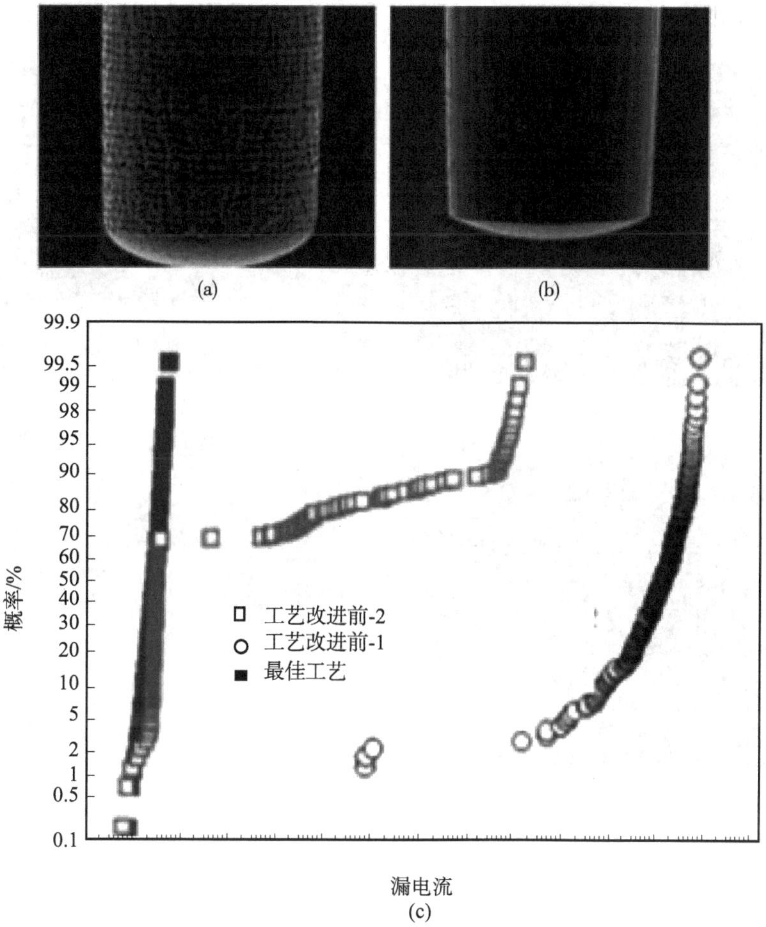

图 26 - 1　(a) TSV 底部的横截面 SEM 图像，具有高扇贝剖面；(b) 改善后[2]；(c) 测量相邻 TSV 之间的漏电流。TSV 腐蚀剖面和底部清洗对衬垫沉积的完整性和 TSV 的泄漏有显著影响（转载已获 IEEE 许可。由台积电提供）

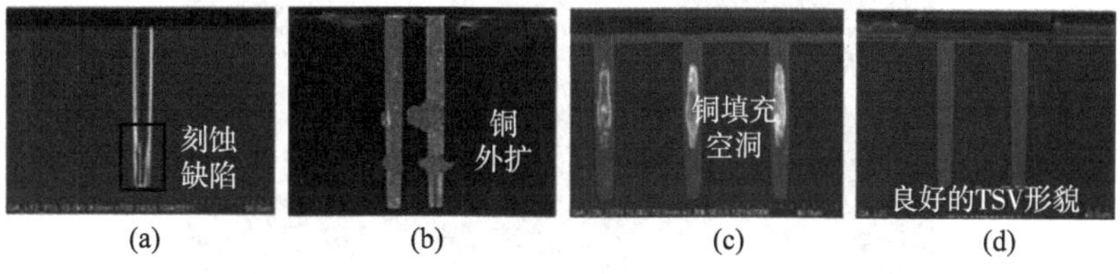

图 26 - 2　工艺过程中或完成后观察到的沟槽缺陷：(a) 刻蚀缺陷；(b) 铜外扩；(c) 铜填充空洞；(d) 良好的 TSV 形貌（由台积电提供）

除了孔内形成的缺陷外，铜挤压（或泵出）也是 TSV 的一个常见问题[2]。一般认为，在后续的高温处理过程中，镀铜会引起微结构和体积的变化，导致 TSV 内部出现空洞［见图 26 - 2（c）］或顶部 TSV 被挤压变形，如图 26 - 3（a）～（c）所示。应力模型还表明，工艺过程中微结构的改变和体积膨胀引起铜体积的变化，进而造成TSV顶部挤压变形情况（见图26-4）[2]。

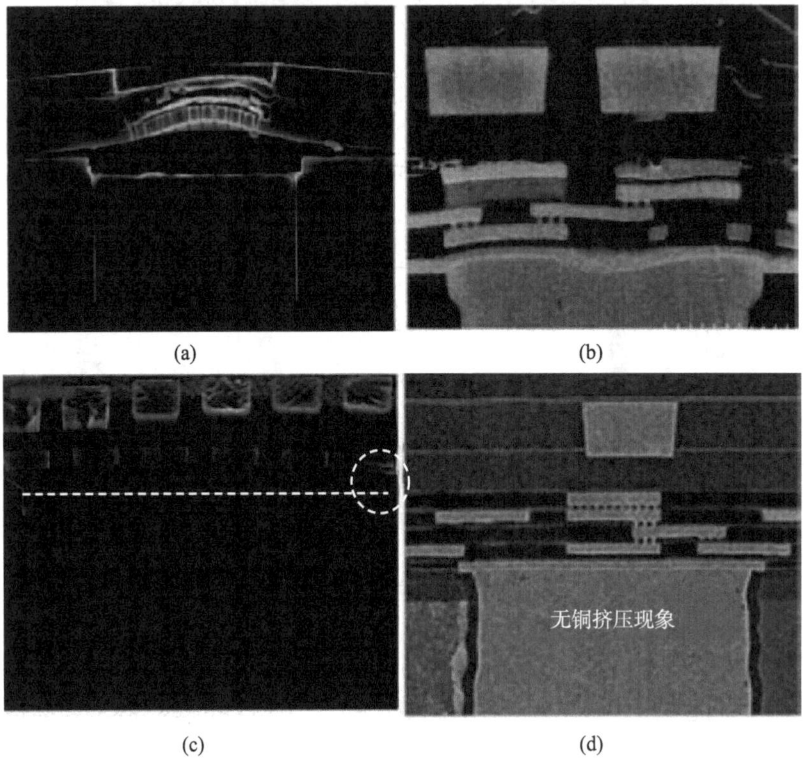

图26-3　铜挤压在400 ℃/30 min的几个热循环后对BEOL完整性的影响：(a)～(c)优化前；(d)优化后[2]（经IEEE许可转载。由台积电提供）

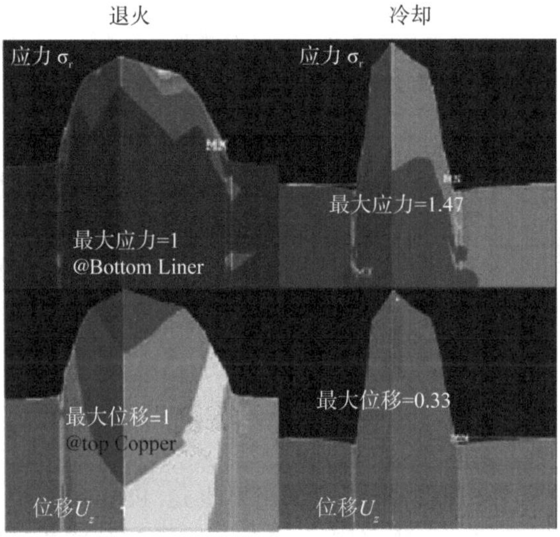

图26-4　铜挤压机制的模型，在退火和冷却过程中，在TSV中心位置发现大的挤压变形[2]（经IEEE许可转载。由台积电提供）

后道工序（BEOL）整合到 TSV 晶圆的过程中也面临着新的工艺问题。与 BEOL 的铜尺寸相比，TSV 包含大量插入硅基体中的铜［见图 26－3（d）］。大体积和机械不连续性会导致化学机械抛光（CMP）不均匀（见图 26－5）[2]。不均匀的 CMP 形貌或凹陷会对 BEOL 中钨和铜的互连良率产生不利影响，如图 26－6 和图 26－7 所示。通过改进 CMP 配方以及局部优化互连密度和布局设计可以解决上述问题。

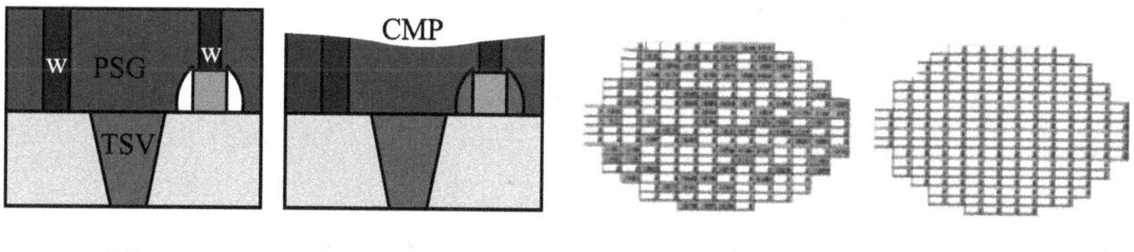

图 26－5 带有器件结构示意图的 PSG 损失：（a）在 CMP 前；（b）在下方采用铜 TSV 的 CMP 后；（c）未采用优化工艺的 E－测试图，黄色标注为无效芯片；（d）采用优化工艺的晶圆（未失效的芯片）的 E－测试图[2]（经 IEEE 许可转载。由台积电提供）（见彩插）

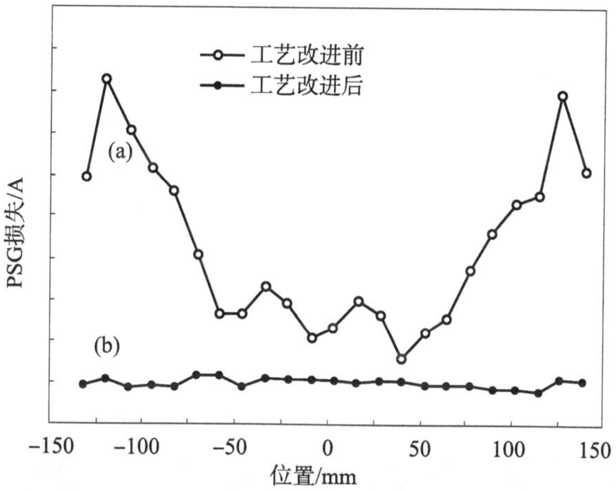

图 26－6 PSG 损失厚度：（a）改进前；（b）改进后（经 IEEE 许可转载。由台积电提供）

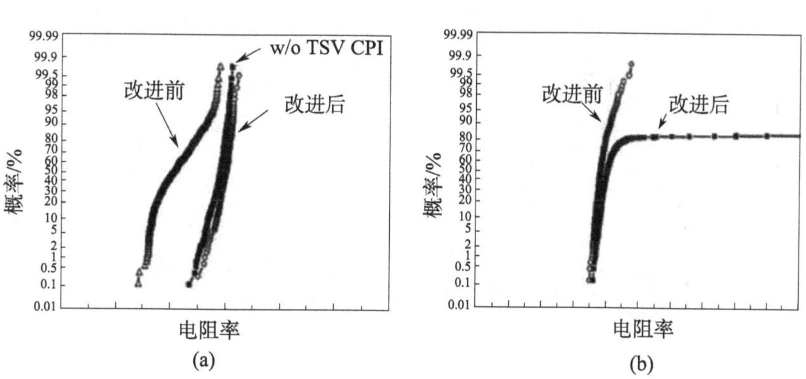

图 26－7 PSG 损失对以下因素的影响：（a）钨-插头；（b）改进工艺前后的互连电阻率。改进工艺后，钨的电阻率与未采用 TSV 工艺时的电阻率相同（经 IEEE 许可转载。由台积电提供）

对于背面工艺，晶圆需要从背面减薄到所需的厚度，并将铜的 TSV 头部露出，以便与背面 RDL 形成互连。在背面工艺中，晶圆减薄和减薄后晶圆的背面保护也是一大挑战。关于晶圆减薄和减薄后晶圆处理的详细问题将在后面的章节中讨论。除了一个额外的限制外，背面 RDL 和凸点工艺的制备与正面工艺采用的技术基本类似。由于晶圆正面现在由载体和临时键合层保护，因此背面工艺所使用的化学品、温度，以及其他湿法或干法工艺对载体和临时键合层应不造成任何影响。

26.5　键合和底部填充

当前道工艺和微凸点焊接完成后，就可以在底层芯片或晶圆上进行芯片堆叠。互连的两端都是硅的情况使得在键合率和可靠性方面具有巨大的优势。

硅片与有机衬底间的传统倒装键合中的热膨胀系数（CTE）不匹配问题在小间距微凸点键合间不存在。事实上，在不久的将来，微凸点的尺寸将很快缩小到 10 μm 以下，这使得晶圆上芯片前道封装技术成为芯片堆叠工艺流程中最有利的技术选项。图 26 - 8 展示了一个在大尺寸底片（>800 mm^2）上堆叠大尺寸芯片（>200 mm^2）的 CoW 产品范例。每个芯片上的数十万个全阵列高密度微凸点都可以通过生产验证的取放工艺和优化的焊接回流工艺连接起来，整个晶片的成品率极高。回流后的助焊剂清洗和毛细管型底部填充也在优化中。CoW 微凸点采用传统的毛细管型底部填充工艺，经过优化后可实现大批量生产。同时，研究人员也正在努力改善窄间距微凸点键合的助焊剂清洗工艺（见图 26 - 9）。在实际生产中，毛细管型底部填充工艺使用的是传统的 C4 焊料凹凸接头。在整个生产过程中，不需要热压键合以及成熟的生产经验，这也是选择 CoW 进行 3D 集成的显著原因。这是一个很好的对传统的生产工艺进行改进并应用于新的生产过程中的实例。

图 26 - 8　在底部晶圆上，使用铜柱进行微凸点焊接的大尺寸同构 CoW 多芯片集成范例（由台积电提供）

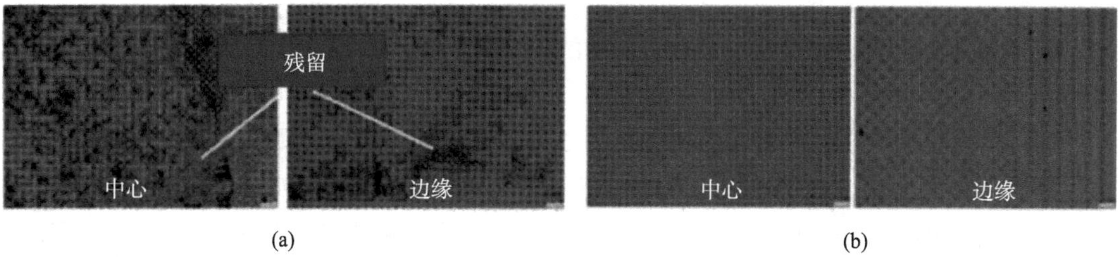

图 26-9 大尺寸芯片（>200 mm^2）焊剂清洁问题：(a) 改进前；(b) 改进后（由台积电提供）

26.6 多层堆叠

多层芯片堆叠是 3D 封装中的另一个全新领域。行业内还没有进行过类似的尝试。它面临的挑战是双重的：首先，需要将一个双面植球的芯片以亚毫米的精度堆叠在底片上；其次，每一层都需要进行堆叠、回流、助焊剂涂抹、助焊剂清洗和底部填充。底部填充、助焊剂和键合技术（回流焊或热压键合）的选择决定了多层堆叠工艺是串联、一次性或者两者混合完成。再加上另一个技术问题，即应该选择面对面（F2F）还是面对背（F2B）堆叠，使问题变得更加复杂。图 26-10 为 F2F 和 F2B 堆叠的示意图。F2F 或 F2B 的选择更多的是一种设计和系统需求，可能特定应用于某些程序或产品。

从工艺来看，F2F 与 F2B 堆叠并无本质区别，只是工艺流程和顺序需要相应调整。但是从生产的角度来看，考虑到成本、产量和可靠性，可取的做法是让芯片应力敏感的一面（如带有应变敏感晶体管、低 k 介电材料的正面，或使用易碎低温聚合物介电材料的背面）远离 C4 焊球，C4 焊球位于第 1 层的底部并与有机基板连接，以最大限度地减小芯片-封装相互作用（CPI）的影响，提高封装可靠性。

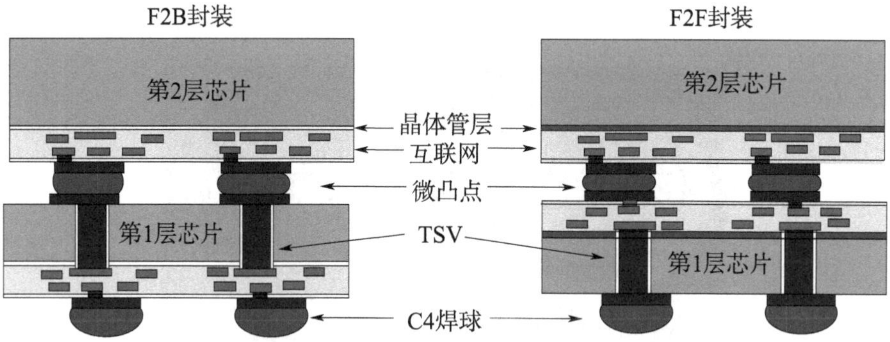

图 26-10 F2F 与 F2B。芯片正面被定义为具有 FEOL 有源器件的一侧；如果是转接板，则为具有 Cu BEOL 互连或无源器件（如电容、电感或电阻）的一侧（由台积电提供）

26.7 晶圆减薄和薄晶圆及芯片的处理

3D TSV 芯片堆叠中最重要的技术挑战之一是晶圆减薄和薄晶圆的处理。这也是影响与供应链合作的过程。晶圆需要减薄以露出 TSV，然后使用背面互连层进行处理，以完成芯片两侧的互连。一种可能的工艺是在封装厂进行晶圆减薄和背面处理。另一种可能的工艺是在晶圆厂中进行晶片减薄和背面处理，并将减薄后的晶圆运送到不同的位置以进行下一步（芯片或晶圆的键合和堆叠）。这两种工艺都存在需要解决的问题。事实证明，供应链上不同所有者之间的薄晶圆移交的过程很复杂，收益损失在所难免，责任和义务的归属难以界定。为了减少良率损失并将良率损失责任问题降到最低，晶圆一旦完成减薄，最好就留在同一设备中并完成最终组装。

即使待在同一个工厂内，薄晶圆处理的挑战仍然艰巨。图 26 - 11 显示了晶圆减薄后尖锐边缘的横截面示意图。在晶圆进入下一个工艺步骤之前，需要对这些锋利的边缘进行抛光或磨圆。图 26 - 12 显示了晶圆减薄后的边缘破损的例子。临时载体（在晶圆正面）的解键合很容易导致晶圆边缘的机械损伤。

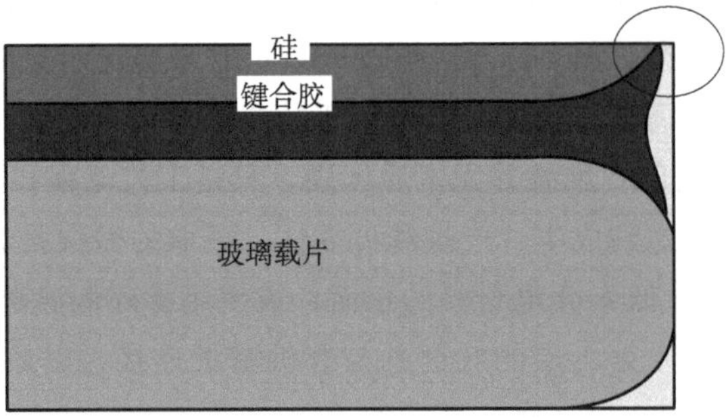

图 26 - 11　横截面示意图显示，即使有载体支撑，减薄后的晶圆边缘也很容易破损（由台积电提供）

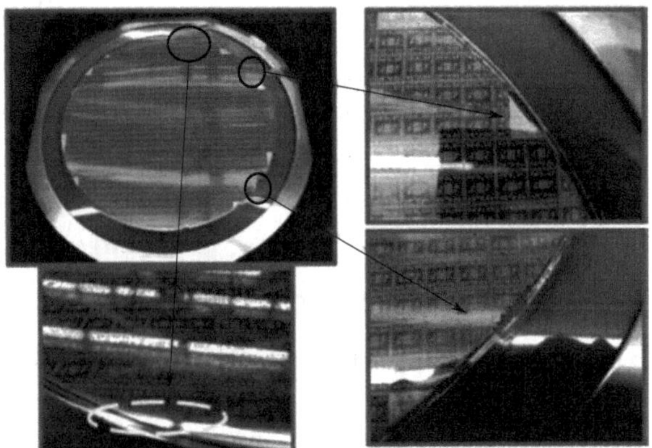

图 26 - 12　晶圆厚度小于 100 μm，显示了在运输之前存在破损和裂纹的多个位置（由台积电提供）

薄晶圆的另一个问题是在没有刚性载体支撑的情况下晶圆容易发生翘曲。晶圆越薄，观察到的翘曲越大（见图 26－13）。晶圆翘曲导致后续工艺和对准困难，并导致良率降低。因此，建议在必要时才减薄晶圆，并且不允许在没有刚性载体保护的情况下处理减薄的晶圆。薄晶圆和载体的长途运输是可能的，但它需要巨大的成本和物流费用。一个解决方案是采用芯片堆叠工艺，将薄晶圆处理的风险降至最低。这是可以实现的，首先使用 CoW 堆叠，切割 CoW，然后将 CoW 连接到基板上。第 20 章详细介绍了该工艺，即基板上的晶圆（CoWoS™[5]）。

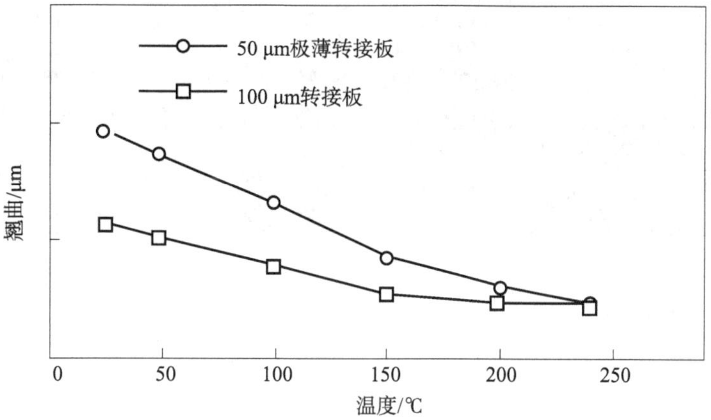

图 26－13　较薄的晶圆显示了较大的晶圆翘曲，这使得微凸点连接困难，产量较低[5]
（经 IEEE 许可转载。由台积电提供）

晶圆背面减薄需要临时支撑载体来保护晶圆正面。在晶圆正面和载体之间需要临时键合胶层。晶圆和载体之间的键合和解键合是一个具有挑战性的过程。业内不同供应商提出了许多解决方案。这里的挑战是在背面处理期间保护正面形貌，同时在背面处理和解键合期间保持正面硅的完整性。图 26－14 显示了背面过程中的胶层分层和凸点下金属化层

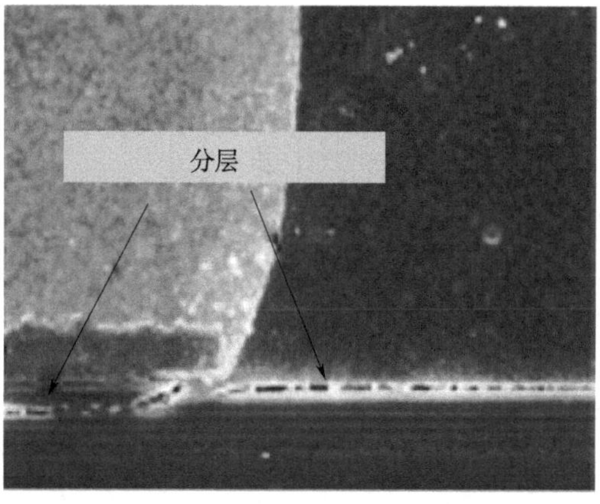

图 26－14　典型的薄晶圆处理过程表明，在背面处理或解键合的过程中出现了严重的分层问题[2]
（经 IEEE 许可转载。由台积电提供）

(UBM) 裂纹示例。胶层分层后，焊点处通常会出现应力集中，从而导致凸点裂纹。请记住，除了转接板之外，器件晶圆正面包含应变敏感有源晶体管器件和机械脆弱的超低 k (ULK) 或极低 k (ELK) BEOL 互连。保护这些脆弱的硅以确保高良率键合和解键合已成为薄晶圆处理中良率管理的关键问题（见图 26 - 15）。

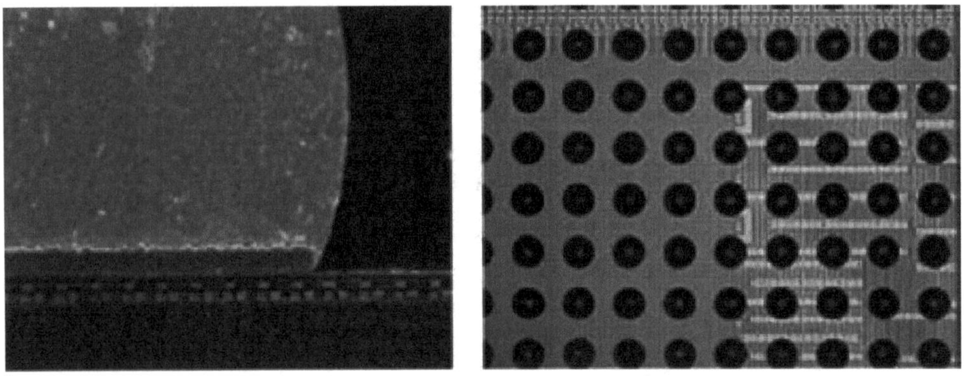

(a)　　(b)

图 26 - 15　新的薄晶圆处理工艺显示：(a) 在安装和背面热处理后没有分层；(b) 在正面凸点上解键合后没有后期清洁问题[2]（经 IEEE 许可转载。由台积电提供）

虽然保护和维持晶圆正面器件的完整性是必要的，但并不能保证解键合后晶圆的器件性能在晶圆减薄后保持不变。例如，在硅片减薄前后，模拟器件中的闪烁噪声基准测试，如图 26 - 16 所示。在这种情况下，某些类型的 3D 芯片需要减薄后进行功能测试。图 26 - 17 显示了厚度减薄至 50～100 μm 的晶圆：对多晶硅和高 k/金属栅 (HKMG)、pMOS 和 nMOS 器件几乎没有影响。

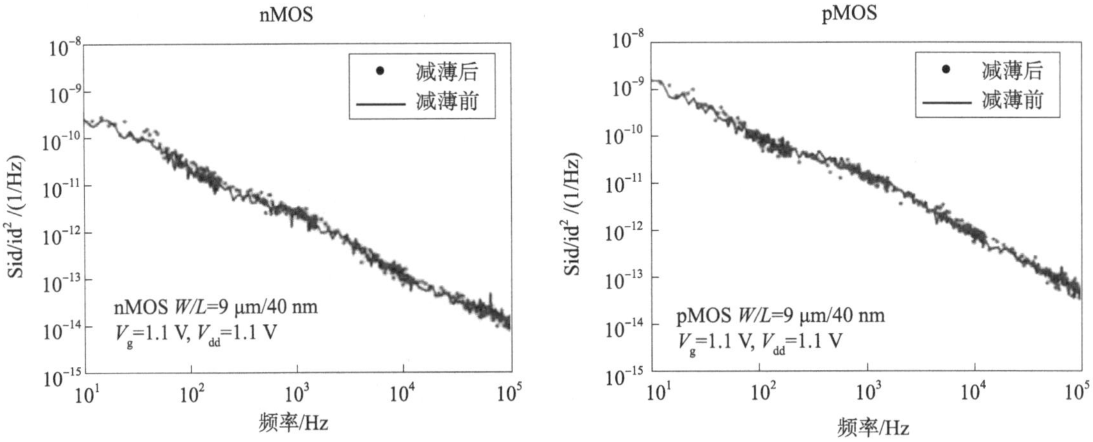

图 26 - 16　厚度小于 50 μm 的薄晶圆中器件的闪烁噪声没有降低[2]

（经 IEEE 许可转载。由台积电提供）

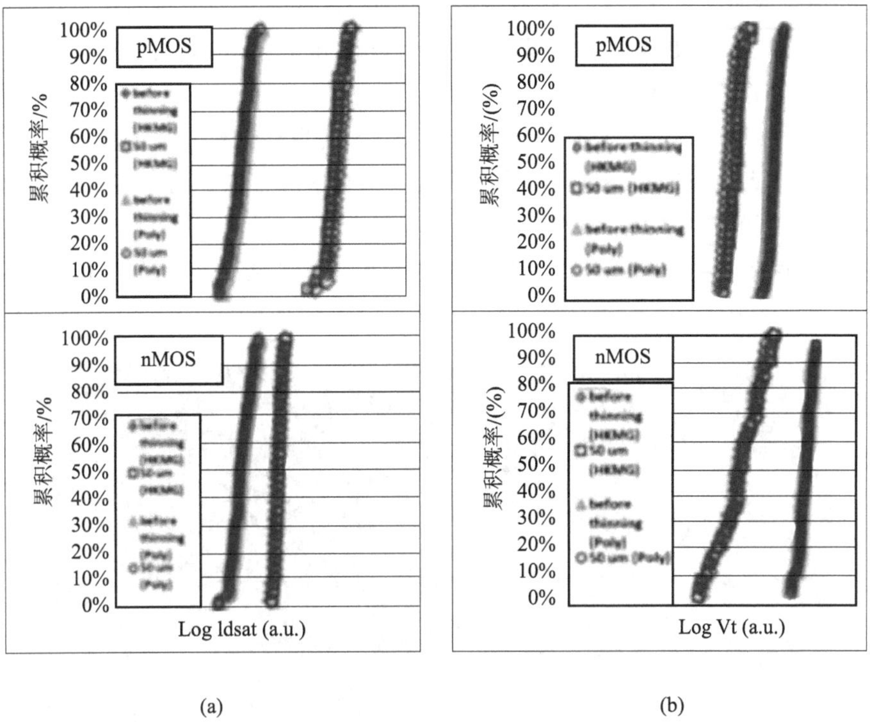

图 26-17　(a) 平均晶圆厚度为 50～100 μm 的多晶硅和 HKMG 器件在减薄过程前后的 Idsat 累积图；(b) pMOS 和 nMOS 的 Vt 累积图。减薄过程对多晶硅和 HKMG 器件几乎没有退化[6]
(经 IEEE 许可转载。由台积电提供)

26.8　分层封装与组装

晶圆上分层堆叠的芯片切割后分离，准备倒装到有机基板上。表面上，在基板上的 C4 组装工艺与通常的 fcBGA 或 FcCSP 封装工艺没有显著差异。然而，如果在封装设计和工艺优化方面没有特别注意，相同的工艺流程可能会得到不同的结果。基板上的 CoW 分层封装和组装需要被视为一个一体化的过程，设计、材料和工艺选择以及组装都需要同时考虑和优化[5]。

在有机基板上堆叠的芯片层 C4 组装与传统的倒装芯片在基板上组装的重要区别在于 CPI 应力可以向上传播到堆叠的芯片中。而且事实是现在的 3D 芯片堆叠层可能包含一个超大的底部芯片，这会使得问题更具挑战性。由于 TSV 孔的深宽比要求和深度限制，分层堆叠的底部芯片非常薄，很可能在 50～200 μm 范围内。与大多数 fcBGA 和 fcCSP 封装相比，由于有机基板和 3D 硅层之间的 CTE 失配，CPI 应力会不可避免地向上传播到堆叠层的上层。堆叠层微妙但关键的区别是，所有硅层（除了顶层芯片）都包含 TSV，并且所有层都通过低高度轮廓的微凸点连接在一起。与体硅相比，具有不同 TSV 密度的硅具有不同的热膨胀系数。而超低高度的微凸点使得堆叠层对有机基板与硅叠层之间的 CTE

失配引起的翘曲弯曲力非常敏感。这些使得 CPI 在 3D 堆叠封装中成为比传统倒装芯片封装更复杂的挑战，需要更连贯和更集成的封装设计和工艺考虑。图 26－18 展示了 3D CoWoS 堆叠成功的试产一体化。

各种同构（相同的顶部晶粒）和异构（结合不同的顶部晶粒）集成已经证明了堆叠的成功（也在第 20 章中描述）。3D 堆叠生产需要一个自适应且稳定的 CoWoS 集成流程，该流程能够应对不同的芯片尺寸和设计。

最终的 CoWoS 组件如图 26－19 所示，与传统的 fcBGA 非常相似。这是准备发货给客户的产品的最终形式。

图 26－18　三维叠层上的 3D X 射线层析成像图。顶部晶粒和底部晶粒用焊料微凸点连接，底部晶粒用 C4 凸点连接到有机基板上。注意到有机基板和带有 TSV 的薄芯片之间的距离以及 C4 凸点和微凸点之间的距离是多么接近。还要注意微凸点和 C4 凸点之间的巨大尺寸差异[7]（经 IEEE 许可转载。由台积电提供）

对于成功的批量生产，最重要的是优化产量和成本。正如前面几节所讨论的，使用适当的芯片堆叠顺序和精心规划的工艺流程，已经克服了各种技术挑战。从系统的角度来看，传统的芯片和封装设计已经扩展到 3D 叠层设计。

对于封装设计来说，只有同时考虑整个 3D 层才能实现无风险的 CPI。同一层面下汇聚的不同芯片，需要在单一 CPI 模式下进行优化。高密度 3D 互连所需的新元素，如 TSV、微凸点和转接板也被整合在一起。如果芯片和封装设计以及晶圆和封装工艺相结合，这个问题就会变得更容易。传统的设计—制造—封装—测试供应链已经不能满足 3D 集成严格的产量和成本控制要求下的挑战。基于前面讨论的原因，集成解决方案比分布式供应链更具吸引力。随着技术的一代又一代进步，产品的生命周期越来越短，为了满足日程安排和各种应用需求，集成解决方案变得更加重要。

这个问题很复杂，因为芯片上的工艺分为正面和背面。正如前文所强调的，晶圆需要减薄到所需的厚度，然后才能进行背面工艺，如 RDL 和凸点。如果要运输厚的 TSV 晶

图 26-19　一个完成的 CoWoS 封装，还出示了具有面朝上 C4 阵列的分离底部芯片层以供比较（由台积电提供）

圆，封装厂需要能够执行晶片减薄和背面工艺。在这种情况下，至少需要在封装厂中复制部分晶片处理能力。如果晶圆在运往封装厂之前要在晶圆厂完成减薄和背面处理，那么薄晶圆的运输和搬运就成了这个过程中不可避免的一部分。如果要遵循传统的供应链安排，薄晶圆处理的两难境地是一个问题。

图 26-20 总结了上述薄片处理难题。责任清晰、性价比最高的解决方案，就是产量最高、最具生命力的生态系统解决方案。

	赞成的理由	反对的理由
厚 TSV 晶圆	1.避免薄晶圆处理问题	1. TSV 的责任不明确 2. 复杂的握手问题 3. OSAT 的高额投资
薄 TSV 晶圆	1. 传统供应链模式 2. 减少第三方晶粒处理障碍	1. 薄晶圆处理问题 2. 微凸点接口握手问题
完整的一站式方案	1. 简化集成,有利于提高产量,缩短上市时间 2. 避免薄晶圆处理问题	1. 第三方芯片集成问题

图 26-20　厚晶圆和薄 TSV 晶圆的晶圆处理难题，一体化集成是最好的供应链解决方案（由台积电提供）

26.9　良率管理

毫无疑问，良率管理是 3D 集成的重中之重。与良率相关的成本非常高。TSV、微凸点接头、C4 凸点接头等 3D 关键要素在每一层叠中的单元数都在数十万甚至上百万以上。为了获得最终 3D 装配的高良率，许多工艺步骤中的每一步都需要接近完美的良率（见图 26-21）。

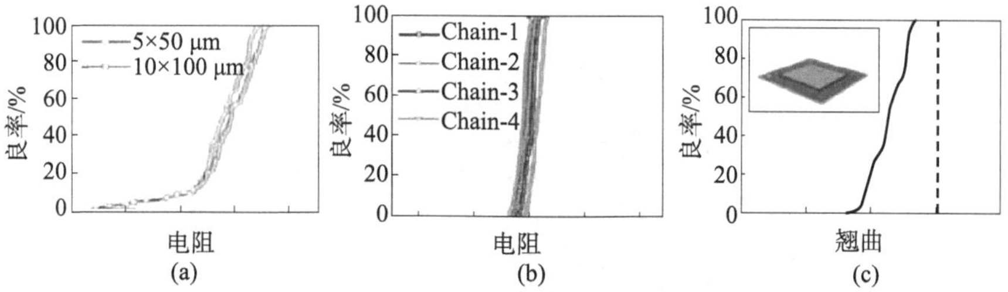

图 26-21 3D 工艺中单个组件的高良率是基本要求。(a) 在不同 TSV 尺寸下的 100%TSV 良率；(b) 在不同菊花链长度下的 100%微凸点接合良率；(c) 在最终 CoWoS 堆叠时 100%的 C4 接合良率。由于 CoW 优先装配技术具有出色的翘曲控制，微凸点连接和 C4 凸点连接都可以达到 100%的良率[5]（由台积电提供）（见彩插）

26.10 可靠性

半导体产品在良率和可靠性之间表现出很强的相关性。高良率代表产品变化的分布更紧密，根据浴缸曲线，这反过来代表了更少的早期故障和良好的产品长期可靠性。在可靠性方面，3D 系统与传统微电子系统有两个不同之处。首先，3D 芯片堆叠封装中有新的构建，例如 TSV、RDL、中介层、集成无源器件和微凸点接头。其次，新的堆叠方案引入了由新封装的不同几何和结构设计引起的新的机械、热、电和环境应力。3D 系统集成最需要可靠性设计（DfR）和良率设计（DfY）。为了优化系统整体性能、良率和可靠性，重要的是从系统设计阶段开始就考虑系统集成的各个方面并实施潜在的解决方案。设计人员需要了解要使用的材料和工艺，并具备整体系统-封装交互（SPI）知识，以优化系统分区和配置。传统的分布式产品供应链可能成为实践 DfR 和 DfY 的噩梦。图 26-22 所示的集成建模设计方法，可以大大缩短设计周期，达到快速实现和制造产品。

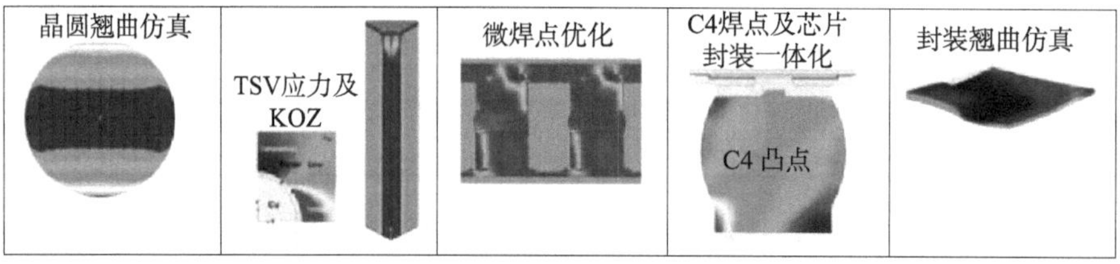

图 26-22 确保模型准确性的一体化材料和工艺数据库，包括晶圆级机械性能、工艺和材料相关应力、微凸点和 C4 凸点 CPI 建模，以及整体硅层和封装翘曲模拟集成在一个 3D 封装模拟平台下（由台积电提供）

3D 系统新的可靠性问题中一个很好的实例是减小芯片间互连中使用的焊料微凸点尺寸。虽然 RDL 和 TSV 是“全铜”互连，但带有铜柱的焊料微凸点因其尺寸小而容易发生电迁移。然而，研究表明，通过优化 UBM、调整芯片堆叠组装工艺和加速电流应力条件，可使焊料微凸点具有长久的电迁移性能[8]。

如此惊人的电迁移性能远远优于使用相同 UBM 的 C4 焊点，这是由于微凸点的一个基本差异（即尺寸）导致的。传统上，当导体尺寸缩小时，由于较小的横截面积或较高的电流密度效应，电迁移性能会恶化。然而，对于焊料微凸点，效果却相反。小的焊料微凸点比更大的 C4 凸点显示出更好的电迁移结果。电流应力期间微观结构演变的详细研究表明，微凸点中的所有焊料都可以转化为金属间化合物，并承受更高的电流和温度应力，而不会进一步改变微观结构或演变为空洞或失效（见图 26 - 23）[8]。这是一个很好的经验教训，因为尺寸减小可以得到更优的性能或改进可靠性，类似于在晶体管性能、TSV 隔离区（KOZ）效应和 FEOL 中的其他示例中观察到的情况。

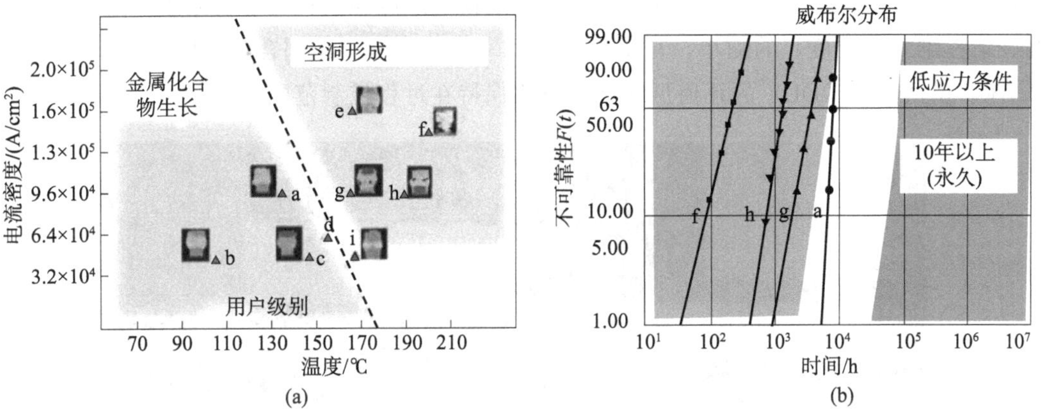

图 26 - 23　(a) 降解机制和应力条件的相关性：模式与应力条件。当应力条件 a、b 和 c 较低时，金属间化合物（IMC）的形成在绿色区域占主导地位。最长的应力时间超过 17 个月。加速条件（a、b 和 c）仍然比任何可能的用户级别更激进。(b) 电磁寿命的威布尔分布。对于过高的应力条件，e～i，空洞形成会导致持续的阻力增加，并最终以更短的预期寿命发生开放性故障[8]

（经 IEEE 许可转载。由台积电提供）（见彩插）

26.11　成本管理

在 3D 开发中，成本管理是一项持续且普遍的工作。从基本材料和化学品，到设备和工艺优化，到集成、堆叠、封装和组装，再到最终产品测试、良率提高和可靠性，3D 集成成本管理将所有这些因素联系到一个整体生产管理任务中。成本管理中最重要的一个方面是提高整体生产效率。产品良率提高 1%，通常意味着成本百分比降低数倍。因此，必须尽一切努力提高良率。本研究中已经给出的示例是使用 CoWoS 代替 CoCoS，其中翘曲主导的装配良率可以通过使用 CoW - first 工艺进行优化。CoW - first 工艺方法的一个看似微小的差异可以显著提高工艺良率，更不用说可以实现大型裸片组装，为下一代产品缩小微凸点间距，由于残余应力较小获得良好的可靠性等等。

CoWoS 与 3D 装配的集成设计和制造解决方案一起，可以消除 3D 集成中所有对产量不利和增加成本的因素，实现最低成本的解决方案。由于引入了各种复杂的工艺步骤和流程，如 TSV、微凸点、超薄晶片等，3D 系统集成增加了产品成本。我们非常希望能有效提高和管理每一步的产量，以证明 3D 集成方案的价值。消除间断性的运输和测试产品是一个重要方面（尤其是当这些半成品薄且易碎时）。使用集成设计和生产流程是另一种方法。最后，还要明确对生产良率和成本控制的所有权。

26.12 未来展望

像 FEOL 晶体管和 BEOL - Cu/低 k 一样，3D 集成需要随着技术节点的减小而发展。摩尔定律仅涉及水平尺寸减小，3D 集成还需要涉及第三维度和垂直尺寸的减小。图 26 - 24 表明，第三维（z 维度）的缩小，与水平（x 和 y 维度）缩小相耦合，可以使关键互连组件（TSV、微凸点和 RDL）的几何形状和深宽比保持在过程控制范围内。

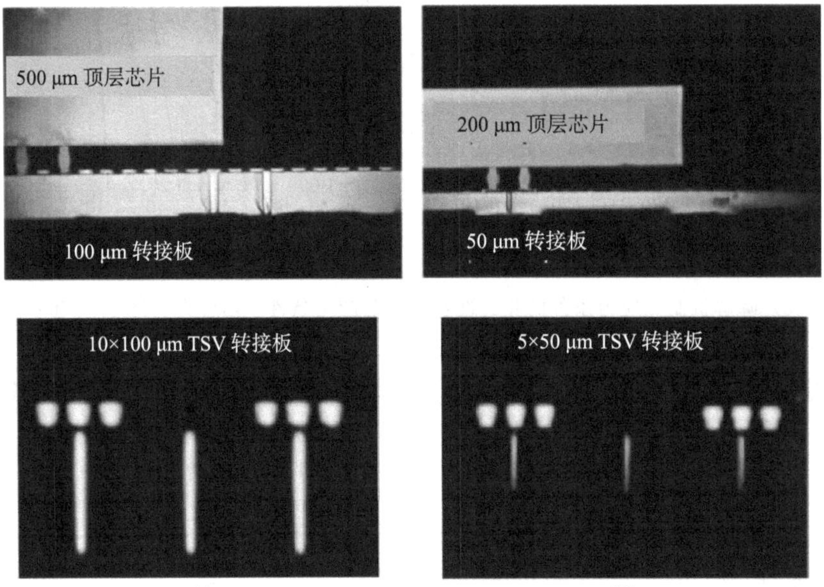

图 26 - 24　TSV 和转接板技术的演变，从当前的（a）500 μm 厚的顶层芯片和 100 μm 厚的转接板（直径为 10 μm 的 TSV），到（b）200 μm 厚的顶层芯片和 50 μm 厚的转接板（直径为 5 μm 的 TSV）[5]（经 IEEE 许可转载。由台积电提供）

正如摩尔定律所表明的那样，减小尺寸会使性能提高、形状因素发生变化，最重要的是成本效益，这对推动整个行业向前发展至关重要。同样，在 3D 小型化中，同样的力量将驱动系统在所有三个维度（x、y 和 z）中变小，以提高性能和降低成本。减小 TSV 和微凸点的尺寸已被证明对产品有益。图 26 - 25 显示了在短沟槽 pMOS 和 nMOS 器件周围直径为 6 μm 的 TSV 和直径为 2 μm 的 TSV 引起的应变效应的比较。虽然 nMOS 的灵敏度略低于 pMOS，但较小的 TSV 引发的周围晶体管的应力小得多，并且 n 型和 p 型的 MOS 的 KOZ 都较小。这可能是由于 TSV 内的铜体积较小，导致 TSV 周围的拉伸应变场较小。类似地，较小的微凸点对晶体管的应力也较小。小型化带来的其他有益影响，如焊料微凸点电迁移永久性，在前面的章节中已进行了讨论。

3D 芯片堆叠封装和集成已投入生产。尽管面临着艰巨的挑战，但所有这些挑战都已一一解决。针对不同的应用提出了不同的解决方案。最具成本竞争力的解决方案具有明确的技术、性能和成本效益，最终将在竞争激烈、令人振奋的半导体行业取得成功。随着移动设备市场的快速增长，3D 集成的机会是巨大的。

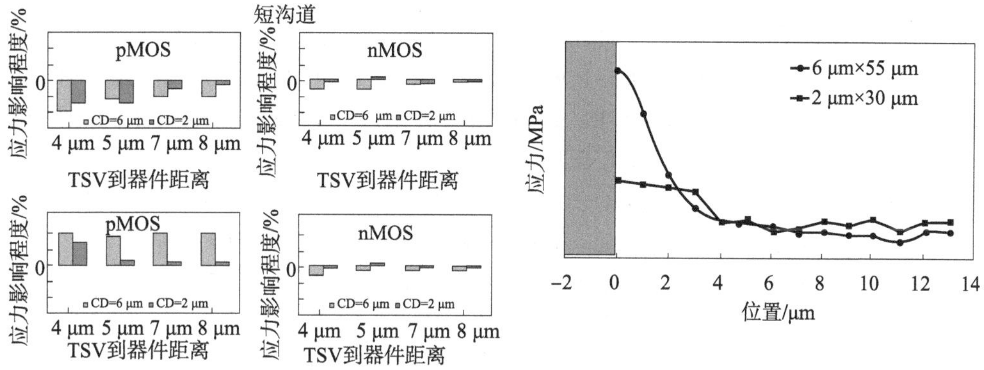

图 26－25　一个直径为 2 μm 的小 TSV 显著降低了周围器件上的应力以及对短沟道设备性能的影响[9]（经 IEEE 许可转载。由台积电提供）

参考文献

[1] Puech M, Thevenoud J M, Gruffat J M, Launay N, Arnal N, and Godinat P (2008) DTIP of MEMS and MOEMS, EDAPublishing/DTIP.

[2] Lin J C, Chiou W C, Yang K F, Chang H B, Lin Y C, Liao E B, Hung J P, Lin Y L, Tsai P H, Shih Y C, Wu T J, Wu W J, Tsai F W, Huang Y H, Wang T Y, Yu C L, Chang C H, Chen M F, Hou S Y, Tung C H, Jeng S P, and Yu D C H (2010) IEEE International Electron Devices Meeting (IEDM), pp. 2.1. 1-2.1.4.

[3] Bullema J E, Bressers P M M C, Oosterhui's G, Mueller M, Huisin't Veld A J, and Roozeboom F (2011) 18th European Microelectronics and Packaging Conference (EMPC), pp. 1-5.

[4] Tang C-W, Li K-M, and Young H-T (2012) Micro & nano letters. IET, 7 (7), 693-696.

[5] Chiou W C, Yang K F, Yeh J L, Wang S H, Liou Y H, Wu T J, Lin J C, Huang C L, Lu S W, Hsieh C C, Teng H A, Chiu C C, Chang H B, Wei T S, Lin Y C, Chen Y H, Tu H J, Ko H D, Yu T H, Hung J P, Tsai P H, Yeh D C, Wu W C, Su A J, Chiu S L, Hou S Y, Shih D Y, Chen K H, Jeng S P, and Yu C H (2012) Symposium on VLSI Technology (VLSIT), pp. 107-108.

[6] Lo T, Chen M F, Jan S B, Tsai W C, Tseng Y C, Lin C S, Chiu T J, Lu W S, Teng H A, Chen S M, Hou S Y, Jeng S P, and Yu C H (2012) IEEE International Electron Devices Meeting (IEDM), 2012, pp. 793-795.

[7] Yang K F, Wu T J, Chiou W C, Chen M F, Lin Y C, Tsai F W, Hsieh C C, Chang C H, Wu W J, Chen Y H, Chen T Y, Wang H R, Lin I C, Jan S B, Wang R D, Lu Y J, Shih Y C, Teng H A, Tsai C S, Chang M N, Chen K, Hou S Y, Jeng S P, and Yu C H (2011) Symposium on VLSITechnology (VLSIT), pp. 140-141.

[8] Chen H Y, Shih D Y, Wei C C, Tung C H, Hsiao Y L, Yu D C H, Liang Y C, and Chen C (2013) Proceedings of the 63rd Electronic Components and Technology Conference (ECTC), 2013, pp. 49-57.

[9] Chang H B, Chen H Y, Kuo P C, Chien C H, Liao E B, Lin T C, Wei T S, Lin Y C, Chen Y H, Yang K F, Teng H A, Tsai W C, Tseng Y C, Chen S Y, Hsieh C C, Chen M F, Liu Y H, Wu T J, Hou S Y, Chiou W C, Jeng S P, and Yu C H (2012) Symposium on VLSI Technology (VLSIT), pp. 173-174.

第 27 章 Cu TSV 应力：Cu 凸起及其对器件的影响

Eric Beyne, Joke De Messemaeker, and Wei Guo

27.1 前言

Cu 和 Si 之间热膨胀系数（CTE）的巨大差异将导致 Cu TSV 和周围的 Si 产生显著的热机械应力。这可能影响产品的质量和可靠性，也可能影响嵌入在 TSV 附近器件的性能。因此，需要禁止在 TSV 上方进行后道（BEOL）布线，或在 TSV 周围定义不能放置有源器件的区域，即所谓的禁区（KOZ）[1,2,3]。

为了减小 Cu - Si CTE 差异的负面影响，重要的是要了解加工过程中 Cu TSV 应力的特点和变化情况。从而可以为 TSV 设置适当的退火程序，以避免在后续的器件处理和 3D 堆叠期间出现 Cu 凸起的问题。同时，了解硅中 TSV 引起的应力使我们能够预测 TSV 对有源器件的影响并设置适当的 KOZ [4,5]。

27.2 TSV 中的 Cu 应力

TSV 中 Cu 和 Si 表面上 Cu 层的应力随温度的变化显著不同。晶圆表面上的 Cu 膜被 Si 约束在水平方向上，但在垂直方向上可以自由变形。图 27 - 1[6] 显示了典型的 Si 上电镀 Cu 膜的温度与应力关系。该测量结果是测试样品在热循环期间的晶圆曲率测量值。Cu 膜的应力值通过 Stoney 方程得到，电镀 Cu 膜的初始张应力比较低，当加热样品时，样品应力减小并变为压缩应力。测量得到的应力变化的斜率与 Cu 的弹性模量乘以与 Si 衬底的 CTE 差值大致成正比。当压缩应力达到约 200 MPa 时，即达到了 Cu 的屈服应力，进一步加热不会增加压缩应力，因为 Cu 膜会发生塑性形变。实际上，随着温度的升高，屈服应力会降低，而压缩应力会随着温度的升高而降低。当从最高温度冷却下来时，Cu 应力将变为拉伸应力并达到很高的值，应力变化的斜率与初始上升期间的斜率相同，这种情况将一直持续到再次达到 Cu 的屈服应力极限。当温度低于屈服应力的极限温度时，Cu 将发生形变。当冷却到室温时，屈服应力随着温度的降低略有增加。综上，第一次高温热循环的结果是在 Cu 膜中观察到较高的张应力。后续的热循环将与第一次热循环相似，达到 Cu 相同的屈服线。然而，每个周期后的压力保持不变，曲线的面积可以被认为是每个热循环期间的塑性变形（损伤），并且可以用该参数描述热循环疲劳。

TSV 结构中的 Cu 呈现出完全不同的应力条件[6,7,8]。图 27 - 2 示意性地给出了 Cu - TSV 温度-应力演变过程。类似地，在有 Cu 膜的情况下，TSV 中 Cu 的初始应力相当低，

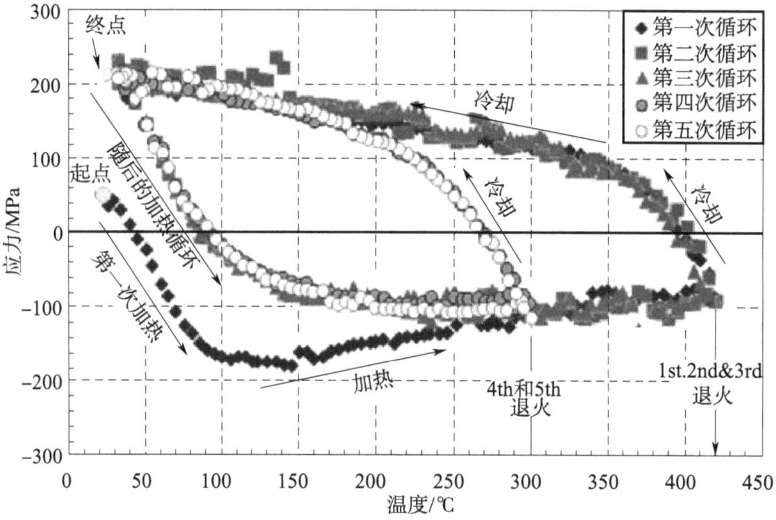

图 27-1　硅晶圆上电镀 5 μm 厚 Cu 膜的温度-应力关系。在热循环过程中，通过晶圆弯曲度的测量，使用 Stoney 方程得到相应的应力数值。样品在三个 420 ℃的热循环和两个 300 ℃的热循环中进行实验[6]

当加热晶圆时应力会变为压缩应力，晶圆顶部的 Cu 和 Cu“覆盖层”将与上述 Cu 膜的现象相同。然而，TSV 底部的 Cu 会出现不同的现象，因为它受到 TSV 周围的 Si 与上面较厚的高深宽比 Cu 的限制。因此，TSV 底部的 Cu 将达到非常高的应力值。然而，由于 TSV 周围的 Si 并不完美，Cu 将通过轴向变形来释放应力。这将导致 TSV 中 Cu 的蠕变行为。当 TSV 在高温下保持较长时间时，应力会松弛并获得相对较低的压缩应力。当从这种退火状态冷却到室温时，应力将迅速增加为高的拉伸应力。同样，由于 TSV 中的 Cu 被静态流体力学所限制，因此不会发生应力松弛。此外，由于当前温度低于 Cu 的再结晶温度，蠕变应力的松弛将变得非常缓慢，并且应力会近似线性增加到室温下的高值。随后的热循环将变为近乎弹性往复的热循环，这对 TSV 中的 Cu 造成的损害最小。

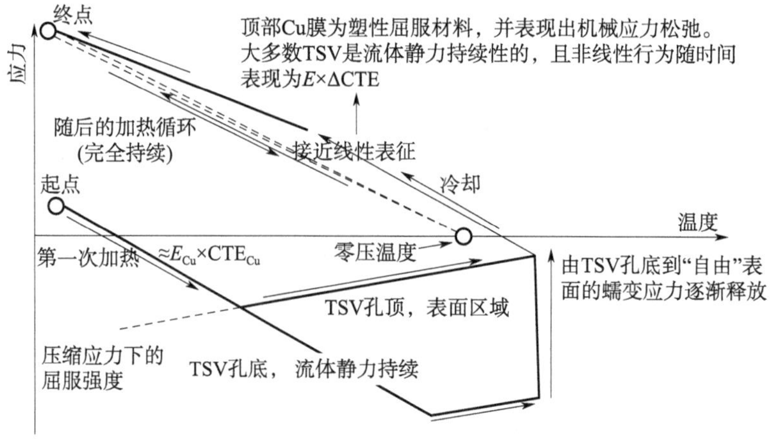

图 27-2　Cu-TSV 在重复热循环过程中的温度-应力演变示意图

该模型通过测量集成有 TSV 的硅晶圆的翘曲温度进行了实验验证。图 27－3 和图 27－4 显示了镀 Cu 后，CMP 处理前带有 Cu TSV 的晶圆和 CMP 处理后带有 Cu TSV 的晶圆的温度-应力曲线，结果与提出的 Cu 应力模型一致，第 27.3 节的缓解 Cu 凸起的实验为这一假设提供了进一步的支持。

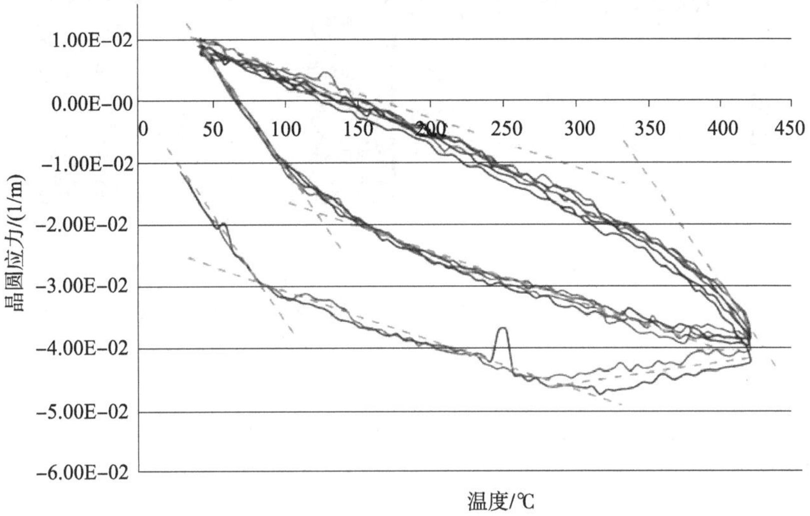

图 27－3　镀 Cu 后，CMP 处理前带有 Cu TSV 的硅晶圆的温度-应力曲线（三个热循环均加热至 420 ℃）

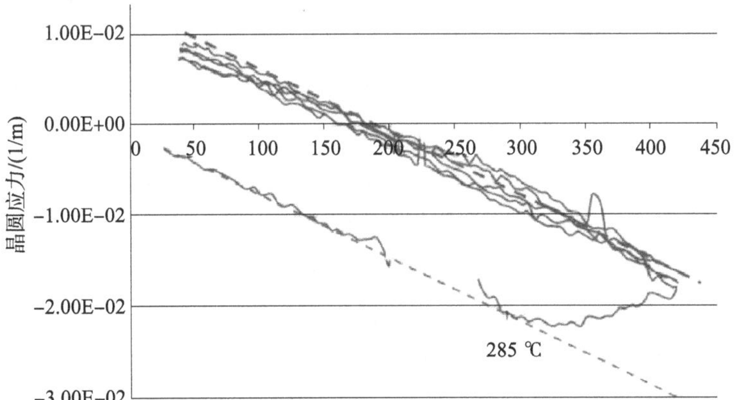

图 27－4　CMP 处理后的带有 Cu TSV 的硅晶圆的温度-应力曲线（三个热循环均加热至 420 ℃）

27.3　Cu 凸起的缓解

在 TSV 加工后如果不对 Cu 进行退火，TSV 中的 Cu 可能会在后续器件加工过程中凸起，如图 27－5 所示。这在文献中通常被称为“Cu 凸起”。如第 27.2 节所述，Cu 凸起的驱动机制是温度循环期间 Cu 的应力演变。目前报道了两种不同的 Cu 凸起，第一种如

图 27 - 5 所示，其特征是 Cu TSV 表面的凸出，而 TSV 边缘没有变化。第二种则发生在 Cu 在侧壁衬底上的附着力较弱并且 Cu 作为圆柱体被推出 TSV 的情况，这需要改进 Cu 与衬底的粘附机制。在本节中，我们只讨论第一种类型。

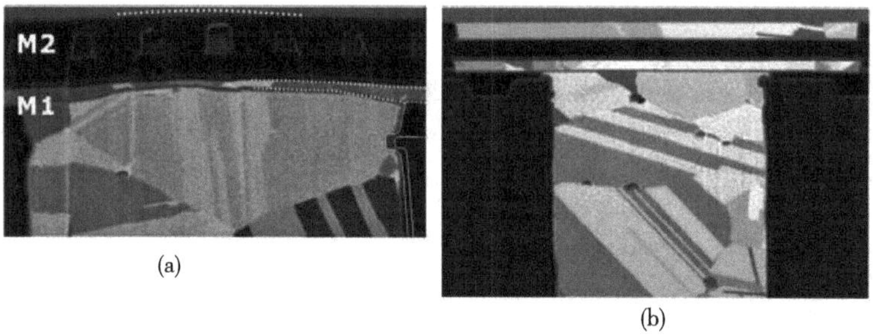

图 27 - 5　Cu 凸起示意图：(a) TSV 处理后无适当退火工艺，在晶圆烧结退火后，观察到在 BEOL 层内的 Cu TSV 的凸起和在 TSV 上的 BEOL 层的膨胀；(b) TSV 处理后有适当退火工艺，在晶圆烧结退火后未观察到 Cu 凸起现象

为了研究这种效应，我们定义了一种新的 Cu 凸起的测试方法，如图 27 - 6 [9,10,11] 所示。使用标准方法在 Si 晶圆中实现 Cu TSV，在 Cu TSV 填充电镀之后，晶圆在特定温度下退火特定时间（这是第一个实验变量）。接下来，使用与实际器件相同的方法，使用 CMP 去除晶圆上的 Cu 覆盖层。在下一步中，在晶圆上沉积薄氧化层（180 nm SiO_2）以在 Cu TSV 上实现薄膜（模拟第一次 BEOL 绝缘层的沉积）。这也避免了单个 Cu 晶粒从 Cu TSV 表面凸起。一层薄的金属层（例如，25 nm 的 Ta）作为使用 WLIR 进行精确计量的参考层也被沉积在衬底上。随后第一次对 TSV 的表面轮廓进行测量，该轮廓主要是 TSV CMP 的特征（例如，Cu 凹陷）和沉积的薄覆盖层的形貌。接下来，晶圆在特定“烧结”温度下第二次进行特定“烧结”时间的退火（这是第二个实验变量）。对 TSV 剖面进行第二次测量并计算与第一次记录的测量值的差异。这个差异是由于 Cu 的凸起引起的，可用作 Cu TSV 的退火和烧结研究中的响应参数。图 27 - 7 显示了“Cu 凸起”行为和相应 WLIR 测量的示例。图 27 - 8 显示了直径为 5 μm、深度为 50 μm（5×50）的 Cu TSV 在 420 ℃下烧结 20 min 后以及不同的退火条件的典型结果。当使用较高的退火温度时，Cu 的凸起会显著减少，与 TSV（ECTC）中 Cu 的微观结构有关的 Cu 凸起量呈双正态分布，分布范围很广[9,10,11]。

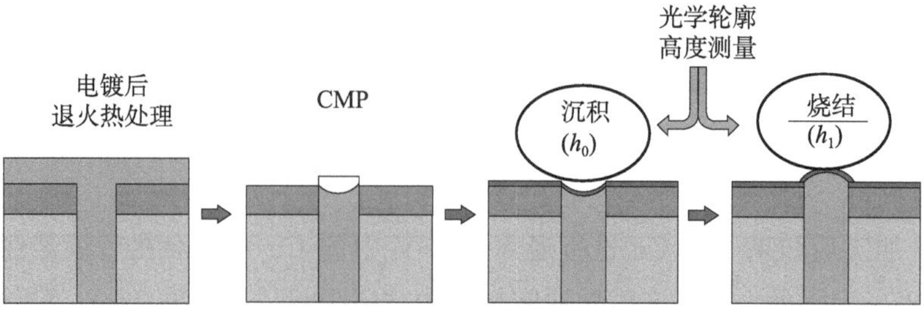

图 27 - 6　用于研究 Cu 凸起的实验方法的示意图

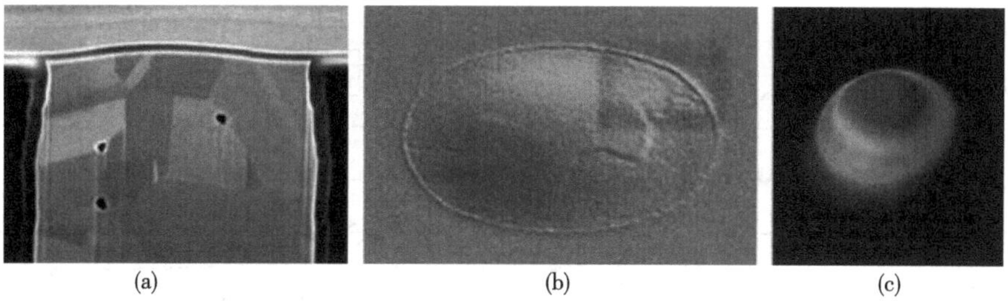

图 27-7　(a) 烧结退火后 ϕ 5 μm TSV 上的 WLIR 形貌测量示例；(b) Cu 凸起；(c) TSV 的 Fib 横截面

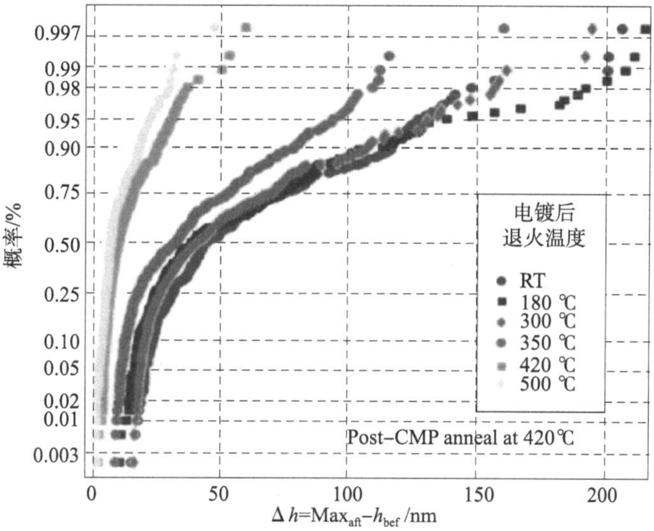

图 27-8　在 420 ℃下进行烧结处理所测量的 Cu 凸起的统计数据，对于每种情况，测量了 344 个 TSV，Cu 凸起值的统计符合双正态分布（见彩插）

图 27-9 显示了 5 μm×50 μm 和 10 μm×100 μm TSV 的 99.9% 的 Cu 凸起分布与电镀后退火温度的函数关系（退火时间保持 20 min 恒定），以及与退火时间的函数关系（退火温度为 420 ℃恒定）。该分布的 99.9%显示出与 p50（未显示）相同的对退火温度和时间的依赖性，但该值大约高出 8 倍。双正态分布的性质造成了这种巨大的差异。

对于 5×50 μm^2的 TSV，在低于约 300 ℃的温度退火时，观察到对 Cu 凸起仅有较小影响。在 300～400 ℃的温度范围内，Cu 凸起将发生显著变化，并且在 420 ℃的温度下退火时，Cu 凸起显著降低。在更高的温度电镀后退火（高达 500 ℃）时，只会小幅改进 Cu 凸起。因此，我们可以得出结论，将退火温度提高到 420 ℃以上只会增加热预算，而在减小 Cu 凸起方面几乎没有增益。

图 27-9 还显示了在 420 ℃温度下退火时间的影响。曲线表现出，Cu 凸起高度随时间的指数行为，这与退火过程中高温下 Cu 应力松弛的蠕变形变的假设一致。在相当短的时间内，Cu 凸起的高度急剧下降，但 20～80 min 之间的高度减小是有限的。连同退火温

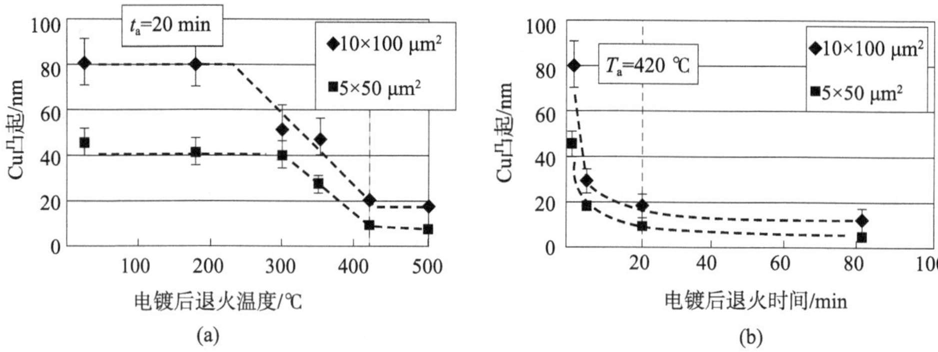

图 27－9　对于 5×50 μm^2 和 10×100 μm^2 TSV 所测量的最高 Cu 凸起的高度（统计了 99.9％的数据）。(a) Cu 凸起高度与电镀后退火温度（退火时间为 20 min）的关系；(b) Cu 凸起高度与电镀后退火时间（退火温度为 420 ℃）的关系。在每种情况下，测量 344 个 TSV，并且 99.9 ％的值由双正态统计分布导出

度的数据，这些结果证实了最佳退火条件为 420 ℃下退火 20 min，这在参考文献［3］中首次提出。

27.4 TSV 对 FEOL 器件的影响

为了进一步最小化半导体器件的 TSV 应力引起的 KOZ，需要同时考虑 TSV 和器件的应力敏感特性。如前所述，由 TSV Cu 和硅衬底的热失配引起的面内应力可以用 Lamé 方程［式（27－1）］近似，忽略较小的面外应力分量。该公式将径向拉伸 TSV Cu 应力 σ_{TSV} 与 Si 衬底中圆柱形应力场的轴向应力 σ_r 和周向应力 σ_θ 应力分量联系起来

$$\sigma_r \approx \sigma_\theta \approx \sigma_{TSV}\left(\frac{\phi}{2r}\right)^2 \tag{27-1}$$

其中，r 是 TSV 中心到器件中心的径向距离，ϕ 是 TSV Cu 的直径。

两个应力分量的大小大致相等，但符号相反。硅中的应力水平将随着与 TSV 中心距离的增加而二次衰减。圆柱应力场［见式（27－1）］可以用正交应力分量改写为有源器件中的相关应力，即与器件通道成直线和平行

$$\begin{aligned}\sigma_{xx} &\approx \sigma_{TSV}(\cos^2\theta-\sin^2\theta)\cdot\left(\frac{\phi}{2r}\right)^2\\ \sigma_{yy} &\approx \sigma_{TSV}(\sin^2\theta-\cos^2\theta)\cdot\left(\frac{\phi}{2r}\right)^2\end{aligned} \tag{27-2}$$

器件漏极电流变化 δI_d 可以表示为与器件通道成直线和平行的机械应力的函数

$$\delta I_d=\frac{\Delta I_d}{I_d}\approx(\pi'_{11}\cdot\sigma_{xx}+\pi'_{22}\cdot\sigma_{yy}) \tag{27-3}$$

其中，π'_{11} 和 π'_{22} 是有效压电系数，描述了器件电流对器件通道 σ_{xx} 和 σ_{yy} 应力的敏感度。

将式（27－2）代入式（27－3），可得 δI_d 与几何参数 r 和 θ 的关系为

$$\delta I_d=\frac{\Delta I_d}{I_d}=K(2\cos^2\theta-1)\cdot\left(\frac{1}{r}\right)^2 \tag{27-4}$$

其中，将比例常数 K 定义为与器件和 TSV 相关的参数，即

$$K=(\pi'_{11}-\pi'_{12})\sigma_{\mathrm{TSV}}\left(\frac{\phi}{2}\right)^2 \tag{27-5}$$

式（27-4）表达了 $\delta I_d(r,\theta)$ 或 $\delta I_d(x,y)$ 典型的“花形”几何形的关系。式（27-5）中定义的常数 K 量化了 TSV 和器件特性对漏极电流变化的各自贡献。这个常数 K 包含两部分：第一部分 $(\pi'_{11}-\pi'_{22})$ 涉及器件技术；第二部分 $\sigma_{\mathrm{TSV}}(\phi/2)^2$ 取决于 TSV 技术。

我们直接从使用 FET 阵列测试结构进行的测量中得出此 K 因子，其中 TSV 放置在结构的中心，并且可以通过行和列选择器[4]单独寻址来获得单个 FET 的属性。图 27-10 显示了对高 K/金属栅极 FET 器件进行此类测量的示例。如图 27-10 所示，驱动电流和与 TSV 的距离的关系遵循 K/r^2 定律。

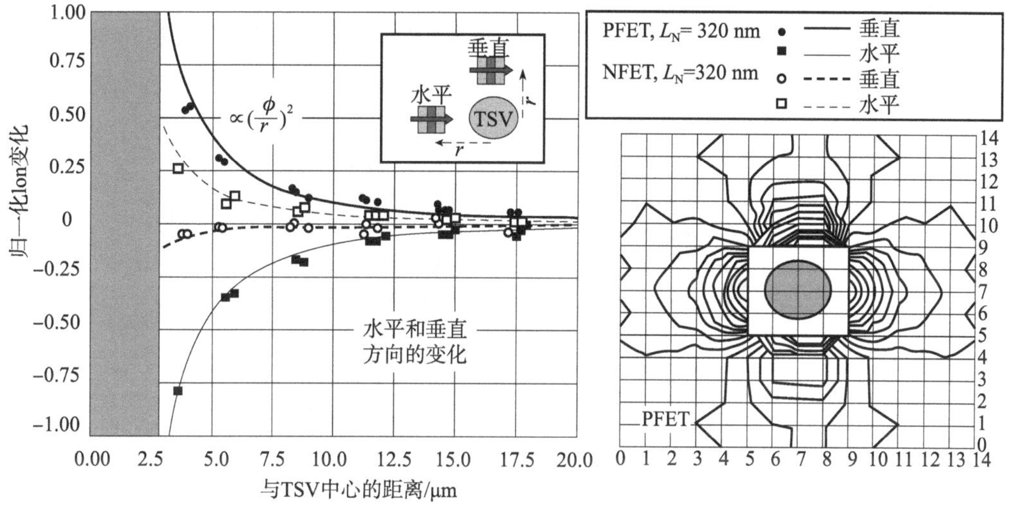

图 27-10 平面高 K/金属栅极 FET 器件的漏极电流与到 TSV 中心的距离的函数关系。TSV FET 阵列测试结构。TSV 的直径为 5 μm，在硅片中的深度为 50 μm[4]

将 TSV 引起的 KOZ 降至最低是很重要的。TSV 直径缩小是减少 KOZ 的有效解决方案。从式（27-5）可以看出，K 因子与 ϕ^2 成比例，因此可以认为 ϕ 将对 K 有很大的影响。图 27-10 中描述的高 K/金属栅极测试也是用 $\phi 3$ μm TSV[3]完成的。图 27-11 中总结的测量结果证实 KOZ 面积（K）减少了 3 倍，正如上述理论所预测的那样。

对于已知的 TSV 技术，在给定直径 ϕ 和应力 σ_{TSV} 的情况下，也可以使用有效压电系数 π'_{11} 和 π'_{22} 以不同的方式估计 K 值。可以通过施加单轴应力并测量器件的漏极电流变化，从而对任何特定器件技术（无 TSV）的晶圆进行四点弯曲实验，并得到相应的 K 值。

在图 27-12 中，给出了计算和测量的 K 因子之间的比较，具有很好的一致性。该图还显示常数 K 随着器件通道长度的减小而减小，正如压电系数测量所预测的那样。

根据式（27-4），可以提出 TSV KOZ 模型，其中系数 K［如式（27-5）中定义］和最大允许器件漏极电流变化 δI_d 是唯一的变量。因此，KOZ 可由距离 r_{KOZ} 定义，它取

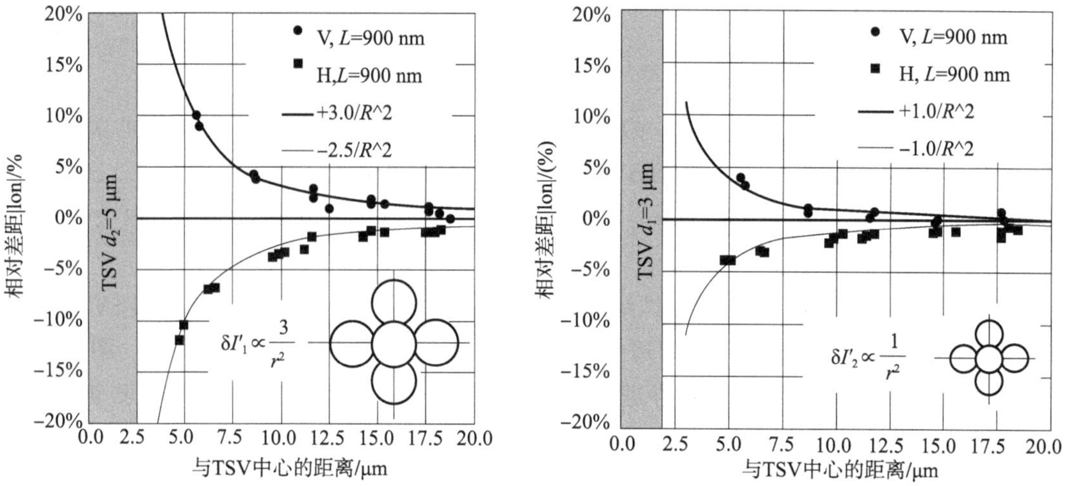

图 27－11　TSV 直径对 KOZ 尺寸和参数 K 的影响，源自 FET 阵列测试结构。左侧是 $5\times50\ \mu m^2$ TSV，右侧是 $3\times40\ \mu m^2$ TSV，集成在平面高 K/金属栅极 FET 测试装置中[3]

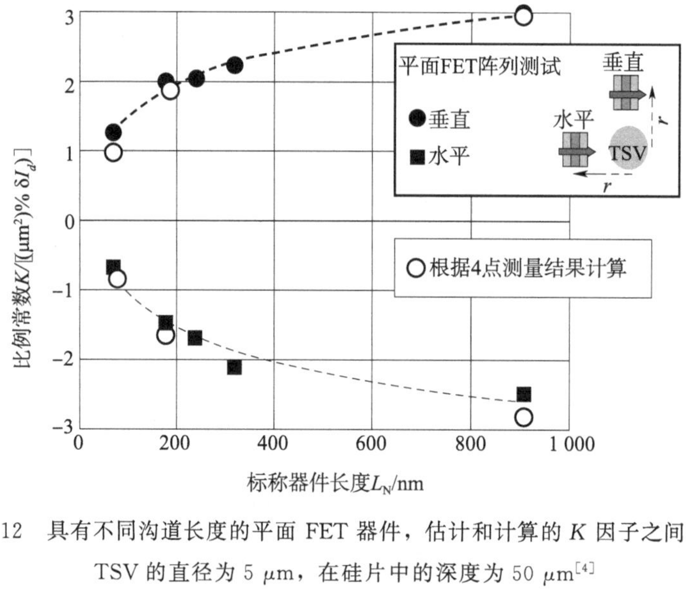

图 27－12　具有不同沟道长度的平面 FET 器件，估计和计算的 K 因子之间的比较。TSV 的直径为 5 μm，在硅片中的深度为 50 μm[4]

决于角度 θ，并随（r，θ）而变化，如图 27－13 所示。

$$r < r_{\mathrm{KOZ}} = \sqrt{\frac{K}{\delta I_d}(2\cos^2\theta - 1)} \tag{27-6}$$

先进的平面和 FinFET 器件技术的 Si 数据对该模型进行了广泛验证。该模型可以预测由单个或多个 TSV 引起的 KOZ。对于单个 TSV，图 27－13 所示的 KOZ 可以通过分段线性近似来近似，如图 27－14 所示，从而产生一个十字形的 KOZ 区域。

式（27－1）～式（27－6）假设了圆柱是完美对称的。而实际上，由于器件的特定几何形状和器件上的应力梯度，其 x 和 y 方向的 K 值可能存在微小差异。电流径向流向

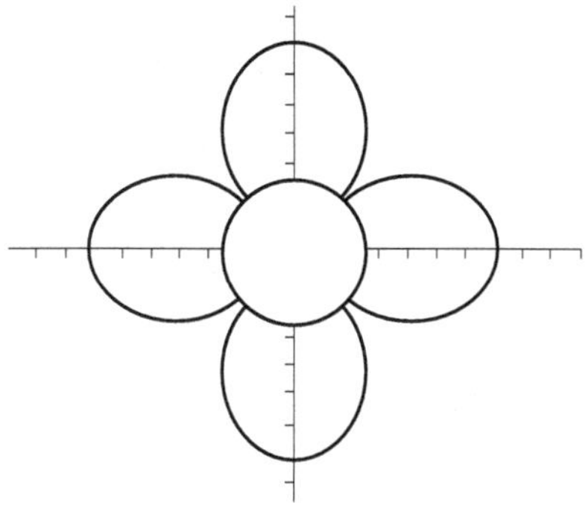

图 27-13　KOZ 的形状，r_{KOZ}，围绕特定（r，θ）的 TSV

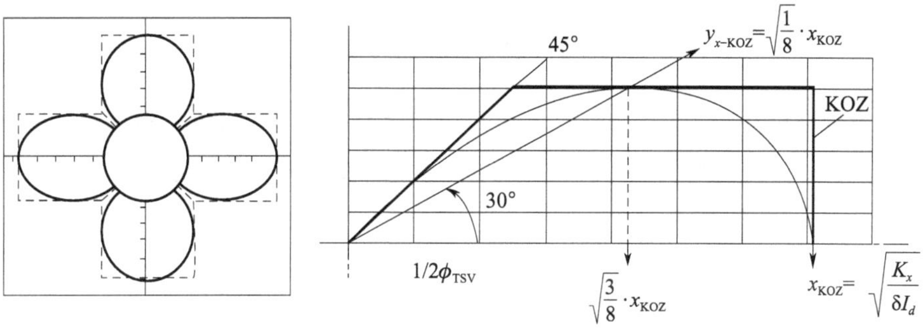

图 27-14　孤立 TSV 周围的 KOZ 的分段线性近似

TSV 的器件（水平方向，x）与电流垂直流向 TSV 的器件（垂直方向，y）的 K 值可能不同。这可以在图 27-10 中观察到。因此可以导出两个 K 值，K_x 和 K_y，从而导致在 x 和 y 方向具有不同大小的 KOZ 区域发生交叉：$x_{\text{KOZ}}=y_{\text{KOZ}}(0°)$ 和 $y_{\text{KOZ}}=r_{\text{KOZ}}(90°)$。图 27-14 显示了孤立 TSV 周围八分之一 KOZ 区域的细节，并定义了 x_{KOZ} 和 $y_{x-\text{KOZ}}$ KOZ 的几何参数。对于器件任意的最大允许漏极电流的变化量 δI_d，我们需要在这些参数之间找到一个固定的关系。KOZ 区域由 K_x 和 K_y 参数唯一定义，KOZ 面积 A_{KOZ} 由下式给出

$$A_{\text{KOZ}}=\left(\sqrt{2}-\frac{1}{4}\right)\left(\frac{K_x+K_y}{\delta I_d}\right) \tag{27-7}$$

该等式说明了 K 因子的物理意义：K_x 和 K_y 与 KOZ 面积成正比，通常以 $\mu m^2\%\ \delta I_d$ 表示。将 KOZ 定义为十字形而不是矩形，可使 KOZ 面积减少约 40%。

在考虑多个 TSV 时，不同 TSV 的应力场会重叠。首先，我们可以假设各个应力场重叠是线性的，并考虑不同 TSV 对其的影响。然后我们考虑最相邻应力场之间的交互。在图 27-15 中，将间距为 P、具有相等 K 因子的两个紧密间隔的 TSV 的器件漏极电流变化量 δI_d 通过式（27-4）进行了绘制。

在图 27-15 中可以区分出三种不同的情况：隔离的 TSV（$r_{\text{KOZ}}\ll P$：KOZ_1），弱耦合的 TSV（$r_{\text{KOZ}}<0.35P$：KOZ_2）和强耦合的 TSV（$r_{\text{KOZ}}>0.35P$：KOZ_3）。对于每一

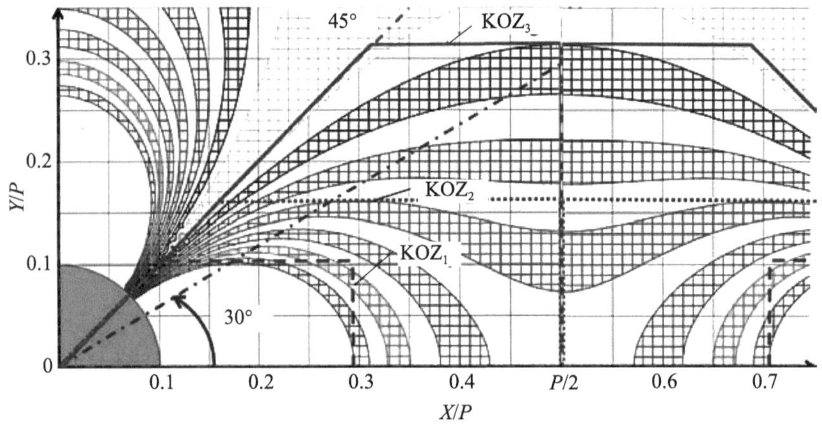

图 27－15　TSV 间距对 FET 驱动电流的影响，等高线对应于间距为 P 的两个 TSV 之间的相等电流的位置

种情况，可以推导出 x_{KOZ}、y_{x-KOZ}、y_{KOZ}和 x_{y-KOZ}参数所定义的 KOZ 交叉几何形状的解析或半解析公式。这些公式是 K_x、K_y和 δI_d的函数并且适用于 x 和 y 方向（见表 27－1）。

表 27-1　计算独立、弱耦合、强耦合的 TSV 在 x 和 y 方向上的 KOZ 参数（x_{KOZ}、y_{x-KOZ}、y_{KOZ} 和 x_{y-KOZ}）

	Width KOZ in x − direction x^*_{KOZ}	Height KOZ in y direction y^*_{x-KOZ}	
独立 TSV 弱耦合 TSV $P_x > \sqrt{8} \cdot x_{KOZ}$ 强耦合 TSV $P_x < \sqrt{8} \cdot x_{KOZ}$	$x_{KOZ} = \sqrt{\frac{K_x}{\delta I_d}}$ $x'_{KOZ} = \frac{P_x}{2} - x_{KOZ}\sqrt{I + \left(\frac{P_x^2}{4x_{KOZ}^2}\right) - \sqrt{I + \frac{P_x^2}{x_{KOZ}^2}}}$ $x''_{KOZ} = \frac{P_x}{2}$	$y_{x-KOZ} = \sqrt{\frac{1}{8}} \cdot x_{KOZ}$ $y'_{x-KOZ} \approx y_{30°-KOZ}$ $y_{30°-KOZ} \approx \sqrt{\frac{1}{8}} \cdot x_{KOZ} + \frac{x_{KOZ}^4}{P_x^3}$ $y''_{KOZ} = \max\{y_{30°-KOZ}; y_{P/2-KOZ}\}$ $y_{P/2-KOZ} = x_{KOZ}\sqrt{-I - \left(\frac{P_x^2}{4x_{KOZ}^2}\right) + \sqrt{I + \frac{P_x^2}{x_{KOZ}^2}}}$	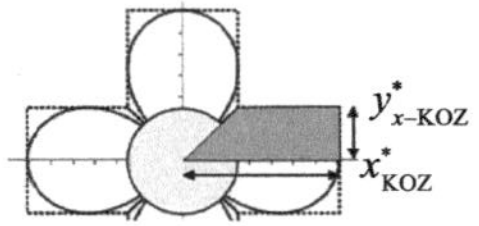
	Width KOZ in y direction x^*_{KOZ}	Height KOZ in x direction y^*_{x-KOZ}	
独立 TSV 弱耦合 TSV $P_y > \sqrt{8} \cdot y_{KOZ}$ 强耦合 TSV $P_y < \sqrt{8} \cdot y_{KOZ}$	$y_{KOZ} = \sqrt{\frac{K_y}{\delta I_d}}$ $y'_{KOZ} = \frac{P_y}{2} - y_{KOZ}\sqrt{I + \left(\frac{P_y^2}{4y_{KOZ}^2}\right) - \sqrt{I + \frac{P_y^2}{y_{KOZ}^2}}}$ $y''_{KOZ} = \frac{P_y}{2}$	$x_{y-KOZ} = \sqrt{\frac{1}{8}} \cdot y_{KOZ}$ $x'_{y-KOZ} \approx y_{30°-KOZ}$ $x_{30°-KOZ} \approx \sqrt{\frac{1}{8}} \cdot y_{KOZ} + \frac{y_{KOZ}^4}{P_y^3}$ $x''_{y-KOZ} = \max\{x_{30°-KOZ}; x_{P/2-KOZ}\}$ $x_{P/2-KOZ} = y_{KOZ}\sqrt{-I - \left(\frac{P_y^2}{4y_{KOZ}^2}\right) + \sqrt{I + \frac{P_y^2}{y_{KOZ}^2}}}$	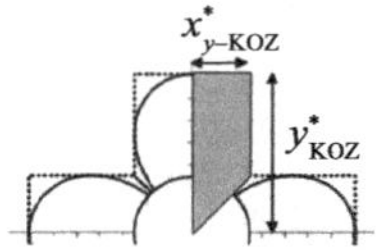

参考文献

[1] Mercha A et al (2010) Comprehensive analysis of the impact of single and arrays of through silicon vias induced stress on high k/ metal gate CMOS performance. IEEE International Electron Devices Meeting (IEEE 2010), pp. 2. 2. 1 - 2. 2. 4.

[2] Van Olmen J et al (2008) 3D stacked IC demonstration using a through silicon via first approach. IEEE International Electron Devices Meeting (IEEE 2008), pp. 1 - 4.

[3] Beyne E (2011) Electrical, thermal and mechanical impact of 3D TSV and 3D stacking technology on advanced CMOS devices: technology directions. IEEE International 3D Systems Integration Conference (3DIC), IEEE - CPMT, 31 January - 2 February 2012, Osaka, Japan.

[4] GuoW, Van Der Plas G, Ivankovic A, Eneman G, Cherman V, DeWachter B, Mercha A, Gonzalez M, Civale Y, Redolfi A, Buisson T, Jourdan A, Vandevelde B, Rebibis K J, DeWolf I, La Manna A, Beyer G, Beyne E, and Swinnen B (2012) 3D chip package interaction thermo - mechanical challenges: proximity effects of through silicon vias and m - bumps. IEEE International Conference on IC Design & Technology (ICICDT 2012), May 30 - June 1, 2012, Austin, TX, USA.

[5] Guo W, Van der Plas G, Ivankovic A, Cherman V, Eneman G, DeWachter B, Togo M, Redolfi A, Kubicek S, Civale Y, Chiarella T, Vandevelde B, Croes K, De Wolf I, Debusschere I, Mercha A, Thean A, Beyer G, Swinnen B, and Beyne E (2012) Impact of through silicon via induced mechanical stress on fully depleted bulk FinFET technology. International Electron Devices Meeting (IEDM 2012), IEEE - EDS, December 10 - 12, 2012, San Francisco, CA, USA pp. 18. 4.

[6] Okoro C et al (2010) Elimination of the axial deformation problem of Cu - TSV in 3D integration. 11th International Workshop on Stress - Induced Phenomena in Metallization, April 12 - 14, 2010, Dresden, Germany, pp. 214 - 220D.

[7] Wilson C J, De Wolf I, Vandevelde B, De Messemaeker J, Ablett J M, Redolfi A, Simons V, Beyne E, and Croes K (2012) Comparison of X - ray diffraction, wafer curvature and Raman spectroscopy to evaluate the stress evolution in copper TSVs. IEEE - EDS International Interconnect Technology Conference (IITC), June 4 - 6, 2012, San Jose, CA, USA.

[8] DeWolf I, Simons V, Cherman V, Labie R, Vandevelde B, and Beyne E (2012) Indepth Raman spectroscopy analysis of various parameters affecting the mechanical stress near the surface and bulk of Cu - TSVs. IEEE - CPMT 62nd Electronic Components and Technology Conference (ECTC), May 29 - June 1, 2012, San Diego, CA, USA, pp. 331 - 337.

[9] DeWolf I et al (2011) Cu pumping in TSVs: effect of pre - CMP thermal budget. Microelectronics Reliability, 51 (9 - 11), 1856 - 1859.

[10] De Messemaeker J, Croes K, Vandevelde B, Velenis D, Redolfi A, Jourdain A, Beyer G, Swinnen B, Beyne E, and De Wolf I (2012) Thermal mismatch induced reliability issues for Cu filled through silicon vias. IEEE - CPMT 4th Electronics System Integration Technologies Conference (ESTC),

September 17 - 20，2012，Amsterdam，The Netherlands.

[11] De Messemaeker J，Valera Pedira O，Vandevelde B，Philipsen H，De Wolf I，Beyne E，and Croes K (2013) Impact of post - plating anneal and through - Si via dimensions on Cu pumping. IEEE - CPMT Electronic Components & Technology Conference，2013 (ECTC 2013)，Las Vegas，NV，USA，pp. 586 - 591.

第 28 章　应力/应变和金属污染对薄芯片的影响

Kangwook Lee and Mariappan Murugesan

28.1　引言

在开始批量生产之前，需要解决带有硅通孔（TSV）和金属凸点的 3D LSI 的许多问题。最严重的问题是应力/应变和金属污染对 3D 堆叠芯片中器件可靠性的影响。在 3D 集成的晶圆减薄过程中引入了机械应力和应变的影响。Cu TSV 和金属凸点会在减薄的晶圆中引入显著的机械应力和应变。减薄晶圆的 3D LSI 中的有源区可能更容易受到金属杂质污染的影响。晶圆减薄过程去除了 LSI 中用于吸除金属污染物的非本征吸杂区域，并且当 TSV 中阻挡层对 Cu 的阻挡性能不足时，Cu 原子会从 Cu TSV 扩散。这些 Cu 原子在后端制程中可能扩散到硅衬底的介电区和有源区从而导致器件性能下降和早期击穿。本节讨论了应力/应变和铜杂质污染对减薄后的 3D LSI 器件可靠性的影响。

28.2　减薄后的 3D LSI 中铜污染对器件可靠性的影响

为了制造 3D LSI，每个功能 LSI 晶圆应通过机械研磨和应力消除抛光方法减薄至 10～50 μm 厚。然而，由于晶圆减薄过程可能会去除用于吸收金属污染物的外在杂质吸收区域，并且 3D LSI 中的有源区域更容易受到 Cu 等金属杂质的污染，因此可能会造成器件可靠性的退化。即使在清洗工艺之后，粘在背面表面上的 Cu 原子也不会完全消除。如图 28-1 所示，当阻挡层对 Cu 的阻挡性能不足时，Cu 原子也会从 Cu TSV 扩散出来。即使在低温后处理过程中，这些 Cu 原子可能扩散到硅衬底的介电区和有源区，并导致器件的性能退化和早期击穿[1,2]。

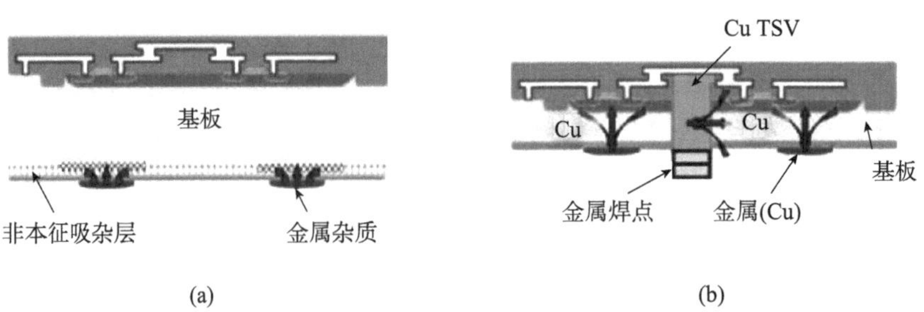

图 28-1　具有 Cu TSV 和金属凸点的 3D LSI 在晶圆减薄之前（a）和之后（b）的 LSI 晶圆结构

近年来，3D 集成中铜污染的影响引起了人们的关注。Hozawa 等人报道，铜扩散效应的增强受到晶圆减薄的显著影响[3]。二次离子质谱（SIMS）是评价金属扩散行为的常用方法。图 28－2 显示了在 300 ℃下退火不同时间后，通过 SIMS 测量厚度为50 μm 的减薄晶圆的后表面和前表面的 Cu 浓度分布[4]。

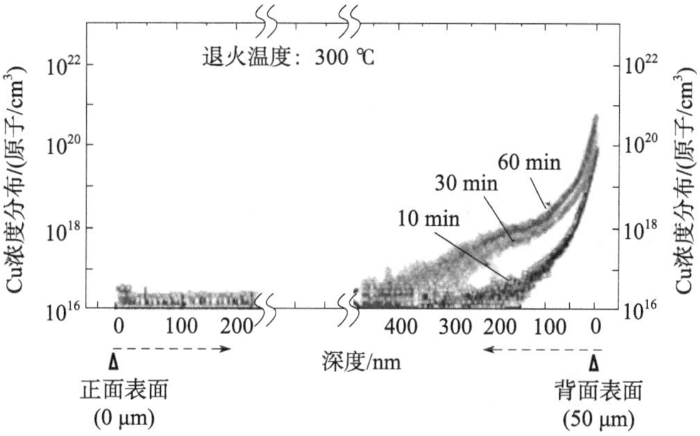

图 28－2　在 300 ℃退火不同时间后，通过 SIMS 测量 50 μm 厚的减薄硅片的背面表面和正面表面的 Cu 浓度分布

在 300 ℃退火 60 min 后，几乎所有的 Cu 原子都扩散到距离背面小于 400 nm 深度的区域。从背面表面和正面表面超过 400 nm 深度测量的 Cu 浓度低于 1×10^{17} 原子/cm^3，这是 SIMS 测量的分辨率限制。因为分辨率限制，SIMS 方法可能无法准确检测铜杂质。全反射 X 射线荧光（TRXF）分析由于对铜扩散行为的高测量灵敏度，引起了人们的关注[3,4]。然而，TRXF 不能直接表征铜扩散对器件可靠性的影响。

为了灵敏地测量 3D LSI 中铜污染对器件可靠性的影响，推荐使用瞬态电容测量［称为电容-时间（$C-t$）分析］作为电气评估方法[4]。该方法可以定量地确定耗尽区中少数载流子的寿命，在这里 Cu 杂质在能带间隙产生深能级，并增加电子和空穴之间的产生一复合概率[5,6]。在 $C-t$ 分析中，在向栅电极施加步进电压后，测量 MOS 电容器的电容变化，如图 28－3 所示。施加步进电压后，MOS 电容器处于深耗尽状态，因此，它代表较小的电容。当耗尽区产生少数载流子时，电容会随着时间的推移而增加直至达到最终值 C_f 。当 C 达到 C_f 时，瞬态时间 t_f（电容从初始深度耗尽状态达到反转状态所需的时间）在 $C-t$ 分析中非常重要。

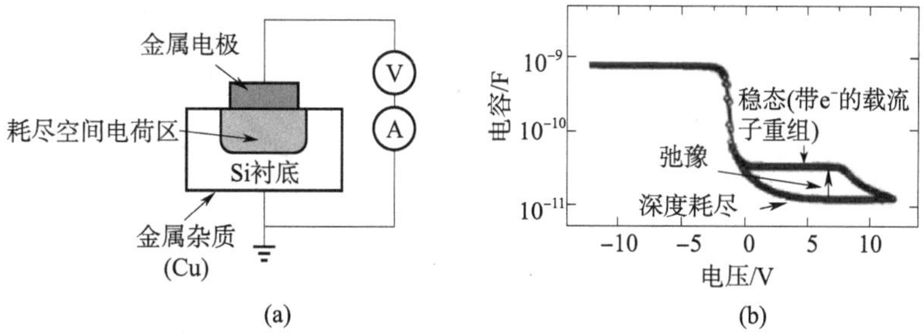

图 28－3　使用 MOS 电容器进行 $C-t$ 分析的配置，以及少数载流子弛豫获得的 $C-V$ 图

随着少数载流子的产生寿命变短，瞬态时间 t_f 减小。t_f 越短说明金属污染越严重。因此，它可以灵敏地通过电学表征由所制造器件晶圆中的铜污染引起的少数载流子寿命退化。在本节中，我们通过 $C-t$ 分析综述了 3D LSI 中的铜扩散特性以及铜污染对器件可靠性的影响。

图 28－4 显示了厚度为 50 μm 的薄晶圆无缺陷无杂质区（DZ）层的 $C-t$ 曲线［见图 28－4（a）］，以及在 300 ℃时 Cu 原子从背面表面扩散后，少数载流子的产生寿命（t_g）随 Cu 原子表面浓度的变化［见图 28－4（b）］。$C-t$ 曲线显示，即使在初始退火 5 min 后，也会出现严重退化。这意味着 Cu 原子很容易从抛光后的晶圆背面扩散到有源区，以及由此产生的少数载流子的产生寿命显著降低。少数载流子的产生寿命与 Cu 原子表面浓度之间的定量关系如图 28－4（b）所示。退火后，随着 Cu 表面浓度的增加，产生寿命显著降低[4]。

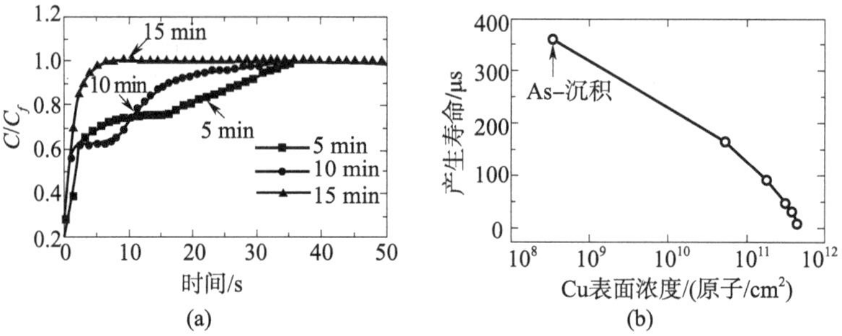

图 28－4 （a）测量的少数载流子的 $C-t$ 曲线和（b）Cu 原子从背面表面扩散后，产生寿命（t_g）与 Cu 原子的表面浓度的关系

为了抑制铜从薄晶圆背面扩散，已经报道了本征吸杂层（IG）[4,7] 和非本征吸杂层（EG）[8]。为了电学表征 IG 层的铜阻挡特性，在 50 μm 厚的包括 DZ 和 IG 层的退火晶圆上制造 MOS 电容器，其中 IG 层区域距离背面 20 μm。MOS 电容器的 $C-t$ 曲线与沉积状态相比变化很小，即使在退火到 350 min 后，如图 28－5 所示。结果表明，由于 IG 区对 Cu 的延迟作用，即使经过长时间的退火，Cu 原子也很难扩散到有源区，少数载流子的产生寿命也只会略有降低。IG 层可以有效防止铜扩散，因为它是一个缺陷区，具有足够高的氧密度[4,7]。

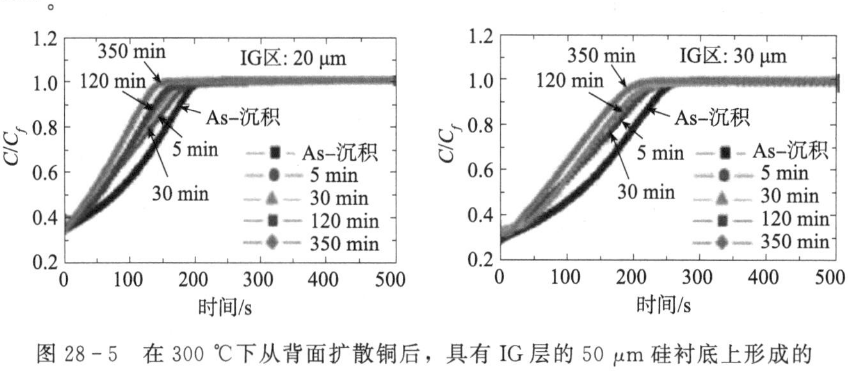

图 28－5 在 300 ℃下从背面扩散铜后，具有 IG 层的 50 μm 硅衬底上形成的 MOS 电容器的 $C-t$ 曲线（见彩插）

一般来说，应力消除抛光工艺需要在机械研磨工艺后释放薄晶圆中的残余应力。根据抛光条件，厚度在 0.1～1 μm 范围内的缺陷带区保留在薄晶圆的研磨表面附近。该缺陷区具有高密度的点缺陷和位错，可作为 Cu 扩散的吸杂层。用电学方法研究了减薄晶圆各种吸杂层的背面 Cu 扩散行为。如图 28－6 所示[8]，在 300 ℃下从背面扩散 Cu 后，绘制了少数载流子的产生寿命 t_g 与退火时间的关系图。在经过化学机械抛光（CMP）、超细磨（UPG）、细磨（PG）和＃2000 处理的晶圆中，与沉积状态相比，退火时间越长，t_g 显著降低。同时，经过干法抛光（DP）处理的晶圆对 Cu 扩散具有较强的免疫力。CMP 处理后的晶圆吸杂能力差是由于其小于 50 nm 厚度的浅损伤区不足以阻挡 Cu 原子所致。UPG、PG 和＃2000 处理后的晶圆有较差吸杂能力是由研磨表面附近厚度超过 300 nm 的损伤区中的深微裂纹、严重点缺陷和位错引起的，在退火过程中 Cu 原子可能很容易扩散通过这些严重缺陷的耗尽区。同时，经 DP 处理的晶圆对 Cu 的扩散表现出最好的吸杂能力。结果表明，100 nm 左右的晶体缺陷损伤区可以作为一个良好的非本征吸杂层。

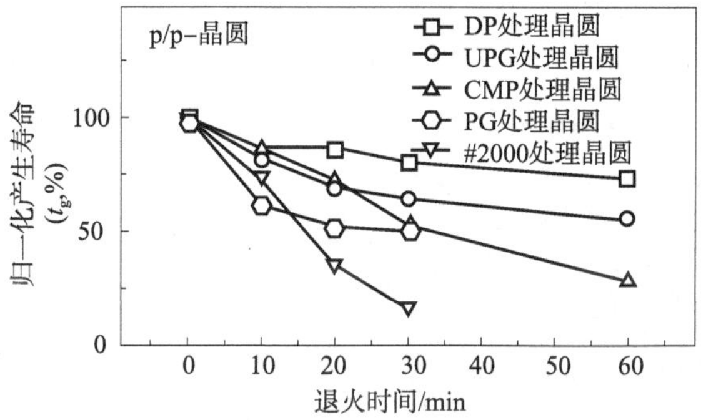

图 28－6　在 300 ℃下进行 Cu 扩散后，经 DP、UPG、CMP、PG 和＃2000 处理的晶圆形成的 MOS 电容器的归一化产生寿命

然而，即使是 DP 处理的晶圆，损伤区域也不是完全均匀的，如图 28－7 所示，并且在较长的退火时间内，它会导致对 Cu 扩散相对不稳定的阻碍。

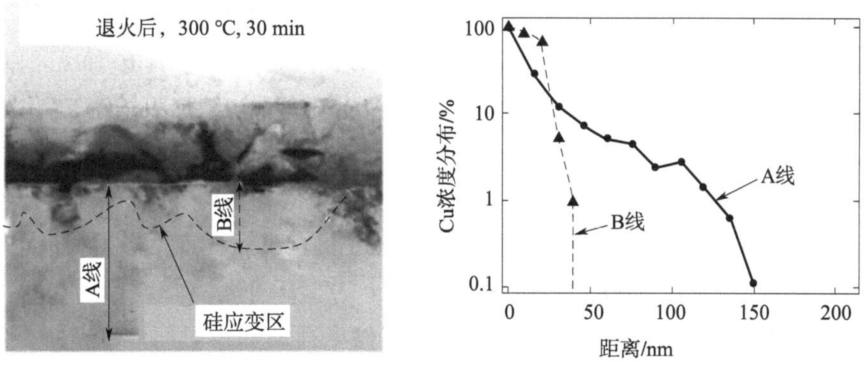

图 28－7　Cu 在 300 ℃下扩散 30 min 后，PG 处理晶圆背面的 TEM 横截面图（a）和通过 SIMS 测量的 Cu 浓度分布图（b）

在 A 线具有 50 nm 厚损伤区的情况下，Cu 原子穿过相对较浅的损伤区扩散到 Si 衬底中。在 B 线具有 100 nm 厚损伤区的情况下，Cu 原子被阻挡在损伤区内，并且不会扩散到硅衬底中（见图 28－7）。这表明需要厚度约 100 nm 的晶体缺陷损伤区作为一个良好的非本征吸杂层。然而，由此带来的另一个挑战是用常规抛光方法均匀形成100 nm 损伤区。

Cu TSV 的形成是 3D LSI 制造的关键技术，因为 TSV 是决定 3D LSI 性能的重要因素。然而，当 Cu 阻挡层的阻挡性能不够时，TSV 中的 Cu 原子很容易扩散并污染附近的器件。TSV 通常由 BOSCH 工艺形成，使用深反应离子刻蚀机通过刻蚀以获得高深宽比。然而，通孔刻蚀会导致侧壁表面粗糙，称为扇贝，这是由 BOSCH 工艺中的循环刻蚀和钝化引起的。如果扇贝粗糙度较高，则介质层和阻挡层的保形沉积将具有挑战性。特别是在后退火过程中，阻挡层的不良覆盖可能导致 Cu 原子从 Cu TSV 扩散。为了避免 Cu 从 Cu TSV 扩散，需要最小化侧壁扇贝，然后通过溅射进行阻挡层的保形沉积。使用由 Cu/Ta 栅电极和 Cu TSV 组成的沟槽 MOS 电容器，通过 $C-t$ 分析，从电学上表征了 Cu TSV 对 Cu 扩散的影响。制备了两种平均表面粗糙度值分别为 30 nm 和 200 nm 的侧壁扇贝，如图 28－8 所示。在通孔中形成 100 nm 厚的氧化层后，在表面形成厚度分别为 10 nm 和 100 nm 的 Ta 阻挡层。沟槽侧壁处的最小 Ta 阻挡层厚度分别约为 3 nm 和 20 nm。

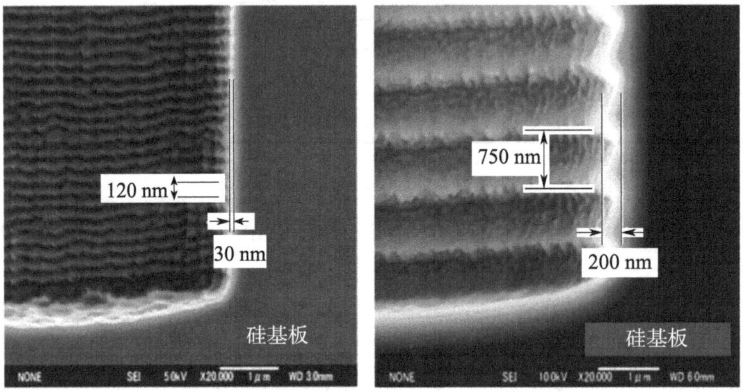

图 28－8 具有不同侧壁扇贝粗糙度的硅沟槽的 SEM 横截面图

少数载流子的产生寿命与退火时间的关系如图 28－9 所示。在具有 10 nm 厚 Ta 的沟槽电容器中，即使在 30 nm 的小扇贝粗糙度下，产生寿命从初始沉积条件下到 300 ℃下退火 5 min 后显著降低。同时，在具有 100 nm 厚的 Ta 沟槽电容器中，退火至 60 min 后，即使在 200 nm 的大扇贝粗糙度下，产生寿命也不会降低［见图 28－9（a）］。然而，在 400 ℃下退火 30 min 后，即使有较厚的 Ta 层和较小的扇贝粗糙度，产生寿命也从沉积状态降低到 50%［见图 28－9（b）］。

DRAM 将电子电荷存储为信息数据。控制存储电荷的保留时间（刷新）是实现可靠 3D DRAM 的关键问题。这一要求源自需要保持刷新间隔恒定，即使是对于通过薄型存储芯片垂直堆叠的 3D DRAM。因此，3D DRAM 最关键的可靠性问题之一是存储电容器中的漏电导致的数据保留特性。漏电是由多种机制引起的。漏电的一个关键原因是 3D 集成

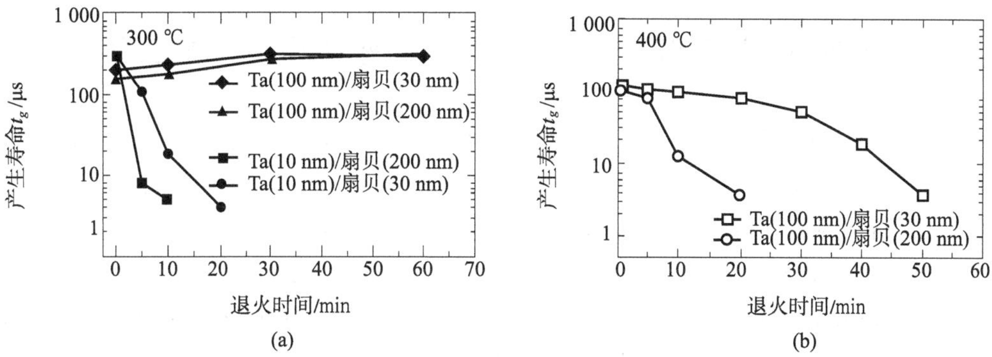

图 28-9　通过 $C-t$ 分析获得的少数载流子的产生寿命与 300 ℃（a）和 400 ℃（b）下退火时间的关系

过程中引入的铜等金属杂质。特别是铜在硅和二氧化硅中的流动性极高[9,10]。在所有金属元素中，它在硅中的扩散率最高。当存在于有源器件区域时，铜杂质可通过多种机制导致功能失效，增加漏电流或载流子产生-复合率，也可导致功能丧失[11]。在里面极为敏感的器件，如 DRAM 单元，即使污染程度很小，也会缩短保持时间。

如图 28-10 所示，对背面铜扩散对 DRAM 单元可靠性的影响进行了电气表征[12]。芯片键合和芯片减薄后，DRAM 单元阵列在 130 ms 内显示零故障，在 200 ms 内显示 50% 故障。DRAM 单元的保持时间与键合条件下相比没有变化，即使在芯片减薄至约 30 μm 后。然而在 300 ℃下铜扩散 30 min 后，DRAM 单元阵列在 70 ms 显示 50%的失效，表现为保持特性的严重退化。这表明，从背面表面扩散的铜原子到达有源区正面表面的 Si-SiO_2 界面，导致载流子产生-复合率增加，从而缩短保持时间。

为了实现具有良好保持特性的高可靠 3D DRAM，减少 3D 集成过程中引入的铜污染至关重要。

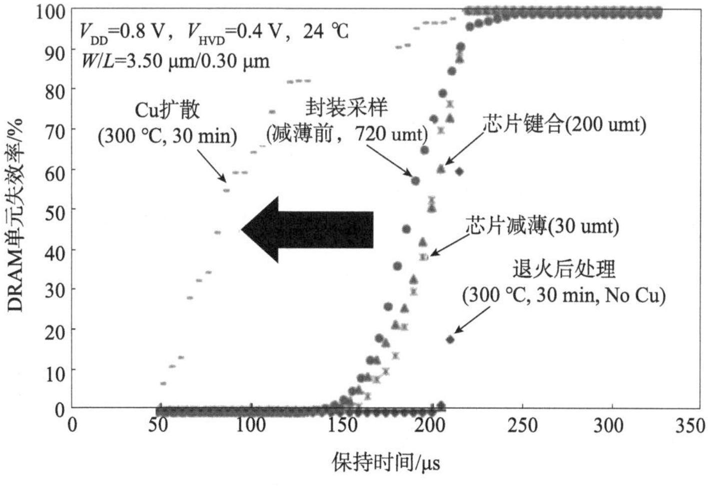

图 28-10　分别在芯片键合、芯片减薄和 300 ℃铜扩散 30 min 后，测量 24 ℃下的 DRAM 单元失效率（W/L=3.50 μm/0.30 μm）

28.3　减薄后的 3D LSI 中局部应力和应变对器件可靠性的影响

3D 最明显的优点是减小了芯片之间的互连距离，从而大大降低了 RC 延迟和功耗[13]。3D 集成涉及芯片或晶圆垂直堆叠到另一个芯片或晶圆上，以及以下两点：1）使用 TSV 和微凸点在器件的输入和输出引脚之间形成永久性电气连接；2）通过在芯片间隙区域注入有机底部填充胶（OUF）以获得机械稳定性。由于 Si（$2.6\times10^{-6}\ K^{-1}$）、Cu（$17\times10^{-6}\ K^{-1}$）和 OUF [（35～50）$\times10^{-6}\ K^{-1}$] 的热膨胀系数（CTE）差异很大，因此必然会在减薄的 IC 芯片中引入热机械应力（TMS）。尽管一些作者广泛研究了 Cu TSV 诱发的 TMS 对邻近有源硅的影响[14-18]，但很少研究与微凸点诱发的 TMS 相关的可靠性问题。

28.3.1　叠层 LSI 中的微凸点诱导应力

3D 堆叠中的微凸点可能会导致两种不同的应力，即 TMS 和局部诱发机械应力（LMS）。TMS 是由于硅和凸点金属之间的 CTE 不同造成的。相反，LMS 是微凸点区域周围减薄芯片中局部变形的结果，这是由于凸点金属/Si 和 OUF 之间的 CTE 不匹配造成的。在 3D 集成中，由于各种原因，芯片和晶圆必须减薄至 50 μm 以下。这种超薄芯片容易受到微凸点诱发的 TMS 的影响 [见图 28 - 11（a）]。值得一提的是，当通过高密度微凸点连接此类超薄芯片时，微凸点诱导的 TMS 不仅到达芯片的有源区域，而且与相邻微凸点产生的 TMS 重叠[15,19]。如图 28 - 11（b）所示，OUF 与微凸点和 Si 之间的 CTE 不匹配导致堆叠芯片的局部变形，尤其是当芯片厚度减小到 50 μm 以下时。TSV 和微凸点引起的 TMS 以及微凸点区域周围堆叠芯片中产生的 LMS 的大小可通过有限元分析计算[20]。因此，可以提前预测 3D 堆叠器件的隔离区。堆叠 LSI Si 中 TMS 和 LMS 的定量测量通常采用压阻式应力传感器[21]或显微拉曼光谱（μ－RS）技术[22]以非破坏性方式进行。

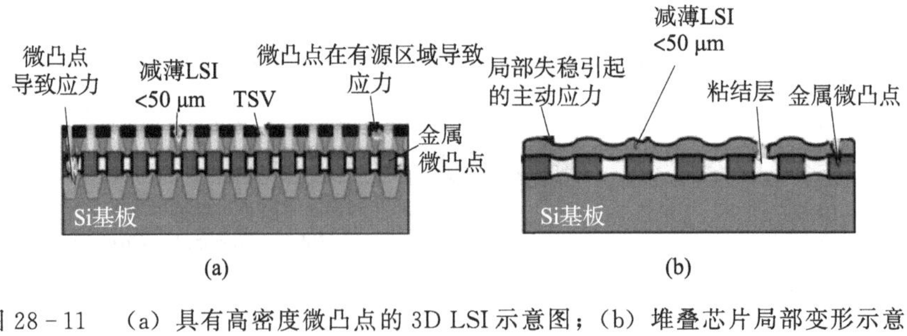

图 28 - 11　（a）具有高密度微凸点的 3D LSI 示意图；（b）堆叠芯片局部变形示意图

一般来说，在晶体硅的典型拉曼光谱中，主要观察到一个频率位于 521 cm^{-1}左右的简并纵向光学（LO）峰。本章介绍的 μ－RS 结果是使用波长为 488 nm 或 785 nm 的激光激发获得的。众所周知，拉应变会使硅拉曼峰向低频方向移动（$\Delta\omega<0$），而压应力会使硅拉曼峰向高频方向移动（$\Delta\omega>0$）。由于当材料受到压应力和/或拉伸应变时，材料晶格振动的频率将发生变化，因此硅拉曼峰值频率的偏移与材料中存在的应力类型直接相关。此外，从峰值频率偏移的大小可以量化应力的大小。应该注意的是，硅中的应力和应变与拉曼频率之间的关系非常复杂，因为所有非零应变张量分量都会影响拉曼峰的位置。然而，在大多数情况下，应力测定假定为线性。在这里，我们分别利用 σ（MPa）$=-434\times\Delta\omega$（cm^{-1}）和 $\sigma_{xx}+\sigma_{yy}$（MPa）$=-434\times\Delta\omega$（cm^{-1}）来计算 Si（100）晶面中的单轴和双轴应力。在以下各节中，将综述 3D LSI 中因微凸点而产生的可靠性问题。

28.3.2 LSI 中的微凸点诱导 TMS

CuSn 微凸点是低温后端（BEOL）集成工艺中不可缺少的互连材料。虽然几十年前，人们就了解三维 LSI 中互连金属诱导的 TMS，但很少有报告讨论由金属微凸点引起的 TMS，这种微凸点也大量用于芯片和晶圆面对面堆叠键合[15,19]。

在下文中，将讨论包含不同尺寸（如 $5\times5\ \mu m^2$、$10\times10\ \mu m^2$ 和 $20\times20\ \mu m^2$）的 CuSn 微凸点阵列（100×10 微凸点）的 3D LSI 样品的横截面 2D 应力分布。顶部和底部芯片尺寸分别为 $5\times5\ mm^2$ 和 $7\times7\ mm^2$，芯片厚度约为 280 μm。CuSn 键合微凸点（凸点下方金属由电镀 Cu 和蒸镀的 Sn 组成）的横截面扫描电子显微镜（SEM）图像清楚地显示了界面处 Cu_6Sn_5 和 Cu_3Sn 金属间化合物的形成［见图 28－12（a）］[20]。图 28－12（b）显示了具有 $20\times20\ \mu m^2$ 大小 CuSn 凸点的 3D LSI 的横截面 2D TMS 分布图像。与 Cu TSV 类似，在微凸点附近 Si 中存在严重的压应力。在凸点间隔区域会产生较小的压应力或拉应力。尽管退火后诱导应力增加，但即使在热处理后应力的分布模式仍保持不变[19]。观察到键合前、键合后和热处理后的最大压应力值分别为 125 MPa、2 50 MPa 和＞350 MPa。微凸点产生的压应力的大小和深度分布随凸点尺寸的增大而增大。在尺寸更小（5 μm×5 μm）和密度更高的 CuSn 凸点的情况下，两个相邻微凸点沿平行于 Cu－Si 界面的平面产生的压应力在凸点空间区域相互重叠。

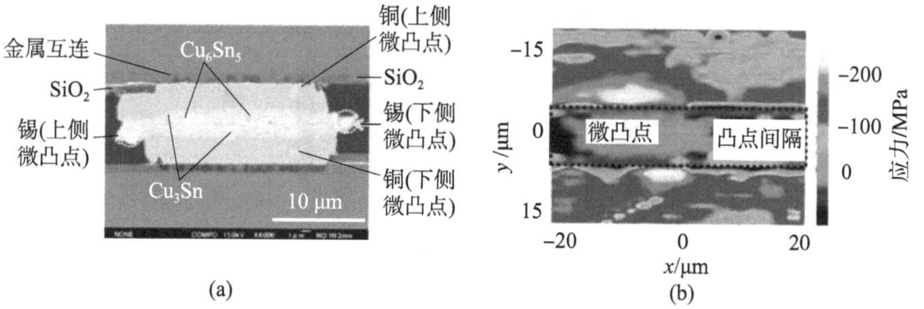

图 28－12 EEB 形成的 CuSn 微凸点的横截面扫描电子显微镜图像（a）和二维应力分布（b）（见彩插）

28.3.3 微凸点诱导 LMS

与有源硅中由金属微凸点和 TSV 引起的 TMS 相比，由底部填充注入和固化后的减薄 LSI 的局部变形而产生的 LMS 的值非常大。在实现高密度 3D LSI 之前这会导致严重的可靠性问题。局部变形的程度取决于各种因素，如热膨胀系数（CTE）和底部填充胶的模量，以及微凸点密度、间距和高度，在一定程度上还取决于应力消除减薄后芯片的表面形态。

例如，对于等离子体刻蚀工艺，10 μm 厚的 LSI 芯片存在最大 225 nm 的弯曲，而对于 CMP 工艺，产生的弯曲几乎为一半（见图 28－13）。事实证明，消除应力后留在芯片表面的研磨槽是此类弯曲的主要原因[15]。如图 28－14 所示，这种局部弯曲在堆叠 LSI 的有源 Si 处引起较大的 LMS，其中微凸点区域周围的拉应力为＋1.8 GPa，凸点间隔处的压应力小于－0.5 GPa。

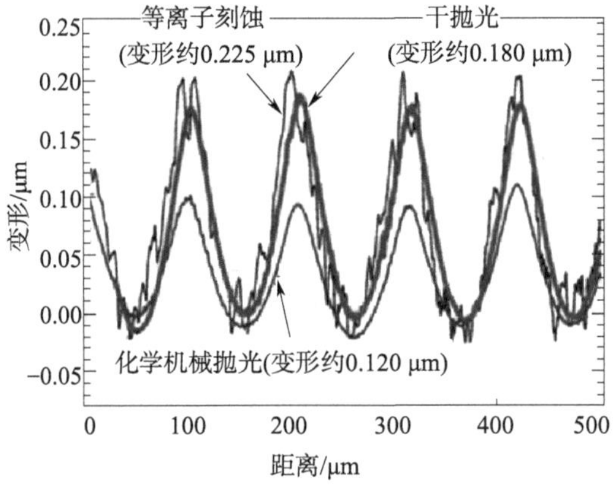

图 28－13 各种应力消除工艺后 3D LSI 芯片中形成的局部变形

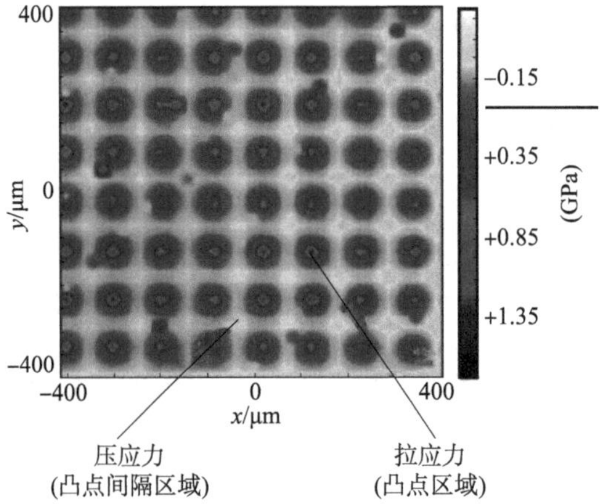

图 28－14 集成在具有微凸点阵列的底部芯片上的顶部芯片的二维应力分布图像（见彩插）

微凸点阵列（凸点尺寸：5 μm×5 μm）上的 30 μm 厚的堆叠 LSI 芯片中的 500 MPa 拉应力会导致 nMOS 晶体管的漏电流 I_d 增加 3%～4%（见图 28－15），这相当于电子迁移率增加 14%[14]和 pMOS 晶体管的漏电流 I_d 减少 10%[15]。与电子相比，空穴非常大的有效质量是 pMOS 晶体管观察到显著应力效应的原因。FEM 参数研究还表明，n 型载流子迁移率的变化与底部填充胶的 CTE 和模量的增加以及微凸点间距和高度相关，随着微凸点半径的增加而减小[20]。最近据报道，由于背面金属微凸点引起的应力，3D LSI 中 MOSFET 的 I_d 发生了超过 40%的变化[24]。

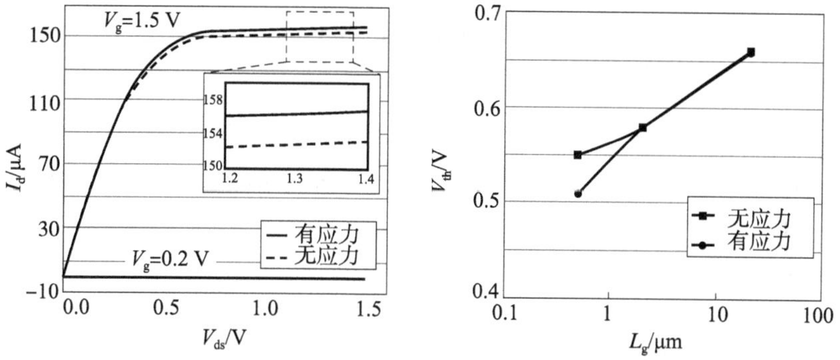

图 28－15　微凸点诱发应力引起的漏电流 I_d 和 nMOS 晶体管特性的改变

参考文献

[1] Hozawa K et al (2002) True influence of wafer backside copper contamination during the back - end process on device characteristics. Technical Digest: International Electron Devices Meeting (IEDM), pp. 737 - 740.

[2] Istratova A A and Weberb E R (2002) Physics of copper in silicon. Journal of the Electrochemical Society, 149 (1), G21 - G30.

[3] Hozawa K et al (2009) Impact of backside Cu contamination in the 3D integration process. Symposium on VLSI Technology. pp. 172.

[4] Bea J et al (2011) Evaluation of Cu contamination at backside surface of thinned wafer in 3 - D integration by transient - capacitance measurement. IEEE Electron Device Letters, 32 (1), 66 - 68.

[5] Heiman F P (1967) On the determination of minor carrier lifetime from the transient response of an MOS capacitor. IEEE Transactions on Electron Devices, 14, 781 - 784.

[6] Lee S - Y et al (1999) Measurement time reduction for generation lifetime. IEEE Transactions on Electron Devices, 46, 1016.

[7] Lee K - W et al (2011) Evaluation of Cu diffusion characteristics at backside surface of thinned wafer for reliable three dimensional circuits. Semiconductor Science and Technology, 26, 025007.

[8] Lee K W et al (2011) Cu retardation performance of extrinsic gettering layers in thinned wafers evaluated by transient capacitance measurement. Journal of the Electrochemical Society, 158 (8), H795 - H799.

[9] Weber E R (1983) Transition metals in silicon. Applied Physics A, 30, 1 - 22.

[10] Helneder H et al (2001) Comparison of copper damascene and aluminum RIE metallization in BICMOS technology. Microelectronic Engineering, 55, 257 - 268.

[11] Ramappa D A and Henley W B (1999) Effects of copper contamination in silicon on thin oxide breakdown. Journal of the Electrochemical Society, 146 (6), 2258 - 2260.

[12] Lee K - W et al (2012) Impact of Cu contamination on memory retention characteristics in thinned DRAM chip for 3 - D integration. IEEE Electron Device Letters, 33, 1297 - 1299.

[13] Banerjee K et al (2001) 3 - D ICs: a novel chip design for improving deep - submicrometer interconnect performance and systems - on - chip integration. Proceeding of IEEE 89, 602.

[14] Murugesan M et al (2009) Impact of remnant stress/strain and metal contamination in 3D - LSIs with through Si vias fabricated by wafer thinning and bonding. IEEE International Electron Devices Meeting (IEDM), p. 361.

[15] Murugesan M et al (2010) Wafer thinning, bonding, and interconnects induced local strain/stress in 3D - LSIs with fine - pitch high - density m - bumps and through - Si vias. IEEE International Electron Devices Meeting (IEDM), p. 30.

[16] Murugesan M et al (2011) High density 3D LSI technology using W/Cu hybrid TSVs. IEEE

International Electron Devices Meeting (IEDM), p. 139.

[17] DeWolf I et al (2012) In - depth Raman spectroscopy analysis of various parameters affecting the mechanical stress near the surface and bulk of Cu - TSVs. IEEE Electronic Components and Technology Conference (ECTC), p. 331.

[18] Gambino J et al (2011) Stress from W - TSVs measured by Raman spectroscopy on crosssectional samples. SSDM, 2011, p. 793.

[19] Murugesan M et al (2010) Impact of m - bump induced stress in thinned 3D - LSIs after wafer bonding, IEEE 3D - IC. doi: 10.1109/3DIC.2010.5751432.

[20] Aditya P et al (2011) Microbump impact on reliability and performance in TSV stacks. MRS Proceedings, 1335.

[21] Kumar A et al (2011) Residual stress analysis in thin device wafer using piezoresistive stress sensor. IEEE Transactions on Components, Packaging, and Manufacturing Technology, 1 (6), 841.

[22] DeWolf I (1996) Micro - Raman spectroscopy to study local mechanical stress in silicon integrated circuits. Semiconductor Science and Technology, 11, 139.

[23] Murugesan M et al (2012) Low resistance CuSn μ - bump for 3D chip stacking formed by electroplated - evaporation bumping technology. Journal of Electronic Materials, 41, 720.

第 29 章　2.5D/3D 互连的计量学需求

Victor H. Vartanian, Richard A. Allen, Larry Smith, Klaus Hummler,
Steve Olson, Brian Sapp

29.1　介绍：2.5D 和 3D 参考流程

本章重点关注一些工序的计量方法，包括应用 TSV 技术实现 2.5D 和 3D 制造，晶圆减薄以及使用支撑晶圆实现 TSV 露铜工序等。本章将不讨论减薄后形成通孔或晶圆对晶圆 3D 集成的参考流程。检验/计量策略的一个基本决定是使用 100％在线覆盖或采样策略。选择主要取决于工艺步骤的关键性、缺陷对良率的影响、测量目标的数量、涉及的晶圆数量以及计量/检验工具的吞吐量。对于用于 IC 处理的计量技术的一般说明，我们推荐 A. Diebold[1]、D. Schroder[2]、I. Herman[3]、W. Runyan 和 T. Shaffner[4]的参考书，以及纳米电子表征与计量前沿[5]的网站。

就本章而言，"硅通孔"加工包括在接触层之后、上层金属层之前对 Cu TSV 进行刻蚀、电镀和平面化[6,7]。一些从业者在 M1 之前立即执行这些步骤，而另一些人则在更高的金属层执行这些步骤。对于逻辑芯片，典型的 TSV 直径为 5～10 μm，深度为50 μm，转接板的典型 TSV 直径为 10 μm，深度为 100 μm。

刻蚀深度测量是至关重要的，因为这是一个盲刻蚀步骤①。参考流程要求晶圆减薄后的 TSV 显露高度在晶圆上严格控制。在高深宽比（HAR）TSV 中，刻蚀剖面需要被监控和很好地控制，以确保衬垫、阻挡层和种子层（L/B/S）的无缺陷覆盖。由于需要在 50～100 μm 深的孔中测量几十纳米的厚度，对 L/B/S 计量提出了新的挑战。HAR TSV 的无空隙铜填充需要严格的工艺控制镀铜操作，以及适当的刻蚀轮廓和种子层。TSV 的空洞检测是极其重要的，代表了另一个计量挑战。经过退火和 CMP 步骤后，应检查 TSV 顶部的缺陷，例如，表面凸起会影响良率和后续金属层的可靠性。需要对 TSV 和/或相邻硅中的残余应力进行表征，因为它会影响 TSV 的可靠性和附近器件的电性能[8]。

在完成 TSV 形貌和剩余的前端加工步骤（包括凸点）后，使用临时粘合剂将晶圆粘结到支撑晶圆上。这个键合界面必须无键合空洞，且必须有足够的键合强度，否则晶圆将无法使用，导致晶圆在减薄后或背面加工时报废。键合晶圆的厚度、弯曲和翘曲必须在晶圆减薄前后进行表征。减薄过程需要计量和检验，以监测晶圆厚度以及边缘修剪后的晶圆边缘质量。TSV 露头过程要求对最终减薄过程进行仔细控制，以确保整个晶圆表面的 TSV 露头高度在所需的工艺限制范围内。背面加工完成后，将 TSV 晶圆从支撑晶圆上解

① 盲刻蚀步骤是指不蚀刻到停止层，而是蚀刻一定时间。

键合，放置在划片带上。

工艺流程可能涉及不同公司的前道和后道加工[9]，即所谓的晶圆凸点、减薄、背面加工的 MEOL 工艺，以及后道堆叠组装步骤。对于安装在划片架上的凸点和微凸点薄片，需要进行出库和进库质量保证检查，以验证晶圆满足所有产品要求，包括凸点尺寸和表面质量。

例如，存储立方体的封装级组装需要处理 50～100 μm 厚的芯片和镶嵌有直径和间距分别为 20 μm 和 40 μm 的微凸点图案的转接板。这些苛刻的芯片厚度和凸点直径，以及多层堆叠的使用，对检测计量提出了新的要求，以识别有缺陷的焊点和填充缺陷。

29.2　TSV 结构

器件的良率、性能和可靠性取决于 TSV 刻蚀轮廓质量、衬底的均匀性和完整性、TSV 填充的空洞率以及残余应力。与 TSV 刻蚀工艺相关的计量和检验包括关键尺寸（CD）的测量、刻蚀深度和轮廓的测量，以及刻蚀工件和缺陷（如扇贝和残留物）的检测。拥有最佳的 TSV 轮廓可以确保 TSV 铜填充没有空隙或其他缺陷，并延伸到所需的深度。

与衬底沉积和通孔填充完整性相关的计量和检测需求包括：L/B/S 厚度、覆盖率和剖面、铜填充中的空隙或晶体缺陷的识别和表征，以及 TSV 区域工艺和温度引起的应力。

29.2.1　TSV 刻蚀计量

TSV 尺寸计量的挑战尤其与 TSV 的高深宽比有关。顶部 CD 可以使用常规孔顶部 CD 常用的方法来确定，包括显微镜、各种光学成像方法或光学轮廓测量法。TSV 深度的测定可以使用多种技术，包括顶部侧面光谱反射法、背面[10]红外（IR）干涉法以及质量计量法。

破坏性技术包括横断面扫描电子显微镜（SEM）法（见图 29-1）。在这里，TSV 的偏移阵列可以用来获得通过 TSV 中心的切割线，以进行 SEM 测量（左图）。这些特征可以内置到芯片中，并通过肉眼定位用于切割。因此，单次切割就可以生成多个 TSV 截面。

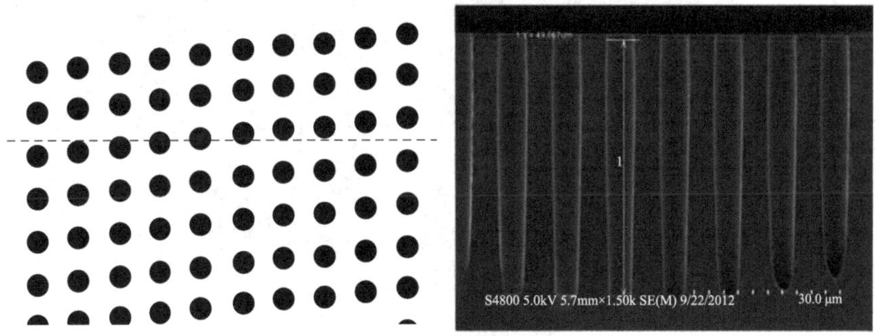

(a)　　(b)

图 29-1　SEM 结果。(a) 一组密集的交错间距 TSV 阵列，单次切割可生成多个 TSV 横截面。(b) SEM 显示了 50 μm 深的 TSV（直径 5 μm）

请注意，尽管白光干涉测量法（WLI）可以成功应用于更大直径（>5 μm）的TSV，但由于需要获得可测量的从TSV底部反射的准直光束，它的使用可能会限制于较小的TSV。

由于单色干涉法具有较高的垂直分辨率，它已被应用于TSV深度测量[11]。背面红外干涉测量法（见图29-2）已经成为测量TSV深度的重要技术，因为它不需要光线穿透到TSV底部并反射回来给探测器。相反，IR光会从TSV的背面和底部反射出晶圆的正面，距离上的差值就是TSV的深度。

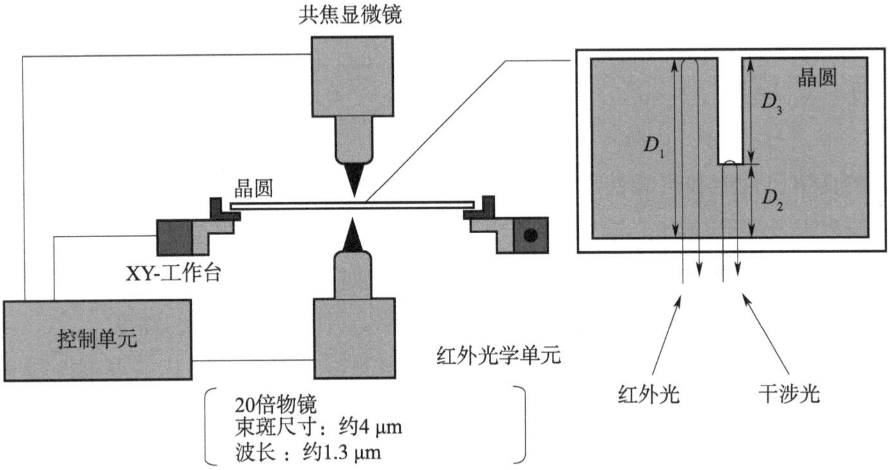

图29-2　用于TSV计量的背面红外干涉测量系统（由Lasertec提供）

短时间内进行快速采集可以实时地绘制出TSV深度的晶圆map（见图29-3），以帮助优化晶圆抛光。然而，红外干涉测量法不能提供剖面或CD信息，而且由于所使用的波长较长，信噪比（S/N）可能是空间分辨率的一个限制。

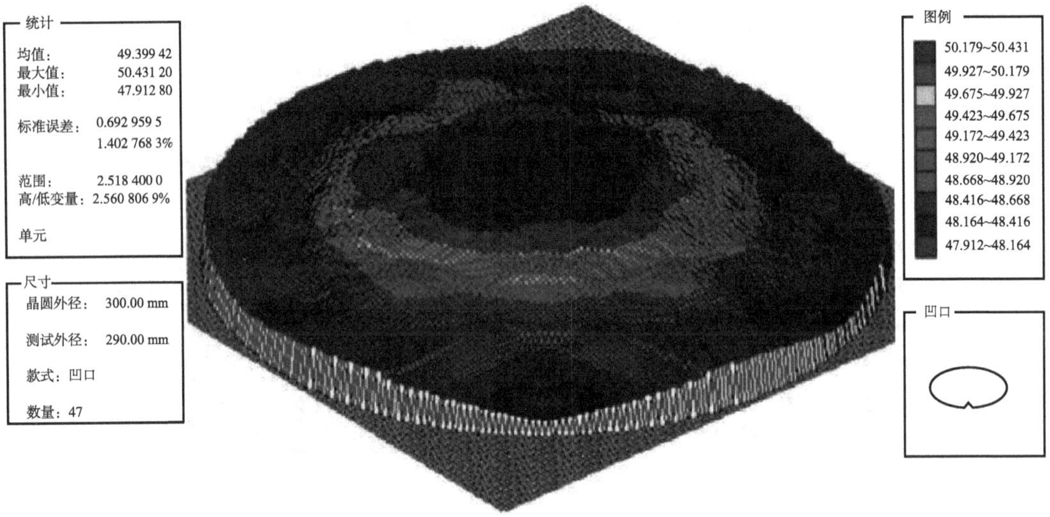

图29-3　使用红外干涉测量法绘制的直径为5 μm的TSV深度图（见彩插）

由于与红外照明相比波长更短、噪声水平更低，白光共焦系统具有较高的横向分辨率（0.01 μm），因此非常适合于表面形貌测量、凹凸测量和粗糙度测量。然而，白光不能穿透硅，垂直扫描速率较慢，并不能在 HAR 应用[12]中提供良好的垂直分辨率。

白光干涉光学轮廓仪有快速的垂直扫描速度，但对于直径 5 μm 的通孔，其特征深宽比限制为 4：1，1σ 的变化低至 0.05%。光学元件也必须很好地与 TSV 对齐，以最大限度地使光到达形貌的底部。准直白光干涉仪已经成功报告了测量高达 15：1 深宽比的 TSV。

新的技术正被应用于 TSV 剖面和底部 CD，包括暗场反射法，这需要在将测量光谱与光谱库进行比较的基础上进行模型的解释。暗场光谱已被证明对侧壁角（SWA）、底部 CD（BCD）和底部曲率[13]的变化很敏感。

此外，在 TSV 阵列上基于模型的 IR（MBIR）测量表明，对于深度在 25 μm 以内的 TSV［见图 29-4（a）］以及顶部和底部直径在 2.5～4 μm 范围内的 TSV［见图 29-4（b）］[14]，它可以媲美横断面 SEM 的性能。然而，MBIR 提供的是照明区域的平均尺寸，而不是分立设备的信息。

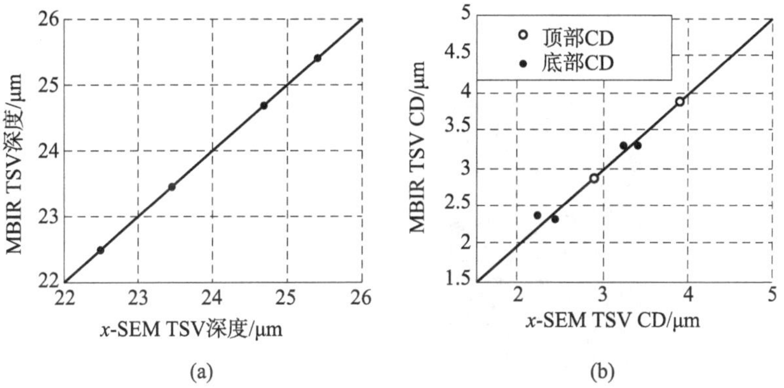

图 29-4　用 MBIR 获得的 TSV 深度（a）与顶部、底部 CD（b）的相关性（由 Semilab 提供）

质量计量是一种精确测量工艺步骤对晶圆质量影响的方法。该技术可用于 TSV 形成过程中 CD、深度和/或剖面的测定[15,16]。图 29-5 是不同深度下直径为 5 μm 的过孔质量损失图。一旦为特定工艺建立了基线，就可以使用质量计量来监测特定晶圆上的变化是否符合预期的历史值。请注意，该技术提供了晶圆上所有结构的平均信息，需要额外的尺寸信息来区分不同的尺寸。

29.2.2　衬底层、阻挡层和种子层的计量

测量衬底层、阻挡层和种子层的厚度和均匀性时，面临这样的挑战，即确定沉积在 HAR TSV 开口的侧壁和底部的极薄薄膜是否足够厚和均匀覆盖 TSV 开口的整个表面。

在撰写本文时，唯一足够成熟的计量技术是横断面透射电子显微镜（TEM）技术，如图 29-6 所示。在这张图中，可以看到在周围的硅和铜填充层之间有 TEOS 衬底层、扩散阻挡层和种子层的区域。虽然图像对比度不足以区分扩散阻挡层和种子层，但能量色散 X 射线可以对这一区域进行测量。

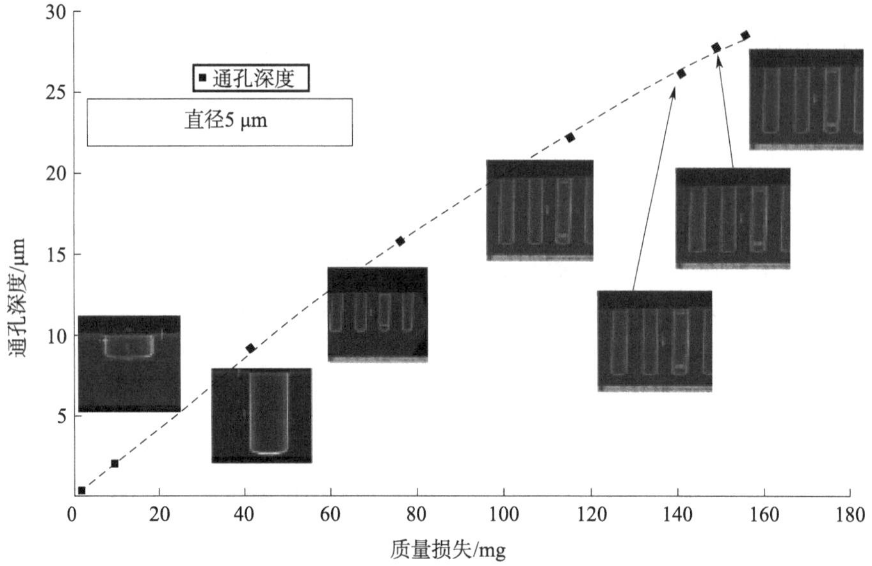

图 29-5　质量计量——通孔深度与质量损失的函数关系（由 Metryx 提供）

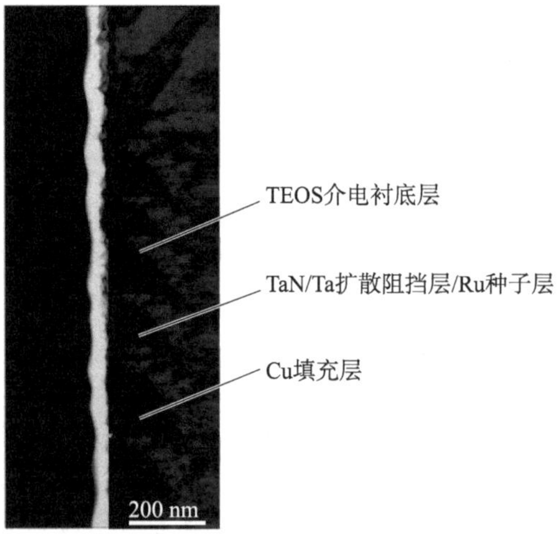

图 29-6　TSV 侧壁透射电镜（TEM）显示 TEOS 介电衬底层、TaN/Ta 扩散阻挡层/Ru 种子层和 Cu 填充层

此外，横断面 TEM 在线无损光学技术，如暗场反射法，正在由计量供应商开发，以确定衬底厚度和均匀性、侧壁粗糙度和缺陷。

29.2.3　铜填充计量（TSV 空洞）

确保铜无空洞沉积至 TSV 开口全深度的计量对于避免良率和可靠性问题至关重要。图 29-7[17]所示的双束聚焦离子束（FIB）横断面 SEM 中显示了三种类型的 TSV 铜缺陷——底部空洞（a）、接缝线空洞（b）、微空洞（c）以及无空洞、自下而上填充（d）。

横断面 SEM 和 X 射线计算机断层扫描（CT）可以用来对少量 TSV 的内部成像，以

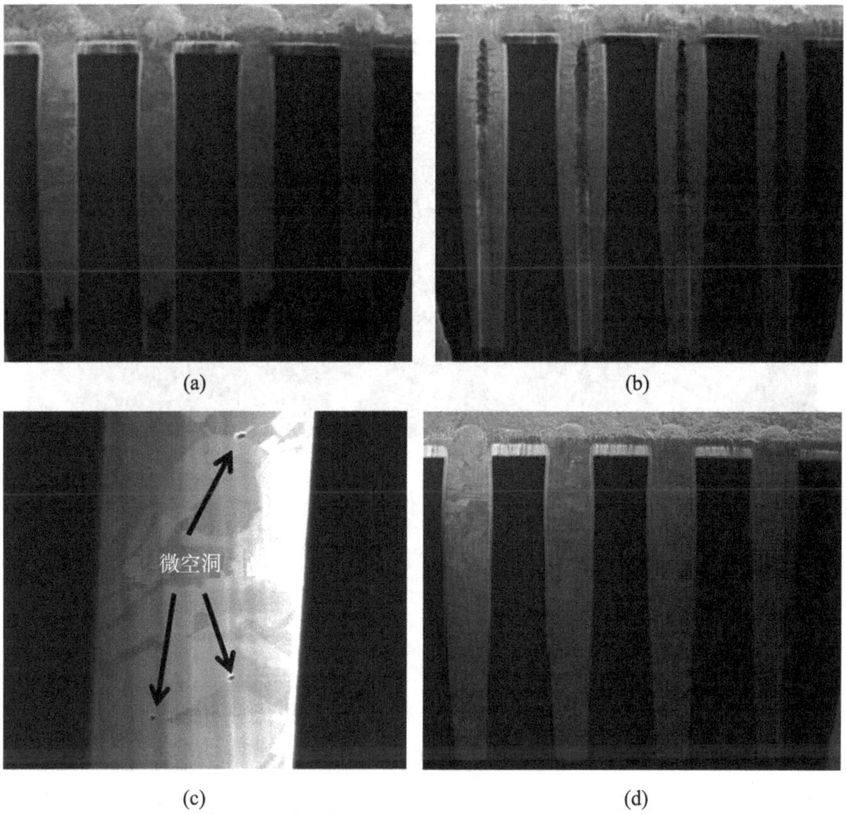

图 29-7　TSV 的双束 FIB 横断面 SEM 显示：(a) 底部空洞；(b) 接缝线空洞；(c) 微空洞；(d) 无空洞、自下而上填充

直观地识别和表征空洞，以下提供了这些技术的详细信息。如前所述，质量计量也适用于 TSV 沉积，可以测量沉积在 TSV 孔中的总质量。如果已知可用于 TSV 填充的总体积，通过质量计量法确定沉积的总铜，就可以对晶圆上的总空洞体积进行估计。

29.2.4　横断面 SEM（聚焦离子束刻蚀样品制备）

由于样品制备是一种破坏性技术，横断面 SEM 被认为不适用于在线大批量制造（HVM）计量，而适用于离线计量，以支持工艺开发，并在定期检查中验证电镀铜时的化学物质没有促进 TSV 空洞的形成。可以在芯片中内置一组交错的 TSV，并通过肉眼定位以进行切割，从而产生一些可用于空洞检测的 TSV。

通过镓束离子研磨机［液态金属离子源（LMIS）］，利用直线双束 FIB 扫描电镜创建局部截面，可以对整个 300 mm 晶圆进行亚表面扫描电镜成像。FIB 从晶圆表面去除材料（孔），露出填充铜的 TSV 的横断面。虽然晶圆不需要被切割，但这些孔可能会阻碍晶圆厂中晶圆的进一步加工。

等离子体 FIB（PFIB）进行刻蚀的最新进展是使用 XeF_2 取代电感耦合等离子体（ICP）源中的镓，与传统的液态金属离子源相比，其刻蚀速度快了 20 倍，改善了镀铜

TSV 中空洞检测的周转时间，并减少了表面污染。图 29 - 8 显示了 55 μm 宽、5 μm 长、60 μm 深的刻蚀体积中的 TSV，其刻蚀是在 3 min 内完成的[17]。

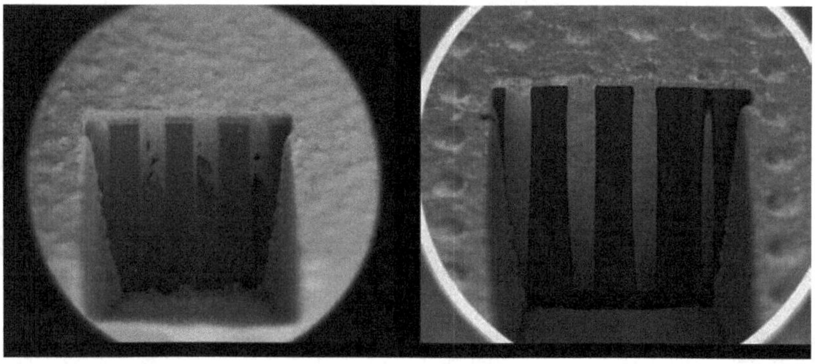

(a) (b)

图 29 - 8 PFIB 磨铣形成井，用于次表面成像和镀铜空洞探测—— 有空洞（a）和没有空洞（b）的 5 μm×50 μm 深 TSV

29.2.5 X 射线显微镜及 CT 检查

有多种方法可通过使用 X 射线对 TSV 进行成像，而无须进行横切。这些方法包括 X 射线显微镜、计算机断层扫描和计算机层析成像（CL）。X 射线显微技术依赖于检测穿过 TSV 的 X 射线，X 射线可以穿透样品，生成类似光学显微镜的二维图像。使用这种技术可以成像的样品的大小是由穿透深度决定的，穿透深度是 X 射线在完全被吸收之前穿过材料的最大距离。

市面上大多数基于实验室的 X 射线显微镜都是基于点投影的原理，即入射 X 射线源通过样品传输到探测器上。放大倍数是 X 射线源到样品的距离和样品到探测器[18]的距离的简单函数。平板探测器大大提高了 X 射线探测器的灵敏度，其尺寸通常为 20.3 cm 或 40.6 cm，最高可达每秒 100 帧（20.3 cm），用于快速获取图像以提高信噪比，能量范围从20 kV 到 15 MV，对比分辨率为 14 或 16 位，200 μm 或 400 μm 像素，图像大小可达 1 024×1 024 像素（20.3 cm）或 2 048×2 048 像素（40.6 cm）。然而，在更高的放大倍率下，由于探测器平面图像模糊，分辨率受到限制。一台简单的 X 射线显微镜可以实现约 100 nm 的空间分辨率。

使用带片[19]可以获得高达 30 nm 的改进空间分辨率，这样就可以利用像衍射光栅而不是折射光学一样的干涉将 X 射线聚焦到所需的焦点上。另外一种基于透镜的 X 射线显微镜，使用衍射而不是折射来聚焦 X 射线，可以提供大约 50 nm 的空间分辨率。

CT 使用一系列 X 射线图像，围绕单轴旋转拍摄，重建样本的完整三维视图。由于 CT 扫描在测量时需要对样本进行旋转，工作距离随着样本尺寸的增大而增大。因此，必须通过一些破坏性的物理手段制备出尺寸合适的样品，以适应 X 射线显微镜，限制其使用离线计量，支持工艺开发和定期检查。

X 射线层析可以用来提供物体的三维位置。在经典的层析成像中，X 射线源和探测器在同步运动中同时移动，可以在相反的方向旋转或平移，以创建包含目标数据的焦点切片。然而，旋转层析比平移层析在机械上更为复杂，每次扫描到的角度区域更大。层析的优点是不需要 360°角旋转[20]。计算层析已被证明为 TSV[21]空洞成像提供了比 CT 更高的分辨率。

X 射线成像允许对单个 TSV 进行目视检查，而不需要对其进行物理横切面检查。在 500 μm 探测深度下，CT 扫描可以对单个 TSV 或一组 TSV[22]内的空洞总体积进行可视化，如图 29 - 9 所示。

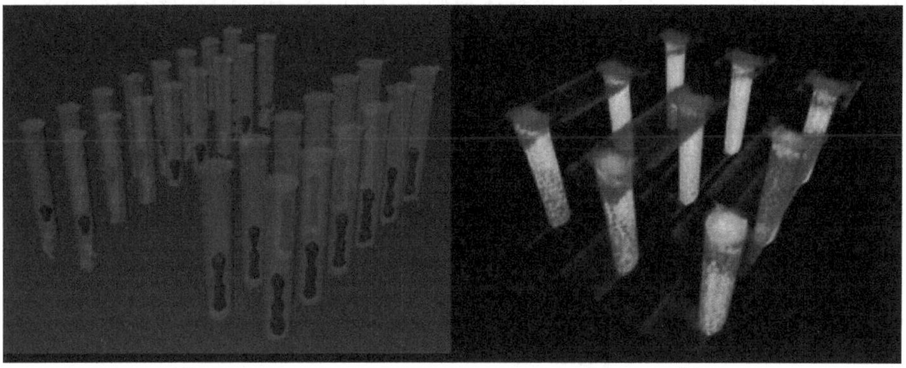

(a)　　(b)

图 29 - 9　CT 扫描测量：(a) TSV 空洞体积；(b) TSV 和底层金属层 1 之间的覆盖（由 Xradia 提供）

由于 CT 扫描不需要对 TSV 进行物理切片，因此可以在特定工艺步骤前后对相同的结构进行成像。图 29 - 10 展示了退火前后的 X 射线图像，显示了分层、空洞生长、TSV 挤压[23]等效果。

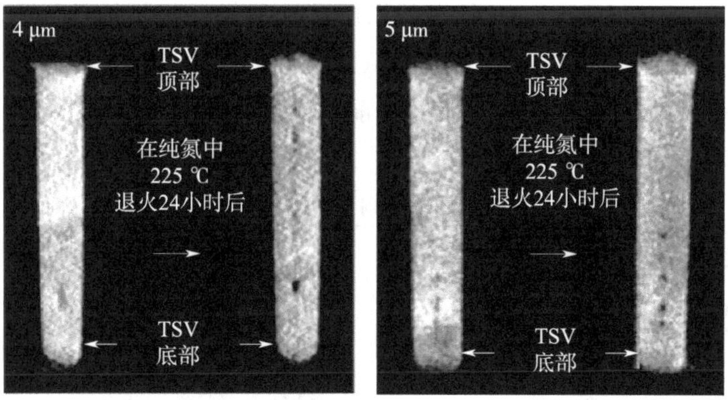

(a)　　(b)

图 29 - 10　使用 X 射线显微镜对退火前（左 TSV）和退火后（右 TSV）相同特征的成像例子，显示 (a) TSV 空洞生长和分层和 (b) TSV 挤压

29.2.6 Cu 和 Si 的应力测量

TSV 铜填充体和周围硅中的由工艺和温度引起的应力是影响技术性能、可靠性和成本的重要因素。由于载流子迁移率的变化，TSV 周围硅的应力会影响性能，因此需要在每个 TSV 周围没有 CMOS 器件的地方设置所谓的隔离区（KOZ）。此外，这种应力会导致屈服和可靠性问题，如 Si 和 TSV 电介质的开裂，铜填料从 TSV 侧壁分层，TSV 内部的应力空洞，以及与下游工艺步骤相关的热处理期间和之后的铜凸起（见图 29 - 11）。

与 TSV 形成相关的应力预计不是一种典型的在线测量，但对工艺开发和工艺监测很重要。在 CMP 去除覆盖层之前，测量整体薄膜应力的方法包括 X 射线衍射（XRD）和晶圆弯曲。这两种方法在相对大的范围内相差不大，都有利于过程监控，而且都可以在铜退火工序前后进行。

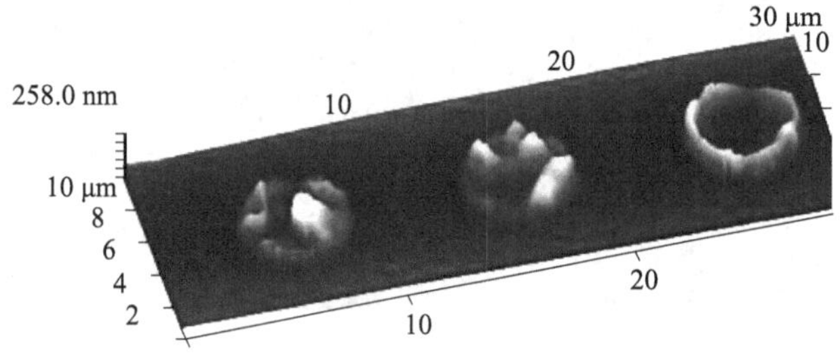

图 29 - 11 铜凸起的 3D AFM 剖面

要详细分析少量 TSV 的局部应力，有几种方法可用，例如微拉曼光谱（mRS），这是在微米尺度上进行在线或实验室无损硅应力测量的唯一实用方法[24-26]。微拉曼光谱可以测量靠近硅表面的应力（取决于入射波长），当光斑尺寸为 1 μm 或更小时，应力与 CMOS 器件位移相关度最高。利用 mRS，能够从周围硅中获得较强的拉曼信号，但不能直接获得 TSV 中铜的应力状态（它需要通过建模从测量到的硅应力推断出来）。图 29 - 12 是使用 457.9 nm 拉曼激励在 400 ℃退火 10 min 前后得到的硅应力轮廓图，显示了压应力大小与到 TSV 的距离的关系。

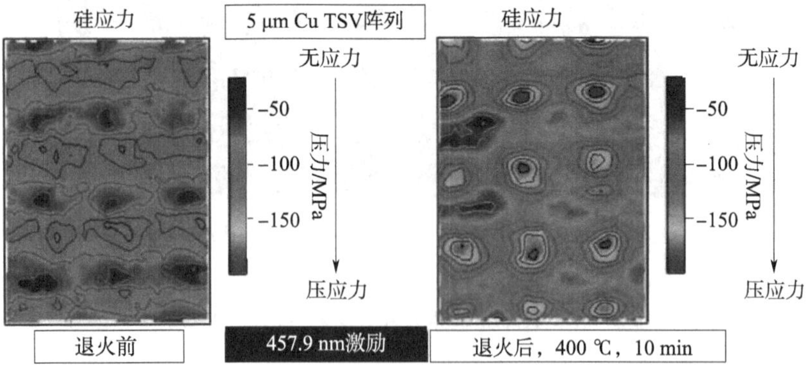

图 29 - 12 退火前后测量 5 μm Cu TSV 阵列（1∶1 间距）的硅应力，结果显示 TSV 周围的压应力增加（由 Wafer Masters 提供）

其他用于局部应力分析的方法有横断面 TEM 和同步 X 射线微衍射（mSXRD）。横断面 TEM 可以提供分辨率极高的应力分析，但所需的样品制备既具有破坏性，又可能改变样品的应力状态。然而，光斑尺寸小于 1 μm 的 mSXRD 可以在单个 TSV 中分解单个晶粒[27,28]，直接测量铜和硅中的应力。由于光束可以穿透几微米的硅，mSXRD 可以应用于截面上的 TSV，而不存在应力松弛的风险，并能从单个 TSV 内的单个铜晶粒产生足够的信号。通过结合单色和多色 X 射线光获得的数据，mSXRD 可以绘制完整的应变张量图，确定单个 TSV 中的晶粒尺寸和取向（见图 29-13）。然而，尽管它的功能迄今为止最强大，但它也是最昂贵的应力分析方法，需要使用同步辐射源。

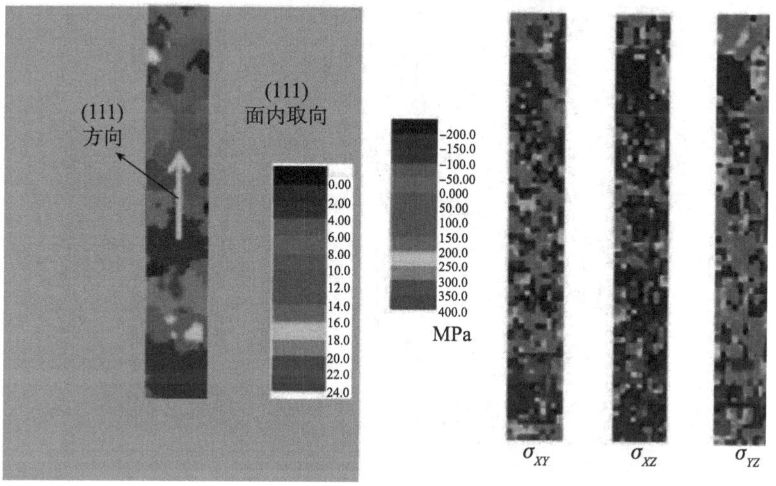

(a)　(b)

图 29-13　(a) 晶粒取向图；(b) X 射线微衍射下的 TSV 中的 Cu 应力状态

请注意，上述这些技术都没有直接测量 Si 或 Cu 的应力。拉曼光谱提供声子频率偏移，材料参数用于将这些转换为应力值。基于衍射技术测量应变张量的元素，这些在数学上被转换为应力张量的元素，在大多数情况下使用宏观单晶样品的线性弹性特性。在某些情况下，微压痕或纳米压痕等微观测量手段可以提供额外的帮助。

29.3　MEOL 计量

MEOL 工艺的成功完成需要多个计量和检验步骤，包括以下步骤：

1）边缘修剪检查轮廓和缺陷。

2）键合空洞的检测和表征。

3）堆叠厚度或晶圆厚度、总厚度变化（TTV）、弯曲、翘曲。这可能需要在制程中的一个或多个点进行，以完成临时粘接、减薄、TSV 露头、RDL 和相关工艺步骤，以及解键合过程。

4）CMP 后 TSV 显露高度和状况。

此外，在剥离和清洗之后，必须检查晶圆上的 TSV 是否有损伤。

29.3.1 边缘修剪检查

对于减薄产品，晶圆边缘的物理条件对减薄的成功处理和进一步加工很重要，因为晶圆边缘的切屑会产生应力集中区域，导致晶圆断裂。将全厚度硅片的边缘制成斜面从而缓解缺陷导致的问题。而根据集成流程的不同，当晶圆减薄后，可以形成垂直的边缘（见图 29－14）或留下原始斜边的截断版。有多种计量方法可以用来识别薄晶圆边缘的缺陷。

图 29－14　器件晶圆边缘研磨的 SEM 图像

检测晶圆边缘的缺陷需要对大面积的表面（正面、背面和垂直面）进行检测。如果边缘检测被限制在距离晶圆正面和背面边缘 1 mm 的区域内，那么需要对大约 940 mm^2 的晶圆表面进行检测。这个面积大致相当于一个边长为 30 mm 的方形芯片。由于面积较大，需要使用光学方法进行缺陷检查。可以使用光学或扫描电子显微镜进行缺陷检查。

在检查过程中，薄晶圆被安装在载体晶圆或划片带上，这样就无法检测三个表面中的至少一个。可能需要在制造的不同阶段进行多次检查，以全面监测薄晶圆的边缘。

29.3.2 键合空洞和键合强度计量

键合晶圆之间的空洞主要来自两个方面：材料的不均匀性和键合层中的被困气体（可能在键合后退火期间产生）。材料的非均匀性可以进一步分为两种类型：过程造成的非平面性（例如，表面形貌或显露的铜柱）和颗粒污染。在键合过程中，施加在晶圆堆上的力使颗粒（或被困气体）周围的空洞可以忽略不计，甚至不存在。然而，在键合力被移除后，颗粒或困住的气体作为施加在键合界面上的反作用力，导致晶圆以接近圆形的模式分层。这种分层的维度既取决于颗粒的大小（气体的体积），也取决于粘结强度。已经开发了许多用于键合空洞计量的技术,① 最常见的方法是扫描声学显微镜和红外成像。每一种技术都需要在测量速度和分辨率之间进行权衡。测量单个晶圆的时间与灵敏度直接相关。例如，声学显微镜可以在大约1小时内扫描单个晶圆，像素大小约为50 μm，这就允许检测25 μm量级的空洞。如果将像素大小减半（25 μm），扫描时间将增加4倍。

键合晶圆堆叠（BWS）中的空洞可能会在后续细化操作中产生严重的后果。BWS顶部的减薄硅晶圆可能会分层，表现为与底部晶圆不相连的硅泡。减薄后的硅晶圆可能会碎裂，留下一个开放的硅裂纹缺陷，其大小和形状大约与原始空洞相同。图29-15所示为使用扫描声学显微镜成像技术拍摄的不同键合缺陷的例子。

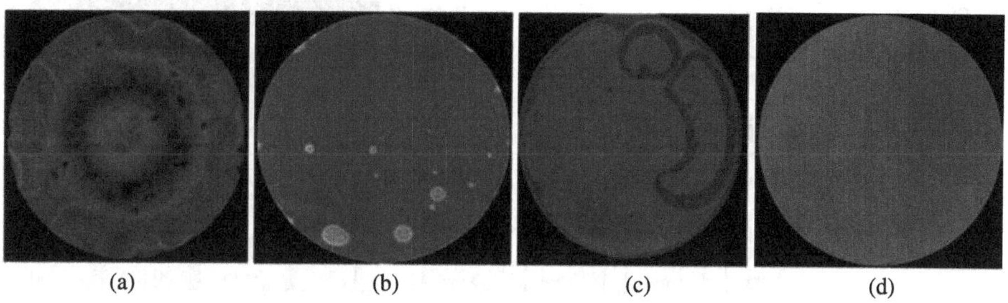

图29-15　扫描声学显微镜识别的键合晶圆堆叠缺陷：(a) 未正确固化的胶粘剂产生的树枝状结构；(b) 颗粒引起的空洞；(c) 胶粘剂厚度不均匀；(d) 无缺陷［图29-15 (d) 由Shin-Etsu提供］

29.3.2.1　声学显微镜：操作

声学显微镜使用超声波测量键合晶圆对[29]的界面。频率一般在5～500 MHz范围内。根据具体的计量要求选择特定的频率，低频率穿透深度深、焦距长，但光斑尺寸大、分辨率低，而高频率穿透深度浅、焦距短，但光斑尺寸小、分辨率低于10 μm。

在大多数情况下，BWS在粘接后会立即采用声学显微镜进行计量。因此，应该选择能为小于775 μm硅的BWS界面提供最佳成像的换能器频率和焦距（例如，110 MHz换能器满足分辨率和穿透深度的要求）。由于键合晶圆对之间的空隙（空气间隙）不传输超声，超声信号中约100%的能量被反射到换能器，并在晶圆对上映射为空隙。使用230 MHz的换能器，能够满足6 μm级键合晶圆中光刻和刻蚀[30]产生的各种大小空洞的检测需求。

超声能在键合晶圆间反射、传输或折射。利用能够同时产生超声波和测量其反射信号的换能器，通过材料声阻抗的差异对键合晶圆的界面进行检测。

由于空气不能传输超声波，因此必须在换能器和键合晶圆对之间使用耦合液，通常是去离子水。声学显微镜换能器耦合液的温度控制已被证明可以提高测量稳定性，换能器耦合液的温度控制模块可由工具供应商提供。必须注意，确保测量耦合液不会残留污染。应通过频繁用水冲洗或过滤来保持净度，以便在耦合液干燥后，在键合晶圆上留下最少的污

① 几种用于识别和表征键合空洞的计量方法首次应用于MEMS封装中的晶圆键合（重点是会导致密封失效的>50 μm空洞）。

染。耦合液对晶圆边缘的侵蚀也是一个问题。

使用一个具有已知尺寸刻蚀空洞的BWS来测试扫描声学显微镜的分辨率（见图29-16），空洞的直径范围为0.5～300 μm，有半致密（5∶1）、孤点和致密（1∶1）节距。

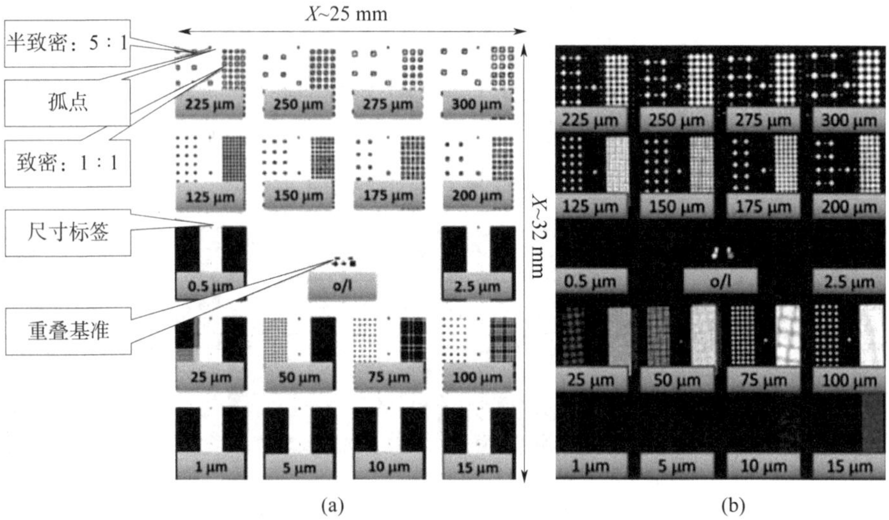

图29-16 （a）用于分辨率测试的由光刻和刻蚀产生的各种空洞大小的键合晶圆的示意图；（b）扫描声学显微镜图像［缺陷（空洞）的直径范围为0.5～300 μm，有半致密（5∶1）、孤点和致密（1∶1）节距］

29.3.2.2 用于缺陷检查和评审的声学显微镜

扫描声学显微镜软件可以识别键合空洞，并根据缺陷中心相对于键合晶圆对中心的相对位置，在笛卡儿坐标系中进行定位，以KLARF（KLA结果文件）或其他文件格式提供结果。

由于造成空洞的缺陷往往很小，声波显微镜无法识别，因此需要使用更高分辨率的计量工具（如红外显微镜）进行缺陷评审。

缺陷聚类分析工具可对缺陷进行分选分析和量化。聚类软件允许在缺陷图上自定义滤波器，以提高或降低缺陷识别的灵敏度。聚类分析能够将工艺工具进行比较，协助工艺开发和随后的在线计量监测。可以评估不同的工艺工具对键合晶圆堆量缺陷的影响，并在缺陷图显示键合晶圆工艺失控时实施纠正措施。将总缺陷面积进行相加，以便进行晶圆与晶圆之间的比较。

一旦声学显微镜软件识别并定位了BWS图中缺陷，就可以通过将单个区域放置在定位仪图中来进行缺陷审查，同时也支持缺陷图的离线分析。

使用多个换能器头可提高声学显微镜速度，即通过增加换能器的数量来减少采集时间。

29.3.2.3 其他键合空洞探测技术

前文所述的红外显微镜也可用于分辨键合晶圆对之间的空洞[31]，如果夹持晶圆是由光学透明玻璃制成的，则可以使用光学显微镜。全晶圆红外照明技术适用于全晶圆扫描。

共焦显微镜和相干干涉仪可以用于全晶圆级高分辨率识别出局部区域的空洞。前面描述过的 X 射线断层扫描，可以应用于分辨率约为 1 μm 或更小[18]的空洞的评估①。

残余应力计量，使用光弹性应力测量（例如，灰场偏振镜）来识别晶圆片受到应力的区域。由于空洞通常是由困住的颗粒或气体引起的，这些应力区域可以映射出空洞的存在。

光声显微镜使用皮秒激光脉冲在晶圆叠层中产生声波。声波通过堆叠传播，当它与空洞相交时被反射。当反射波返回地面时，第二束波束会检测到声波信号。光声显微镜是一种非接触式、非破坏性的技术，能够达到 10 μm 以下的分辨率。

29.3.3　键合强度测量

键合强度是键合界面对裂纹扩展的阻力的量度，以单位面积上的能量为单位。有两类计量方法：可以在无图形晶圆片上进行的计量方法和需要图形测试结构进行测量的计量方法。所有可以在无图形晶圆上执行的技术都是破坏性的。有些测试结构技术是非破坏性的。所有这些测试都假定键合的断裂强度小于成对晶圆中较薄晶圆的断裂强度。否则在键合失效之前，晶圆本身就会开裂，从而只能得到键合强度一个较低的极限。

在破坏性测试方法中，很多都利用了预裂纹。这里所描述的方法没有一种是严格定量的，也就是说，对使用每种方法获得的数据的解释需要进行有限元分析（FEA）。这种有限元分析必须考虑到晶圆的组成以及测试结构的尺寸。准确的有限元分析依赖于对预裂纹的准确描述。

基于无图案（现场）的测试包括刮刀测试和四点弯曲。刮刀测试[32]是测量晶圆键合强度最简单的方法。键合后，在键合平面的晶圆之间插入刀片，诱发局部分层。通过对分层区域的形状和深度与有限元分析的结果进行比较，得出键合强度。

四点弯曲测试[33]使用从键合晶圆对上切割的测试片。测试片的尺寸是任意的，但是每种配置都必须单独建模。在其中一个晶片上锯开一个缺口作为预裂纹，并如图 29-17 所示施加力。施加的力导致裂纹垂直扩展，直到到达键合面，然后随着晶片分层而水平扩展。力作为时间的函数被记录下来。

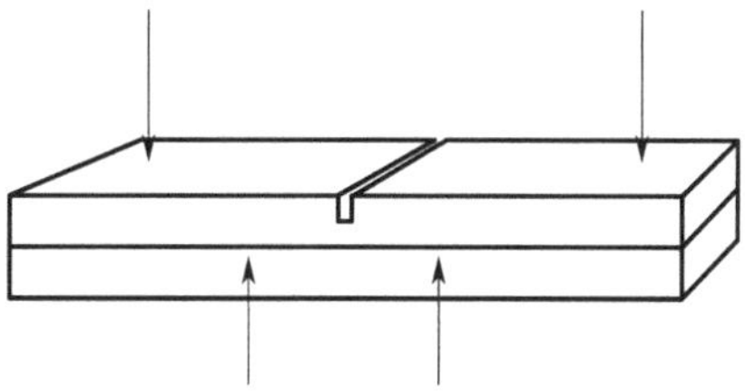

图 29-17　四点弯曲试验结构

① 几家商业 CT 供应商称其体素分辨率小于 1 μm，包括通用电气、尼康、诺森达奇、北极星成像和 Xradia（现为蔡司）。

测试结构包括微切口[34]（SEMI 标准 MS5 - 0813 2013），如图 29 - 18[35]所示。微切口使用缺口作为预裂纹。粘合前，在其中一块晶圆上刻蚀一个楔子。剩下的表面变成了 V 字形，被粘合到一个没有图案的晶圆上。V 字形的点充当了裂纹前的作用，将载荷集中在一个已知的位置。载荷被施加在顶部和底部的开口与力有效地施加到载重线，如图 29 - 18 所示。SEMI MS5 中描述的微切口测试结构的尺寸未作规定；按照惯例，W 和 B 的尺寸各为 10 mm，槽口（β）的角度为 90°。

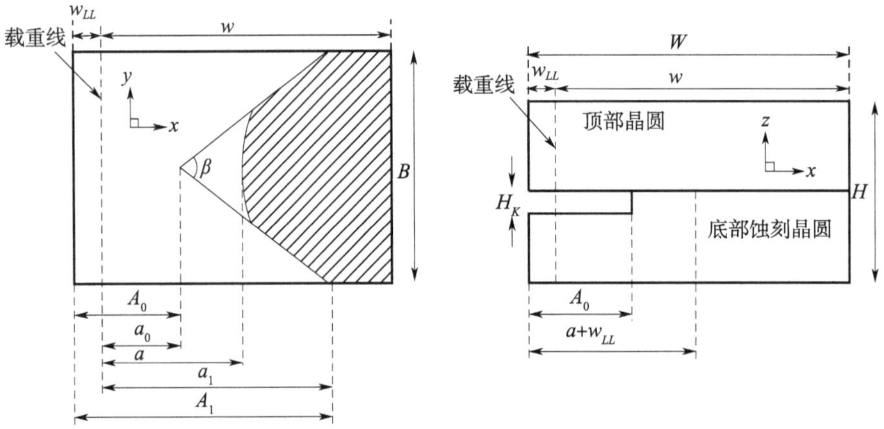

图 29 - 18　SEMI MS5 中描述的微切口测试结构

29.3.4　键合晶圆厚度和翘曲

用于控制 BWS 参数（如 BWS 厚度①、TTV②、弯曲、平整度）的计量技术，是晶圆成功键合的关键。

这些参数为晶圆减薄过程中的质量、键合的均匀性以及键合过程在晶圆堆叠上引发的变形量提供了有意义的信息。在某些键合晶圆制造步骤中，总厚度变化也很关键，因为非平面性会导致后续加工步骤出现问题，包括光刻和键合晶圆上金属层之间电接触的质量。

这里考虑的晶圆堆叠包括载体晶圆和产品晶圆以及键合层，包括两个以上晶圆的情况。键合晶圆可以分为临时键合（即临时将器件键合到载体晶圆上）或永久键合。临时键合使用临时粘合剂；永久键合可以用粘合剂、氧化物、金属-金属（如铜-铜）或混合粘接（如金属-金属和粘接结合）来完成。图 29 - 19 描述了一个具有代表性的两层晶圆堆叠，显示了一个产品晶圆使用临时粘合剂键合到一个 775 μm 的载体（或可夹持）晶圆，并将其厚度减薄到 50～100 μm。图 29 - 20 显示了 60 μm 厚的产品晶圆从载体晶圆剥离后，转移到划片带上。

---

① 厚度是晶圆前后表面对应点之间穿过晶圆的距离（SEMI MF59）。

② TTV 是晶圆片在固定质量区域内，厚度的最大值和最小值之差（SEMI MF59）。

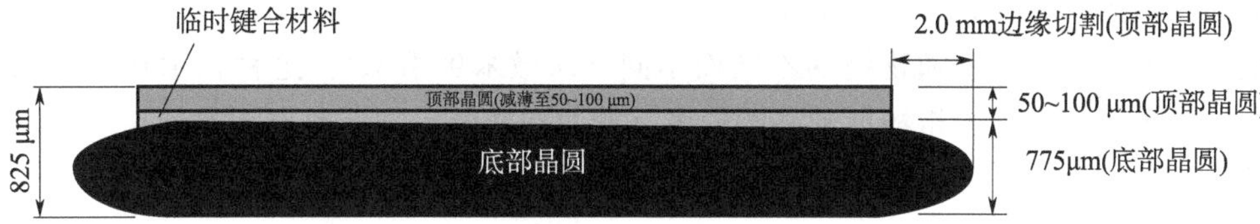

图 29-19　键合晶圆对-临时键合、边缘修整和减薄

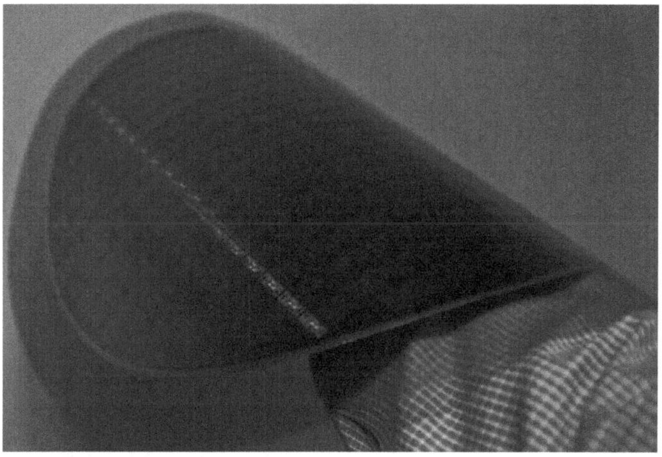

图 29-20　将 SEMATECH 晶圆减薄至 60 μm，然后转移到划片带上

29.3.4.1　彩色白光

彩色白光传感器或光学触针探头计量，是基于波长依赖焦距的原理来确定距离的（见图 29-21）。

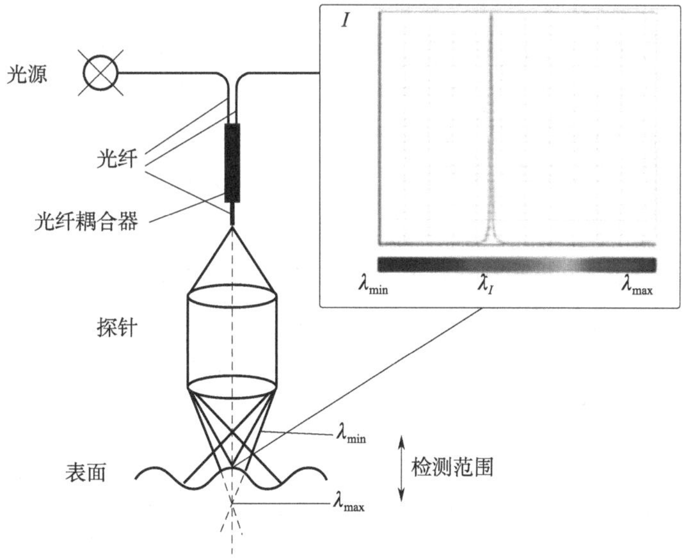

图 29-21　用于翘曲、形貌测量的彩色白光传感器（由 Precitec 提供）

表面反射光的光谱会产生一个峰值，用来确定与样品表面的距离。峰值出现在每个波长的最佳焦点上。分辨率随物镜的不同而不同（从微米到纳米）。这种技术在确定二维剖面、三维地形、平面度、粗糙度和晶圆轮廓（弯曲和翘曲）方面很有用。使用彩色白光地形传感器，得到的 825 μm 薄键合晶圆的 3D 厚度轮廓图如图 29－22 所示。

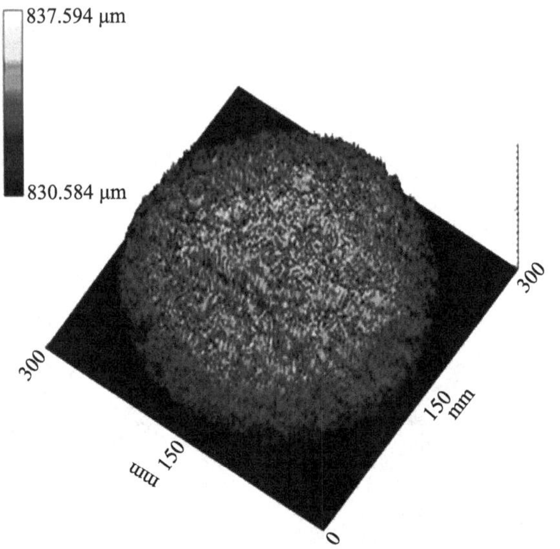

图 29－22　825 μm 薄键合晶圆的总堆叠厚度等高线图（由 FRT 提供）（见彩插）

29.3.4.2　红外干涉

干涉测量法是一种著名的测量距离的技术，通过不同路径的两个相干光波[36]之间的干涉来进行测量。当两个光波重新组合时，得到的图形是由两波之间的相位差决定的。相位差在最初相同的光波之间产生干涉图样。同相的光波会产生相长干涉，而不同相的光波会产生相消干涉。如果一束光沿着两条光路分开，那么利用相位差就可以判断出沿两条光路的相位变化。这可能是路径长度本身的物理变化，也可能是路径上折射率的变化。通过分析相长干涉与相消干涉的模式，就可以确定两束光所经过的距离的差异。根据法布里-珀罗标准，对于薄的透明介质，以上表面的反射作为参考，并与下表面的反射相互干扰[37]。

波长为 1.3 μm 的光源放置在晶圆片背面。传感器检测到干涉图样并返回厚度测量值（见图 29－23）。基于背面红外照明的快速[43]（毫秒）无损测量允许在 HVM 过程中立即反馈。红外干涉测量可用于测量晶圆厚度（包括厚的和薄的）、键合晶圆堆叠中单个晶圆的厚度、晶圆弯曲、翘曲、TTV 和 TSV 刻蚀深度。

29.3.4.3　白光干涉测量（或相干扫描干涉测量）

白光干涉测量或相干扫描干涉测量（CSI）是一种在精密工程中用于测量台阶高度和表面粗糙度的非接触式光学轮廓系统，如图 29－24 所示[38-40]。该技术使用一束白光通过滤光器，然后通过显微镜物镜到达晶圆表面。从表面反射回来的光与参考光束结合，并被

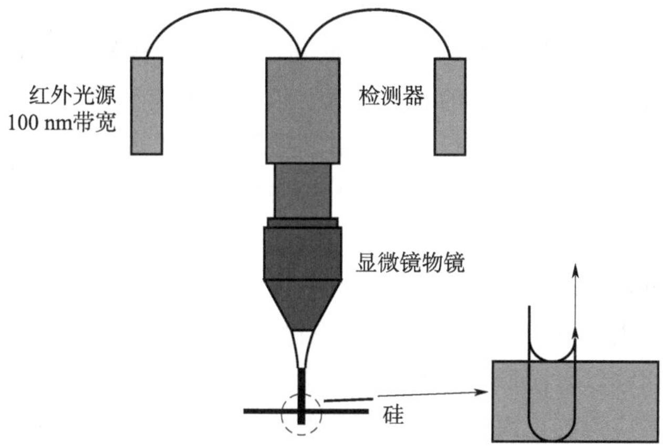

图 29-23 用于测量晶圆厚度、弯曲和 TSV 深度的红外干涉传感器（由 Tamar 提供）

捕获用于软件分析。当物镜在 Z 方向扫描，并且测量的样本进入焦点时，成像相机就会检测到干涉。在聚焦时，每个像素都检测到干涉峰值。分析软件根据检测的干涉峰值像素生成表面高度变化图。白光干涉测量可以测量抛光和粗糙的表面，也可以测量和定位三维特征，在 X 和 Y 方向中的重复性达到亚微米，在 Z 方向的重复性达到亚纳米[41]。

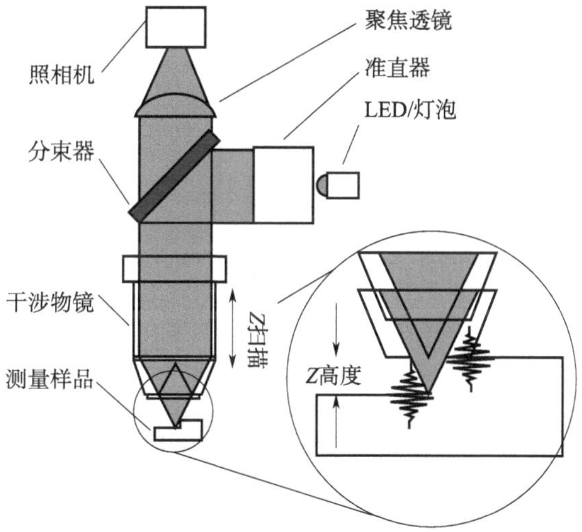

图 29-24 白光干涉仪测量晶圆厚度（由 R. A. Smythe，LLC 提供）

在获得每个点的数据后，系统可以生成表面的三维图像（地形）。该技术的垂直（即高度）分辨率非常好，优于 0.3 nm（3Å），这使其成为评估半导体表面的潜在实用工具。然而，横向分辨率被限制在 0.35～0.50 μm 范围的光斑尺寸内[42]。它凭借其广泛的能力，可以测量局部阶跃高度、CD、重叠、多层膜厚度和光学特性、复合形貌和薄膜厚度，以及晶圆弯曲。该技术在新的先进封装应用如 TSV、微凸点、再布线层、铜凸点和铜柱的过程控制中具有独特的优势。聚焦/获取/测量/移动（FAMM）时间为 0.5 s，同时保持了 Z 方向纳米性能。薄膜和薄膜堆叠的存在既是相干扫描干涉测量的机遇，也是其技术限制。目前的相干扫描干涉测量算法仅限于在薄膜厚度大于1.5 μm时得到可靠的光学厚度(厚度乘以折射率)。一些制造商声称可以降低到1 μm。报告的测量结果是薄膜厚度（如果折射率已知）和薄膜顶部、底部的表面轮廓。以测量薄膜结构、改进的CD和其他分辨率边缘特征的更先进的工作正在进行中。随着这些技术的出现，新的应用将成为可能。当薄膜的光学厚度小于可测量的厚度时，测量数据中就会出现不可预测的误差，并且 Z 方向上的数据是不可靠的。

非均匀的材料测量限制了白光干涉测量的精度。白光干涉法通过测量干涉相位来测量 Z 方向高度。相位取决于被测材料。绝缘体会有恒定的180°相移，而导体和半导体会引起不同的相移。这些相移以表面形貌误差的形式出现，误差可达几十纳米。通过按区域识别材料类型，并按区域应用校正因子，就有可能对这些进行校正。一些制造商已经成功地对这些算法进行了修正，但并没有看到多少商业应用。对于过程控制来说，反射上的相位变化是一个恒定的偏移，因此在绝对值不重要的情况下，可以在跟踪过程变化时忽略。

29.3.4.4 激光分析

激光轮廓的测量原理[43]如图29-25所示，采用两束聚焦的激光束，一束聚焦在堆叠晶圆的顶部，一束聚焦在堆叠晶圆的底部。测量的方法是将聚焦位置从顶部晶圆表面移到底部晶圆的上表面。双光学测量系统提供了独立于材料特性的精确晶圆厚度测量方法，特别适用于图形化后的晶圆、有凸点的晶圆、GaAs和其他晶圆基板，包括背面减薄和划片后的晶圆[43]。

图29-25　用于晶圆厚度测量的双光束结构（由Chapman Instruments提供）

29.3.4.5 电容探针

非接触式电容传感器通常在晶圆制造过程中测量晶圆厚度、总厚度变化、翘曲和弯曲[2]。典型的测量方法是使用两个电容探头，分别放置于被测量目标的两侧（见图 29-26）。两个传感器输出的差值与被测材料的厚度直接相关。通过采用差分测量，可以消除探针间隙内材料位置的影响。如果目标不能接地，通过同步传感器的放大器 180°的相位，从而平衡目标电荷，并在目标处产生 0 V 的净电势值。

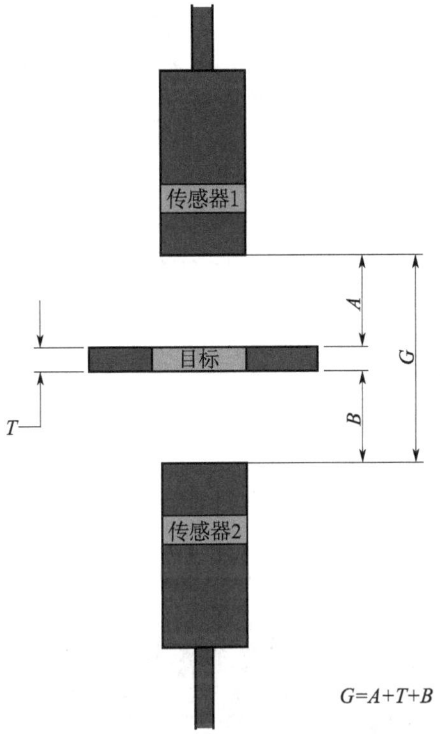

图 29-26　进行厚度测量的典型双电容探头（由 MTI Instruments 提供）

如果被测材料的背面可以参考某个固定平面，也可以使用电容式传感器进行单面厚度测量。产品厚度与探头和材料表面之间的间隙成正比。图 29-27 所示为用单探针制作的典型 825 μm 双层键合晶圆翘曲图。

29.3.4.6　微分背压测量

双背压传感器只需要较低的供应压力（10 psi 或更小）和受控的干燥空气（CDA）或氮气，就可独立于任何表面条件（光滑或粗糙）或材料属性（导电或不导电）测量厚度、弯曲和翘曲[44]。在这种技术中，背压转换为电压，生成校准曲线，并在曲线上确定工作点。在每次晶圆测量之前，都要在量规块上进行基准背压测量，以补偿环境温度变化的影响。

29.3.4.7　用于测量键合晶圆厚度的声学显微镜

使用声学显微镜，用于对键合晶圆键合质量表征的内在数据也包含时间/距离信息。为了在特定的目标界面上成像，到该界面的时间/距离可以用 A 扫描波形格式显示。可以对每个 $X-Y$ 坐标进行 A 扫描，以确定该点每一层的厚度以及堆叠晶圆正面、内部接口或背

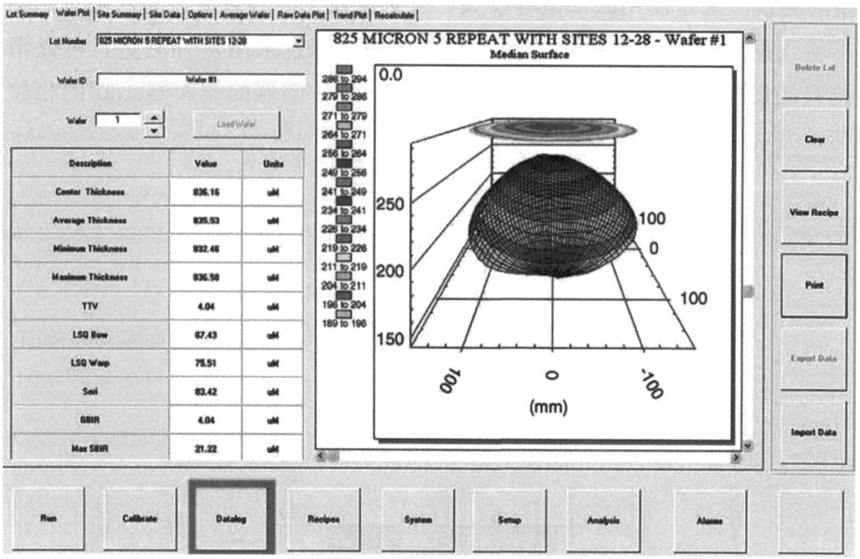

图 29－27　825 μm 双层键合晶圆翘曲图

面的表面轮廓。此外，还可以测量出堆叠晶圆内某一层的厚度，如图 29－28 所示。在这张图中，左侧为 C 扫描图，右侧为 A 扫描波形，波形＃1 为全键合晶圆厚度，波形＃2 为顶部表面到堆叠晶圆分层区域的距离，波形＃3 为顶部表面到堆叠晶圆内部缺陷区域的距离。

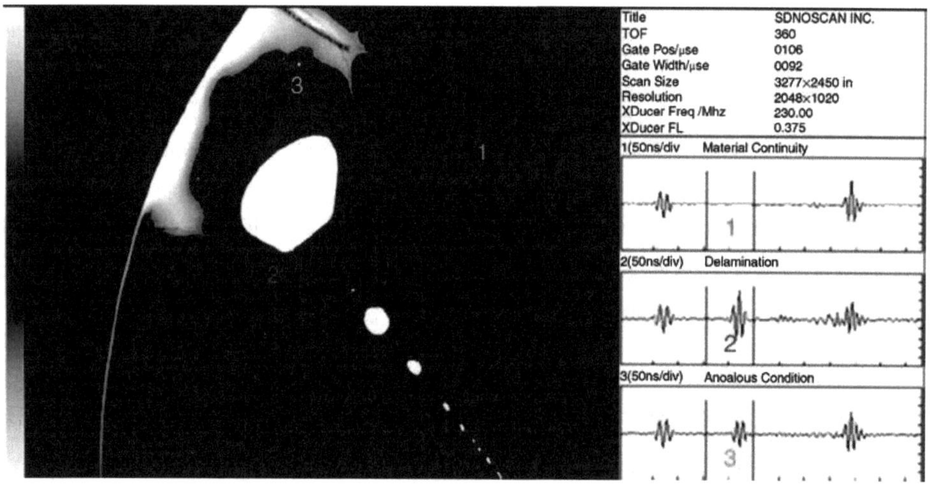

图 29－28　显示三个 A 扫描波形的堆叠晶圆扫描声学显微镜的 C 扫描图像。波形＃1 显示了全键合晶圆厚度。波形＃2 和＃3 显示了从顶部表面到堆叠晶圆内分层和缺陷区域的距离（由 Sonoscan 提供）

29.3.5　TSV 露头测量

TSV 露头需要去除一张晶圆总厚度的大部分。先是机械研磨过程，然后是露头刻蚀，以去除硅，显露铜柱。对晶圆的厚度和均匀性进行监控，充分控制这一过程，以确保均匀的 TSV 露头高度，可以采用白光干涉测量[45,46]、激光分析[43]、共焦色差成像[47]、激光三角测量[48]和轮廓测量[49]等方法。通过红外干涉测量法测量 TSV 晶圆厚度，包括 TSV 深度的测量，如图 29 - 29 所示。在这张图中，显示了研磨和 CMP 之后的晶圆厚度以及 TSV 露头刻蚀前的初始晶圆厚度和中心到边缘的轮廓。TSV 露头刻蚀工艺后的晶圆厚度与 TSV 露头深度之间的差值为 TSV 露头高度[50]。该信息用于控制减薄后的最终晶圆厚度和外形，从而使 TSV 露头铜柱高度在整个晶圆中得到优化。

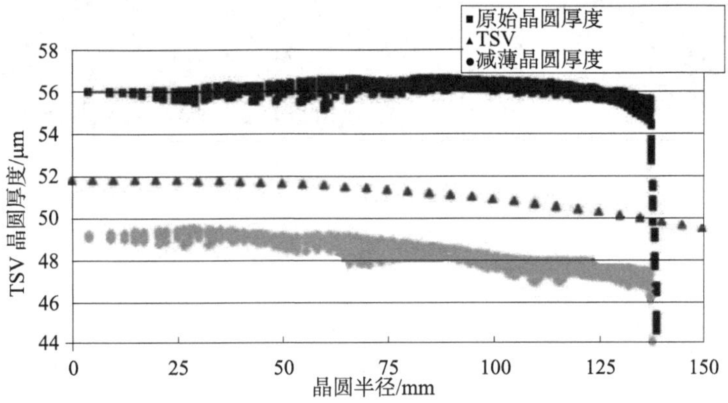

图 29 - 29　在晶圆减薄过程中监测 TSV 晶圆厚度和中心到边缘的轮廓，图中显示了 TSV 露头刻蚀前的初始晶圆厚度、TSV 深度和减薄后的晶圆厚度

如果 TSV 没有露出足够的高度，它们可能不会在键合过程中与再布线层实现电接触，如果 TSV 露出多余的高度，它们可能会在 CMP 期间被剪切。

刻蚀缺陷（表面粗糙度以及棱角、光滑和圆形缺陷）可以采用光学扫描、扫描电镜和轮部测量方法共同来监测（见图 29 - 30）。与光学检测相比，扫描电镜可提供更详细的信息，其轮廓测量可提供高度/深度信息。轮廓测量速度快，可大面积扫描，并能适应 Z 轴从 10 nm 到 1 mm 的偏转。

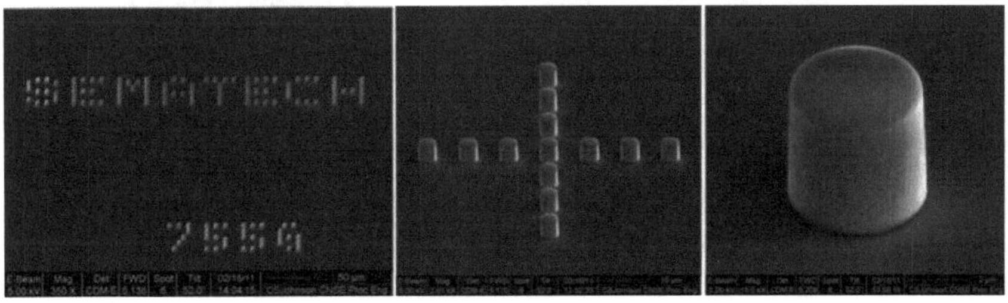

图 29 - 30　SEM 图像显示硅表面光滑，通孔周围没有缺陷，由于 TSV 露头是在晶圆片背面进行的，为方便阅读将左侧的图像反转

与 3D 互连测量相关的晶圆检验工具包括散射和反射光成像的双通道工具。具有广泛的聚焦深度，可检测基板深度高达 2 mm，在暗场中可能有多个波长，穿透深度是可调的。应用于包括研磨后的形貌、划片边缘，检查剩余硅厚度和 TSV 露头特征，以及空洞、分

层和嵌入颗粒。图 29－31 显示了在暗场照明下，在 850 μm 的键合和减薄晶圆上，铜柱露头晶圆中心和边缘的表面污染情况。

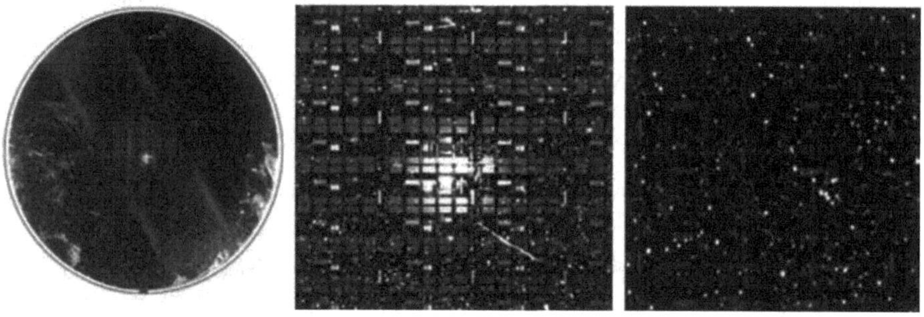

(a)　(b)　(c)

图 29－31　（a）暗场图像显示的表面污染；（b）晶圆中心铜柱露头情况；（c）晶圆边缘铜柱露头情况（由 Nanometrics 提供）

在露头刻蚀后，可使用光学显微镜生成 TSV 露头高度图。图 29－32 显示了共焦彩色显微镜下的 31 个位点的跨晶圆 TSV 高度。显示 TSV 高度范围从 2.1 μm 到 4.0 μm。

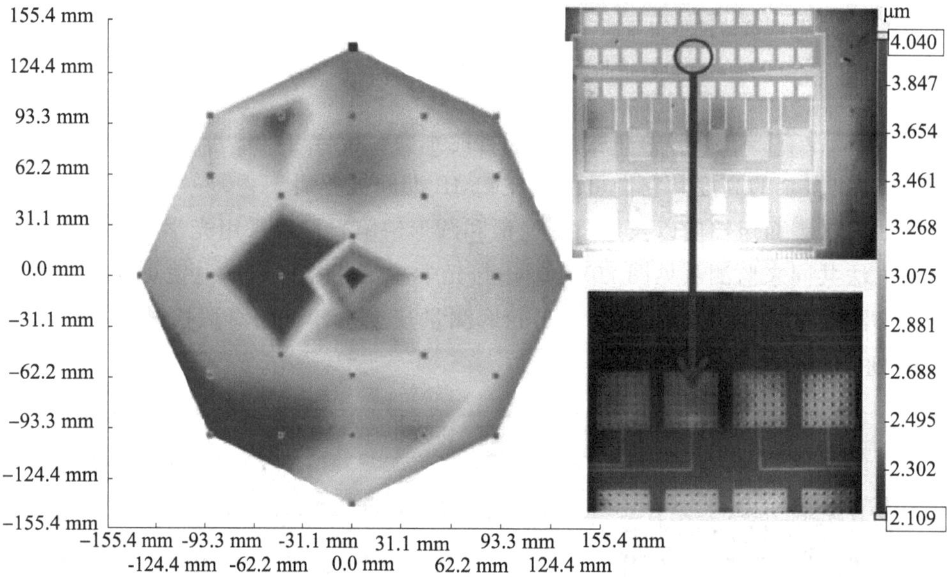

图 29－32　共焦彩色显微镜显示 TSV 高度图（由 Fogale nanotech 提供）（见彩插）

29.4　组装与封装测量

本节介绍需要在后道组装设备进行的检验步骤，以表征组装过程，并识别有缺陷的互连凸点和底部填充。本节还介绍凸点和微凸点晶圆的出库和进库质量保证检查，这需要在 MEOL 和后道设备上执行。

29.4.1　晶圆级 C4 凸点和微凸点晶圆测量和检验

3D 设备每个模具需要成千上万的 I/O 连接，由于其尺寸、间距和大批量的特征，受控塌陷芯片连接（Controlled Collapse Chip Connection，C4）和微凸点测量和检验具有挑战性。微凸点直径大至 20 μm，小至 5 μm，未来的发展将减小这些尺寸并减小最小间距，从而实现更高的特征密度。过程控制需要计量和检验。非视觉缺陷（Nonvisual Defects，NVD）的例子如图 29－33 所示，其中导数功函数图像（a）描绘了包括正功函数（白色）和负功函数（黑色）特征的表面不均匀性。这些不均匀性表现出不同的形状和大小，可能代表表面残留、电介质薄膜的过程诱导充电，或两者的某种组合。

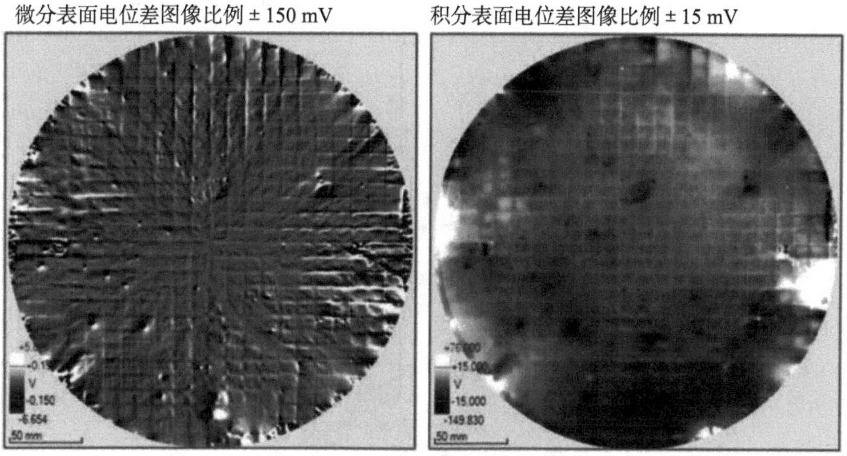

(a)　(b)

图 29－33　显示几个非视觉缺陷特征的 C4 凸点晶圆（由 Qcept Technologies 提供）

光学测量和检验工具可以提供凸点尺寸（直径、高度和共面度）和缺陷（如缺失的凸点，见图 29－34）信息，包含凸点之间的桥接、双凸点、结节、凸点的损伤、污染，如残留物、异物、钝化层中的空洞、颗粒和氧化。图 29－35 所示为使用 2D 检测系统检测包含 140 多万个微凸点的晶圆得到的凸点缺陷分类图。此外，利用彩色白光三角测量法可以进行 3D 测量，以确定凸点特征尺寸、高度和共面度，并可以生成如图 29－36 所示的晶圆图。

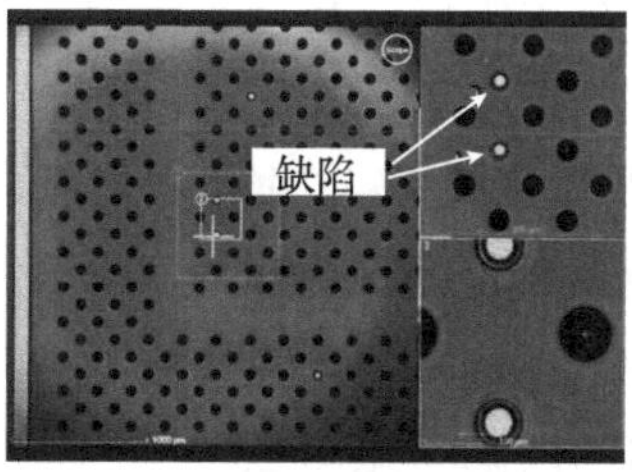

图 29－34　C4 凸点晶圆缺陷或丢失凸点的光学显微镜照片

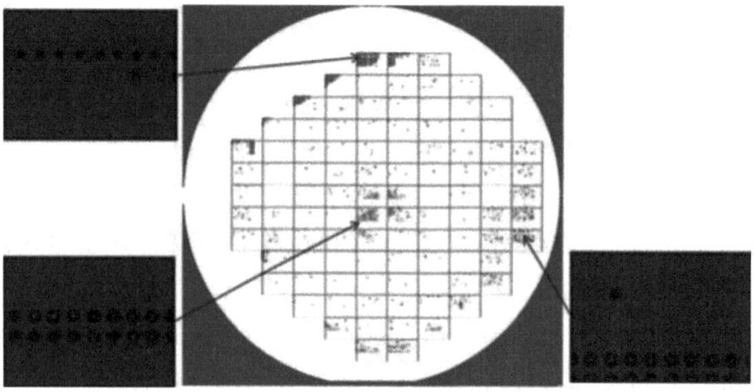

图 29－35　显示各种凸点缺陷的微凸点晶圆缺陷图（由 Camtek 提供）

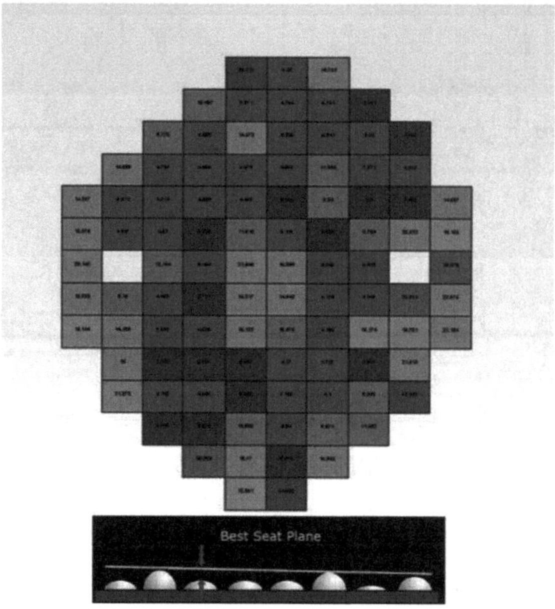

图 29－36　微凸点晶圆共面度图（由 Camtek 提供）

29.4.2　封装级检查：扫描声学显微镜

底部填充封装后的检查步骤对于确保芯片到芯片键合的可靠性至关重要[51]①。

使用 SAM 可以检测到多种缺陷，包括封装与半导体器件之间的分层[52]，以及底部填充层的分层、底部填充层中的颗粒或空隙、底部填充层的微裂纹和条纹等键合点缺陷。图 29－37 显示了 200 MHz 换能器获得的扫描声学显微镜图像，焦距为 8 mm，扫描区域为 20 mm×20 mm，像素分辨率为 10 μm。黑色斑点对应于界面 1（C4 到芯片表面）的缺陷，而白点则是穿透到下填充体的缺陷［见图 29－37（a）］。

① 本节关于 SAM 和下一节关于 X 射线检测的数据来自封装芯片组件，而不是 3D 堆叠组件。

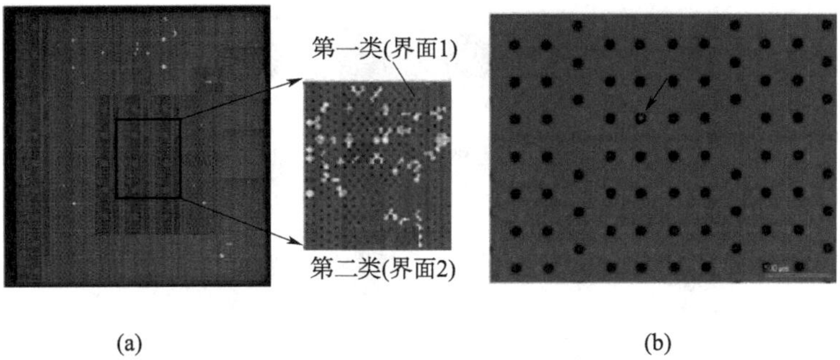

图 29 - 37　(a) AC -下填充缺陷（白点）的扫描图像，黑色斑点表示界面 1 的缺陷；(b) AC -凸点缺陷（箭头）的扫描图像［由 Endicott Interconnect Technologies（现为 i3 Electronics）和 PVA Tepla 提供］

凸点缺陷也可以通过声学显微镜检测到［见图 29 - 37（b）］。破损的凸点是通过比较有缺陷凸点和无缺陷凸点的反射声信号来检测的。

这些因素包括底部填充物粘度和基板润湿性之间相互作用产生的空洞，以及凸点数量和密度及其表面能。空洞会反射超声波，产生一个亮点，这样就无法获得空洞下方的信息。必须将样品倒置，才能获得另一侧的信息，由于散射，底部填充物中的孔隙很容易产生超声特征。底部填充物的裂缝将超声散射到远离探测器的地方，并表现为暗色区域。

29.4.3　封装级检查：X 射线

X 射线显微镜、CT 和 X 射线分层摄影法也可用于无损封装级检查和三维堆叠的测量，或用于确定位置进行截面扫描电镜失效分析。它们还可以进行凸点尺寸和共面度测量，识别凸点（虚焊）中由于焊料或 UBM 不足而断开的接触，识别由于焊料过多而造成的桥接/短路，识别由于焊料中的气泡而造成的空洞。凸点阵列还可以通过 2D X 射线测量来验证。可以测量大量的凸点阵列，并统计分析其尺寸分布和裂缝或空洞体积，如图 29 - 38 中的绿色区域所示。此外，相位对比在 X 射线成像中也很有用，用于底部填充或凸点材料成分差异。X 射线技术的主要优点是硅对 X 射线是透明的，而铜和其他金属要么是半透明的，要么是不透明的。

焊点缺陷分为以下几类：

1）焊料不足导致虚焊。

2）焊料过多导致桥接/短路。

3）焊料内气泡导致空洞。

4）由于组件放置不准确而导致的错位/不对中。

焊接检查需要高分辨率、样品可以倾斜和旋转的设备或成像系统，以及可以提取有关焊点信息的图像处理软件，如由于焊料不足导致的虚焊（见图 29 - 39）、由于焊料过多导致的桥接/短路、由于焊料中气泡导致的空洞以及不对中[53]。然后可以选择凸点进行后续的破坏性分析。

一张完整的 3D 旋转 CT 图像可能需要多达 3 000 张 2D 图像，因此，在最高分辨率下

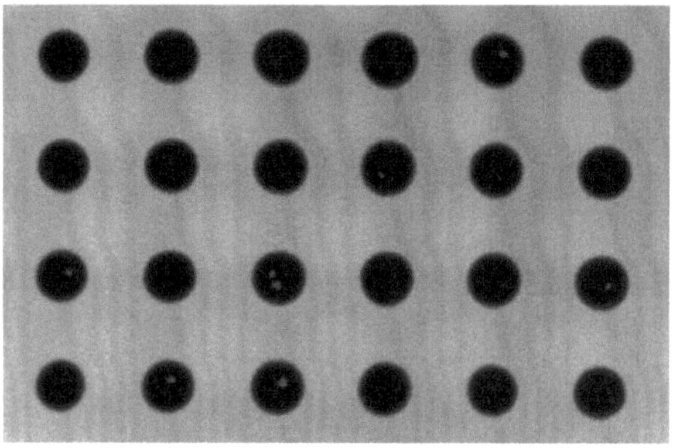

图 29 - 38　C4 凸点阵列的 2D X 射线图像，高亮显示空洞［由 Endicott Interconnect Technologies（现为 i3 Electronics）提供］（见彩插）

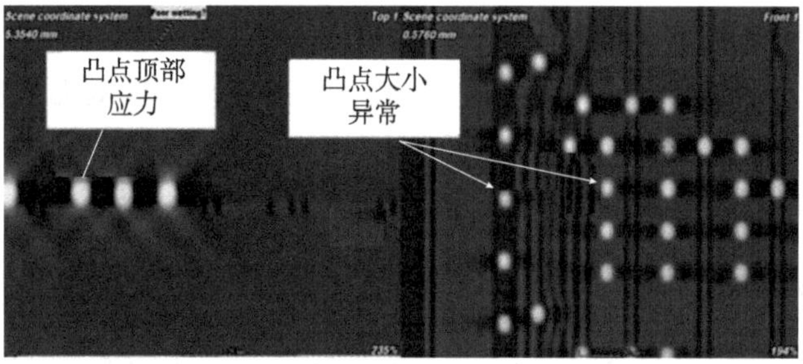

图 29 - 39　C4 凸点阵列 2D X 射线图，高亮显示凸点异常［由 Endicott Interconnect Technologies（现为 i3 Electronics）和 Hadland Technologies 提供］

捕捉倒装芯片阵列的这样一张图像可能需要数小时（见图 29 - 40）。图像处理算法和计算机硬件大大提高了 CT 采集的速度，因此现在这样的图像可以在 1～2 h 内获得。

图 29 - 40　封装芯片组件的 3D CT 扫描图［由 Endicott Interconnect Technologies（现为 i3 Electronics）和 North Star Imaging 提供］

图 29 - 41 所示的 CT 图像表明，通过使用适当的 X 射线剂量，可以获得各种相似的、低衰减层材料之间的增强对比度。在一些凸点处还可以观察到空洞的形成。凸点和焊盘之

间看不到空洞。图像的视场（FOV）为 1.2 mm×1.2 mm，体素大小为 1.2 μm，扫描时间为 4.5 h。

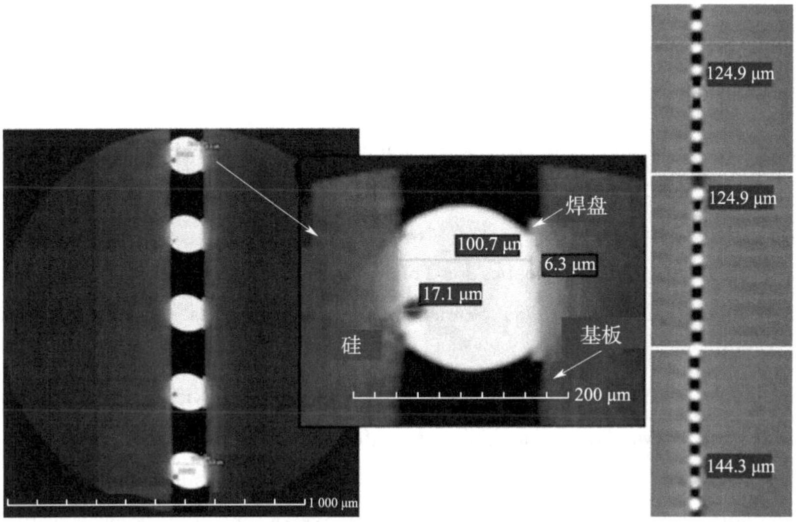

图 29-41　封装组件中 C4 凸点（有空洞）和焊盘的有效横截面，焊盘和基板之间的增强对比清晰可见
［由 Endicott interconnect Technologies（现为 i3 Electronics）和 Xradia（现为 Zeiss）提供］

29.5　总结

2.5D 和 3D 封装在设备性能（带宽和互连延迟）、功耗、成本和占用空间方面的改进要求新的测量和检测应用来表征传统计量工具无法企及的特性和接口。这些特征隐藏在高深宽比 TSV 中，或在晶圆之间的键合界面层中。虽然已经开发了用于 MEMS 技术的键合检测的技术和用于封装和电路板技术的凸点表征技术，但 2.5D 和 3D 集成需要处理的特征明显更小，公差要求更高。TSV 制造、晶圆减薄、TSV 露头加工以及芯片级组装和封装的测量和检验要求非常高。较大的 TSV 直径和间距变化、芯片厚度、凸点直径和间隙尺寸，以及多层堆叠的使用，对 HVM 计量和检测提出了新的要求，以识别 TSV 缺陷、键合点缺陷和底部填充缺陷。

致谢

作者想要感谢以下为本章做出贡献的个人：Sitaram Arkalgud、Andy Rudack、Laurie Modrey、Sue Gnat（SEMATECH）、Lay Wai Kong（SEMATECH 的 GLOBALFOUNDRIES 代理人）、Pete Moschack、Harry Lazier 和 Elizabeth Lorenzini（SEMATECH 的 CNSE 代理人）、David Read（NIST，已退休）和 Yaw Obeng（NIST）。此外，作者还想感谢 Endicott Interconnect Technologies（现为 i3 Electronics）的 Paul Hart，感谢他提供的封装芯片组件。

参考文献

[1] Diebold A (2001) Handbook of SiliconSemiconductor Metrology, Marcel Dekker, New York.

[2] Schroder D (1998) Semiconductor Materialand Device Characterization, 2nd edn, JohnWiley & Sons, Inc., Hoboken, NJ.

[3] Herman I (1996) Optical Diagnostics for Thin Film Processing, Academic Press, San Diego, CA.

[4] Runyan W and Shaffner T (1998) Semiconductor Measurements and Instrumentation, 2nd edn, McGraw-Hill, New York.

[5] Frontiers of Characterization and Metrology for Nanoelectronics, NIST, conference archives for 1995-2013: http://www.nist.gov/pml/div683/conference/index.cfm (accessed February 2014).

[6] Arkalgud S (2010) Via mid through siliconvias - the manufacturability outlook. Proceedings of the 2010 International Symposium on VLSI Technology Systemsand Applications, April 26-28, 2010, pp. 106-107.

[7] Redolfi A, Velenis D, Thangaraju S, Nolmans P, Jaenen P, Kostermans M, Baier U, Van Besien E, Dekkers H, Witters T, Jourdan N, Van Ammel A, Vandersmissen K, Rodet S, Philipsen H, Radisic A, Heylen N, Travaly Y, Swinnen B, and Beyne E (2011) Implementation of an industry compliant, 5×50 μm, via-middle TSV technologyon 300mm wafers. Proceedings of the Electronic Components and Technology Conference, pp. 1384-1388.

[8] Zschech E, Radojcic R, Sukharev V, and Smith L (eds) (2011) Stress Management for 3D ICs Using Through Silicon Vias, American Institute of Physics.

[9] Yoon S, Na D, Choi W, Kang K, Yong C, Kim Y, and Marimuthu P (2011) 2.5D/3D TSV processes development and assembly/packaging technology. Proceedings of the 13th IEEE Electronics Packaging Technology Conference, pp. 336-340.

[10] Teh W H, Marx D, Grant D, and Dudley R (2010) Backside infrared interferometric patterned wafer thickness sensing forthrough silicon via (TSV) etch metrology. IEEE Transactions on Semiconductor Manufacturing, 23 (3), 419-422.

[11] Teh W H, Caramto R, Qureshi J, Arkalgud S, O'Brien M, Gilday T, Maekawa K, Saito T, Maruyama K, Chidambaram T, Wang W, Marx D, Grant D, and Dudley R (2009) A route toward production-worthy 5 μm×25 μm and 1 μm×20 μm non-Bosch through silicon-via (TSV) etch, TSV metrology, and TSV integration. Proceedings of the IEEE International 3D Systems Integration Conference (3DIC), September 2009, pp. 1-5.

[12] Novak E and Schmit J (2010) TSV metrology with white light interferometry microscopy. SEMATECH Workshop on 3D Interconnect Metrology, July 14, 2010. Available at http://www.sematech.org/meetings/archives/3d/index.htm (accessed February 2014).

[13] Graves-Abe T, Collins C, Moore V, Farooq M, Hannon R, Barak G, Dotan E, Aloni A, Belleli A, Rybski M, and Petrucci J (2012) Novel method for TSV profile metrology using spectral reflectometry.

SEMATECH Workshop on 3D Interconnect Metrology, July 11, 2012. Available at http: //www. sematech. org/meetings/archives/3d/index. htm (accessed February 2014).

[14] Höglund J (2012) 3D metrology by MBIR. SEMATECH Workshop on 3D Interconnect Metrology, July 11, 2012. Available at http: //www. sematech. org/meetings/archives/3d/index. htm (accessed February 2014) .

[15] Cunnane L, Kiermasz A, and Ditmer G (2009) Characterisation of through siliconvia (TSV) processes utilizing mass metrology. Proceedings of the 2009 ICEP.

[16] Berry M, Halder S, Leunissen P, Miller A, Maenhoudt M, Beyne E, Kiermasz A, and Ditmer G (2012) Using mass metrology for process monitoring and control during 3D stacking of IC's. SEMATECH Workshop on 3D Interconnect Metrology, July 11, 2012. Available at http: // www. sematech. org/meetings/archives/3d/index. htm (accessed February 2014) .

[17] Rudack A, Nadeau J, Routh R, and Young R (2012) Through silicon via (TSV) plating void metrology using focused ionbeam mill. Proceedings of SPIE, 8324, 832413.

[18] Kalender W A (2011) Computed Tomography, 3rd revised edn, Publicis Publishing, Erlangen.

[19] Chao W L, Harteneck B D, Liddle J A, Anderson E H, and Attwood D T (2005) Soft X - ray microscopy at a spatial resolution better than 15 nm. Nature, 435, 1210 - 1213.

[20] Gondrom S, Schröpfer S, and Saarbrücken D (1999) Digital computed laminography and tomosynthesis - functional principles and industrial applications. International Symposium on Computerized Tomography for Industrial Applications and Image Processing in Radiology, March 15 - 17, 1999, Berlin, Germany. Available at http: //www. ndt. net/article/v04n07/bb67 _ 11/bb67 _ 11. htm (accessed February 2014) .

[21] Zschech E and Diebold A (2011) Metrology and failure analysis for 3D IC integration. Frontiers of Characterization and Metrology for Nanoelectronics. Available at http: //www. nist. gov/pml/ div683/conference/upload/zschech _ 2011. pdf (accessed February 2014) .

[22] Kong L, Krueger P, Zschech E, Rudack A, Arkalgud S, and Diebold A (2010) Sub - imaging techniques for 3D interconnects on bonded wafer pairs, in Stress - Induced Phenomena in Metallization: 11th International Workshop (eds E Zschech P S Ho, and S Ogawa), American Institute of Physics, pp. 221 - 228.

[23] Kong L, Lloyd J, Rudack A, Yeap Y, Zschech E, Liehr M, and Diebold A (2011) Visualizing and identifying the mechanism of stress - assisted void growth in through silicon vias (TSV) by X - ray microscopy and finite element modeling. SEMATECH Workshop on 3D Interconnect Metrology, July 13, 2011. Available at http: //www. sematech. org /meetings/archives/3d/10125/pres/11%20 -% 203D%20Metrology%20SemiconWest _ LWK. pdf (accessed February 2014) .

[24] McDonough C, Capulong J, Backes B, Singh P, Smith L, Wang W, and Geer R (2010) Profiling of process - induced stress in Cu through - silicon vias (TSVs) for wafer - scale, 3D integration. SEMATECH Workshop on 3D Interconnect Metrology, July 13, 2010. Available athttp: // www. sematech. org/meetings/archives/3d/8996/pres/ Geer. pdf (accessed February 2014) .

[25] Trigg A, Yu L, Cheng C, Kumar R, Kwong D, Ueda T, Ishigaki T, Kang K, and Yoo W (2010) Three dimensional stress mapping of silicon surrounded by copper filled through silicon vias using polychromator - based multi - wavelength micro Raman spectroscopy. Applied Physics Express,

3, 086601.

[26] Kwon W, Alastair D, Teo K, Gao S, Ueda T, Ishihaki T, Kang K, and Yoo W (2011) Stress evolution in surrounding silicon of Cu - filled through silicon via (TSV) undergoing thermal annealing by multiwavelength micro - Raman spectroscopy. Applied Physics Letters, 98, 232106.

[27] Nakatsuka O, Kitada H, Kim Y S, Mizushima Y, Nakamura T, Ohba T, and Zaima S (2010) Characterization of local strain around through silicon via (TSV) interconnects by using X - ray microdiffraction. Advanced Metallization Conference, pp. 125 - 126.

[28] Budiman a, Shin H - A - S, Kim B - J, Hwang S - H, Son H - Y, Suh M - S, Chung Q - H, Byun K - Y, Tamura N, Kunz M, and Joo Y - C (2012) Measurement of stresses in Cu and Si around through - silicon via by synchrotron X - ray microdiffraction for 3 - dimensional integrated circuits. Microelectronics Reliability, 52, 530 - 553.

[29] Sood S, Adams T, and Thomas R (2008) Acoustic characterization of bonded wafers. ECS Transactions, 16 (8), 425 - 431.

[30] Ramanathan S, Semmens J, and Kessler L (2006) High - frequency acoustic microscopy studies of buried interfaces in silico. Proceedings of the Electronic Components and Technology Conference, pp. 1865 - 1868.

[31] Allen R, Rudack A, Read D, and Baylies W (2010) Intercomparison of methods fordetecting and characterizing voids in bonded wafer pairs. ECS Transactions, 33 (4), 581 - 589.

[32] Horning R, Burns D, and Akinwande A (1992) A test structure for strength measurement and bond strength measurement and process diagnostics. Proceedings of the Electrochemical Society, pp. 386 - 393.

[33] Charalambides P, Lumd J, Evans A, and Mc Meeking R (1989) A test specimen for determining the fracture resistance of bimaterial interfaces. Journal of Applied Mechanics, 56, 77 - 82.

[34] Knecht el R, Knaup M, and Bagdahn J (2006) A test structure for characterization of the interface energy of the a nodically bonded silicon - glass wafers . Microsystems Technology, 12 , 462 - 467.

[35] MS5 - 0813 (2013), Test Method for Wafer Bond Strength Measurements Using Micro - Chevron Test Structures, SEMI, San Jose, CA.

[36] Wyant J (1995) Computerized interferometric measurement of surface microstructure. Proceedings of SPIE, 2576, 122 - 130.

[37] Born M E and Wolf E (1993) Principles of Optics, 6th edn, Pergamon Press, Oxford, pp. 36 - 51.

[38] Hariharan P (2003) Optical Interferometry, 2nd edn, Academic Press, London, pp. 151 - 157.

[39] Wyant J (2002) White light interferometry. Proceedings of SPIE, 4737, 98 - 107.

[40] de Groot P and Deck L (1993) Three - dimensional imaging by sub - Nyquist sampling of white - light interferograms. Optics Letters, 18 (17), 1462 - 1464.

[41] R A Smythe, LLC. Available at www. RASmythe. com (accessed February 2014).

[42] Schmit J, Creath K, and Wyant J C (2007) in Surface profilers, multiple wavelength, and white light interferometry, in Optical Shop Testing (ed. D. Malacara), John Wiley & Sons, Inc. , Hoboken, NJ, Table 15. 1.

[43] Chapman Instruments. Wafer Thickness: Available athttp: //www. chapinst. com/ApplicationNotes/MPT1000%20Thickness%20Measurement. pdf (accessed February2014) .

[44] SigmaTech. Available at http：//www. sigma9600. com/Products - services/Sigmatech - 9600M. htm（accessed February 2014）.

[45] Montgomery P，Montaner D，Manzardo O，Flury M，and Herzig H（2004）Themetrology of a miniature FT spectrometer MOEMS device using white light scanning interference microscopy. Thin Solid Films，450（1），79 - 83.

[46] Darwin M（2009）Optical metrology for TSV process control. SEMATECH 2009 Workshop on 3D Interconnect Metrology，July 15，2009. Available at http：//www. sematech. org/meetings/archives/3d/index. htm（accessed February 2014）.

[47] Tiziani H and Uhde H - M（1994）Three dimensional image sensing by chromatic confocal microscopy. Applied Optics，33（10），1838 - 1843.

[48] Asgari R（2008）3 - D laser metrology：supporting micro - bump technology. Advanced Packaging，August/September.

[49] Bennett J（2007）Light scattering and nanoscale surface roughness，in Nanostructure Science and Technology（ed. A. Maradudin），Springer，New York，pp. 1 - 33.

[50] Olson O and Hummler K（2012）TSV reveal etch for 3D integration. Proceedings of the IEEE International 3D Systems Integration Conference（3DIC），pp. 1 - 4.

[51] Iniewski K（ed）（2012）Chapter 7，in Nano - Semiconductors：Devices and Technology，CRC Press，Boca Raton，FL.

[52] Kim S（1991）The role of plasticpackage adhesion in IC performance. Proceedings of the 41st IEEE Electronic Components and Technology Conference，pp. 750 - 758.

[53] Nikon，X - ray inspection of BGA，wirebonds，MEMS，loaded PCB：http：//www. nikonmetrology. com/en _ US/Applications/Electronics/X - ray - inspection - of - BGAwirebonds - MEMS - loaded - PCB（accessed February 2014）.

[54] Suni T，Henttinen K，Lipsanena A，Dekker J，Luoto H，and Kulawski M（2006）Wafer scale packaging of MEMS byusing plasma - activated wafer bonding. Journal of the Electrochemical Society，153（1），G78 - G82.

[55] Cakmak E，Dragoi V，Capsuto E，McEwen C，and Pabo E（2010）Adhesive wafer bonding with photosensitive polymers for MEMS fabrication. Microsystem Technologies，16（5），799 - 808.

[56] Asgari R（2002）Semiconductor backendflip chip processing，inspection requirements and challenges. Proceedings of the 27th Annual IEEE/SEMI International Electronics Manufacturing Technology Symposium，pp. 18 - 22.

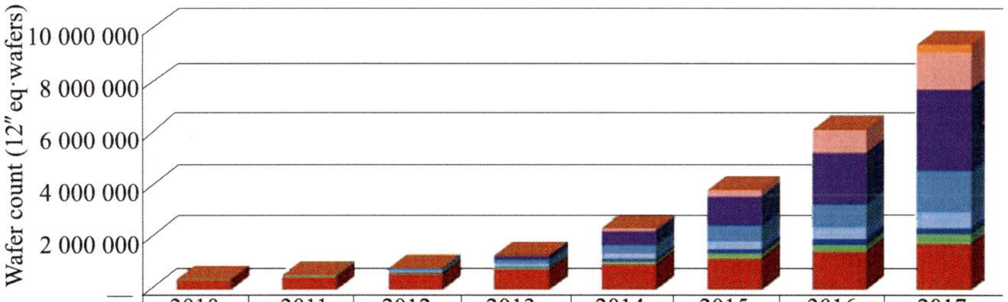

	2010	2011	2012	2013	2014	2015	2016	2017
3D Stacked NAND Flash	—	—	—	—	—	8 877	20 130	318 072
30 Wide I/O Memory	—	—	—	—	110 215	252 005	896 565	1 429 417
Logic 3D SiP/ SoC	—	—	9 734	169 677	544 957	1 137 164	2 000 097	3 190 499
3D Stacked DRAM	—	7 977	50 563	146 200	324 563	593 361	878 729	1 596 526
MEMS/Sensors	92	29 396	76 298	116 305	208 910	323 314	461 323	616 799
LED	4 395	8 759	18 890	45 188	91 101	159 569	232 887	237 715
RF,Power,Analog & Mixed Signal	26 255	35 892	47 018	80 883	127 106	189 921	275 402	386 344
Imaging & Optoelectronics	387 126	503 821	635 468	787 345	996 423	1 240 691	1 492 479	1 801 534
TOTAL	417 868	585 845	837 971	1 345 597	2 403 275	3 904 902	6 257 613	9 576 906

图 1 - 10　2010—2017 年 TSV 芯片晶圆预测（由 Yole Development 提供）(P8)

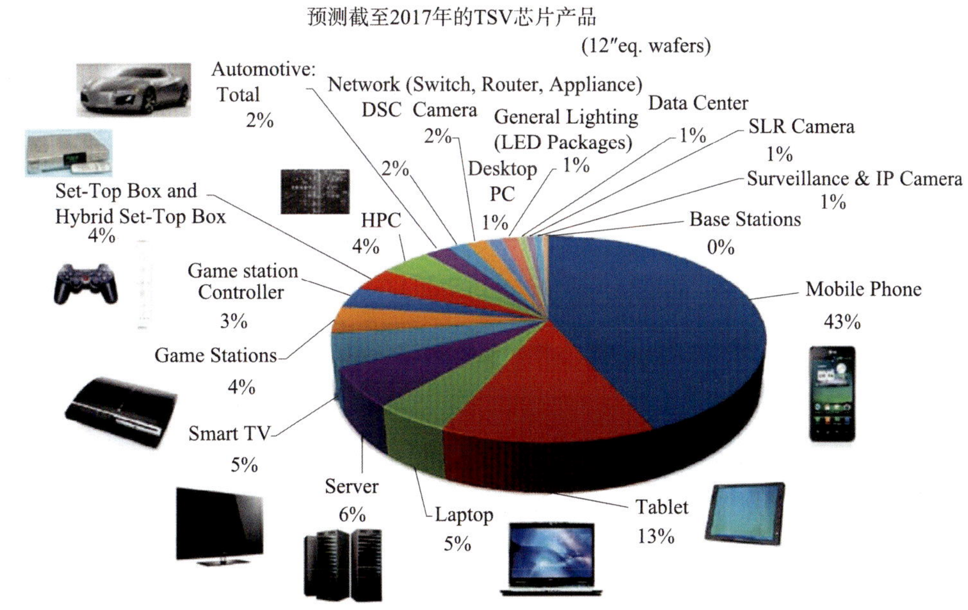

图 1 - 11　2017 年全球 TSV 芯片终端应用（由 Yole Development 提供）(P9)

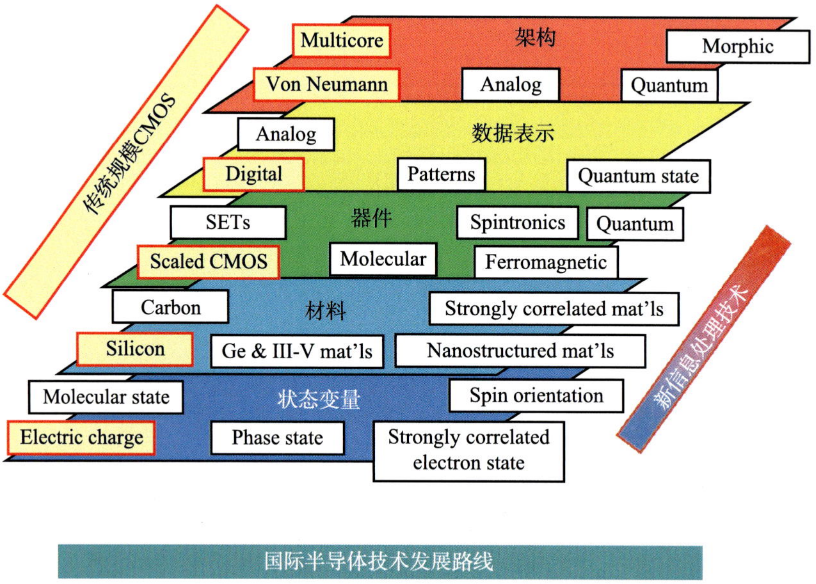

图 2-1　新兴研究信息处理器件的分类（由 ITRS 提供）（P12）

用红色勾勒出的黄色方框显示了当前的 CMOS 技术，基于电荷和二进制计算状态变量；其余的方框是正在开发的创新技术及思路，以继续支持进一步的小型化和缩放。

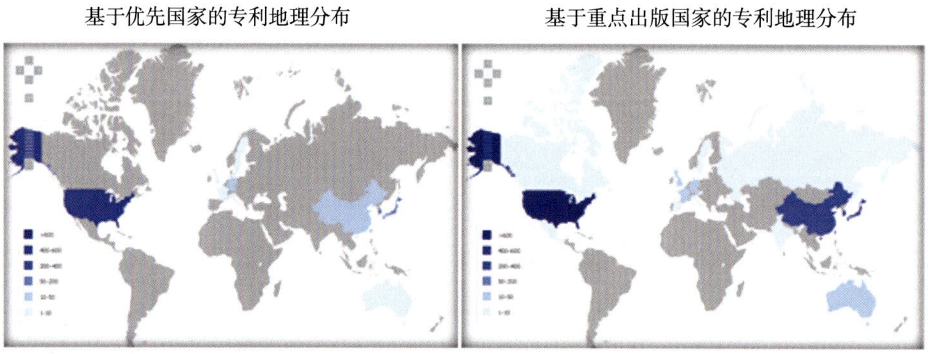

图 2-8　3D IC 专利申请的地理分布（由 Yole Development 提供，P16）

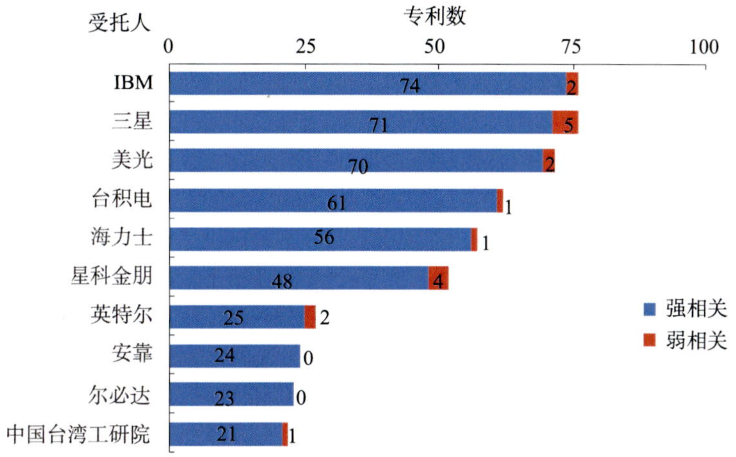

图 2-10　3D IC 前十名专利受托人（由 Yole Development 提供，P17）

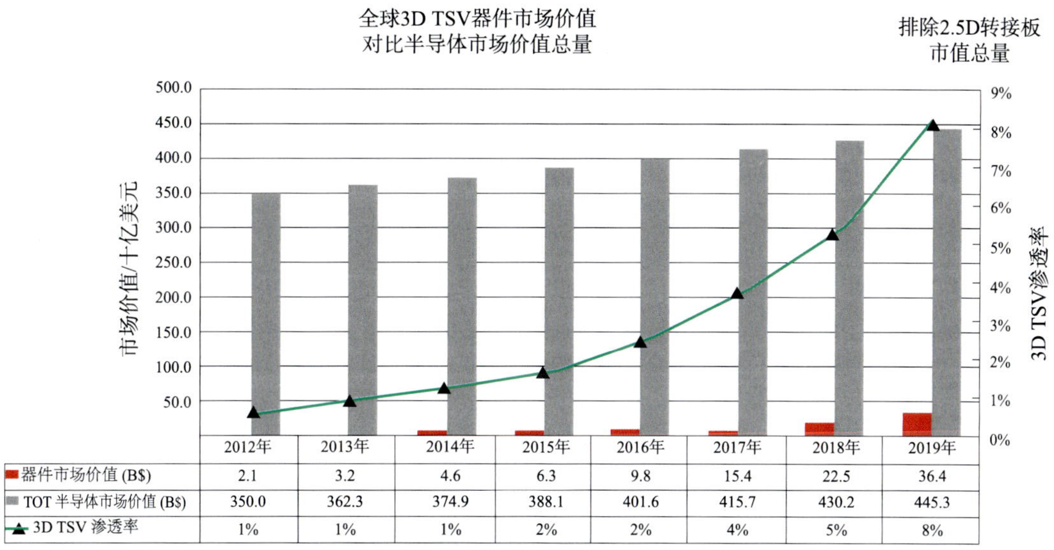

	2012年	2013年	2014年	2015年	2016年	2017年	2018年	2019年
器件市场价值 (B$)	2.1	3.2	4.6	6.3	9.8	15.4	22.5	36.4
TOT 半导体市场价值 (B$)	350.0	362.3	374.9	388.1	401.6	415.7	430.2	445.3
3D TSV 渗透率	1%	1%	1%	2%	2%	4%	5%	8%

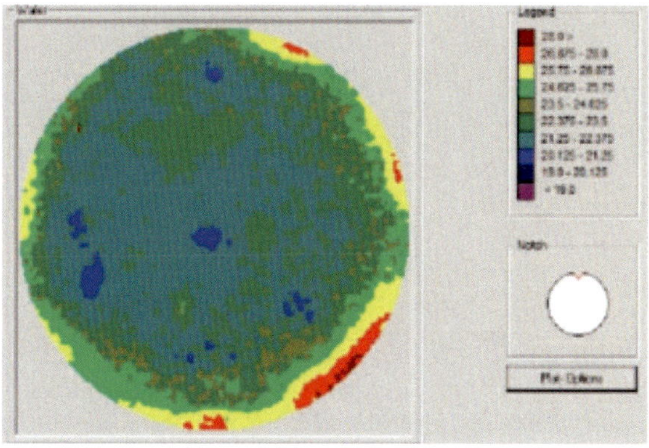

图 9-4　“边珠”对薄晶圆整面均匀性造成影响（P117）

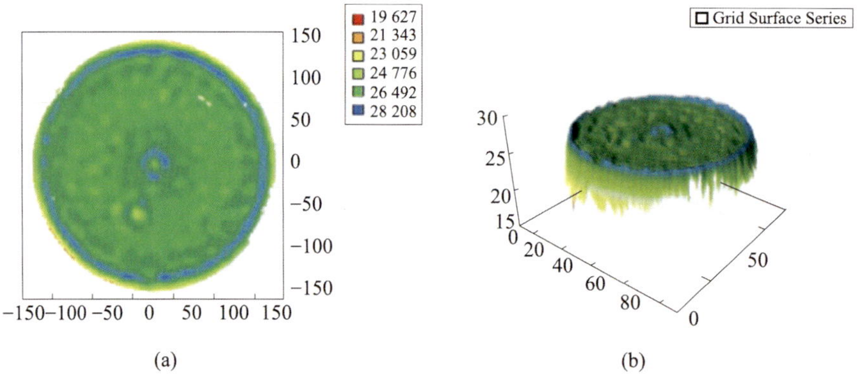

图 11-3　二维和三维晶圆图展示了整张晶圆不同区域的厚度（P134）

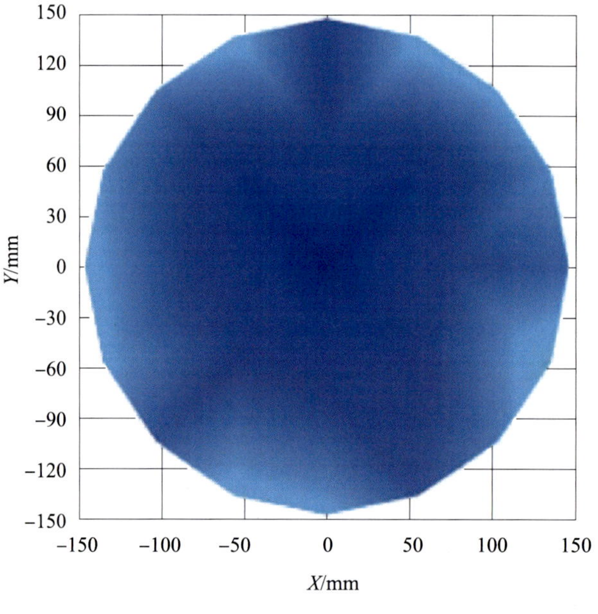

图 12-4　在直径 300 mm、凸点高度 80 μm 的晶圆上涂布厚度为 120 μm 的键合胶的 TTV（P140）

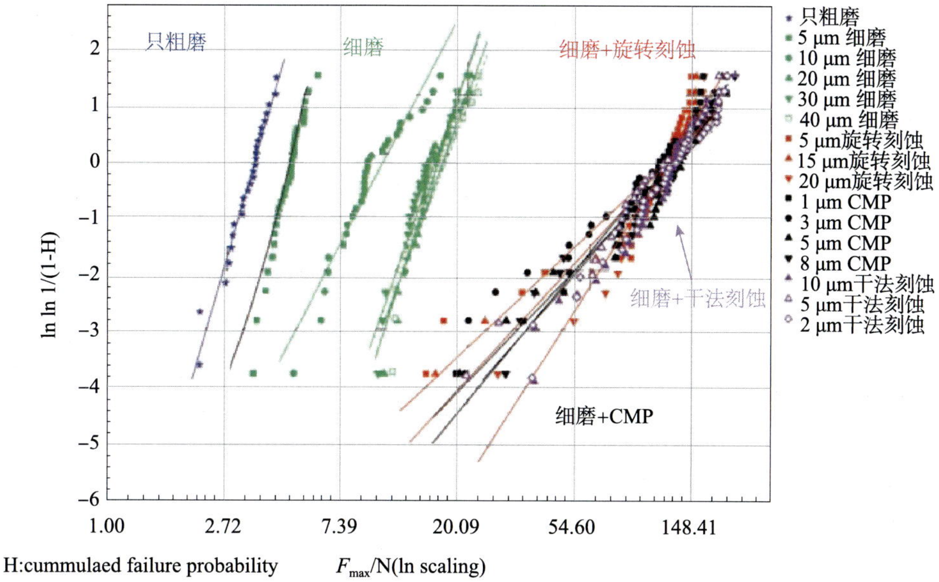

图 16－11　不同研磨步骤和后续应力消除工艺、旋转刻蚀、CMP 和等离子干法刻蚀后产生的断裂强度（通过环-球试验测量）的比较（P182）

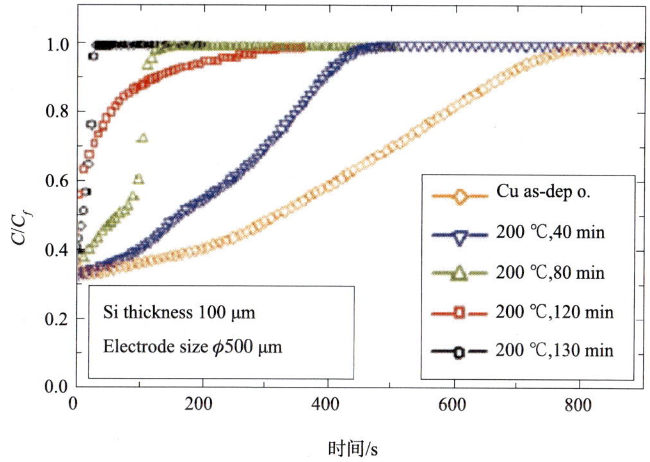

图 17－3　来自背面的 Cu 污染导致 $C-t$ 曲线退化（P192）

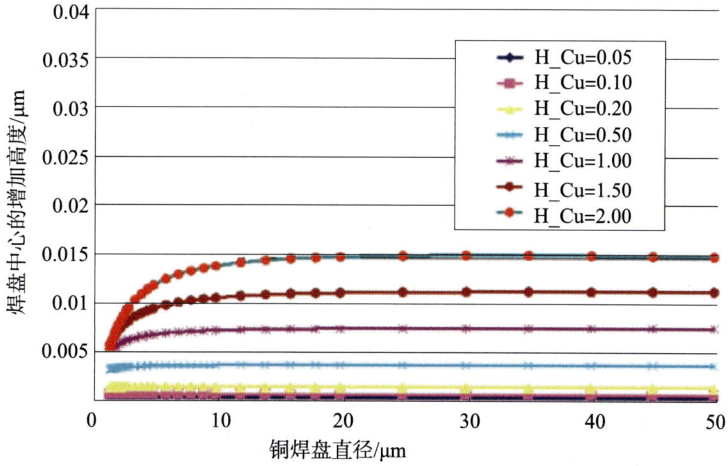

图 22－4　200 ℃下模拟铜焊盘垂直位移随焊盘尺寸的变化，H 是铜线的高度，单位为 μm（P255）

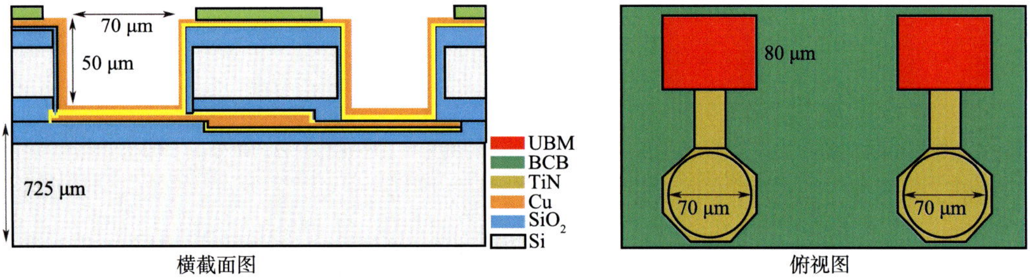

图 22-15　完全集成的示意图：键合配对的顶部晶圆减 s 薄到 50 μm，然后进行通孔刻蚀和重新布线层沉积。最后，进行 BCB 和 UBM 钝化以允许检测和包装（P260）

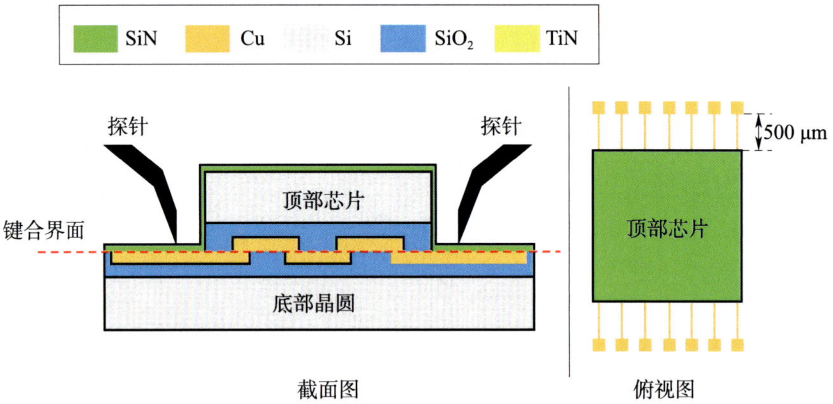

图 22-16　与离顶部芯片 500 μm 处的焊盘接触的探头示意图（右）（P261）

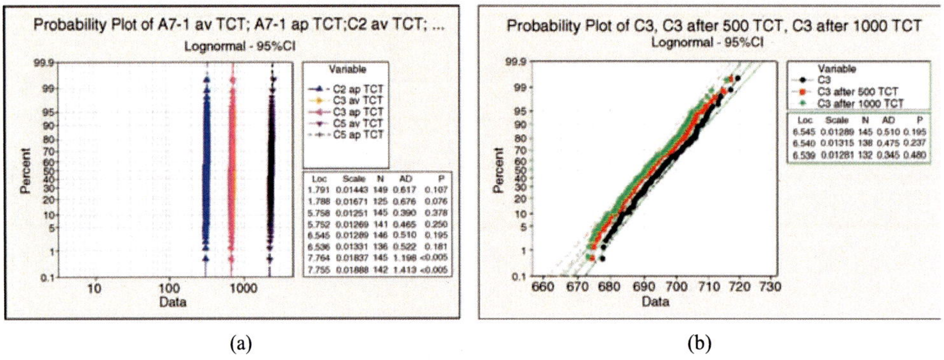

图 22-17　(a) 在 200 ℃键合的菊花链上进行热循环超（65～150 ℃）过 500 次的电阻；(b) 经 500 和 1 000 次热循环后菊花链上的累积电阻。热循环前（av）和热循环(ap) 均未出现降级现象（P263）

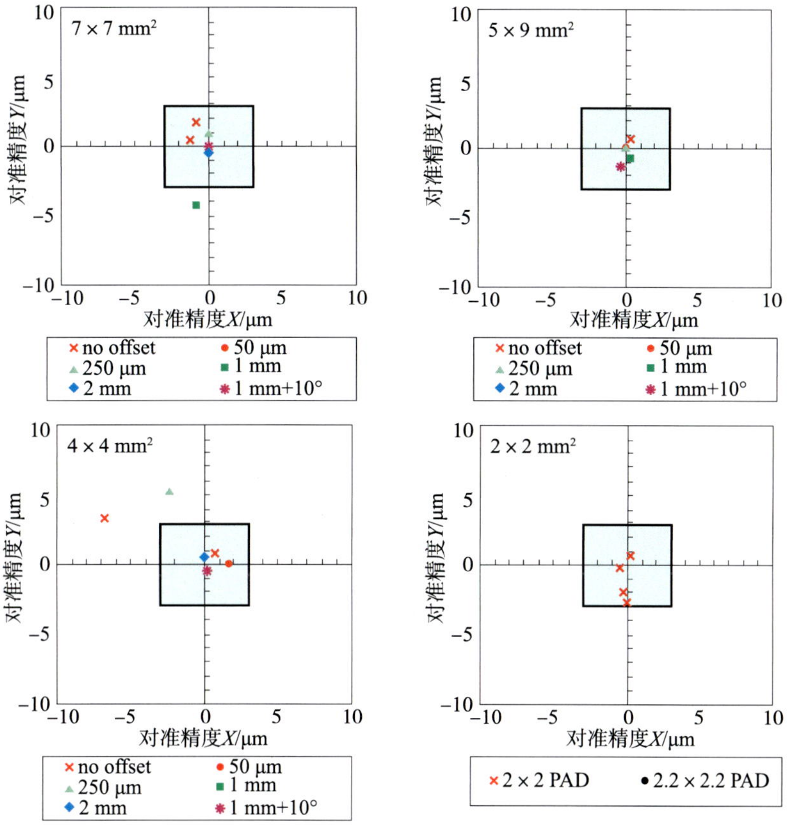

图 25－5　不同尺寸的 50 μm 薄片自对准后的精度（P290）

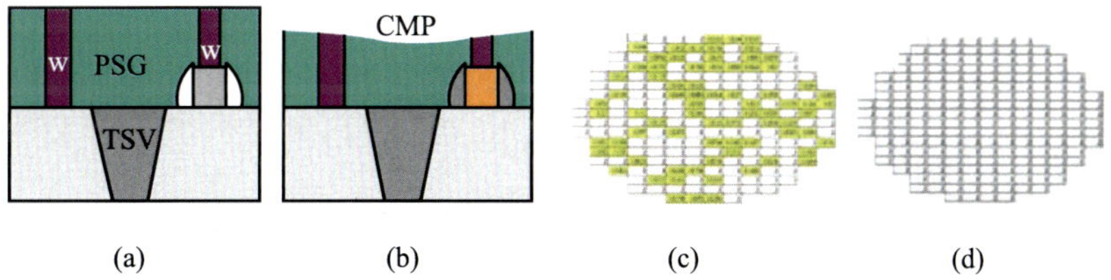

图 26－5　带有器件结构示意图的 PSG 损失：(a) 在 CMP 前；(b) 在下方采用铜 TSV 的 CMP 后；(c) 未采用优化工艺的 E－测试图，黄色标注为无效芯片；(d) 采用优化工艺的晶圆（未失效的芯片）的 E－测试图（经 IEEE 许可转载。由台积电提供）(P299)

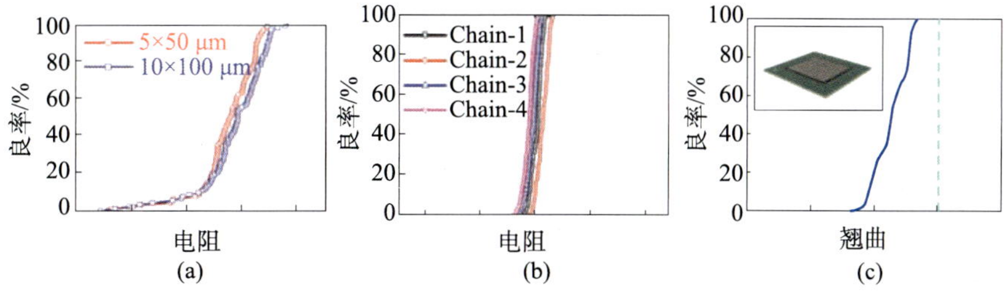

图 26－21　3D 工艺中单个组件的高良率是基本要求。(a) 在不同 TSV 尺寸下的 100%TSV 良率；(b) 在不同菊花链长度下的 100%微凸点接合良率；(c) 在最终 CoWoS 堆叠时 100%的 C4 接合良率。由于 CoW 优先装配技术具有出色的翘曲控制，微凸点连接和 C4 凸点连接都可以达到 100%的良率（由台积电提供）(P308)

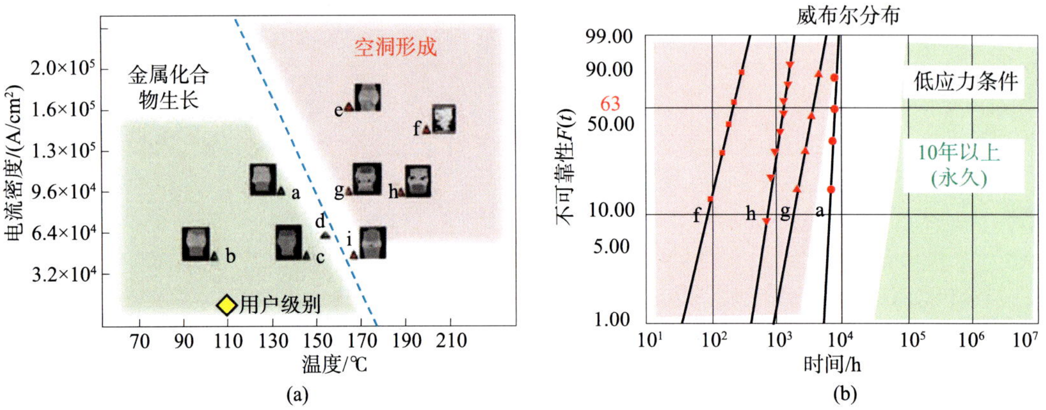

图 26-23 (a) 降解机制和应力条件的相关性：模式与应力条件。当应力条件 a、b 和 c 较低时，金属间化合物（IMC）的形成在绿色区域占主导地位。最长的应力时间超过 17 个月。加速条件（a、b 和 c）仍然比任何可能的用户级别更激进。(b) 电磁寿命的威布尔分布。对于过高的应力条件，e～i，空洞形成会导致持续的阻力增加，并最终以更短的预期寿命发生开放性故障（经 IEEE 许可转载。由台积电提供）(P309)

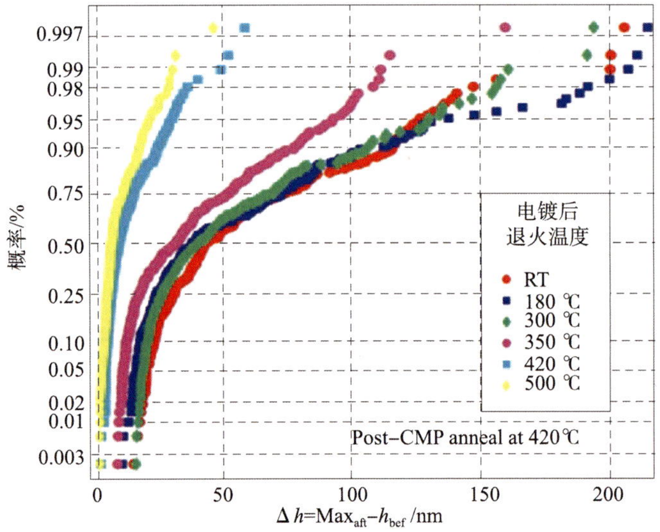

图 27-8 在 420 ℃下进行烧结处理所测量的 Cu 凸起的统计数据，对于每种情况，测量了 344 个 TSV，Cu 凸起值的统计符合双正态分布（P317）

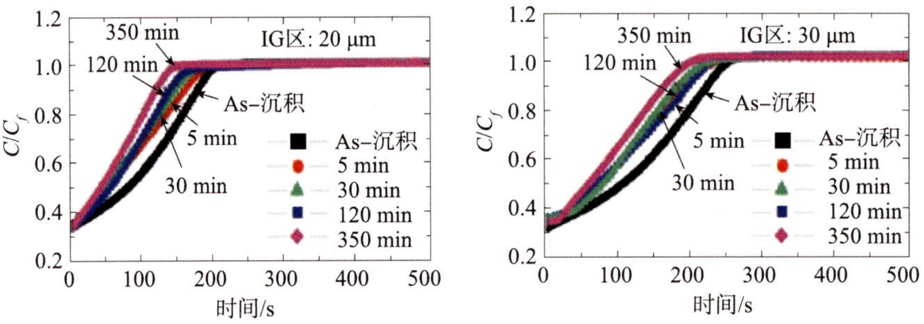

图 28-5 在 300 ℃下从背面扩散铜后，具有 IG 层的 50 μm 硅衬底上形成的 MOS 电容器的 $C-t$ 曲线（P328）

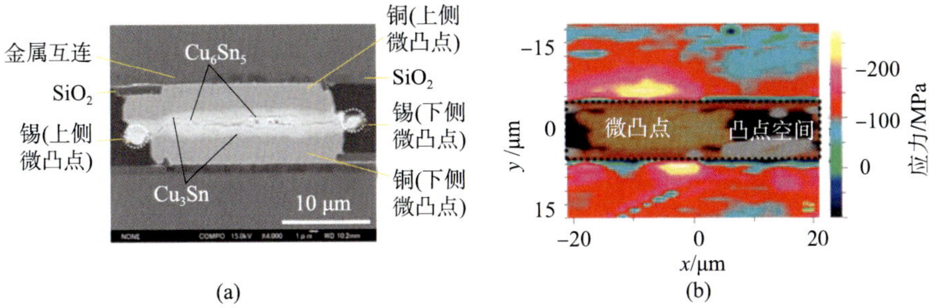

图 28 - 12　EEB 形成的 CuSn 微凸点的横截面扫描电子显微镜图像（a）和二维应力分布（b）（P333）

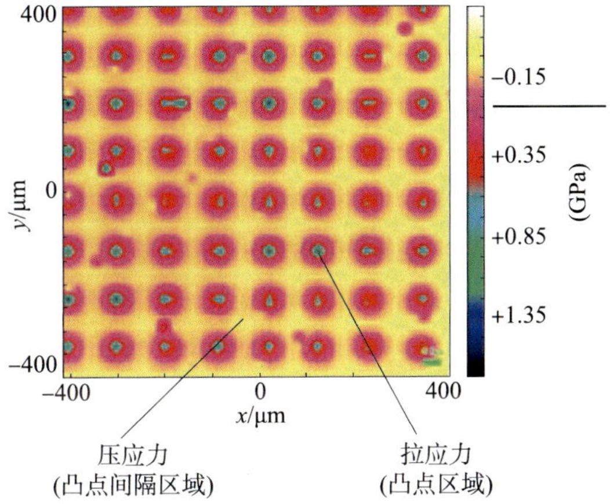

图 28 - 14　集成在具有微凸点阵列的底部芯片上的顶部芯片的二维应力分布图像（P334）

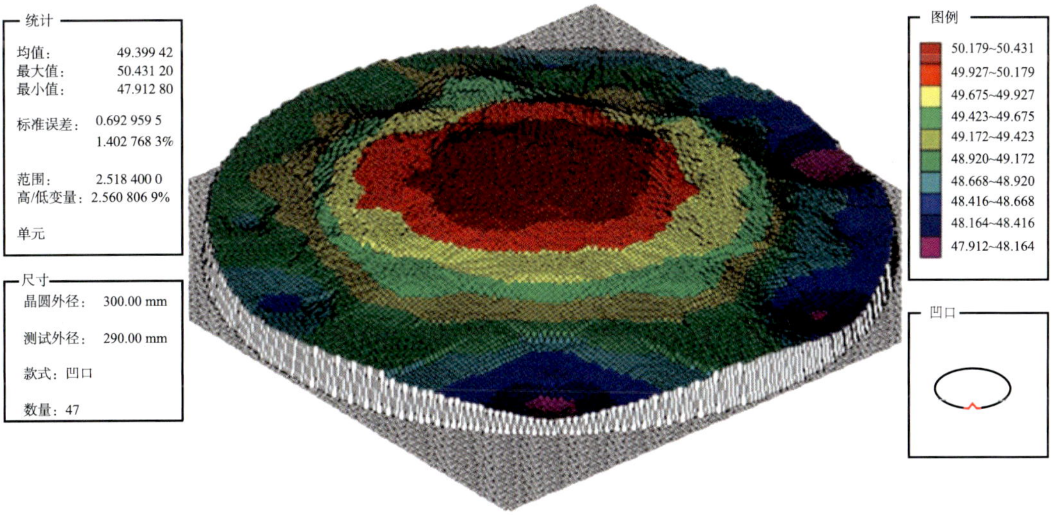

图 29 - 3　使用红外干涉测量法绘制的直径为 5 μm 的 TSV 深度图（P340）

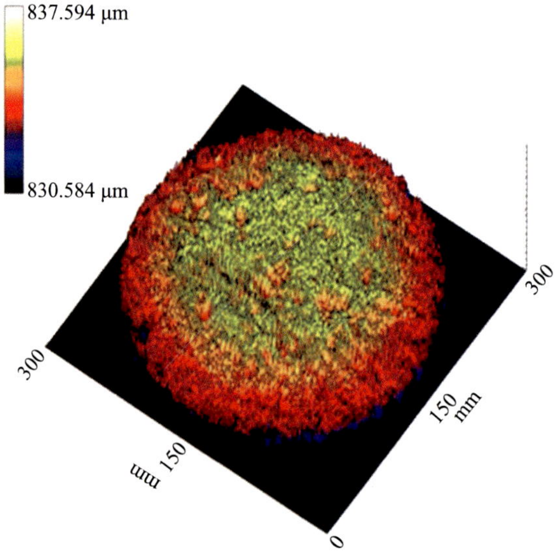

图 29-22　825 μm 薄键合晶圆的总堆叠厚度等高线图（由 FRT 提供）（P354）

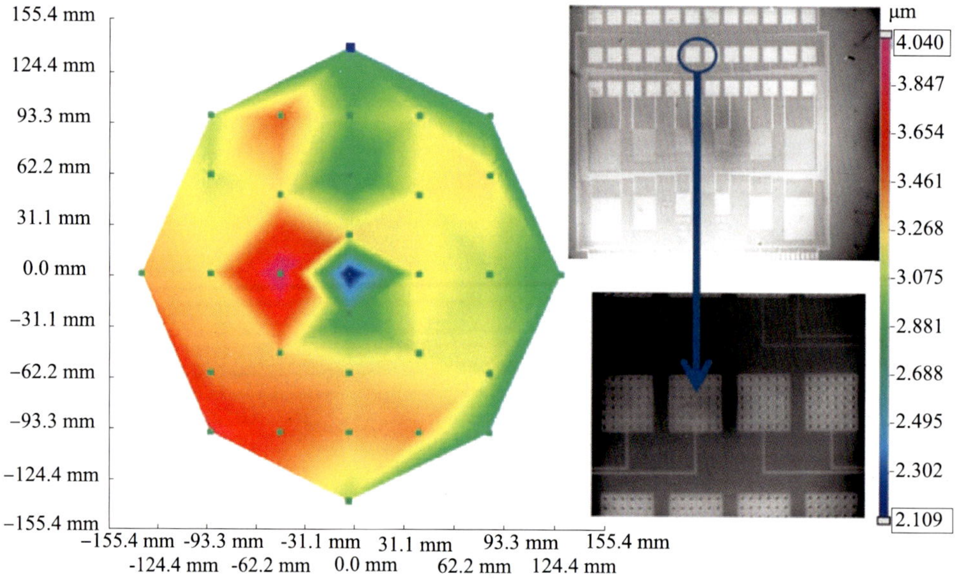

图 29-32　共焦彩色显微镜显示 TSV 高度图（由 Fogale nanotech 提供）（P360）

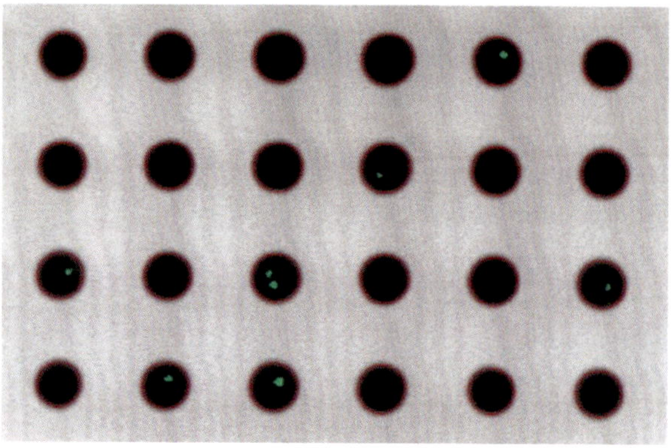

图 29-38　C4 凸点阵列的 2D X 射线图像，高亮显示空洞［由 Endicott Interconnect Technologies（现为 i3 Electronics）提供］（P364）